普通高等教育新形态一体化教材

工程数值分析引论

（第2版）

主　编　李郴良　李姣芬
副主编　彭丰富　李光云

北京航空航天大学出版社

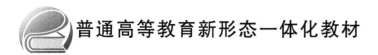

内 容 简 介

本书基于科学与工程中的数学问题，主要介绍误差及算法的稳定性、线性方程组的直接解法与迭代解法、函数的插值与逼近、数值积分与微分、非线性方程(组)的数值解法、特征值问题的数值解法和常微分方程初值问题的数值解法。本书分为理论知识部分和实验部分，二者各有侧重，相辅相成。

本书适合数学、力学、计算机等理工科的本科生，以及理工科相关专业的硕士研究生使用，也可供从事科学计算的研究者参考。

本书配有教学课件和习题解答供读者参考，有需要者，请发邮件至 goodtextbook@126.com 或致电(010)82317037 申请索取。

图书在版编目(CIP)数据

工程数值分析引论 / 李郴良，李姣芬主编. -- 2 版. -- 北京 ：北京航空航天大学出版社，2023.8
ISBN 978-7-5124-4140-8

Ⅰ. ①工… Ⅱ. ①李… ②李… Ⅲ. ①数值分析－高等学校－教材 Ⅳ. ①O241

中国国家版本馆 CIP 数据核字(2023)第 147211 号

工程数值分析引论(第 2 版)
主 编 李郴良 李姣芬
副主编 彭丰富 李光云
策划编辑 董 瑞 责任编辑 董 瑞

*

北京航空航天大学出版社出版发行
北京市海淀区学院路 37 号(邮编 100191) http://www.buaapress.com.cn
发行部电话：(010)82317024 传真：(010)82328026
读者信箱：goodtextbook@126.com 邮购电话：(010)82316936
北京九州迅驰传媒文化有限公司印装 各地书店经销

*

开本：787×1 092 1/16 印张：17 字数：435 千字
2023 年 8 月第 2 版 2025 年 2 月第 2 次印刷 印数：1 001～1 500 册
ISBN 978-7-5124-4140-8 定价：56.00 元

前　言

近年来，随着计算机科学技术的迅速发展以及计算机的普及和应用，许多高等学校的理工科学生都需要学习“数值分析”课程。由于这是数学类本科专业和工科研究生的主要专业基础课程，我们从一开始就坚持融合现代教育技术，把课程的培养目标定位在培养具有科学计算能力的高素质人才上，对教学内容和教学手段进行了一系列改革。

通过数年的教学实践，发现课程教学存在一些问题，具体表现在以下两方面：① 过于偏重理论知识的教学，知识与实际应用结合不紧密，导致学生不能感性认识知识的应用价值而缺乏学习兴趣，从而使教学质量不佳。② 实验教学仅是为了传授知识而设计一些实验内容，设计的应用背景不强，不利于学生了解知识的应用领域及开拓思维，而且影响了学生的学习主动性。

S. C. Chapra 教授在《工程数值方法》中广泛地使用各种工程领域中的实例和案例进行分析，从而激发学生学习的兴趣。白峰杉教授在《数值计算引论》中也引入了“应用举例”“交互实验”等栏目，通过介绍科学计算在其中的作用激发学生的学习兴趣。基于这些做法，我们结合本校的学科背景和学生的特点，选用了一些工程实例，以达到理论与应用结合、学以致用的目的，增强学生的学习主动性。

“数值分析”课程不仅要求学生能够熟练掌握常用数值算法及其基本原理，还要求培养学生具有一定的算法设计和理论分析的能力，以及能用计算机初步解决科学计算问题的能力。为此，我们开展了实验教学改革研究，采用“基础实验与探索性实验相结合，以探索性实验为主”的思路进行实验教学改革。我们基于头歌实践教学平台开发了基础实验在线教学课堂，编写了几十个探索性实验题目，将理论教学和实践教学统一，提高学生的综合分析能力和编写程序能力。其中，选编了两个英文案例，体现实验题型的多样性，激发学生的兴趣，同时对学生进行英语专业文献阅读能力的初步训练。

本书的编写特色如下：

① 应用性。结合学科专业特色，选用适当的工程问题，或作为背景引入，或作为示例说明，或作为数值实验问题设计实验，增强学生的学习兴趣。

② 实践性。以工程问题或趣味问题为例设计实验内容，编写相应的实验教学章节，计划课时 16 学时。“数值分析”课程的教学目的之一就是提高学生的计算机编程能力，并通过数值实验进一步理解算法的内涵。

③ 启发性。本书通过设计一些由浅入深的问题，让学生分析每种新方法的优缺点，了解新方法被发现的来龙去脉，启发与训练思维，培养其分析问题与解决问

题的能力。每章附有综述,让学生了解所学知识的应用性和最新研究成果,希望对相关内容感兴趣的学生起到引导作用。

④ 知识性。选用一些有时代特征的问题,并介绍一些对本课程内容做出突出贡献的著名科学家,使学生了解相关数学发展史。

⑤ 微视频。本书提供了一些关键知识点的微视频,方便学生扫码学习。

全书分为理论与实验两大部分,其中理论部分主要介绍:误差及算法的稳定性;线性方程组的数值解法;函数的插值与逼近;数值微分与积分;非线性方程(组)的数值解法;特征值的数值解法和常微分方程的数值解法。实验部分设计为基础性实验和探索性实验两大模块,主要以算法编程训练为主,与理论部分相辅相成,互为补充。全书共9章,李郴良编写第1章、第4章和第6章,李姣芬编写第2章、第3章和第8章,彭丰富编写第7章和第9章,李光云编写第5章。实验部分由李光云、李郴良、李姣芬、阳莺、覃永辉和彭丰富编写。微视频部分由李光云制作。

本书在编写过程中得到桂林电子科技大学数学与计算科学学院的大力支持,在此表示衷心的感谢。由于作者水平有限,书中的错误和不妥之处,恳请广大读者批评指正。

桂林电子科技大学
李郴良
2023年7月

目　录

第1章　绪　论

1.0　引　言

1.0.1　数值分析的意义

随着现代科学技术的发展,人们的生活越来越方便,也越来越安全.

1. GPS 卫星定位系统

有了 GPS 卫星定位系统,人们即使在一个陌生的城市也可以方便快捷地找到目的地. GPS 卫星定位系统的使用,离不开数学,尤其是数值计算方法.假设你的 GPS 至少与 4 颗卫星相连,就可以确定你的方位,如图 1.0.1 所示.设 c 表示光速,则有非线性方程组

$$\begin{cases}(x-x_1)^2+(y-y_1)^2+(z-z_1)^2=[c(t-t_1)]^2\\(x-x_2)^2+(y-y_2)^2+(z-z_2)^2=[c(t-t_2)]^2\\(x-x_3)^2+(y-y_3)^2+(z-z_3)^2=[c(t-t_3)]^2\\(x-x_4)^2+(y-y_4)^2+(z-z_4)^2=[c(t-t_4)]^2\end{cases}$$

求解这个非线性方程组就可以得到你的位置.

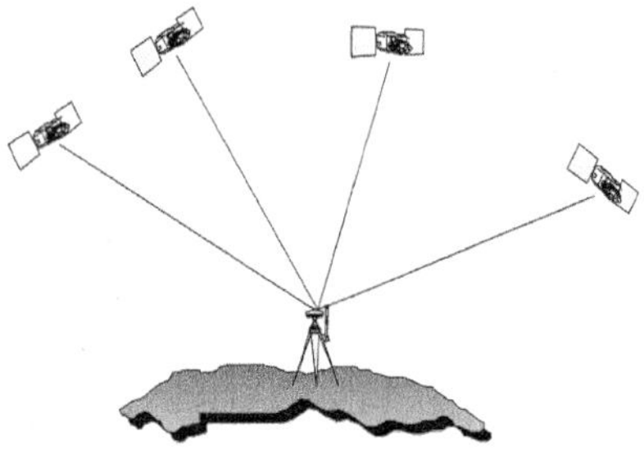

图 1.0.1　GPS 定位系统

2. 天气预报

下面先来看新华网 2012 年的关于台风"启德"的一则报道:

新华网报道,据民政部、国家减灾委员会办公室 8 月 19 日 12 时初步统计,今年第 13 号台风"启德"已造成广东、广西、海南 3 省区 2 人死亡,2 人失踪,53 万人紧急转移.

为应对"启德",8 月 16 日 9 时,中国气象局提升重大气象灾害(台风)Ⅳ级应急响应为Ⅱ级. 16 日 15 时,广东省气象灾害应急指挥部办公室将气象灾害(台风)应急响应提升为Ⅰ级,即台风最高级别预警.广西壮族自治区气象灾害应急指挥部于 16 日 22 时提升重大气象灾害(台风)Ⅲ级应急响应为Ⅱ级.海南省气象局于 16 日 8 时 50 分将热带气旋Ⅲ级应急响应提升为Ⅱ级.

受“启德”影响,海口海事局决定 8 月 16 日 16 时起,海峡线客船全部停航,各码头停止作业. 广铁集团于 16 日 16 时起暂时停止预售 17 日广珠城际、广深城际、广深港高铁列车车票. 南航将取消以下航班:8 月 17 日 CZ3330(湛江—广州)、CZ3323/4(广州—湛江—广州). 南方电网公司要求有关单位和部门严格执行值班制度,掌握安全生产动态,结合当地实际及时启动应急预案.

图 1.0.2　台风“启德”卫星云图

图 1.0.2 所示为台风“启德”卫星云图. 从报道来看,尽管台风“启德”对我国造成了一定的损失,但因为进行了预报,国家和当地政府及有关部门提前采取了相应的应对措施,所以避免了重大灾难事故的发生.

传统的天气预报主要是在大量人工观测所积累的资料和经验的基础上来进行预报的. 而现代天气预报则是根据观测到的物理状态,建立一组反映大气运动的非线性控制方程组. 但这些方程规模大,结构复杂,难以用理论数学方法求解. 1911 年英国气象学家 Lewis Fry Richardson(1881—1953)(见图 1.0.3)提出用数值方法求解,从而进行天气预报. 但当时只能靠人工进行计算,他的愿望没能实现. 随着计算机的出现,1950 年美国气象学家 Jule Gregory Charney (1917—1981)(见图 1.0.4)利用原始的计算机 ENIAC,用 12 h 成功地计算了北美洲地区 24 h 天气预报图,从而揭开了用数值方法进行天气预报的序幕.

图 1.0.3　Lewis Fry Richardson

图 1.0.4　Jule Gregory Charney

3. Google 搜索引擎

互联网上的信息浩如烟海,要准确地获取自己感兴趣的信息无异于大海捞针,所以需要一种优异的搜索服务. Google 搜索引擎就是这样一个搜索工具,它提供了便捷的网上信息查询方法. 通过对几十亿网页进行整理,Google 可为用户提供所需要的搜索结果,搜索时间通常不到半秒,而且搜索结果准确率极高.

Google 搜索引擎是由两位斯坦福大学的博士 Larry Page 和 Sergey Brin(见图 1.0.5)于 1998 年创立的,其核心为他们首创的网页排序算法——PageRank 算法:

$$\boldsymbol{P}_n = \boldsymbol{G}^n \boldsymbol{P}_0$$

其中 $\boldsymbol{G}=\alpha(\boldsymbol{H}+\boldsymbol{b}\boldsymbol{e}^{\mathrm{T}}/N)+(1-\alpha)\boldsymbol{e}\boldsymbol{e}^{\mathrm{T}}/N$，为 Google 矩阵，$\alpha$ 表示概率，$\boldsymbol{b}$ 表示指标向量，$\boldsymbol{H}$ 表示与互联网结构有关的矩阵，N 为互联网上的网页总数.

像这样的例子不胜枚举.我们在享受这些成果所带来的实惠的时候，不妨仔细分析其背后的数学知识.无论是 GPS、天气预报，还是 Google 搜索引擎，都离不开数值计算方法，或者称数值分析.

图 1.0.5　Larry Page 和 Serge Brin

数值分析在自然科学、社会科学、生命科学、医学、经济学及军事科学等学科中的作用越来越大，在许多重要领域中已成为一种必不可少的工具，并产生了一系列的交叉学科，如计算物理、计算化学、计算生物学、计算气象学及计算材料科学，等等.

计算科学目前已和理论科学、实验科学并列，成为三大科学方法之一.

理论方法主要是用严密的数学模型来反映自然现象的客观规律，并分析求出其准确解.但实际上问题是很复杂的，很多问题是不可能求出准确解的.

实验方法主要借助仪器设备等进行实验设计，试图得到所观测系统的信息，发现规律.但在实际问题中，有些对象因尺度不是太大就是太小(如地球大气层和纳米系统)，不是太快就是太慢(如爆炸和腐蚀过程)，以致很难进行实验.另外，某些实验因环境安全而被禁止(如核试验).

随着计算机技术的发展，计算科学方法可以帮我们进行数值天气预报，可以进行核模拟试验，可以模拟火灾现场，可以让我们"看到"很小的物质，等等.通过科学计算，可以选择最佳实验方案，减少实验次数，缩短研发时间，节省研究资金.计算科学突破了理论方法和实验方法的局限，广泛应用于诸多重要领域.

我国著名的计算数学家石钟慈院士指出，科学计算直接支援了一切基于技术的工业经济和基础科学研究，因此很有必要学习数值分析.

石钟慈(1933—2023)，中国科学院院士、数学家、中国计算数学事业的建设者和领导者之一.石钟慈院士对有限元方法进行了系统深刻的研究，提出了样条有限元方法，引发大量后继工作；提出了一种新的非协调有限元收敛性判别准则，证明了在工程界有重要应用价值的一系列有限元的收敛性，这是迄今国际非协调有限元研究领域最深刻和系统的成果.石钟慈院士曾获国家自然科学三等奖，何梁何利基金科学与技术进步奖，华罗庚数学奖，苏步青应用数学奖等，并曾担任国家"攀登计划"项目首席科学家.

1.0.2　数值分析的内容

数值分析如此重要，那么，它主要研究什么呢？从上一小节的 3 个例子来看，不外乎以下几个方面：

① 针对某类工程问题，建立数学模型.如天气预报中，气象学家们根据大气内部的物理规律，如大气动力学、热力学、质量守恒、水相变化规律等，建立相应的数学模型，采用数理方法，

借助计算机技术，预测未来天气的变化.

② 构建求解数学模型的算法. 算法研究是科学计算的主攻方向. 正因为 Larry Page 和 Sergey Brin 创立了 PageRank 算法，才成就了今天著名的 Google 公司.

③ 在计算机上编写实现算法的程序.

④ 实现数值模拟和可视化，如汽车安全性测试数值模拟实验和核模拟试验等.

在上述内容中，数值算法的分析与设计是数值分析的核心内容. 本书将基于源自科学与工程中的数学问题，主要介绍以下几个方面的内容：

① 误差及算法的稳定性；

② 线性方程组的直接解法与迭代解法；

③ 函数的插值与逼近；

④ 数值积分与微分；

⑤ 非线性方程(组)的数值解法；

⑥ 特征值问题的数值解法；

⑦ 常微分方程初值问题的数值解法.

1.1 误　差

数值分析中第一个重要的概念是误差. 数值分析最主要的工作之一就是误差分析，因为它研究的是数值解的逼近程度，其本质就是误差.

1.1.1 误差的来源

误差的来源是很复杂的. 数值分析的内容之一是建立具体问题的数学模型，但数学模型是在反映问题主要本质的基础上建立的，是简化的近似模型，所以数学模型本身包含着误差. 数学模型中通常还包含观测数据，观测数据也有误差. 数学模型归结为数学问题后，又要在计算机上实现计算. 在这个过程中就会有误差产生. 比如，在 PageRank 算法中，Google 矩阵 $\boldsymbol{G}$ 的定义只考虑了主要因素，而且偏好系数选取为 0.85，这说明算法并不能完全描述网页排序的真实情况，会存在模型误差. 同样，$\boldsymbol{H}$ 的元素值的确定、$\boldsymbol{P}_n$ 中元素的计算等都存在观测误差、舍入误差等.

误差主要分为模型误差、观测误差、舍入误差、截断误差等.

截断误差：当求一个级数的和或一个无穷序列的极限时，取有限项来计算，从而产生了误差，这种误差通常称为截断误差或方法误差.

例如，由泰勒(Taylor)公式，函数 $f(x)$ 可表示为

$$f(x)=f(0)+f'(0)x+\frac{f''(0)}{2!}x^2+\cdots+\frac{f^{(n)}(\xi)}{(n+1)!}x^{n+1}$$

当 x 不大时，可能只计算前 $n+1$ 项，得近似公式为

$$f(x)\approx f(0)+f'(0)x+\frac{f''(0)}{2!}x^2+\cdots+\frac{f^{(n)}(0)}{n!}x^n$$

该近似公式的误差就是截断误差.

1.1.2　绝对误差和相对误差

因为有了误差，准确值或真值与近似值之间存在以下关系：

真值＝近似值＋误差

不妨设 x 表示真值，x^* 为近似值，误差用 $E(x^*)$ 表示，则有

$$E(x^*)=x-x^* \tag{1.1.1}$$

我们称之为近似值的绝对误差，简称为误差.

在实际应用中，真值往往是未知的，绝对误差也算不出来. 不过，通常可以得到绝对误差的一个上界值，我们称这个误差的上界值为近似值的绝对误差限.

定义 1.1.1　设 x 表示真值，x^* 为近似值，若正数满足

$$|E(x^*)|=|x-x^*|\leqslant \varepsilon \tag{1.1.2}$$

则称 ε 为近似值 x^* 的一个绝对误差限，简称误差限. 但误差和误差限的大小还不能完全说明近似值的精确程度.

例 1.1.1　假设对一座桥及桥上的一颗铆钉进行测量，测量结果分别为 9 999 cm 和 9 cm. 若其真值分别为 10 000 cm 和 10 cm，则其绝对误差分别为

$$10\,000\text{ cm}-9\,999\text{ cm}=1\text{ cm},\qquad 10\text{ cm}-9\text{ cm}=1\text{ cm}$$

从计算结果来看，两者的绝对误差是一样的，是否表示这两者测量值的准确度是一样呢？对于桥来说，10 000 cm 只有 1 cm 的误差，其准确度相对于铆钉的 10 cm 也有 1 cm 的误差来说要高得多了. 这说明仅仅用绝对误差(限)不能准确地说明近似值的精确度，应该引入一个新的度量标准. 我们再从这个例子入手，发现测量桥的误差与真值的比为$\frac{1}{10\,000}$，测量铆钉的误差与真值的比为$\frac{1}{10}$. 这恰好能很好地描述两者的精确度. 也就是说，用表达式$\frac{E(x^*)}{x}$就可以很好地表述近似值的精确度. 这就是下面要介绍的近似值 x^* 的相对误差.

定义 1.1.2　设 x 表示真值，x^* 为近似值，称

$$\delta(x^*)=\frac{x-x^*}{x} \tag{1.1.3}$$

为近似值 x^* 的相对误差.

在实际应用中，常称 $\delta^*(x^*)=\frac{x-x^*}{x^*}$ 为近似值 x^* 的相对误差. 实际上，若 $\delta(x^*)$ 较小，则 $\delta(x^*)-\delta^*(x^*)=\frac{x-x^*}{x}-\frac{x-x^*}{x^*}=[\delta(x^*)]^2/[1+\delta(x^*)]\approx 0$.

定义 1.1.3　设 x 表示真值，x^* 为近似值，若存在正数满足

$$|\delta(x^*)|=\left|\frac{x-x^*}{x}\right|\leqslant \varepsilon_r \tag{1.1.4}$$

则称 ε_r 为近似值 x^* 的一个相对误差限.

类似地，若 $\delta(x^*)$ 较小，则根据

$$|\delta(x^*)|=\left|\frac{x-x^*}{x^*}\right|\leqslant \varepsilon_r^* \tag{1.1.5}$$

定义 ε_r^* 为近似值 x^* 的一个相对误差限.

1.1.3 有效数字

有效数字是数值分析中另一个重要的概念,它主要表示近似值中数字的可信度,从另一个角度来表示与准确值的误差关系.

例 1.1.2 设 $x=\pi=3.141\ 592\ 6\cdots$,取两个近似值:

$$x^*=3.14=0.314\times 10^1,\qquad y^*=3.141\ 6=0.314\ 16\times 10^1$$

则

$$|x-x^*|=0.001\ 592\ 6\leqslant\frac{1}{2}\times 10^{-2}$$

说明近似数 x^*中 3,1 和 4 这 3 个数字是可信的,我们称之为近似数 x^*的有效数字.

$$|x-y^*|=0.000\ 007\ 35\leqslant\frac{1}{2}\times 10^{-4}$$

说明近似数 y^* 中 3,1,4,1 和 6 是可信的,故有 5 位有效数字.

我们再分析相对误差:

$$|\delta(x^*)|\leqslant\frac{0.5\times 10^{-2}}{3.146}<0.5\times 10^{-2},\qquad |\delta(y^*)|\leqslant\frac{0.5\times 10^{-4}}{3.146}<0.5\times 10^{-4}$$

这说明,有效数字多的近似值比有效数字少的近似值准确度要高;也就是说,在数值分析中,要尽可能保留近似值的有效数字.

定义 1.1.4 设 x 表示真值,x^* 为近似值 ,若

$$|x^*-x|\leqslant\frac{1}{2}\times 10^{-n}\tag{1.1.6}$$

则称近似值 x^* 准确至小数点后 n 位,并且近似值 x^* 最左边的第一个非零数字到小数点第 n 位的所有数字都称为有效数字.

有了有效数字的概念之后,2.140 012 的两个近似值的写法是有区别的:2.14 和 2.140 0,前者有三位有效数字,后者有五位有效数字.准确值的有效数字可以看作有无限多位.

例 1.1.3 下面近似值的绝对误差都是 0.005:

$$x_1^*=1.38,\qquad x_2^*=-0.031\ 2,\qquad x_3^*=0.86\times 10^{-4}$$

问这些近似值各有几位有效数字?

解 因为每个数的绝对误差都是 0.5×10^{-2},故 x_1^* 有 3 位有效数字,即 1,3 和 8,x_2^* 只有一位有效数字 3,x_3^*没有有效数字.

注:

(1) 设 x 近似值 x^*一般表示形式为 $x^*=\pm 0.a_1a_2\cdots a_n\times 10^m$ ($a_1>0$,且 $0\leqslant a_i\leqslant 9$, $i=1,2,\cdots,n$). 若

$$|x-x^*|\leqslant\frac{1}{2}\times 10^{m-n}\tag{1.1.7}$$

则称近似值 x^*有 n 位有效数字.

在字长为 t 的十进制计算机中,设 x 是四舍五入的机器数,或称为浮点数,可表示为

$$x=\pm 0.d_1d_2\cdots d_t\times 10^s,\quad 0\leqslant d_i\leqslant 9,\quad i=1,2,\cdots,t,\quad d_1>0$$

(2) 设近似值 $x=\pm 0.a_1a_2\cdots a_n\times 10^m$ 有 n 位有效数字,则其相对误差限为

$$|\varepsilon_r| \leqslant \frac{1}{2a_1} \times 10^{-n+1} \tag{1.1.8}$$

(3) 设近似值 $x = \pm 0.a_1a_2\cdots a_n \times 10^m$ 的相对误差限不大于

$$\frac{1}{2(a_1+1)} \times 10^{-n+1} \tag{1.1.9}$$

则它至少有 n 位有效数字.

1.1.4 误差的传播

在数值分析过程中,涉及数字之间的算术运算及函数值的运算.此时,误差是如何表现在这些过程中的呢?

1. 算术运算中的误差传播

记 $\varepsilon(x^*)$ 和 $\varepsilon_r(x^*)$ 分别表示 x^* 的绝对误差限和相对误差限,设 x_1^* 是 x_1 的近似值,x_2^* 是 x_2 的近似值,则

① $$\varepsilon(x_1^* \pm x_2^*) = \varepsilon(x_1^*) + \varepsilon(x_2^*)$$

$$\varepsilon_r(x_1^* \pm x_2^*) = [|x_1^*|\varepsilon_r(x_1^*) + |x_2^*|\varepsilon_r(x_2^*)]/|x_1^* \pm x_2^*| \tag{1.1.10}$$

从相对误差运算公式可以发现,如果两个同(异)号相近数和相减(加)时,$x_1^* \pm x_2^*$ 很小,从而使相对误差 $\delta(x_1^* \pm x_2^*)$ 变得很大,很容易丢失有效数字. 因此,在具体计算时要避免两个同(异)号相近数和相减(加).

② $$\varepsilon(x_1^* x_2^*) \approx |x_1^*|\varepsilon(x_2^*) + |x_2^*|\varepsilon(x_1^*) \tag{1.1.11}$$

$$\varepsilon_r(x_1^* x_2^*) \approx \varepsilon_r(x_1^*) + \varepsilon_r(x_2^*)$$

$$\varepsilon\left(\frac{x_1^*}{x_2^*}\right) \approx \frac{|x_1^*|\varepsilon(x_2^*) + |x_2^*|\varepsilon(x_1^*)}{|x_2^*|^2} \tag{1.1.12}$$

$$\varepsilon_r\left(\frac{x_1^*}{x_2^*}\right) \approx \varepsilon_r(x_1^*) + \varepsilon_r(x_2^*)$$

从这组绝对误差运算公式可以发现,当两个数相乘(除)时,大因数(小除数)可能使积(商)的绝对误差变得很大. 因此,在进行乘除法运算时,要避免大因数(小除数)的乘(除).

2. 函数求值的误差传播

在计算函数值时,也会因为自变量的误差产生误差传播. 设 $f(x)$ 具有二阶导数,由泰勒公式有

$$|f(x) - f(x^*)| \leqslant |f'(x^*)(x - x^*)| + \frac{1}{2}|f''(\xi)(x - x^*)^2|, \quad \xi \text{ 介于 } x \text{ 与 } x^* \text{ 之间}$$

因为 $|x - x^*| \leqslant \varepsilon(x^*)$ 很小,故有

$$\varepsilon[f(x^*)] \approx |f'(x^*)|\varepsilon(x^*)$$

$$\varepsilon_r[f(x^*)] \approx \left|\frac{xf'(x^*)}{f(x^*)}\right|\varepsilon_r(x^*)$$

对于多元函数 $z = f(x_1, x_2, \cdots, x_n)$ 误差分析有类似的结果:

$$\varepsilon(f) \approx \sum_{k=1}^{n}\left|\frac{\partial f}{\partial x_k}\right|\varepsilon(x_k)$$

$$\varepsilon_r(f) \approx \sum_{k=1}^{n} \left| x_k \frac{\partial f}{\partial x_k} / f \right| \varepsilon_r(x_k)$$

例 1.1.4 设有 3 个有 3 位有效数字的近似数:

$$x_1^* = 2.31, \quad x_2^* = 1.93, \quad x_3^* = 2.24$$

试计算 $p = x_1^* + x_2^* x_3^*$,$\varepsilon(p)$和 $\varepsilon_r(p)$. 并分析 p 的计算结果中有几位有效数字?

解

$$p = 2.31 + 1.93 \times 2.24 = 6.6332$$

$$\begin{aligned} \varepsilon(p) &= \varepsilon(x_1^*) + \varepsilon(x_2^* x_3^*) \approx \varepsilon(x_1^*) + |x_2^*| \varepsilon(x_3^*) + |x_3^*| \varepsilon(x_2^*) \\ &= 0.005 + 0.005 \times (1.93 + 2.24) \\ &= 0.02585 \end{aligned}$$

$$\varepsilon_r(p) = \frac{\varepsilon(p)}{|p|} \approx \frac{0.02585}{6.6332} \approx 0.39\%$$

由于 $\varepsilon(p) \approx 0.02585 < 0.05$,故 $p = 6.6332$ 有 2 位有效数字.

1.2 算法的稳定性

由于在计算过程中,初始数据产生的舍入误差总是存在的,因此导致近似数的运算及函数值的计算中都会产生相应的误差,从而影响最终计算结果的可靠性.

一个算法,如果初始数据有误差,而且计算过程中舍入误差不增长,则称此算法为数值稳定的,否则称之为数值不稳定的.

只有数值稳定的算法才有可能给出可靠的计算结果,数值不稳定的算法可以说毫无实用价值.

从误差的传播性质来看,应该合理设计算法,控制误差的传播.

例 1.2.1 解方程 $x^2 - (10^9 + 1)x + 10^9 = 0$.

解 此方程的精确解为 $x_1 = 10^9$,$x_2 = 1$.

用求根公式

$$x_{1,2} = \frac{-b \pm \sqrt{b^2 - 4ac}}{2a}$$

来计算,如果是在字长为 8 的十进制计算机上进行运算,则这时

$$-b = 10^9 + 1 = 0.1 \times 10^{10} + 0.0000000001 \times 10^{10}$$

上式中第二项由于计算机字长的限制,在计算机舍入运算时为

$$-b = 0.1 \times 10^{10} + 0.00000000 \times 10^{10} = 0.1 \times 10^{10} = 10^9$$

$$\sqrt{b^2 - 4ac} = \sqrt{[-(10^9 + 1)]^2 - 4 \times 10^9} = 10^9$$

于是

$$x_1 = \frac{-b + \sqrt{b^2 - 4ac}}{2a} = \frac{10^9 + 10^9}{2} = 10^9$$

$$x_2 = \frac{-b - \sqrt{b^2 - 4ac}}{2a} = \frac{10^9 - 10^9}{2} = 0$$

不难发现,计算结果 $x_2 = 0$ 与精确解 $x_2 = 1$ 相差很大,这说明直接利用求根公式来求解方程是不稳定的. 其原因是机器字长的限制,当计算机进行加、减运算时,绝对值相对小的数被大数给

"吃掉"了,从而造成计算结果的失真.因此,为提高计算结果的数值稳定性,必须改进算法.

由于 $x_1=10^9$ 的计算是可靠的,故可以利用根与系数的关系式 $x_1x_2=\frac{c}{a}$来计算 x_2,即

$$x_2=\frac{c}{a}\cdot\frac{1}{x_1}=\frac{10^9}{1\times 10^9}=1$$

这与精确解一致.

例 1.2.2　试计算积分

$$I_n=\int_0^1 x^n e^{x-1}dx,\qquad n=1,2,\cdots$$

解　由分部积分法可得

$$I_n=x^n e^{x-1}\big|_0^1-n\int_0^1 x^{n-1}e^{x-1}dx$$

得到递推公式

$$I_n=1-nI_{n-1},\qquad n=1,2,\cdots$$

其中,$I_1=1/e$.

用上面的递推公式,在字长为 6 的十进制计算机上计算.从 I_1 出发来计算前几个积分的值,结果见表 1.2.1.

表 1.2.1　前几个积分的值

k	I_k	k	I_k
1	0.367 879	5	0.145 480
2	0.264 242	6	0.127 120
3	0.207 274	7	0.110 160
4	0.170 904		

由于在计算 I_1 时,有舍入误差,约为 $\varepsilon=4.412\times 10^{-7}$,且考虑以后的计算都不再另有舍入误差,因此 ε 对后面各项计算的影响为

$$\begin{aligned}
I_2&=1-2(I_1+\varepsilon)=1-2I_1-2\varepsilon=1-2I_1-2!\,\varepsilon\\
I_3&=1-3(I_2+\varepsilon)=1-3(1-2I_1)+3!\,\varepsilon\\
I_4&=1-4[1-3(1-2I_1)]-4!\,\varepsilon\\
&\vdots\\
I_7&=1-7[1-6(\cdots)]+7!\,\varepsilon
\end{aligned}$$

计算到 I_7 时产生的误差为 $7!\,\varepsilon\approx 0.002\,2$,这个误差是一个不小的数值了.

如果将递推公式改写为

$$I_{n-1}=\frac{1-I_n}{n}$$

从后向前递推计算,则 I_n 的误差下降为原来的 $1/n$,误差的影响就越来越小.

$$I_n=\int_0^1 x^n e^{x-1}dx<\int_0^1 x^n dx=\frac{1}{n+1}$$

取 $I_7=1/8$ 作为初始值进行递推计算,计算结果见表 1.2.2.

表 1.2.2 计算结果

k	I_k	k	I_k
7	0.125 000	3	0.207 292
6	0.125 000	2	0.264 236
5	0.145 833	1	0.367 882
4	0.170 833		

这样得到的 $I_1=0.367\ 882$ 已很精确了，这说明新算法有很好的计算稳定性.

由以上这些例子可知,算法的数值稳定性对于数值计算的重要性.为了防止误差传播、积累带来的影响,提高计算的稳定性,在设计数值算法时应注意以下几个方面.

1. 减少运算次数

在数值算法中,因为乘(除)法运算在计算机运算中占用内存,一般用乘(除)法的运算次数来度量算法的计算工作量.减少运算次数不仅可以提高计算速度,还可以减少误差的积累.

例 1.2.3 计算多项式 $p_n(x)=a_nx^n+a_{n-1}x^{n-1}+\cdots+a_1x+a_0$ 的值. 如果直接计算,则需要计算 $n(n+1)/2$ 次乘法. 如果 $p_n(x)$ 写成如下形式:

$$p_n(x)=\{[(a_nx+a_{n-1})x+a_{n-2}]x+\cdots+a_1\}x+a_0$$

那么可以用下面的算法实现

$$\begin{cases} s_n=a_n \\ s_k=xs_k+1+a_k, \qquad k=n-1,n-2,\cdots,2,1,0 \\ p_n(x)=s_0 \end{cases} \tag{1.2.1}$$

只需要 n 次乘法,计算工作量大大减少.

式(1.2.1)称为秦九韶算法,是我国宋代数学家秦九韶首先提出来的.

秦九韶(1208—1268 年),字道古,汉族,祖籍鲁郡(今河南省范县),南宋著名数学家,与李冶、杨辉、朱世杰并称宋元数学四大家.

1247 年完成著作《数书九章》,其中的大衍求一术(比 1801 年著名数学家高斯(1777—1855)建立的同余理论早 554 年,被称为“中国剩余定理”)、三斜求积术和秦九韶算法对世界有重要贡献,提出的求解一元高次多项式方程的数值解的算法——正负开方术,比 1819 年英国人霍纳(1786—1837)的同样解法早 572 年.美国著名科学史家萨顿(G · Sarton,1884—1956)说过,秦九韶是“那个时代最伟大的数学家之一”.

2. 避免两个相近的数相减

两个相近的数相减时,会造成有效数字的严重损失,从而导致计算结果严重失真.

例 1.2.4 求 $a=1-\cos 2°$ 的近似值.

直接计算:$a=1-\cos 2°\approx 1-0.999\ 4=0.000\ 6$,只有一位有效数字.

改变算法：$a=1-\cos 2^\circ=\dfrac{\sin^2 2^\circ}{1+\cos 2^\circ}\approx\dfrac{0.034\ 9^2}{1+0.999\ 4}\approx 6.092\times 10^{-4}$，有四位有效数字.

3. 避免小除数

绝对值太小的数不能作为除数，否则产生的误差会太大，可能在计算机中造成“溢出”错误.

4. 防止大数“吃掉”小数的现象

在例 1.2.1 中，一个很大的数 10^9 与 1 相加，因为机器字长的限制导致 10^9“吃掉”了数 1，从而使得计算结果失真.

例 1.2.5 用四位浮点数计算 $10\ 000+\sum\limits_{i=1}^{5} i$.

如果按顺序计算，用计算机计算时，$10\ 000=0.1\times 10^5$，而 $1=0.000\ 01\times 10^5$，它在四位的计算机中表示为机器数 0，于是 $10\ 000+\sum\limits_{i=1}^{5} i\approx 10\ 000$.

如果改变计算次序为 $\sum\limits_{i=1}^{5} i+10\ 000=10\ 010$，则不会出现大数吃小数的现象.

一般地，当多个数相加减时，应按绝对值由小到大的顺序进行运算.

5. 对病态问题，要高精度计算

先分析下面这个问题.

例 1.2.6 设 Wilkinson 多项式

$$P(x)=\prod_{k=1}^{20}(x-k)=(x-1)(x-2)\cdots(x-20)$$

显然它的根是 $x_1=1, x_2=2, \cdots, x_{20}=20$. 该多项式按降幂展开可表示为

$$P(x)=x^{20}-210x^{19}+\cdots+20!$$

如果含 x^{19} 项的系数有一个小的扰动 ε，其他项都不变，则多项式变为

$$\widetilde{P}(x)=x^{20}-(210-\varepsilon)x^{19}+\cdots+20!$$

$\widetilde{P}(x)$ 的根变为{1.000 00, 2.000 00, 3.000 00, 4.000 00, 4.999 9, 5.999 9, 7.000 28, 7.993 82, 9.111 19, 9.571 11, 10.921 − 1.102 38i, 10.921 + 1.102 38i, 12.846 − 2.062 31i, 12.846 + 2.062 31i, 15.314 7 − 2.698 62i, 15.314 7 + 2.698 62i, 18.157 2 − 2.470 19i, 18.157 2 + 2.470 19i, 20.422 − 0.999 201i, 20.422 + 0.999 201i}

在这个例子中，由数据微小的变化引起了解的剧烈变化，像这样的问题称为病态问题或坏条件问题.

对病态问题，一般应采用高精度计算.

例 1.2.7 求解线性方程组

$$\begin{cases} x_1+\dfrac{1}{2}x_2+\dfrac{1}{3}x_3=\dfrac{11}{6} \\ \dfrac{1}{2}x_1+\dfrac{1}{3}x_2+\dfrac{1}{4}x_3=\dfrac{13}{12} \\ \dfrac{1}{3}x_1+\dfrac{1}{4}x_2+\dfrac{1}{5}x_3=\dfrac{47}{60} \end{cases}$$

解 易知方程组的解为 $x_1=x_2=x_3=1$. 如果将该方程组的系数舍入为 2 位浮点数,则变成如下线性方程组:

$$\begin{cases}x_1+0.50x_2+0.33x_3=1.8\\0.50x_1+0.33x_2+0.25x_3=1.1\\0.33x_1+0.25x_2+0.20x_3=0.76\end{cases}$$

求解得 $x_1=-6.222\cdots$, $x_2=38.25\cdots$, $x_3=-33.65\cdots$. 这两个方程组的解相差太大了.

如果用 8 位浮点数,解得 $x_1=0.999\,999\,91$, $x_2=1.000\,000\,54$, $x_3=0.999\,999\,46$. 这说明,对病态问题,采用高精度计算可以得到较好的近似解.

习 题

1. 经过四舍五入得出近似数 $x_1^*=6.102\,5$, $x_2^*=80.115$.

(1) 试问它们分别有几位有效数字?

(2) 分别求 $x_1^*+x_2^*$ 和 $x_1^*\cdot x_2^*$ 的绝对误差限.

2. 指出由四舍五入得到的下列各数分别有几位有效数字?

$x_1^*=7.867\,3$, $x_2^*=8.091\,6$, $x_3^*=0.621\,3$, $x_4^*=0.078\,00$, $x_5^*=2.0\times10^{-4}$

3. 设准确值为 $x=3.786\,95$, $y=10$,它们的近似值分别为

$x_1^*=3.786\,9$, $x_2^*=3.787\,0$, $y_1^*=9.999\,9$, $y_2^*=10.1$, $y_3^*=10.000\,1$

试分析它们分别有几位有效数字.

4. 下面的计算公式,哪个算得更准确些?

(1) 已知 $|x|<<1$:

(A) $y=\dfrac{1}{1+2x}-\dfrac{1-x}{1+x}$, (B) $\dfrac{3x}{(1+2x)(1+x)}$.

(2) 计算 $(\sqrt{2}-1)^6$,取 $\sqrt{2}\approx1.4$:

(A) $\dfrac{1}{(\sqrt{2}+1)^6}$, (B) $(3-2\sqrt{2})^3$, (C) $\dfrac{1}{(3+2\sqrt{2})^3}$, (D) $99-70\sqrt{2}$.

5. 要使 $\sqrt{17}$ 的近似值的相对误差不超过 0.1%,应取几位有效数字?

6. 当 N 充分大时,怎样求 $\displaystyle\int_N^{N+1}\frac{dx}{1+x^2}$?

7. 试设计一种算法计算多项式 $a_0x^8+a_1x^{16}+a_2x^{32}$ 的函数值,使运算次数尽可能少.

8. 已知 x^* 是定积分 $\displaystyle\int_0^1 e^{-x^2}dx$ 的近似值,并且有 4 位有效数字,试求 x^* 的误差限.

9. 求方程 $x^2-56x+1=0$ 的两个根,使它们至少具有 4 位有效数字($\sqrt{783}\approx27.982$).

10. 序列 $\{y_n\}$ 满足递推关系

$$y_n=10y_{n-1}-1,\qquad n=1,2,\cdots$$

若 $y_0=\sqrt{2}\approx1.41$(三位有效数字),那么计算到 y_{10} 时误差有多大? 这个计算过程稳定吗?

11. 用计算机计算 $\displaystyle\sum_{i=1}^{10}\frac{1}{i^2}$ 和 $\displaystyle\sum_{i=1}^{10}\frac{1}{(11-i)^2}$,哪一种算法能给出更为精确的结果?

第 2 章　线性方程组的直接解法

2.0　概　述

线性方程组出现在工程与科学的许多领域中，这些领域包括弹性力学、电路分析、热传导、振动等；也出现在数学应用于研究社会科学及定量分析商业与经济的种种问题中. 解线性方程组的有效方法在计算数学和科学计算中具有特殊的重要性.

例 2.0.1　投入产出问题中的线性方程组.

在研究多个经济部门之间的投入产出关系时，W. Leontief 提出了投入产出模型. 这为经济学研究提供了强有力的手段. W. Leontief 因此获得了 1973 年的诺贝尔经济学奖. 图 2.0.1所示为三个经济部门图示.

图 2.0.1　三个经济部门

问题　某地有一座煤矿、一个发电厂和一条铁路. 经成本核算，每生产价值 1 元钱的煤需消耗 0.3 元的电；为了把这 1 元钱的煤运出去需花费 0.2 元的运费；每生产 1 元的电需 0.6 元的煤作燃料；为了运行电厂的辅助设备需消耗本身 0.1 元的电，还需要花费 0.1 元的运费；作为铁路局，每提供 1 元运费的运输需消耗 0.5 元的煤，辅助设备要消耗 0.1 元的电. 现煤矿接到外地 6 万元煤的订货，电厂有 10 万元电的外地需求，问煤矿和电厂各生产多少才能满足需求？（假设不考虑价格变动等其他因素）

解　设煤矿、电厂、铁路分别产出 x 元、y 元、z 元刚好满足需求，如表 2.0.1 所列.

表 2.0.1　消耗与产出情况

类　别		产出(1元)			产　出	消　耗	订　单
		煤	电	运			
消耗	煤	0	0.6	0.5	x	$0.6y+0.5z$	60 000
	电	0.3	0.1	0.1	y	$0.3x+0.1y+0.1z$	100 000
	运	0.2	0.1	0	z	$0.2x+0.1y$	0

根据需求，应该有

$$\begin{cases} x-(0.6y+0.5z)=60\ 000 \\ y-(0.3x+0.1y+0.1z)=100\ 000 \\ z-(0.2x+0.1y)=0 \end{cases}$$

即可建立如下线性方程组：

$$\begin{cases} x-0.6y-0.5z=60\,000 \\ -0.3x+0.9y-0.1z=100\,000 \\ -0.2x-0.1y+z=0 \end{cases}$$

例 2.0.2 电气工程中的线性方程组.

问题 考虑如图 2.0.2 所示的电阻电路，须确定不同位置的电流和电压. 该问题使用基尔霍夫电流电压定律求解. 电流定律是流过所有节点的电流的代数和必须为 0. 所有流过节点的电流都可以指定符号. 电压定律是任何回路中电势差(即电压改变量)的和必须为 0. 基尔霍夫定律体现了能量守恒.

应用上述定律可以构成一个联立线性方程组，因为电路中不同的回路是彼此耦合的. 该电路中电流的大小和方向都是未知的，但可以为每个电流假设一个方向. 图 2.0.3 显示了一些假设电流(箭头方向表示电流的方向). 记 i_{pq} 为节点 p 到节点 q 之间的电流，R_{pq} 为节点 p 到 q 之间的电阻.

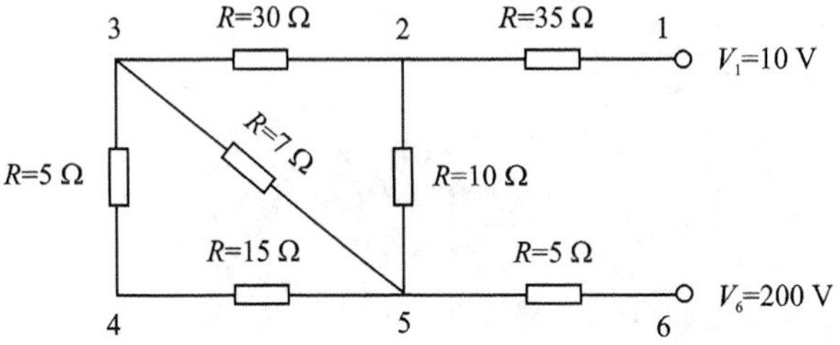

图 2.0.2 一个使用联立线性方程组求解的电阻电路

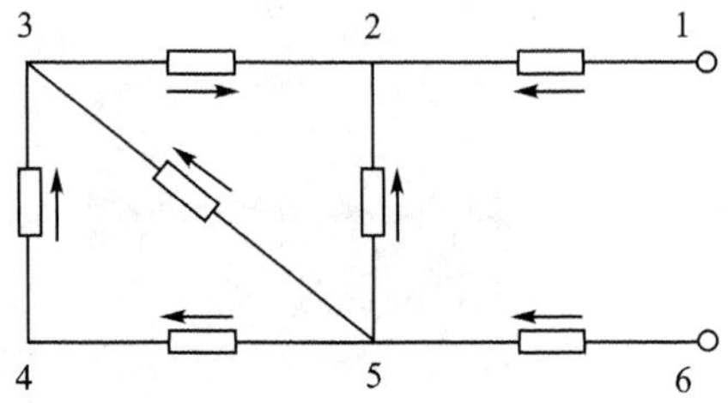

图 2.0.3 电流方向的假设

给定这些假设，对每个节点分别应用基尔霍夫电流定律，得

$$\begin{cases} i_{12}+i_{32}+i_{52}=0 \\ i_{43}+i_{53}-i_{32}=0 \\ i_{65}-i_{52}-i_{53}-i_{54}=0 \\ i_{54}-i_{43}=0 \end{cases}$$

对三个回路应用电压定律，得

$$\begin{cases} -i_{54}R_{54}-i_{43}R_{43}+i_{53}R_{53}=0 \\ -i_{53}R_{53}-i_{32}R_{32}+i_{52}R_{52}=0 \\ 200-i_{65}R_{65}-i_{52}R_{52}+i_{12}R_{12}-10=0 \end{cases}$$

将已知量代入上面方程，并移项整理，问题变为求解如下 7 个电流未知数的 7 个方程构成的方程组：

$$\begin{pmatrix} 1 & 1 & 1 & 0 & 0 & 0 & 0 \\ 0 & -1 & 0 & 1 & 1 & 0 & 0 \\ 0 & 0 & -1 & 0 & -1 & -1 & 1 \\ 0 & 0 & 0 & -1 & 0 & 1 & 0 \\ 0 & 0 & 0 & -8 & 7 & -15 & 0 \\ 0 & -30 & 10 & 0 & -7 & 0 & 0 \\ -35 & 0 & 10 & 0 & 0 & 0 & 5 \end{pmatrix} \begin{pmatrix} i_{12} \\ i_{32} \\ i_{52} \\ i_{43} \\ i_{53} \\ i_{54} \\ i_{65} \end{pmatrix} = \begin{pmatrix} 0 \\ 0 \\ 0 \\ 0 \\ 0 \\ 0 \\ 190 \end{pmatrix} \tag{2.0.1}$$

一般地，设 n 个变量 $x_1,x_2,\cdots,x_n$ 及 n 个线性方程组成的线性方程组为

$$\begin{cases} a_{11}x_1+a_{12}x_2+\cdots+a_{1n}x_n=b_1 \\ a_{21}x_1+a_{22}x_2+\cdots+a_{2n}x_n=b_2 \\ \qquad\vdots \\ a_{n1}x_1+a_{n2}x_2+\cdots+a_{nn}x_n=b_n \end{cases} \tag{2.0.2}$$

线性方程组(2.0.2)的矩阵表示为

$$\boldsymbol{Ax}=\boldsymbol{b} \tag{2.0.3}$$

式中

$$\boldsymbol{A}=\begin{pmatrix} a_{11} & a_{12} & \cdots & a_{1n} \\ a_{21} & a_{22} & \cdots & a_{2n} \\ \vdots & \vdots & & \vdots \\ a_{n1} & a_{n2} & \cdots & a_{nn} \end{pmatrix},\quad \boldsymbol{b}=\begin{pmatrix} b_1 \\ b_2 \\ \vdots \\ b_n \end{pmatrix},\quad \boldsymbol{x}=\begin{pmatrix} x_1 \\ x_2 \\ \vdots \\ x_n \end{pmatrix}$$

方程组中的 a_{ij} 和 $b_i(i,j=1,2,\cdots,n)$ 是已知实数，方程组的解是指满足的 n 个变量的值 $x_1^*,x_2^*,\cdots,x_n^*$. 由克莱默(Cramer)法则，若方程组的系数行列式 $|\boldsymbol{A}|\neq 0$，则方程组有唯一解. 当方程组的变量个数较少时，克莱默法则是比较实用和有效的，而当变量个数较多时，计算时要涉及很多的乘除运算，这将导致计算量很大且出现舍入误差的不断积累，有时出现解的失真现象. 为了解决这个问题，通常采用适用于计算机处理且满足一定精度要求的数值解法.

线性方程组的数值解法分为直接解法和迭代解法两大类. 本章只介绍直接解法. 直接解法的特征是：对于给定的方程组，在没有舍入误差的假定下，能在预定的运算次数内求得精确解. 直接解法的一般步骤是将方程组加工成某个三角方程组或者对角方程组来求解，主要分为消元法和矩阵分解两大类，本章将介绍高斯(Gauss)消元法、列主元法、矩阵的 $\boldsymbol{LU}$ 分解等方法. 同时由于原始数据的误差和运算的舍入误差是不可避免的，实际上只能获得方程组的近似解，因此我们还要讨论误差分析问题. 本章我们只讨论线性方程组存在唯一解的情况，即假定线性方程组的系数行列式 $|\boldsymbol{A}|\neq 0$. 本章介绍的各类解线性方程组的直接解法，对中小型的线性方程组来说，通常可以满足快速有效的求得数值解的要求.

2.1　高斯消元法

2.1.1　顺序消元法

高斯消元法微视频

下面讨论求解一般的 n 阶方程组 $\boldsymbol{Ax}=\boldsymbol{b}$ 的顺序消元法，这是高斯消元法最基本的一种类型. 记方程组(2.0.3)中的系数矩阵 $\boldsymbol{A}=\boldsymbol{A}^{(1)}=(a_{ij}^{(1)})$，$\boldsymbol{b}=\boldsymbol{b}^{(1)}$，原方程组记为 $\boldsymbol{A}^{(1)}\boldsymbol{x}=\boldsymbol{b}^{(1)}$.

Johann Carl Friedrich Gauss(高斯)，德国著名数学家、物理学家、天文学家、大地测量学家. 1799 年于黑尔姆施泰特大学因证明代数基本定理获博士学位. 1807 年起担任格丁根大学教授和格丁根天文台台长. 高斯是近代数学奠基者之一，和牛顿、阿基米德被誉为三大数学家，有“数学王子”之称. 18 岁的高斯发现了质数分布定理和最小二乘法. 高斯专注于曲面与曲线的计算，并成功地得到高斯钟形曲线，其函数被命名为标准正态分布.

第一次消元，设 $a_{11}\neq 0$，用 $-m_{i1}=-a_{i1}^{(1)}/a_{11}^{(1)}$ 乘以第一个方程加到第 i 个方程上去，将第 i 个方程含 x_1 的项消为 0，$i=1,2,\cdots,n$，得到与方程组(2.0.3)等价的方程组：

$$\begin{pmatrix} a_{11}^{(1)} & a_{12}^{(1)} & \cdots & a_{1n}^{(1)} \\ 0 & a_{22}^{(2)} & \cdots & a_{2n}^{(2)} \\ \vdots & \vdots & & \vdots \\ 0 & a_{n2}^{(2)} & \cdots & a_{nn}^{(2)} \end{pmatrix}\begin{pmatrix} x_1 \\ x_2 \\ \vdots \\ x_n \end{pmatrix}=\begin{pmatrix} b_1^{(1)} \\ b_2^{(2)} \\ \vdots \\ b_n^{(2)} \end{pmatrix}$$

其中，$a_{ij}^{(2)}=a_{ij}^{(1)}-m_{i1}\times a_{1j}^{(1)}$，$b_i^{(2)}=b_i^{(1)}-m_{i1}b_1^{(1)}$，记作 $\boldsymbol{A}^{(2)}\boldsymbol{x}=\boldsymbol{b}^{(2)}$.

假设 $a_{22}^{(2)}\neq 0$，用 $-m_{i2}=-a_{i2}^{(2)}/a_{22}^{(2)}$ 乘以第二个方程加到第 i 个方程上去，将第 i 个方程含 x_2 的项消为 0，$i=2,3,\cdots,n$，得到等价的方程组 $\boldsymbol{A}^{(3)}\boldsymbol{x}=\boldsymbol{b}^{(3)}$：

$$\begin{pmatrix} a_{11}^{(1)} & a_{12}^{(1)} & \cdots & \cdots & a_{1n}^{(1)} \\ 0 & a_{22}^{(2)} & \cdots & \cdots & a_{2n}^{(2)} \\ 0 & 0 & a_{33}^{(3)} & \cdots & a_{3n}^{(3)} \\ \vdots & \vdots & \vdots & & \vdots \\ 0 & \cdots & a_{n3}^{(3)} & \cdots & a_{nn}^{(3)} \end{pmatrix}\begin{pmatrix} x_1 \\ x_2 \\ x_3 \\ \vdots \\ x_n \end{pmatrix}=\begin{pmatrix} b_1^{(1)} \\ b_2^{(2)} \\ b_3^{(3)} \\ \vdots \\ b_n^{(3)} \end{pmatrix}$$

其中，$a_{ij}^{(3)}=a_{ij}^{(2)}-m_{i2}\times a_{2j}^{(2)}$，$b_i^{(3)}=b_i^{(2)}-m_{i2}b_1^{(2)}$.

一般地，假设 $a_{k,k}^{(k)}\neq 0$，用 $-m_{ik}=-a_{ik}^{(k)}/a_{kk}^{(k)}$ 乘以第 k 个方程加到第 i 个方程上去，将第 i 个方程含 x_k 的项消为 0，$i=k+1,k+2,\cdots,n$，做第 k 次消元得到 $\boldsymbol{A}^{(k+1)}\boldsymbol{x}=\boldsymbol{b}^{(k+1)}$：

$$\begin{pmatrix} a_{11}^{(1)} & a_{12}^{(1)} & \cdots & \cdots & \cdots & a_{1n}^{(1)} \\ 0 & a_{22}^{(2)} & \cdots & \cdots & \cdots & a_{2n}^{(2)} \\ \vdots & \vdots & \ddots & \vdots & \vdots & \vdots \\ 0 & \cdots & 0 & a_{k+1,k+1}^{(k+1)} & \cdots & a_{k+1,n}^{(k+1)} \\ \vdots & \vdots & \vdots & \vdots & \vdots & \vdots \\ 0 & \cdots & 0 & a_{n,k+1}^{(k+1)} & \cdots & a_{nn}^{(k+1)} \end{pmatrix}\begin{pmatrix} x_1 \\ x_2 \\ \vdots \\ x_k \\ \vdots \\ x_n \end{pmatrix}=\begin{pmatrix} b_1^{(1)} \\ b_2^{(2)} \\ \vdots \\ b_{k+1}^{(k+1)} \\ \vdots \\ b_n^{(k+1)} \end{pmatrix}$$

其中，$a_{ij}^{(k+1)}=a_{ij}^{(k)}-m_{ik}\times a_{kj}^{(k)}$，$b_i^{(k+1)}=b_i^{(k)}-m_{ik}b_k^{(k)}$.

经过 $n-1$ 次消元，得到方程组(2.0.3)等价的上三角形方程组：

$$\begin{pmatrix} a_{11}^{(1)} & a_{12}^{(1)} & \cdots & a_{1n}^{(1)} \\ 0 & a_{22}^{(2)} & \cdots & a_{2n}^{(2)} \\ \vdots & \vdots & & \vdots \\ 0 & 0 & \cdots & a_{nn}^{(n)} \end{pmatrix}\begin{pmatrix} x_1 \\ x_2 \\ \vdots \\ x_n \end{pmatrix}=\begin{pmatrix} b_1^{(1)} \\ b_2^{(2)} \\ \vdots \\ b_n^{(n)} \end{pmatrix} \tag{2.1.1}$$

求解方程组(2.1.1)只需要用回代的方法，从最后一个方程解出 $x_n=b_n^{(n)}/a_{nn}^{(n)}$，代入第 $n-1$ 个方程，再解出 $x_n=(b_{n-1}^{(n-1)}-b_{n-1,n}^{(n-1)}x_n)/a_{n-1,n-1}^{(n-1)}$，逐次迭代计算公式为

$$\left.\begin{aligned} & x_n=b_n^{(n)}/a_{nn}^{(n)} \\ & x_k=\left(b_k^{(k)}-\sum_{j=k+1}^{n}a_{ij}^{(k)}x_j\right)\Big/a_{kk}^{(k)}, \qquad k=n-1,n-2,\cdots,2,1 \end{aligned}\right\} \tag{2.1.2}$$

解三角形方程组的过程称为回代过程.

注意到每一步迭代都假设约化的主元素 $a_{k,k}^{(k)} \neq 0$，如果迭代到某一步，约化的主元素 $a_{k,k}^{(k)} = 0$，则顺序的高斯消元法不能进行下去. 但是在这种情况下，第 k 列的元素 $a_{k+1,k}^{(k)}, a_{k+2,k}^{(k)}, \cdots, a_{k+n,k}^{(k)}$ 至少有一项不等于 0，例如 $a_{i_k,k}^{(k)} \neq 0$，否则与矩阵 $\boldsymbol{A}$ 非奇异矛盾. 这时可以交换第 k 个方程和第 i_k 个方程，然后再进行下一步消元.

定理 2.1.1　如果 n 阶方阵 $\boldsymbol{A}$ 的所有顺序主子式均不等于 0，则顺序消元法可以将方程组化为上三角形方程组.

证明　设 $\boldsymbol{A}$ 的一阶主子式 $D_1 = a_{11}^{(1)} \neq 0$，则可以做第一步消元，且有

$$a_{22}^{(2)} = a_{22}^{(1)} - a_{12}^{(1)} \cdot a_{21}^{(1)} / a_{11}^{(1)} = \frac{a_{22}^{(1)} a_{11}^{(1)} - a_{12}^{(1)} a_{21}^{(1)}}{a_{11}^{(1)}}$$

由 $D_2 = \begin{vmatrix} a_{11}^{(1)} & a_{12}^{(1)} \\ a_{21}^{(1)} & a_{22}^{(1)} \end{vmatrix} = a_{22}^{(2)} a_{11}^{(1)} \neq 0$，故有 $a_{22}^{(2)} = D_2 / a_{11}^{(1)} \neq 0$，因此第二步消元可以进行，由假设

$$D_k = \begin{vmatrix} a_{11}^{(1)} & * & \cdots & * \\ & a_{22}^{(2)} & * & * \\ & & \ddots & * \\ & & & a_{kk}^{(k)} \end{vmatrix} = a_{11}^{(1)} a_{22}^{(2)} \cdots a_{kk}^{(k)} \neq 0$$

故有 $a_{kk}^{(k)} = D_k / (a_{11}^{(1)} a_{22}^{(2)} \cdots a_{k-1,k-1}^{(k-1)}) \neq 0$，因此第 k 步消元法可以进行. 直至第 $n-1$ 步消元.

定理 2.1.2　如果 $\boldsymbol{A}$ 是非奇异矩阵，允许交换两行的初等运算，则通过高斯消元法将方程化为上三角形方程组.

例 2.1.1　顺序高斯消元法一.

问题　用顺序高斯消元法程序求解方程组

$$\begin{cases} 9x_1 + 18x_2 + 9x_3 - 27x_4 = 1 \\ 18x_1 + 45x_2 - 45x_4 = 2 \\ 9x_1 + 126x_3 + 9x_4 = 16 \\ -27x_1 - 45x_2 + 9x_3 + 135x_4 = 8 \end{cases}$$

解　高斯消元法的消元过程是对方程组的增广矩阵进行下列一系列的初等变换：

$$(\boldsymbol{A}, \boldsymbol{b}) = \begin{pmatrix} 9 & 18 & 9 & -27 & 1 \\ 18 & 45 & 0 & -45 & 2 \\ 9 & 0 & 126 & 9 & 16 \\ -27 & -45 & 9 & 135 & 8 \end{pmatrix} \xrightarrow[\substack{r_2 - 2r_1 \\ r_3 - r_1 \\ r_4 + 3r_1}]{} \begin{pmatrix} 9 & 18 & 9 & -27 & 1 \\ 0 & 9 & -18 & 9 & 0 \\ 0 & -18 & 117 & 36 & 15 \\ 0 & 9 & 36 & 54 & 11 \end{pmatrix}$$

$$\xrightarrow[\substack{r_3 + 2r_2 \\ r_4 - r_2}]{} \begin{pmatrix} 9 & 18 & 9 & -27 & 1 \\ 0 & 9 & -18 & 9 & 0 \\ 0 & 0 & 81 & 54 & 15 \\ 0 & 0 & 54 & 45 & 11 \end{pmatrix} \xrightarrow[r_4 - \frac{2}{3} r_3]{} \begin{pmatrix} 9 & 18 & 9 & -27 & 1 \\ 0 & 9 & -18 & 9 & 0 \\ 0 & 0 & 81 & 54 & 15 \\ 0 & 0 & 0 & 9 & 1 \end{pmatrix}$$

由此得到与原方程组同解的上三角方程组

$$\begin{pmatrix} 9 & 18 & 9 & -27 \\ 0 & 9 & -18 & 9 \\ 0 & 0 & 81 & 54 \\ 0 & 0 & 0 & 9 \end{pmatrix} \begin{pmatrix} x_1 \\ x_2 \\ x_3 \\ x_4 \end{pmatrix} = \begin{pmatrix} 1 \\ 0 \\ 15 \\ 1 \end{pmatrix}$$

通过回代可得该方程组的解为$(x_1,x_2,x_3,x_4)^{\mathrm{T}}=\left(\frac{1}{9},\frac{1}{9},\frac{1}{9},\frac{1}{9}\right)^{\mathrm{T}}$.

例 2.1.2 顺序高斯消元法二.

问题 用顺序高斯消元法求解例 2.0.2 中的线性方程组(2.0.1).

解 记 $\boldsymbol{M}$ 为方程组(2.0.1)的增广矩阵.依据算法编写 MATLAB 程序,运行结果如下:

第 1 次消元:

$$\text{消元后 } \boldsymbol{M}=\begin{pmatrix} 1 & 1 & 1 & 0 & 0 & 0 & 0 & 0 \\ 0 & -1 & 0 & 1 & 1 & 0 & 0 & 0 \\ 0 & 0 & -1 & 0 & -1 & -1 & 1 & 0 \\ 0 & 0 & 0 & -1 & 0 & 1 & 0 & 0 \\ 0 & 0 & 0 & -8 & 7 & -15 & 0 & 0 \\ 0 & -30 & 10 & 0 & -7 & 0 & 0 & 0 \\ 0 & 35 & 45 & 0 & 0 & 0 & 5 & 190 \end{pmatrix}$$

第 2 次消元:

$$\text{消元后 } \boldsymbol{M}=\begin{pmatrix} 1 & 1 & 1 & 0 & 0 & 0 & 0 & 0 \\ 0 & -1 & 0 & 1 & 1 & 0 & 0 & 0 \\ 0 & 0 & -1 & 0 & -1 & -1 & 1 & 0 \\ 0 & 0 & 0 & -1 & 0 & 1 & 0 & 0 \\ 0 & 0 & 0 & -8 & 7 & -15 & 0 & 0 \\ 0 & 0 & 10 & -30 & -37 & 0 & 0 & 0 \\ 0 & 0 & 45 & 35 & 35 & 0 & 5 & 190 \end{pmatrix}$$

继续消元到第 6 次消元:

$$\text{消元后 } \boldsymbol{M}=\begin{pmatrix} 1 & 1 & 1 & 0 & 0 & 0 & 0 & 0 \\ 0 & -1 & 0 & 1 & 1 & 0 & 0 & 0 \\ 0 & 0 & -1 & 0 & -1 & -1 & 1 & 0 \\ 0 & 0 & 0 & -1 & 0 & 1 & 0 & 0 \\ 0 & 0 & 0 & 0 & 7 & -23 & 0 & 0 \\ 0 & 0 & 0 & 0 & 0 & -\dfrac{1\ 361}{7} & 10 & 0 \\ 0 & 0 & 0 & 0 & 0 & 0 & \dfrac{65\ 050}{1\ 361} & 190 \end{pmatrix}$$

求解上三角方程组可得问题的解为

$$\boldsymbol{x}=(-3.975\ 25,0.876\ 249,3.099,0.204\ 458,0.671\ 791,0.204\ 458,3.975\ 25)^{\mathrm{T}}.$$

2.1.2 列选主元高斯消元法

在 2.1.1 小节中指出,当方程组的系数矩阵 $\boldsymbol{A}$ 非奇异时,高斯消元法可以将原方程组化为一个三角方程组,进而求出方程组的解.但是由于舍入误差的影响,求出的解可能精度很差.

列选主元高斯消元法微视频

例 2.1.3 引出列选主元高斯消元法.

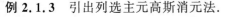

问题　求解线性方程组

$$\begin{cases}\varepsilon x_1 + x_2 = 1 \\ x_1 + x_2 = 2\end{cases}$$

其中,ε 是一个不等于 0 的小的实数.

解　由高斯消元法转化为三角形方程组

$$\begin{cases}\varepsilon x_1 + x_2 = 1 \\ \left(1 - \dfrac{1}{\varepsilon}\right)x_2 = 2 - \dfrac{1}{\varepsilon}\end{cases}$$

得出解

$$\begin{cases}x_2 = (2 - 1/\varepsilon)/(1 - 1/\varepsilon) \approx 1 \\ x_1 = (1 - x_2)/\varepsilon \approx 0\end{cases}$$

原方程的精确解为 $x_1=1, x_2=1$,第二个解 x_2 好一些,而第一个解 x_1 相差很远. 为什么高斯消元法得到的解和正确解会有如此大的误差呢? 在计算机里,当 ε 足够小时,$1-1/\varepsilon$ 和 $2-1/\varepsilon$ 的计算会得到相同的结果. 例如在假想的 7 位数十进制计算机上,取 $\varepsilon=10^{-8}$,那么有 $1/\varepsilon=0.1000000\times10^9$,$2=0.2000000\times10^1$,计算时要对项相加减:

$$1 - \frac{1}{\varepsilon} = 0.000\,000\,01 \times 10^9 - 0.100\,000\,0 \times 10^9 = 0.100\,000\,01 \times 10^9 \approx -\frac{1}{\varepsilon}$$

$$2 - \frac{1}{\varepsilon} = 0.000\,000\,02 \times 10^9 - 0.100\,000\,0 \times 10^9 = 0.100\,000\,02 \times 10^9 \approx -\frac{1}{\varepsilon}$$

因此,在机器中 $1-\dfrac{1}{\varepsilon}=2-\dfrac{1}{\varepsilon}$.

如果先交换方程组的两个方程次序

$$\begin{cases}x_1 + x_2 = 2 \\ \varepsilon x_1 + x_2 = 1\end{cases}$$

同样使用高斯消元法得到

$$\begin{cases}x_1 + x_2 = 2 \\ (1 - \varepsilon)x_2 = 1 - 2\varepsilon\end{cases}$$

解得

$$\begin{cases}x_2 = (1 - 2\varepsilon)/(1 - \varepsilon) \approx 1 \\ x_1 = 2 - x_2 \approx 1\end{cases}$$

此时得到的解精度很好.

从这个例子得出的结论是,当约化的主元素很小时,可能造成舍入误差的扩散. 而交换方程的次序,改变约化的主元素可能解决这个问题.

列选主元的高斯消元法步骤如下:

在第一次消元之前,先在矩阵 $\boldsymbol{A}$ 的第一列元素中选取绝对值最大的元素作为第一个约化的主元素,然后将主元所在的方程与第一个方程交换. 然后再做第一列的消元,将矩阵 $\boldsymbol{A}^{(1)}$ 化为 $\boldsymbol{A}^{(2)}$. 在第二次消元前,先在 $\boldsymbol{A}^{(2)}$ 的第二列元素 $a_{22}^{(2)}, a_{32}^{(2)}, \cdots, a_{n2}^{(2)}$ 中选取第二个约化的主元素,然后将主元所在的方程与第 2 个方程交换. 然后再做第 2 列的消元,将矩阵 $\boldsymbol{A}^{(2)}$ 化为 $\boldsymbol{A}^{(3)}$. 每次消元之前都先选主元,以保证舍入误差不扩散. 这里需要注意的是,要记录下交换前后方程的次序,方程组右边的常向量也要作相应的交换. 可以用一个置换数组来记录它.

例 2.1.4 列选主元高斯消元法一.

问题 列选主元高斯消元法求解线性方程组

$$\begin{pmatrix}2 & 2 & 0\\1 & 1 & 2\\2 & 1 & 1\end{pmatrix}\begin{pmatrix}x_1\\x_2\\x_3\end{pmatrix}=\begin{pmatrix}6\\9\\7\end{pmatrix}$$

解

$$(\boldsymbol{A} \mid \boldsymbol{b})=\left(\begin{array}{ccc|c}2 & 2 & 0 & 6\\1 & 1 & 2 & 9\\2 & 1 & 1 & 7\end{array}\right)\xrightarrow[r_3-r_1]{r_2-\frac{1}{2}r_1}\left(\begin{array}{ccc|c}2 & 2 & 0 & 6\\0 & 0 & 2 & 6\\0 & -1 & 1 & 1\end{array}\right)$$

在第二列,第二、三行元素中比较,第三行元素的绝对值大,交换第二、三行

$$(\boldsymbol{A}^{(1)} \mid \boldsymbol{b}^{(1)})\xrightarrow[r_2\leftrightarrow r_3]{}\left(\begin{array}{ccc|c}2 & 2 & 0 & 6\\0 & -1 & 1 & 1\\0 & 0 & 2 & 6\end{array}\right)$$

得到列选主元消元法下的三角形方程组

$$\begin{pmatrix}2 & 2 & 0\\0 & -1 & 1\\0 & 0 & 2\end{pmatrix}\begin{pmatrix}x_1\\x_2\\x_3\end{pmatrix}=\begin{pmatrix}6\\1\\6\end{pmatrix}$$

最后解得方程组的解是$(x_1,x_2,x_3)^{\mathrm{T}}=(1,2,3)^{\mathrm{T}}$.

例 2.1.5 列选主元高斯消元法二.

问题 用列选主元高斯消元法求解例 2.0.2 中的线性方程组(2.0.1).

解 依据算法编写 MATLAB 程序,运行结果为

主元在第 7 行

$$\text{第 1 次消元得}\quad\begin{pmatrix}-35 & 0 & 10 & 0 & 0 & 0 & 5\\0 & -1 & 0 & 1 & 1 & 0 & 0\\0 & 0 & -1 & 0 & -1 & -1 & 1\\0 & 0 & 0 & -1 & 0 & 1 & 0\\0 & 0 & 0 & -8 & 7 & -15 & 0\\0 & -30 & 10 & 0 & -7 & 0 & 0\\0 & 1 & \frac{9}{7} & 0 & 0 & 0 & \frac{1}{7}\end{pmatrix}\boldsymbol{x}=\begin{pmatrix}190\\0\\0\\0\\0\\0\\\frac{38}{7}\end{pmatrix}$$

主元在第 6 行

$$\text{第 2 次消元得}\quad\begin{pmatrix}-35 & 0 & 10 & 0 & 0 & 0 & 5\\0 & -30 & 10 & 0 & -7 & 0 & 0\\0 & 0 & -1 & 0 & -1 & -1 & 1\\0 & 0 & 0 & -1 & 0 & 1 & 0\\0 & 0 & 0 & -8 & 7 & -15 & 0\\0 & 0 & -\frac{1}{3} & 1 & \frac{37}{30} & 0 & 0\\0 & 0 & \frac{34}{21} & 0 & -\frac{7}{30} & 0 & \frac{1}{7}\end{pmatrix}\boldsymbol{x}=\begin{pmatrix}190\\0\\0\\0\\0\\0\\\frac{38}{7}\end{pmatrix}$$

继续选主元后，再消元得

主元在第 6 行

第 6 次消元得
$$\begin{pmatrix} -35 & 0 & 10 & 0 & 0 & 0 & 5 \\ 0 & -30 & 10 & 0 & -7 & 0 & 0 \\ 0 & 0 & \frac{34}{21} & 0 & -\frac{7}{30} & 0 & \frac{1}{7} \\ 0 & 0 & 0 & -8 & 7 & -15 & 0 \\ 0 & 0 & 0 & 0 & -\frac{389}{340} & -1 & \frac{37}{34} \\ 0 & 0 & 0 & 0 & 0 & -\frac{11\ 439}{3\ 112} & \frac{3\ 095}{1\ 556} \\ 0 & 0 & 0 & 0 & 0 & 0 & \frac{13\ 010}{11\ 439} \end{pmatrix} \boldsymbol{x} = \begin{pmatrix} 190 \\ 0 \\ \frac{38}{7} \\ 0 \\ \frac{57}{17} \\ \frac{5\ 567}{778} \\ \frac{51\ 718}{11\ 439} \end{pmatrix}$$

代回得方程组的解为

$\boldsymbol{x} = \{-3.975\ 25, 0.876\ 249, 3.099, 0.204\ 458, 0.671\ 791, 0.204\ 458, 3.975\ 25\}$.

使用列选主元高斯消元法有时仍然得到精度不高的解.

例 2.1.6 引出按比例主元消元法.

问题 用列选主元高斯消元法解方程组

$$\begin{cases} x_1 + 10\ 000 x_2 = 10\ 000 \\ x_1 + x_2 = 2 \end{cases}$$

解 消元得

$$\begin{cases} x_1 + 10\ 000 x_2 = 10\ 000 \\ 9\ 999 x_2 = 9\ 998 \end{cases}$$

$$\begin{cases} x_2 = \dfrac{9\ 998}{9\ 999} \approx 1 \\ x_1 = 10\ 000 - 10\ 000 \approx 0 \end{cases}$$

得出的仍然是精度很差的解.

这表明当方程组的系数之间量级相差很大时，列选主元高斯消元法可能失效. 改进的方法可以在所有元素中选取主元，称为全主元高斯消元法，即在每次消元之前，先在矩阵的所有行、列元素中比较，选取绝对值最大的数为主元，它产生的比较工作量很大，一般不采用. 另一种方法是采用所谓的按比例主元消元法.

2.1.3 按比例主元消元法

把各行绝对值最大的数记为 $s_i = \max\limits_{1 \leqslant j \leqslant n} |a_{ij}|$，$i = 1, 2, 3$，在第一次消元前，取比值 $|a_{i1}/s_i|$ 最大的主行设为 i_1 行，将第 1 行与第 i_1 行交换，再用主行乘以适当的倍数加到另一些行，消去其他行的 x_1 项；同样在第 $2, \cdots, n-1$ 各次消元前，也都要先选择主行，再进行消元. 用算例介绍按比例主元消元法的计算过程.

例 2.1.7 按比例主元消元法.

问题 用按比例主元消元法解

$$\begin{pmatrix}2 & 3 & 6\\1 & -6 & 8\\3 & -2 & 1\end{pmatrix}\begin{pmatrix}x_1\\x_2\\x_3\end{pmatrix}=\begin{pmatrix}11\\3\\2\end{pmatrix}$$

解 设初始置换向量 $\boldsymbol{p}=(1,2,3)^{\mathrm{T}}$,计算各行的绝对值最大的数分别为 6,8,3. 在第一次消元前,首先选择主行,根据第一列的比值 $(2/6,1/8,3/3)=(1/3,1/8,1)$,第 3 行的比值最大,第 3 行选为主行,交换第 1、3 行. 将置换向量改写为 $\boldsymbol{p}=(3,2,1)^{\mathrm{T}}$. 用主行去消第 2、3 行的 x_1 项:

$$\left(\begin{array}{ccc|c}3 & -2 & 1 & 2\\1 & -6 & 8 & 3\\2 & 3 & 6 & 11\end{array}\right)\rightarrow\left(\begin{array}{ccc|c}3 & -2 & 1 & 2\\0 & -16/3 & 23/3 & 7/3\\0 & 13/3 & -16/3 & 29/3\end{array}\right)$$

在第 2 次消元前,先看第 2 列,第 2、3 行元素与该行绝对值最大的数的比值

$$\left(\frac{16/3}{8},\frac{13/3}{6}\right)=\left(\frac{16}{24},\frac{13}{18}\right)$$

选第 3 行为主行,交换第 2、3 行. 用主行的倍数去消第 3 行的 x_2 项,将置换向量改写为 $\boldsymbol{p}=(3,1,2)^{\mathrm{T}}$.

$$\left(\begin{array}{ccc|c}3 & -2 & 1 & 2\\0 & 13/3 & 16/3 & 29/3\\0 & 0 & 555/39 & 555/39\end{array}\right)$$

在这个三角形方程组中回代,得到方程组的解 $(x_1,x_2,x_3)=(1,1,1)^{\mathrm{T}}$.

2.2 矩阵的三角分解与应用

2.2.1 矩阵的 *LU* 分解

矩阵的 *LU* 分解
微视频

在计算机上利用数学软件进行计算通常是对数组或矩阵进行的,下面建立高斯消元法与矩阵分解的关系,这将有助于算法的编程.

假设 n 阶方阵 $\boldsymbol{A}$ 的所有顺序主子式均不等于 0,对 $\boldsymbol{A}$ 实行第一次消元,将 $\boldsymbol{A}^{(1)}$ 化为 $\boldsymbol{A}^{(2)}$ 相当于将 $\boldsymbol{A}$ 左乘矩阵 $\boldsymbol{E}_1$($\boldsymbol{E}_1$ 是由一系列初等矩阵乘积得到的),即 $\boldsymbol{E}_1\boldsymbol{A}^{(1)}=\boldsymbol{A}^{(2)}$,其中

$$\boldsymbol{E}_1=\begin{pmatrix}1 & & & & \\ -l_{21} & 1 & & & \\ -l_{31} & 0 & 1 & & \\ \vdots & \vdots & \ddots & \ddots & \\ -l_{n1} & 0 & \cdots & 0 & 1\end{pmatrix}$$

一般地,第 k 次消元将 $\boldsymbol{A}^{(k)}$ 化为 $\boldsymbol{A}^{(k+1)}$ 相当于将 $\boldsymbol{A}^{(k)}$ 左乘矩阵 $\boldsymbol{E}_k$,即 $\boldsymbol{E}_k\boldsymbol{A}^{(k)}=\boldsymbol{A}^{(k+1)}$,其中

$$\boldsymbol{E}_k=\begin{pmatrix}1 & & & & \\ & \ddots & & & \\ & & 1 & & \\ & & -l_{k+1,k} & 1 & \\ & & \vdots & & \ddots & \\ & & -l_{n,k} & & & 1\end{pmatrix}$$

矩阵中未标出的元素都是 0. 最后得到 $\boldsymbol{E}_{n-1}\boldsymbol{E}_{n-2}\cdots\boldsymbol{E}_1\boldsymbol{A}=\boldsymbol{A}^{(n)}$. 记 $\boldsymbol{U}=\boldsymbol{A}^{(n)}$，则

$$\boldsymbol{A}=\boldsymbol{E}_1^{-1}\cdots\boldsymbol{E}_{n-2}^{-1}\boldsymbol{E}_{n-1}^{-1}\boldsymbol{U}=\boldsymbol{L}\boldsymbol{U}$$

其中

$$\boldsymbol{L}=\begin{pmatrix} 1 & & & & \\ -l_{21} & 1 & & & \\ -l_{31} & -l_{32} & 1 & & \\ \vdots & \vdots & \ddots & \ddots & \\ -l_{n1} & -l_{n2} & \cdots & -l_{n,n-1} & 1 \end{pmatrix}$$

归纳以上讨论，高斯消元的消元过程本质上就是将矩阵 $\boldsymbol{A}$ 分解为两个三角形矩阵的乘积 $\boldsymbol{A}=\boldsymbol{L}\boldsymbol{U}$，其中 $\boldsymbol{L}$ 是单位下三角矩阵，$\boldsymbol{U}$ 是上三角矩阵，矩阵的这种分解称为 Doolittle（多里特尔）分解；如果是将矩阵 $\boldsymbol{A}$ 分解为下三角矩阵 $\boldsymbol{L}$ 与一个单位上三角矩阵 $\boldsymbol{U}$ 的乘积，则称为克劳特（Crout）分解. 两种分解方式统称为 $\boldsymbol{LU}$ 分解.

$\boldsymbol{LU}$ 分解的算法可以由矩阵直接相乘，然后用比较左右两个矩阵的对应元素的方法来求解. 下面以三阶矩阵的例子来说明怎样得到 Doolittle 分解中的三角形矩阵 $\boldsymbol{L}$ 和 $\boldsymbol{U}$.

例 2.2.1　矩阵的 $\boldsymbol{LU}$ 分解.

问题　将矩阵 $\boldsymbol{A}=\begin{pmatrix}3&2&1\\2&4&1\\1&2&4\end{pmatrix}$ 分解成为 $\boldsymbol{L}$ 与 $\boldsymbol{U}$ 的乘积.

解　设

$$\boldsymbol{A}=\begin{pmatrix}3&2&1\\2&4&1\\1&2&4\end{pmatrix}=\begin{pmatrix}1&&\\l_{21}&1&\\l_{31}&l_{32}&1\end{pmatrix}\begin{pmatrix}u_{11}&u_{12}&u_{13}\\&u_{22}&u_{23}\\&&u_{33}\end{pmatrix}=$$

$$\begin{pmatrix}u_{11}&u_{12}&u_{13}\\l_{21}u_{11}&l_{21}u_{12}+u_{22}&l_{21}u_{13}+u_{23}\\l_{31}u_{11}&l_{31}u_{12}+l_{32}u_{22}&l_{31}u_{13}+l_{32}u_{23}+u_{33}\end{pmatrix}$$

比较上式等号两端，立刻得出：

第一步，计算 $\boldsymbol{U}$ 的第一行，有 $u_{11}=a_{11}=3, u_{12}=a_{12}=2, u_{13}=a_{13}=1$；

第二步，计算 $\boldsymbol{L}$ 的第一列，有 $l_{21}=a_{21}/u_{11}=2/3, l_{31}=a_{31}/u_{uu}=1/3$；

第三步，计算 $\boldsymbol{U}$ 的第二行，有

$$u_{22}=a_{22}-l_{21}u_{12}=4-\frac{2}{3}\times 2=\frac{8}{3},\quad u_{23}=a_{23}-l_{21}u_{13}=1-\frac{2}{3}\times 1=\frac{1}{3};$$

第四步，计算 $\boldsymbol{L}$ 的第二列，有 $l_{32}=(a_{32}-l_{31}u_{12})/u_{22}=\left(2-\frac{1}{3}\times 2\right)\Big/\frac{8}{3}=\frac{1}{2}$；

第五步，计算 $\boldsymbol{U}$ 的第三行，有 $u_{33}=a_{33}-l_{31}u_{13}-l_{32}u_{23}=4-\frac{1}{3}\times 1-\frac{1}{2}\times\frac{1}{3}=\frac{7}{2}$.

由此得到分解式

$$\begin{pmatrix}3&2&1\\2&4&1\\1&2&4\end{pmatrix}=\begin{pmatrix}1&&\\\frac{2}{3}&1&\\\frac{1}{3}&\frac{1}{2}&1\end{pmatrix}\begin{pmatrix}3&2&1\\&\frac{8}{3}&\frac{1}{3}\\&&\frac{7}{2}\end{pmatrix}$$

一般地,n 阶方阵 $\boldsymbol{A}$ 的 $\boldsymbol{LU}$ 分解(以 Doolittle 分解为例)的算法公式为

$$\begin{cases}u_{1j}=a_{1j}, & j=1,2,\cdots,n\\ l_{ii}=1, & i=1,2,\cdots,n\\ u_{ij}=a_{ij}-\sum\limits_{k=1}^{i-1}l_{ik}u_{kj}, & j=i,i+1,\cdots,n\\ l_{ji}=\left(a_{ji}-\sum\limits_{k=1}^{i-1}l_{jk}u_{ki}\right), & j=i+1,i+2,\cdots,n\end{cases}\tag{2.2.1}$$

例 2.2.2 矩阵的 $\boldsymbol{LU}$ 分解.

问题 用计算程序将例 2.0.2 中方程组(2.0.1)中的系数矩阵分解为 $\boldsymbol{L}$ 与 $\boldsymbol{U}$ 的乘积.

解 依据算法公式编写 MATALB 程序,输入方程组(2.0.1)系数矩阵,记为 $\boldsymbol{A}$. 运行结果为

$$\boldsymbol{A}=\boldsymbol{LU}$$

其中

$$\boldsymbol{L}=\begin{pmatrix}1&0&0&0&0&0&0\\0&1&0&0&0&0&0\\0&0&1&0&0&0&0\\0&0&0&1&0&0&0\\0&0&0&8&1&0&0\\0&30&-10&30&-\frac{47}{7}&1&0\\-35&-35&-45&-35&-\frac{10}{7}&\frac{300}{1\,361}&1\end{pmatrix}$$

$$\boldsymbol{U}=\begin{pmatrix}1&1&1&0&0&0&0\\0&-1&0&1&1&0&0\\0&0&-1&0&-1&-1&1\\0&0&0&-1&0&1&0\\0&0&0&0&7&-23&0\\0&0&0&0&0&-\frac{1\,361}{7}&10\\0&0&0&0&0&0&\frac{65\,050}{1\,361}\end{pmatrix}$$

系数矩阵 $\boldsymbol{A}$ 分解成 $\boldsymbol{L}$ 与 $\boldsymbol{U}$ 的乘积后,原方程组 $\boldsymbol{Ax}=\boldsymbol{b}$ 可以写为 $\boldsymbol{LUx}=\boldsymbol{b}$,记 $\boldsymbol{Ux}=\boldsymbol{y}$,则可以化成两个三角形方程组

$$\begin{cases}\boldsymbol{Ly}=\boldsymbol{b}\\ \boldsymbol{Ux}=\boldsymbol{y}\end{cases}\tag{2.2.2}$$

两个方程组的解法都是回代.

解第一个方程组 $\boldsymbol{Ly}=\boldsymbol{b}$.

$$\begin{pmatrix} 1 & & & & \\ l_{21} & 1 & & & \\ l_{31} & l_{32} & 1 & & \\ \vdots & \vdots & \ddots & \ddots & \\ l_{n1} & l_{n2} & \cdots & l_{n,n-1} & 1 \end{pmatrix} \begin{pmatrix} y_1 \\ y_2 \\ y_3 \\ \vdots \\ y_n \end{pmatrix} = \begin{pmatrix} b_1 \\ b_2 \\ b_3 \\ \vdots \\ b_n \end{pmatrix}$$

$$\begin{cases} y_1 = b_1/l_{11} = b_1 \\ y_i = b_i - \sum\limits_{k=1}^{i-1} l_{ik} y_k, \qquad i=1,2,\cdots,n \end{cases} \tag{2.2.3}$$

再解另一个方程组 $\boldsymbol{Ux}=\boldsymbol{y}$.

$$\begin{pmatrix} u_{11} & u_{12} & \cdots & u_{1n} \\ 0 & u_{22} & \cdots & u_{2n} \\ \vdots & \vdots & & \vdots \\ 0 & 0 & \cdots & u_{nn} \end{pmatrix} \begin{pmatrix} x_1 \\ x_2 \\ \vdots \\ x_n \end{pmatrix} = \begin{pmatrix} y_y \\ y_2 \\ \vdots \\ y_n \end{pmatrix}$$

$$\begin{cases} x_n = y_n/u_{nn} \\ x_i = \left(y_i - \sum\limits_{k=i+1}^{n} u_{ik} x_k \right) u_{ii}^{-1}, \qquad i=n-1,n-2,\cdots,1 \end{cases} \tag{2.2.4}$$

$\boldsymbol{x}=(x_1,x_2,\cdots,x_n)^{\mathrm{T}}$ 就是原方程组的解.

在计算矩阵 $\boldsymbol{L}$、$\boldsymbol{U}$ 的元素时,矩阵 $\boldsymbol{A}$ 占据了 n^2 个存储单元,而 $\boldsymbol{L}$、$\boldsymbol{U}$ 又各自占据了 n^2 个存储单元,如果利用 $\boldsymbol{A}$ 中元素的存储单元来存放 $\boldsymbol{L}$、$\boldsymbol{U}$ 的元素,就可以节省存储单元,把这种做法称为紧凑格式的 $\boldsymbol{LU}$ 分解.

例 2.2.3　$\boldsymbol{LU}$ 分解的紧凑格式.

问题　解方程组

$$\begin{pmatrix} 2 & 2 & 3 \\ 4 & 7 & 7 \\ -2 & 4 & 5 \end{pmatrix} \begin{pmatrix} x_1 \\ x_2 \\ x_3 \end{pmatrix} = \begin{pmatrix} 3 \\ 1 \\ -7 \end{pmatrix}$$

解　$\boldsymbol{LU}$ 分解的紧凑格式为

$$\begin{pmatrix} 2 & 2 & 3 \\ 2 & 3 & 1 \\ -1 & 2 & 6 \end{pmatrix}$$

其中,单位下三角矩阵 $\boldsymbol{L}$ 和上三角矩阵 $\boldsymbol{U}$ 分别为

$$\boldsymbol{L}=\begin{pmatrix} 1 & 0 & 0 \\ 2 & 1 & 0 \\ -1 & 2 & 1 \end{pmatrix}, \qquad \boldsymbol{U}=\begin{pmatrix} 2 & 2 & 3 \\ 0 & 3 & 1 \\ 0 & 0 & 6 \end{pmatrix}$$

再解两个三角形方程组,先解方程组 $\boldsymbol{Ly}=\boldsymbol{b}$,得 $\boldsymbol{y}=(3,-5,6)^{\mathrm{T}}$. 再解另一个三角形方程组 $\boldsymbol{Ux}=\boldsymbol{y}$ 运行以下程序,得 $\boldsymbol{x}=(2,-2,1)^{\mathrm{T}}$.

2.2.2 对称正定矩阵的 Cholesky 分解法(平方根法)

前面讨论的高斯消元法和 **LU** 分解法，都是求解一般方程组的方法，均没有考虑方程组系数矩阵本身的特点. 但在实际应用中经常会遇到一些特殊类型的方程组，其系数矩阵具有某种特殊性，如对称正定矩阵、稀疏(带状)矩阵等. 对于这些方程组，若还用原有的一般方程求解，势必造成存储空间和计算的浪费. 因此，有必要构造适合特殊方程组的求解方法.

对称正定矩阵的 Cholesky 分解法(平方根法)微视频

当线性方程组的系数矩阵 $\boldsymbol{A}$ 是对称正定矩阵时，可利用对称矩阵的特点使 **LU** 分解减少计算量，从而节省存储空间. 由于对称正定矩阵的所有顺序主子式都大于零，故 $\boldsymbol{A}$ 存在唯一的 **LU** 分解. 进一步我们有如下结论：

定理 2.2.1 n 阶实对称矩阵 $\boldsymbol{A}$ 是正定的充分必要条件是存在一个非奇异下三角矩阵 $\boldsymbol{L}$，使

$$\boldsymbol{A}=\boldsymbol{L}\boldsymbol{L}^{\mathrm{T}}$$

其中 $\boldsymbol{L}^{\mathrm{T}}$ 为 $\boldsymbol{L}$ 的转置矩阵，并且当限定 $\boldsymbol{L}$ 的对角线元素为正时，分解是唯一的.

用直接矩阵相乘，比较对应元素的方法可以得出以下的计算公式.

对 $k=1,2,\cdots,n$ 循环，有

$$\begin{cases} l_{kk}=\left(a_{kk}-\sum\limits_{i=1}^{k-1} l_{ki}^{2}\right)^{\frac{1}{2}} \\ l_{jk}=\left(a_{jk}-\sum\limits_{i=1}^{k-1} l_{ji} l_{ki}\right)/l_{kk}, \qquad j=k+1,k+2,\cdots,n \end{cases} \tag{2.2.5}$$

在计算 $\boldsymbol{L}$ 的对角元素时要做 n 次开方运算，原方程组可以化为

$$\begin{cases} \boldsymbol{L}\boldsymbol{y}=\boldsymbol{b} \\ \boldsymbol{L}^{\mathrm{T}}\boldsymbol{x}=\boldsymbol{y} \end{cases}$$

两个三角形方程组来计算. 因此该方法也称为平方根法.

Cholesky 分解法原理基于矩阵的 **LU** 分解，所以它也是高斯消元法的一种变形. 但是由于它利用了矩阵对称的性质，$\boldsymbol{L}\boldsymbol{L}^{\mathrm{T}}$ 分解计算量比 **LU** 分解少了一半，分解和回代的乘除运算共需 $(n^3+9n^2+2n)/6$ 以及 $(n^3+6n^2-7n)/6$ 次加减法，但是在计算对角线元素时，要做 n 次开方. 为了避免做开方运算，可以用下面的方法.

假设已经得到 $\boldsymbol{A}$ 的 **LU** 分解 $\boldsymbol{A}=\boldsymbol{L}\boldsymbol{U}$，这里的 $\boldsymbol{U}$ 可以分解为

$$\boldsymbol{U}=\begin{pmatrix} u_{11} & u_{12} & \cdots & u_{1n} \\ & u_{22} & \cdots & u_{2n} \\ & & \ddots & \vdots \\ & & & u_{nn} \end{pmatrix}=\begin{pmatrix} u_{11} & & & \\ & u_{22} & & \\ & & \ddots & \\ & & & u_{nn} \end{pmatrix}\begin{pmatrix} 1 & r_{12} & \cdots & r_{1n} \\ & 1 & r_{23} & r_{2n} \\ & & \ddots & \vdots \\ & & & 1 \end{pmatrix}=\boldsymbol{D}\boldsymbol{R}$$

其中，$\boldsymbol{D}$ 是以 $\boldsymbol{U}$ 的对角元构成的对角阵. 于是有 $\boldsymbol{A}=\boldsymbol{L}\boldsymbol{D}\boldsymbol{R}$，由 $\boldsymbol{A}$ 对称正定，容易证明 $\boldsymbol{R}=\boldsymbol{L}^{\mathrm{T}}$，即 $\boldsymbol{A}=\boldsymbol{L}\boldsymbol{D}\boldsymbol{L}^{\mathrm{T}}$，称为 $\boldsymbol{A}$ 的 $\boldsymbol{L}\boldsymbol{D}\boldsymbol{L}^{\mathrm{T}}$ 分解，也称为改进的 Cholesky 分解法或改进的平方根法.

同样用待定系数法，可以推导出如下改进平方根法计算公式：

$$\begin{cases} d_{k}=a_{kk}-\sum\limits_{j=1}^{k-1} l_{kj}^{2} d_{j}, & k=1,2,\cdots,n \\ l_{ik}=\left(a_{ik}-\sum\limits_{j=1}^{k-1} l_{ij} d_{j} l_{kj}\right)\Big/d_{k}, & i=k+1,\cdots,n \end{cases}$$

例 2.2.4 Cholesky 分解法.

问题　用 Cholesky 分解法解方程组

$$\begin{cases}4x_1-x_2+x_3=6\\-x_1+4.25x_2+2.75x_3=-0.5\\x_1+2.75x_2+3.5x_3=1.25\end{cases}$$

解　容易验证该方程组的系数矩阵

$$\boldsymbol{A}=\begin{pmatrix}4&-1&1\\-1&4.25&2.75\\1&2.75&3.5\end{pmatrix}$$

对称且各顺序主子式都大于零,故为对称正定矩阵. 由 Cholesky 分解,存在对角线为正的非奇异下三角阵 $\boldsymbol{L}$,使得

$$\boldsymbol{A}=\boldsymbol{L}\boldsymbol{L}^T=\begin{pmatrix}l_{11}&&\\l_{21}&l_{22}&\\l_{31}&l_{32}&l_{33}\end{pmatrix}\begin{pmatrix}l_{11}&l_{21}&l_{31}\\&l_{22}&l_{32}\\&&l_{33}\end{pmatrix}$$

比较方程两边的元素,可得

$$\boldsymbol{L}=\begin{pmatrix}2&0&0\\-0.5&2&0\\0.5&1.5&1\end{pmatrix}$$

再解两个三角形方程组,先解下三角方程组 $\boldsymbol{Ly}=\boldsymbol{b}$,得 $\boldsymbol{y}=(3,0.5,-1)^{\mathrm{T}}$,再解上三角方程组 $\boldsymbol{L}^{\mathrm{T}}\boldsymbol{x}=\boldsymbol{y}$,得 $\boldsymbol{x}=(2,1,-1)^{\mathrm{T}}$.

例 2.2.5　改进平方根法.

用改进平方根法解方程组

$$\begin{cases}4x_1-x_2+x_3=6\\-x_1+4.25x_2+2.75x_3=-0.5\\x_1+2.75x_2+3.5x_3=1.25\end{cases}$$

解　先根据改进平方根法公式,对该方程组的系数矩阵进行分解,有

$$\boldsymbol{A}=\begin{bmatrix}4&-1&1\\-1&4.25&2.75\\1&2.75&3.5\end{bmatrix}=\begin{bmatrix}1&&\\-0.25&1&\\0.25&0.75&1\end{bmatrix}\begin{bmatrix}4&&\\&4&\\&&1\end{bmatrix}\begin{bmatrix}1&-0.25&0.25\\&1&0.75\\&&1\end{bmatrix}$$

于是得到两个方程组

$$\begin{bmatrix}1&&\\-0.25&1&\\0.25&0.75&1\end{bmatrix}\begin{bmatrix}y_1\\y_2\\y_3\end{bmatrix}=\begin{bmatrix}6\\-0.5\\1.25\end{bmatrix}$$

$$\begin{bmatrix}1&-0.25&0.25\\&1&0.75\\&&1\end{bmatrix}\begin{bmatrix}x_1\\x_2\\x_3\end{bmatrix}=\begin{bmatrix}4&&\\&4&\\&&1\end{bmatrix}^{-1}\begin{bmatrix}y_1\\y_2\\y_3\end{bmatrix}$$

解得 $y=(1.5,0.25,-1)^{\mathrm{T}}$,$x=(2,1,-1)^{\mathrm{T}}$.

2.2.3 解三对角线性方程组的"追赶"法

解三对角线性方程组的"追赶"法微视频

在二阶常微分方程边值问题、热传导方程等科学工程计算中，经常遇到如下方程组的求解：

$$\begin{pmatrix} d_1 & c_1 & & & & & \\ a_1 & d_2 & c_2 & & & & \\ & a_2 & d_3 & c_3 & & & \\ & & a_3 & d_4 & c_4 & & \\ & & & \ddots & \ddots & \ddots & \\ & & & & a_{n-2} & d_{n-1} & c_{n-1} \\ & & & & & a_{n-1} & d_n \end{pmatrix} \begin{pmatrix} x_1 \\ x_2 \\ x_3 \\ x_4 \\ \vdots \\ x_{n-1} \\ x_n \end{pmatrix} = \begin{pmatrix} b_1 \\ b_2 \\ b_3 \\ b_4 \\ \vdots \\ b_{n-1} \\ b_n \end{pmatrix} \tag{2.2.6}$$

在上式中未标出的矩阵元素都是 0. 把此类方程组称为三对角线性方程组，其中的系数矩阵记为 $\boldsymbol{A}$，称为三对角矩阵. 由于三对角矩阵的非零元沿主对角方向呈现"带状"，因此也称为带状矩阵. 一般而言，带状矩阵有如下定义：

定义 2.2.1 设 n 阶矩阵 $\boldsymbol{A}=(a_{ij})$ 的元素满足对小于 n 的正整数 p 和 q，当 $j>i+q$ 及 $i>j+p$ 时，$a_{ij}=0$，则 $\boldsymbol{A}$ 称为上带宽为 q、下带宽为 p 的带状矩阵，其带宽为 $w=p+q+1$.

因此，三对角矩阵是带宽为 3(上下带宽都是 1)的带状矩阵. 带状矩阵对应的线性方程组称为带状方程组. 关于带状矩阵的 $\boldsymbol{LU}$ 分解有如下结论.

定理 2.2.2 如果上带宽为 q、下带宽为 p 的 n 阶带状矩阵 $\boldsymbol{A}$ 有 $\boldsymbol{LU}$ 分解：$\boldsymbol{A}=\boldsymbol{LU}$，则 $\boldsymbol{L}$ 是下带宽为 p 的单位下三角矩阵，$\boldsymbol{U}$ 是上带宽为 q 的上三角矩阵.

当三对角矩阵可做 $\boldsymbol{LU}$ 分解时，不用现成的 $\boldsymbol{LU}$ 分解公式，可根据矩阵中元素的特点直接退到其 $\boldsymbol{LU}$ 分解公式. 为了便于书写，这里以四阶为例. 设矩阵 $\boldsymbol{A}$ 可以分解为 $\boldsymbol{A}=\boldsymbol{LU}$，其中 $\boldsymbol{L}$ 是下三角矩阵，$\boldsymbol{U}$ 是单位上三角矩阵：

$$\boldsymbol{A}=\begin{pmatrix} d_1 & c_1 & & \\ a_1 & d_2 & c_2 & \\ & a_2 & d_3 & c_3 \\ & & a_3 & d_4 \end{pmatrix} = \begin{pmatrix} p_1 & & & \\ a_1 & p_2 & & \\ & a_2 & p_3 & \\ & & a_3 & p_4 \end{pmatrix} \begin{pmatrix} 1 & q_1 & & \\ & 1 & q_2 & \\ & & 1 & q_3 \\ & & & 1 \end{pmatrix} \tag{2.2.7}$$

比较式(2.2.7)的两端，立刻得到

$$\begin{aligned} &p_1=d_1, && q_1=c_1/p_1 \\ &p_2=d_2-a_1q_1, && q_2=c_2/p_2 \\ &p_3=d_3-a_2q_2, && q_3=c_3/p_3 \\ &p_4=d_4-a_3q_3 && \end{aligned}$$

一般地，对于 n 阶三对角矩阵，有

$$\begin{aligned} &p_1=d_1, \quad q_1=c_1/p_1 \\ &p_k=d_k-a_{k-1}q_{k-1}, \quad q_k=c_k/p_k, \quad k=2,3,\cdots,n-1 \\ &p_n=d_n-a_{n-1}q_{n-1} \end{aligned}$$

与 $\boldsymbol{LU}$ 分解法类似，原方程组 $\boldsymbol{Ax}=\boldsymbol{b}$ 变成两个三角形方程组：

$$\begin{cases} \boldsymbol{Ly} = \boldsymbol{b} \\ \boldsymbol{Ux} = \boldsymbol{y} \end{cases}$$

求解三角形方程组 $\boldsymbol{Ly}=\boldsymbol{b}$ 可以用代入方法：

$$\begin{cases} y_1 = b_1/p_1 \\ y_k = (b_k - a_k y_{k-1})/p_k, \quad k = 2,3,\cdots,n \end{cases} \tag{2.2.8}$$

再求解方程组 $\boldsymbol{Ux}=\boldsymbol{y}$，于是

$$\begin{cases} x_n = y_n \\ x_k = y_k - q_k x_{k+1}, \quad k = n-1, n-2, \cdots, 2, 1 \end{cases} \tag{2.2.9}$$

计算 y_k 的过程通常称为“追”过程，计算 x_k 的过程通常称为“赶”过程，因此这个方法又称为“追赶”法.

在对矩阵 $\boldsymbol{A}$ 分解的过程中，必须保证 $p_k \neq 0, k=1,2,\cdots,n$，下面给出一个更充分的条件.

定理 2.2.3　假设三对角矩阵 $\boldsymbol{A}$ 满足对角占优条件：

① $|d_1| > |c_1|$；

② $|d_k| > |a_{k-1}| + |c_k|$，且 $a_{k-1}c_k \neq 0, k=2,3,\cdots,n-1$；

③ $|d_n| > |a_{n-1}| > 0$.

分解得到的 $p_1, p_2, \cdots, p_n$ 都不等于 0.

2.3　直接方法的误差分析

在讨论线性方程组解的误差分析之前，首先介绍有关向量范数、矩阵范数以及条件数的概念.

2.3.1　向量范数和矩阵范数

定义 2.3.1　(向量的范数)在向量空间 $\boldsymbol{V}$ 上，范数是一个从 $\boldsymbol{V}$ 到实数集合的函数 $\|\cdot\|$，满足以下三个要求：

① 正定性——$\forall \boldsymbol{x} \in \boldsymbol{V}, \boldsymbol{x} \neq 0$ 有 $\|\boldsymbol{x}\| \geqslant 0$，若 $\|\boldsymbol{x}\| = 0$，当且仅当 $\boldsymbol{x}=0$；

② 齐次性——$\forall \lambda \in \boldsymbol{R}^1, \forall \boldsymbol{x} \in \boldsymbol{V}$，有 $\|\lambda \boldsymbol{x}\| = |\lambda| \, \|\boldsymbol{x}\|$；

③ 三角不等式——$\forall \boldsymbol{x}, \boldsymbol{y} \in \boldsymbol{V}$，有 $\|\boldsymbol{x}+\boldsymbol{y}\| \leqslant \|\boldsymbol{x}\| + \|\boldsymbol{y}\|$.

范数的定义是一个公理化的定义，它没有给出具体的法则，只是规定了对应法则所需要满足的条件，可以将其看作是对向量的某种度量. 在我们熟悉的向量空间 $\boldsymbol{R}^n$ 上定义的向量的长度或向量的大小就是向量的一种范数，称为欧几里得范数，记作 $\|\boldsymbol{x}\|_2$.

$$\|\boldsymbol{x}\|_2 = \sqrt{\sum_{i=1}^{n} x_i^2}$$

其中，$\boldsymbol{x} = (x_1, x_2, \cdots, x_n)^{\mathrm{T}}$.

不难验证 $\|\boldsymbol{x}\|_2$ 满足三个要求.

在数值分析中还有几种常用的范数. 最简单和容易计算的范数是无穷范数 $\|\boldsymbol{x}\|_\infty$，它的定义是 $\|\boldsymbol{x}\|_\infty = \max\{|x_1|, |x_2|, \cdots, |x_n|\} = \max\limits_{1 \leqslant i \leqslant n} |x_i|$.

第三种常用的范数是 $\|\boldsymbol{x}\|_1$，定义为 $\|\boldsymbol{x}\|_1 = |x_1| + |x_2| + \cdots + |x_n| = \sum\limits_{i=1}^{n} |x_i|$.

例 2.3.1 向量范数的计算.

问题 给出三个向量 $\boldsymbol{x}=(2,2,-2,2)$，$\boldsymbol{y}=(0,1,2,5)$，$\boldsymbol{z}=(6,0,0,0)$，试比较它们的 $\|\cdot\|_1$ 的大小，并计算它们的 $\|\cdot\|_2$ 和 $\|\cdot\|_\infty$.

解 $\|\boldsymbol{x}\|_1=2+2+2+2=8$，$\|\boldsymbol{y}\|_1=0+1+2+5=8$，$\|\boldsymbol{z}\|_1=6+0+0+0=6$；
$\|\boldsymbol{x}\|_2=\sqrt{2^2+2^2+(-2)^2+2^2}=4$，$\|\boldsymbol{y}\|_2=\sqrt{0+1+2^2+5^2}=\sqrt{30}$，$\|\boldsymbol{z}\|_2=\sqrt{6^2+0+0+0}=6$；
$\|\boldsymbol{x}\|_\infty=\max\{2,2,2,2\}=2$，$\|\boldsymbol{y}\|_\infty=\max\{0,1,2,5\}=5$，$\|\boldsymbol{z}\|_\infty=\max\{6,0,0,0\}=6$.

在二维空间理解这几种范数的概念是很有帮助的，它们有很明确的几何意义. 图 2.3.1 给出不同范数下 $\{\boldsymbol{x}\mid \boldsymbol{x}\in\boldsymbol{R}^2,\ \|\boldsymbol{x}\|\leqslant 1\}$ 的集合.

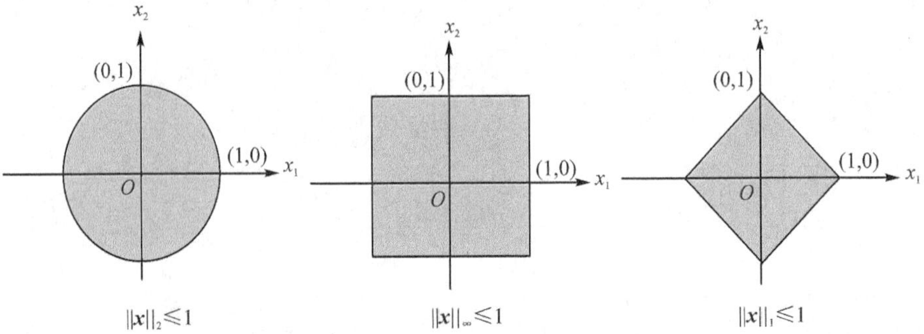

图 2.3.1 不同范数下的几何表示

下面简要介绍向量范数的几点性质.

定理 2.3.1 设给定 $\boldsymbol{A}\in\boldsymbol{R}^{n\times n}$，$\boldsymbol{x}=(x_1,x_2,\cdots,x_n)^{\mathrm{T}}\in\boldsymbol{R}^n$，则对于 $\boldsymbol{R}^n$ 上的每一种向量范数，$\|\boldsymbol{Ax}\|$ 都是 $x_1,x_2,\cdots,x_n$ 的 n 元连续函数.

推论 2.3.1 $\|\boldsymbol{x}\|$ 是 $x_1,x_2,\cdots,x_n$ 的连续函数.

定理 2.3.2 $\boldsymbol{R}^n$ 上所有的向量范数是彼此等价的，即对 $\boldsymbol{R}^n$ 上的任意两种向量范数 $\|\boldsymbol{x}\|_t$ 和 $\|\boldsymbol{x}\|_s$，存在常数 $c_1,c_2>0$，使得对任意 $\boldsymbol{x}=(x_1,x_2,\cdots,x_n)^{\mathrm{T}}\in\boldsymbol{R}^n$，有

$$c_1\|\boldsymbol{x}\|_s\leqslant\|\boldsymbol{x}\|_t\leqslant c_2\|\boldsymbol{x}\|_s$$

证明 只须证明任何范数与欧几里德范数等价. 考虑单位球面：

$$S_2=\{\boldsymbol{x}:\boldsymbol{x}\in\boldsymbol{R}^n,\ \|\boldsymbol{x}\|_2=1\}$$

S_2 是 $\boldsymbol{R}^n$ 中的有界闭集，由推论 2.3.1，连续函数 $\|\boldsymbol{x}\|_t$ 在任何闭集上达到最大值 C 和最小值 c，显然 $C\geqslant c>0$，于是对任何 $\boldsymbol{x}\in\boldsymbol{R}^n$，$\boldsymbol{x}\neq 0$，由 $\boldsymbol{x}/\|\boldsymbol{x}\|_t\in S_2$，因此

$$c\leqslant\left\|\frac{\boldsymbol{x}}{\|\boldsymbol{x}\|_t}\right\|\leqslant C$$

即

$$c\|\boldsymbol{x}\|_2\leqslant\|\boldsymbol{x}\|_t\leqslant C\|\boldsymbol{x}\|_2$$

当 $x=0$ 时上式显然成立，定理得证.

定理 2.3.3 设 $\{\boldsymbol{x}^{(k)}\}$ 是 $\boldsymbol{R}^n$ 中的向量序列，$\boldsymbol{x}$ 是 $\boldsymbol{R}^n$ 中的向量，则 $\lim\limits_{k\to\infty}\|\boldsymbol{x}^{(k)}-\boldsymbol{x}\|=0$ 当且仅当

$$\lim_{k\to\infty}x_j^{(k)}=x_j,\qquad j=1,2,\cdots,n$$

其中，$x_j^{(k)}$ 和 x_j 分别代表 $\{\boldsymbol{x}^{(k)}\}$ 和 $\boldsymbol{x}$ 的第 j 个分量，此时称向量列 $\{\boldsymbol{x}^{(k)}\}$ 收敛于 $\boldsymbol{x}$，记作 $\lim\limits_{k\to\infty}\boldsymbol{x}^{(k)}=\boldsymbol{x}$

或 $\{\boldsymbol{x}^{(k)}\}\to\boldsymbol{x}, k\to\infty$.

证明 由范数的等价性,只要对某一种范数证明定理即可,用无穷范数 $\|\boldsymbol{x}\|_\infty$ 结论显然成立. 由

$$\lim_{k\to\infty}\|\boldsymbol{x}^{(k)}-\boldsymbol{x}\|_\infty=\lim_{k\to\infty}\max_{1\leqslant j\leqslant n}\left\{\|x_j^{(k)}-x_j\|\right\}=0$$

可得 $\lim\limits_{k\to\infty}x_j^{(k)}=x_j, j=1,2,\cdots,n$;反之亦然.

定义 2.3.2 (矩阵的范数)在向量空间 $\boldsymbol{R}^{n\times n}$ 上,定义了一个从 $\boldsymbol{R}^{n\times n}$ 到实数集合的函数 $\|\cdot\|$,满足以下四个要求:

① 正定性—— $\forall \boldsymbol{A}\in\boldsymbol{R}^{n\times n}, \boldsymbol{A}\neq 0$,有 $\|\boldsymbol{A}\|\geqslant 0$,若 $\|\boldsymbol{A}\|=0$,当且仅当 $\boldsymbol{A}=0$;

② 齐次性—— $\forall\lambda\in\boldsymbol{R}^1, \forall \boldsymbol{A}\in\boldsymbol{R}^{n\times n}$,有 $\|\lambda\boldsymbol{A}\|=|\lambda|\,\|\boldsymbol{A}\|$;

③ 三角不等式—— $\forall \boldsymbol{A},\boldsymbol{B}\in\boldsymbol{R}^{n\times n}$,有 $\|\boldsymbol{A}+\boldsymbol{B}\|\leqslant\|\boldsymbol{A}\|+\|\boldsymbol{B}\|$;

④ 相容性—— $\forall \boldsymbol{A},\boldsymbol{B}\in\boldsymbol{R}^{n\times n}$,有 $\|\boldsymbol{AB}\|\leqslant\|\boldsymbol{A}\|\,\|\boldsymbol{B}\|$.

故称 $\|\cdot\|$ 为 $\boldsymbol{R}^{n\times n}$ 上的一个矩阵范数.

定理 2.3.4 设 $\boldsymbol{A}\in\boldsymbol{R}^{n\times n}$,$\|\cdot\|$ 是 $\boldsymbol{R}^n$ 上的一个向量范数,则

$$\|\boldsymbol{A}\|=\max_{\|\boldsymbol{x}\|=1}\|\boldsymbol{Ax}\|$$

是一种矩阵范数,称其为由向量范数 $\|\cdot\|$ 诱导出的矩阵范数.

由于矩阵可以看作 $\boldsymbol{R}^{n^2}$ 上的向量,因此矩阵范数与向量范数之间应该具有某种协调性,我们将主要讨论由常用的几种向量范数诱导出来的矩阵范数.

向量范数诱导出来的矩阵范数除了满足定义中的四个要求外,还要满足以下要求:

⑤ 对任意 n 维向量 $\boldsymbol{x}$ 都有 $\|\boldsymbol{Ax}\|\leqslant\|\boldsymbol{A}\|\cdot\|\boldsymbol{x}\|$.

这一性质称为矩阵范数与向量范数的相容性.

由常用的几种向量范数诱导出来的矩阵范数有以下 3 个:

- 1-范数 $\|\boldsymbol{A}\|_1=\max\limits_{\|\boldsymbol{x}\|_1=1}\|\boldsymbol{Ax}\|_1=\max\limits_{1\leqslant j\leqslant n}\sum\limits_{i=1}^{n}|a_{ij}|$;
- 2-范数 $\|\boldsymbol{A}\|_2=\max\limits_{\|\boldsymbol{x}\|_2=1}\|\boldsymbol{Ax}\|_2=\sqrt{|\lambda_1|}$,其中 λ_1 是矩阵 $\boldsymbol{A}^{\mathrm{T}}\boldsymbol{A}$ 按绝对值最大的特征值;
- ∞-范数 $\|\boldsymbol{A}\|_\infty=\max\limits_{\|\boldsymbol{x}\|_\infty=1}\|\boldsymbol{Ax}\|_\infty=\max\limits_{1\leqslant i\leqslant n}\sum\limits_{j=1}^{n}|a_{ij}|$.

定义 2.3.3 (矩阵 $\boldsymbol{A}$ 的谱半径)设 $n\times n$ 阶方阵 $\boldsymbol{A}$ 的特征根为 $\lambda_i, i=1,2,\cdots,n$,则称

$$\rho(\boldsymbol{A})=\max_{1\leqslant i\leqslant n}|\lambda_i|$$

为矩阵 $\boldsymbol{A}$ 的谱半径.

由矩阵特征值的定义可知,对矩阵 $\boldsymbol{A}$ 的任何特征值 λ 和对应的特征向量 $\boldsymbol{x}$,有关系式 $\boldsymbol{Ax}=\lambda\boldsymbol{x}$. 两端取范数,据范数的性质⑤有

$$\|\lambda\boldsymbol{x}\|=|\lambda\cdot\|\boldsymbol{x}\||\leqslant\|\boldsymbol{A}\|\,\|\boldsymbol{x}\|$$

故有 $\rho(\boldsymbol{A})\leqslant\|\boldsymbol{A}\|$. 这里特征向量 $\boldsymbol{x}\neq 0$,有 $\|\boldsymbol{x}\|\neq 0$. 这个性质在今后的证明中会用到.

定理 2.3.5 设 $\{\boldsymbol{A}^{(k)}\}$ 是 $\boldsymbol{R}^{n\times n}$ 中的矩阵序列,$\boldsymbol{A}$ 是 $\boldsymbol{R}^{n\times n}$ 中的矩阵,则 $\lim\limits_{k\to\infty}\|\boldsymbol{A}^{(k)}-\boldsymbol{A}\|=0$ 当且仅当

$$\lim_{k\to\infty}A_{ij}^{(k)}=A_{ij},\qquad i,j=1,2,\cdots,n$$

其中,$A_{ij}^{(k)}$ 和 A_{ij} 分别代表 $\{\boldsymbol{A}^{(k)}\}$ 和 $\boldsymbol{A}$ 的第 i 行 j 列交叉处的分量. 该定理和定理 2.3.3 类似.

定理 2.3.6 设 $\boldsymbol{A}$ 是 $n\times n$ 矩阵，$\{\boldsymbol{A}^{(k)}\}$ 是由 $\boldsymbol{A}$ 的各次幂组成的矩阵序列，则

$$\lim_{k\to\infty}\boldsymbol{A}^k=0$$

当且仅当 $\rho(\boldsymbol{A})<1$.

2.3.2 矩阵的条件数和误差分析

当用直接法求解线性方程组时，在没有舍入误差的前提下，可得到问题的精确解. 然而，由于实际提供的或经过计算而得到的方程组其系数矩阵和常数项的元素总有一定误差，因此，利用直接法都只能求得方程组的近似解，这就需要去估计近似解的误差，或者说去估计近似解的精确度.

下面来考察方程组 $\boldsymbol{Ax}=\boldsymbol{b}$，当系数矩阵 $\boldsymbol{A}$ 或右端的常向量 $\boldsymbol{b}$ 出现小的扰动时对解的影响. 先看一个简单的例子.

例 2.3.2 扰动对解的影响.

问题 方程组

$$\begin{cases}1.000\,2x_1+0.999\,8x_2=2\\0.999\,8x_1+1.000\,2x_2=2\end{cases}$$

有解 $\boldsymbol{x}=(1,1)^{\mathrm{T}}$. 当右端的常向量 $\boldsymbol{b}$ 有微小扰动 $\Delta\boldsymbol{b}=(0.000\,2,-0.000\,2)^{\mathrm{T}}$ 时，方程组变为

$$\begin{cases}1.000\,2x_1+0.999\,8x_2=2.000\,2\\0.999\,8x_1+1.000\,2x_2=1.999\,8\end{cases}$$

解为 $\tilde{\boldsymbol{x}}=(1.5,0.5)^{\mathrm{T}}$，$\Delta\boldsymbol{x}=\boldsymbol{x}-\tilde{\boldsymbol{x}}$，用无穷范数来讨论，有

$$\frac{\|\Delta\boldsymbol{b}\|_\infty}{\|\boldsymbol{b}\|_\infty}=\frac{0.000\,2}{2}=\frac{1}{10\,000}$$

而

$$\frac{\|\Delta\boldsymbol{x}\|}{\|\boldsymbol{x}\|}=\frac{\|\boldsymbol{x}-\tilde{\boldsymbol{x}}\|}{\|\boldsymbol{x}\|}=\frac{0.5}{1}=\frac{1}{2}$$

即解的相对误差比常向量的相对误差放大了 5 000 倍.

这个例子表明，即使两个线性方程组的系数及常数项很相近，解的差别也可能很大. 这也可解释为当方程组的系数或常数项产生微小扰动(误差)时，可能使解产生很大的误差，甚至失去近似的意义. 下面对较为一般的情况讨论系数对解的影响.

定理 2.3.7 设方程组 $\boldsymbol{Ax}=\boldsymbol{b}$，当右端的常向量 $\boldsymbol{b}$ 出现小的扰动 $\Delta\boldsymbol{b}$ 时，带来解 $\boldsymbol{x}$ 的变化 $\Delta\boldsymbol{x}$，则对解的相对误差有估计式

$$\frac{\|\Delta\boldsymbol{x}\|}{\|\boldsymbol{x}\|}\leqslant\|\boldsymbol{A}^{-1}\|\|\boldsymbol{A}\|\frac{\Delta\|\boldsymbol{b}\|}{\|\boldsymbol{b}\|}\tag{2.3.1}$$

证明 由于常向量的扰动，得出的扰动方程组为

$$\boldsymbol{A}(\boldsymbol{x}+\Delta\boldsymbol{x})=(\boldsymbol{b}+\Delta\boldsymbol{b})$$

与原方程相减得 $\boldsymbol{A}\Delta\boldsymbol{x}=\Delta\boldsymbol{b}$，或 $\Delta\boldsymbol{x}=\boldsymbol{A}^{-1}\Delta\boldsymbol{b}$. 由范数的性质有

$$\|\Delta\boldsymbol{x}\|\leqslant\|\boldsymbol{A}^{-1}\|\|\Delta\boldsymbol{b}\|,\qquad\|\boldsymbol{b}\|\leqslant\|\boldsymbol{A}\|\|\boldsymbol{x}\|$$

两式相乘得 $\|\Delta\boldsymbol{x}\|\|\boldsymbol{b}\|\leqslant\|\boldsymbol{A}^{-1}\|\|\boldsymbol{A}\|\|\boldsymbol{x}\|\|\Delta\boldsymbol{b}\|$，若假定 $\boldsymbol{b}\neq0$，则 $\boldsymbol{x}\neq0$，于是有

$$\frac{\|\Delta\boldsymbol{x}\|}{\|\boldsymbol{x}\|}\leqslant\|\boldsymbol{A}^{-1}\|\|\boldsymbol{A}\|\frac{\|\Delta\boldsymbol{b}\|}{\|\boldsymbol{b}\|}$$

由定理 2.3.7 的结论表明方程组解的相对误差比常向量的相对误差放大了 $\|\boldsymbol{A}^{-1}\|\|\boldsymbol{A}\|$ 倍.

定义 2.3.4　$\boldsymbol{A}$ 是 n 阶方阵，称 $\|\boldsymbol{A}^{-1}\|\|\boldsymbol{A}\|$ 为矩阵 $\boldsymbol{A}$ 的条件数，记作

$$\operatorname{cond}(\boldsymbol{A})=\|\boldsymbol{A}^{-1}\|\|\boldsymbol{A}\|$$

定理 2.3.7 的结论可以写作 $\dfrac{\|\Delta\boldsymbol{x}\|}{\|\boldsymbol{x}\|}\leqslant\operatorname{cond}(\boldsymbol{A})\dfrac{\|\Delta\boldsymbol{b}\|}{\|\boldsymbol{b}\|}$.

由定理 2.3.7 可以看出，当矩阵 $\boldsymbol{A}$ 的条件数小时，$\boldsymbol{b}$ 的小扰动引起解 $\boldsymbol{x}$ 的变化也不大；当条件数很大时，解 $\boldsymbol{x}$ 的变化会很大. 因此条件数在一定程度上描述了一个方程组解对系数的敏感程度. 而条件数和矩阵 $\boldsymbol{A}$ 本身有关，一个条件数很大的矩阵称为病态矩阵，以病态矩阵为系数矩阵的方程组称为病态方程组. 当对病态方程组求解时，为使解达到某种精度，就应该要求系数有足够的精度. 如果 $\boldsymbol{A}$ 的条件数大小适中，就称该矩阵为良态矩阵，以良态矩阵为系数矩阵的方程组称为良态方程组.

定理 2.3.8　设方程组 $\boldsymbol{Ax}=\boldsymbol{b}$，当系数矩阵 $\boldsymbol{A}$ 出现小的扰动 $\Delta\boldsymbol{A}$ 时，带来解 $\boldsymbol{x}$ 的变化 $\Delta\boldsymbol{x}$，则对解的相对误差有估计式

$$\frac{\|\Delta\boldsymbol{x}\|}{\|\boldsymbol{x}\|}\leqslant\frac{\operatorname{cond}(\boldsymbol{A})\dfrac{\|\Delta\boldsymbol{A}\|}{\|\boldsymbol{A}\|}}{1-\operatorname{cond}(\boldsymbol{A})\dfrac{\|\Delta\boldsymbol{A}\|}{\|\boldsymbol{A}\|}}\tag{2.3.2}$$

证明　扰动方程为 $(\boldsymbol{A}+\Delta\boldsymbol{A})(\boldsymbol{x}+\Delta\boldsymbol{x})=\boldsymbol{b}$，与原方程相减得

$$\boldsymbol{A}\Delta\boldsymbol{x}=-\Delta\boldsymbol{A}(\boldsymbol{x}+\Delta\boldsymbol{x})\quad\text{或}\quad\Delta\boldsymbol{x}=-\boldsymbol{A}^{-1}\Delta\boldsymbol{A}(\boldsymbol{x}+\Delta\boldsymbol{x})$$

假定 $\Delta\boldsymbol{A}$ 足够小，使得 $\|\boldsymbol{A}^{-1}\|\cdot\|\Delta\boldsymbol{A}\|<1$，则 $(\boldsymbol{E}+\boldsymbol{A}^{-1}\Delta\boldsymbol{A})$ 可逆. 由

$$\Delta\boldsymbol{x}=-\boldsymbol{A}^{-1}\Delta\boldsymbol{A}(\boldsymbol{x}+\Delta\boldsymbol{x})=-\boldsymbol{A}^{-1}\Delta\boldsymbol{A}\boldsymbol{x}-\boldsymbol{A}^{-1}\Delta\boldsymbol{A}\Delta\boldsymbol{x}$$

$$(\boldsymbol{E}+\boldsymbol{A}^{-1}\Delta\boldsymbol{A})\Delta\boldsymbol{x}=-\boldsymbol{A}^{-1}\Delta\boldsymbol{A}\boldsymbol{x}$$

有

$$\Delta\boldsymbol{x}=-(\boldsymbol{E}+\boldsymbol{A}^{-1}\Delta\boldsymbol{A})^{-1}\boldsymbol{A}^{-1}\Delta\boldsymbol{A}\boldsymbol{x}$$

两边取范数

$$\frac{\|\Delta\boldsymbol{x}\|}{\|\boldsymbol{x}\|}\leqslant\frac{\|\boldsymbol{A}^{-1}\|\cdot\|\Delta\boldsymbol{A}\|}{1-\|\boldsymbol{A}^{-1}\|\cdot\|\Delta\boldsymbol{A}\|}=\frac{\operatorname{cond}(\boldsymbol{A})\dfrac{\|\Delta\boldsymbol{A}\|}{\|\boldsymbol{A}\|}}{1-\operatorname{cond}(\boldsymbol{A})\dfrac{\|\Delta\boldsymbol{A}\|}{\|\boldsymbol{A}\|}}$$

定理 2.3.9　设方程组 $\boldsymbol{Ax}=\boldsymbol{b}$，当系数矩阵 $\boldsymbol{A}$ 出现小的扰动 $\Delta\boldsymbol{A}$，且右端的常向量 $\boldsymbol{b}$ 出现小的扰动 $\Delta\boldsymbol{b}$ 时，带来解 $\boldsymbol{x}$ 的变化 $\Delta\boldsymbol{x}$，则对解的相对误差有估计式

$$\frac{\|\Delta\boldsymbol{x}\|}{\|\boldsymbol{x}\|}\leqslant\frac{\operatorname{cond}(\boldsymbol{A})}{1-\operatorname{cond}(\boldsymbol{A})\dfrac{\|\Delta\boldsymbol{A}\|}{\|\boldsymbol{A}\|}}\left(\frac{\|\Delta\boldsymbol{A}\|}{\|\boldsymbol{A}\|}+\frac{\|\Delta\boldsymbol{b}\|}{\|\boldsymbol{b}\|}\right)\tag{2.3.3}$$

证明的方法基本上与定理 2.3.7 及定理 2.3.8 类似，不再赘述.

条件数与矩阵的范数有关，在强调使用何种范数时，可以在条件数中加下标. 例如：

$$\operatorname{cond}_\infty(\boldsymbol{A})=\|\boldsymbol{A}^{-1}\|_\infty\|\boldsymbol{A}\|_\infty$$

特别地，当取 2 -范数时，有

$$\operatorname{cond}_2(\boldsymbol{A})=\|\boldsymbol{A}^{-1}\|_2\|\boldsymbol{A}\|_2=\sqrt{\lambda_1/\lambda_n}$$

其中，λ_1，λ_n 分别是矩阵 $\boldsymbol{A}^{\mathrm{T}}\boldsymbol{A}$ 的最大特征值和最小特征值. $\operatorname{cond}(\boldsymbol{A})_2$ 又称为谱条件数.

条件数有以下性质：

① $\operatorname{cond}(\boldsymbol{A})\geqslant1$；

② 单位阵、置换阵和正交阵的谱条件数都等于 1;

③ 对任何实数 $\lambda\neq 0$,有 $\mathrm{cond}(\lambda\boldsymbol{A})=\mathrm{cond}(\boldsymbol{A})$.

例 2.3.3 计算矩阵的条件数.

问题 以∞-范数为例计算下列矩阵的条件数:

① 例 2.3.2 中的系数矩阵 $\boldsymbol{A}=\begin{pmatrix}1.0002 & 0.9998\\0.9998 & 1.0002\end{pmatrix}$;

② 矩阵 $\boldsymbol{B}=\begin{pmatrix}1 & 1+\varepsilon\\1-\varepsilon & 1\end{pmatrix}$;

③ 4 阶 Hilbert 矩阵

$$\boldsymbol{H}_4=\begin{pmatrix}1 & 1/2 & 1/3 & 1/4\\1/2 & 1/3 & 1/4 & 1/5\\1/3 & 1/4 & 1/5 & 1/6\\1/4 & 1/5 & 1/6 & 1/7\end{pmatrix}$$

解 ① 矩阵 $\boldsymbol{A}$ 的逆矩阵为

$$\boldsymbol{A}^{-1}=\begin{pmatrix}1\,250.25 & -1\,249.75\\-1\,249.75 & 1\,250.25\end{pmatrix}$$

进而计算 $\|\boldsymbol{A}\|_\infty=2$,$\|\boldsymbol{A}^{-1}\|_\infty=2\,500$,得 $\mathrm{cond}_\infty(\boldsymbol{A})=\|\boldsymbol{A}\|_\infty\|\boldsymbol{A}^{-1}\|_\infty=5\,000$.

② 矩阵 $\boldsymbol{B}$ 的逆矩阵为

$$\boldsymbol{B}^{-1}=\begin{pmatrix}1 & -1-\varepsilon\\-1+\varepsilon & 1\end{pmatrix}$$

进而计算 $\|\boldsymbol{B}\|_\infty=2+\varepsilon$,$\|\boldsymbol{B}^{-1}\|_\infty=\dfrac{2+\varepsilon}{\varepsilon^2}$,得 $\mathrm{cond}_\infty(\boldsymbol{B})=\dfrac{(2+\varepsilon)^2}{\varepsilon^2}$. 由 $\mathrm{cond}_\infty(\boldsymbol{B})>\dfrac{4}{\varepsilon^2}$,可知当 $\varepsilon\leqslant 0.01$ 时,有 $\mathrm{cond}_\infty(\boldsymbol{B})>40\,000$.

David Hilbert(大卫·希尔伯特,1862 年 1 月 23 日至 1943 年 2 月 14 日),德国数学家,是 19 世纪和 20 世纪初最具影响力的数学家之一. 希尔伯特 1862 年出生于哥尼斯堡,1943 年在德国哥廷根逝世. 他因为发明和发展了大量的思想观念(例如不变量理论、公理化几何、希尔伯特空间)而被尊为伟大的数学家、科学家. 希尔伯特和他的学生为形成量子力学和广义相对论的数学基础做出了重要的贡献. 他还是证明论、数理逻辑、区分数学与元数学之差别的奠基人之一.

③ 4 阶 Hilbert 矩阵的逆矩阵为

$$\boldsymbol{H}_4^{-1}=\begin{pmatrix}16 & -120 & 240 & -140\\-120 & 1\,200 & -2\,700 & 1\,680\\240 & -2\,700 & 6\,480 & -4\,200\\-140 & 1\,680 & -4\,200 & 2\,800\end{pmatrix}$$

进而计算 $\|\boldsymbol{H}_4\|_\infty=25/12$,$\|\boldsymbol{H}_4^{-1}\|_\infty=13\,620$,得

$$\mathrm{cond}_\infty(\boldsymbol{H}_4)=\|\boldsymbol{H}_4\|_\infty\|\boldsymbol{H}_4^{-1}\|_\infty=28\,375$$

Hilbert 矩阵是典型的病态矩阵,当矩阵阶数增大时,其条件数会迅速增大. 当 $n=6$ 时,可计算得 $\mathrm{cond}_\infty(\boldsymbol{H}_6)=29\times10^6$.

如果求解方程组 $\boldsymbol{Ax}=\boldsymbol{b}$,我们未得到精确解 $\boldsymbol{x}$,而得到近似解 $\tilde{\boldsymbol{x}}$. 可以用 $\boldsymbol{A}\tilde{\boldsymbol{x}}$ 和 $\boldsymbol{b}$ 的差来检

验 $\tilde{\boldsymbol{x}}$，称 $\boldsymbol{r}=\boldsymbol{b}-\boldsymbol{A}\tilde{\boldsymbol{x}}$ 为残差向量. 把

$$\boldsymbol{e}=\boldsymbol{x}-\tilde{\boldsymbol{x}}$$

称为误差向量. 误差向量与残差向量的关系是

$$\boldsymbol{A}\boldsymbol{e}=\boldsymbol{r}$$

是否当 $\|\boldsymbol{r}\|$ 很小时，$\tilde{\boldsymbol{x}}$ 就是 $\boldsymbol{A}\boldsymbol{x}=\boldsymbol{b}$ 的一个很好的近似解呢？下面的定理回答了这个问题.

定理 2.3.10　设 $\boldsymbol{x}, \tilde{\boldsymbol{x}}$ 分别是方程组 $\boldsymbol{A}\boldsymbol{x}=\boldsymbol{b}(\neq 0)$ 的精确解和近似解，$\boldsymbol{r}$ 为 $\tilde{\boldsymbol{x}}$ 的误差向量，则

$$\frac{\|\boldsymbol{x}-\tilde{\boldsymbol{x}}\|}{\|\boldsymbol{x}\|} \leqslant \operatorname{cond}(\boldsymbol{A}) \frac{\|\boldsymbol{r}\|}{\|\boldsymbol{b}\|} \tag{2.3.4}$$

证明　因为

$$\|\boldsymbol{b}\|=\|\boldsymbol{A}\boldsymbol{x}\| \leqslant \|\boldsymbol{A}\| \cdot \|\boldsymbol{x}\|$$

$$\|\boldsymbol{x}-\tilde{\boldsymbol{x}}\|=\|\boldsymbol{A}^{-1}(\boldsymbol{A}\tilde{\boldsymbol{x}}-\boldsymbol{b})\| \leqslant \|\boldsymbol{A}^{-1}\|\|\boldsymbol{r}\|$$

所以

$$\frac{\|\boldsymbol{x}-\tilde{\boldsymbol{x}}\|}{\|\boldsymbol{x}\|} \leqslant \frac{\|\boldsymbol{A}^{-1}\| \cdot \|\boldsymbol{r}\|}{\dfrac{\|\boldsymbol{b}\|}{\|\boldsymbol{A}\|}}=\|\boldsymbol{A}^{-1}\| \cdot \|\boldsymbol{A}\| \frac{\|\boldsymbol{r}\|}{\|\boldsymbol{b}\|}$$

即

$$\frac{\|\boldsymbol{x}-\tilde{\boldsymbol{x}}\|}{\|\boldsymbol{x}\|} \leqslant \operatorname{cond}(\boldsymbol{A}) \frac{\|\boldsymbol{r}\|}{\|\boldsymbol{b}\|}$$

此定理说明了影响方程组解的相对误差有两个因素：残差向量 $\boldsymbol{r}$ 和条件数 $\operatorname{cond}(\boldsymbol{A})$. 有时当方程组的条件数 $\operatorname{cond}(\boldsymbol{A})$ 很大时，尽管 $\|\boldsymbol{r}\|$ 很小，解的相对误差也不一定小.

例 2.3.4　估计相对误差.

问题　方程组 $\begin{cases} x_1+\dfrac{1}{2}x_2+\dfrac{1}{3}x_3=\dfrac{11}{6} \\ \dfrac{1}{2}x_1+\dfrac{1}{3}x_2+\dfrac{1}{4}x_3=\dfrac{13}{12} \\ \dfrac{1}{3}x_1+\dfrac{1}{4}x_2+\dfrac{1}{4}x_3=\dfrac{47}{60} \end{cases}$ 有解 $\boldsymbol{x}=(1,1,1)^{\mathrm{T}}$，当系数取三位小数后方程组

变为

$$\begin{cases} x_1+0.5x_2+0.333x_3=1.833 \\ 0.5x_1+0.333x_2+0.25x_3=1.083 \\ 0.333x_1+0.25x_2+0.2x_3=0.783 \end{cases}$$

不解方程组，试估计其解与原方程组的解的相对误差.

解　该方程组的系数矩阵为 3 阶 Hilbert 矩阵 $\boldsymbol{H}_3$，其逆矩阵、范数和条件数分别为

$$\boldsymbol{H}_3^{-1}=\begin{pmatrix} 9 & -36 & 30 \\ -36 & 192 & -180 \\ 30 & -180 & 180 \end{pmatrix}$$

$$\|\boldsymbol{H}_3\|_\infty=\frac{11}{6}, \qquad \|\boldsymbol{H}_3^{-1}\|_\infty=408, \qquad \operatorname{cond}_\infty(\boldsymbol{H}_3)=748$$

再计算 $\Delta\boldsymbol{H}$、$\boldsymbol{b}$、$\Delta\boldsymbol{b}$ 的范数：

$$\|\Delta \boldsymbol{H}\|_\infty=0.0003,\qquad \|\boldsymbol{b}\|_\infty=\frac{11}{6},\qquad \|\Delta \boldsymbol{b}\|=0.0003$$

代入定理 2.3.9 中的式(2.3.3)得

$$\frac{\|\Delta \boldsymbol{x}\|}{\|\boldsymbol{x}\|}\leqslant\frac{748}{1-748\times\dfrac{0.0003}{11/6}}\left(\frac{0.0003}{11/6}+\frac{0.0003}{11/6}\right)=0.278943$$

条件数可以描述方程组的解对原始数据变化的敏感程度,cond($\boldsymbol{A}$)越大,方程组 $\boldsymbol{Ax}=\boldsymbol{b}$ 的病态越严重.如果初步判定某个方程组 $\boldsymbol{Ax}=\boldsymbol{b}$ 是病态方程组,则不能用前面介绍的线性方程组的直接法求解.为了改善解的精度,需要将在求解过程中丢失的残差向量逐步地找回来,这种方法称为精度改善.在执行算法时先用双倍精度字长求出残差向量 $\boldsymbol{r}$ 后,求解 $\boldsymbol{Ae}=\boldsymbol{r}$,只有 $\boldsymbol{A}$ 不过分病态,即得到 $\tilde{\boldsymbol{x}}+\boldsymbol{e}$ 是比原方程组更好的近似解.这个过程才可按以下步骤重复进行:

① 先算出方程组 $\boldsymbol{Ax}=\boldsymbol{b}$ 的一个近似解,记为 $\boldsymbol{x}_0$;

② 双精度计算 $\boldsymbol{r}_k=\boldsymbol{b}-\boldsymbol{Ax}_k$;

③ 求解方程组 $\boldsymbol{Ae}_k=\boldsymbol{r}_k$,得到 $\boldsymbol{e}_k$;

④ 计算 $\boldsymbol{x}_{k+1}=\boldsymbol{x}_k+\boldsymbol{e}_k$,若 $\|\boldsymbol{e}_k\|>\varepsilon$,则转到第②步.

在第①和③步的方程组求解中,因系数矩阵均为 $\boldsymbol{A}$,故可采用 $\boldsymbol{LU}$ 分解,以提高计算效率.

2.4 综 述

本章介绍了线性方程组的直接解法,主要分为消元法和矩阵三角分解两大方法.消元法是高斯在 1810 年提出的,但他提出这个理论是为简化二次型而不是为了矩阵分解.事实上,矩阵是在 1855 年由 Cayley(凯莱)提出的.将高斯消元法表示成矩阵分解是在 20 世纪 40 年代由 Dwyer、von Neumann(冯・诺依曼)等人提出的.对于系数矩阵可逆的方程组,高斯消元法要求系数矩阵的所有顺序主子式不为零,如果允许交换行,则只要求矩阵 $\boldsymbol{A}$ 的行列式不等于 0.为了抑制误差的扩散,在必要时应采取选主元策略,这种主元消元法有列主元消元法、全主元消元法和按比例主元消元法,不过当系数矩阵是严格对角占优或对称正定时,可以不选主元.如果系数矩阵中的元素量级相差很大,即使选用列主元方法,由于舍入误差的扩散,仍然可能得不到高精度的解.因此,在讨论病态方程组时要采取特别的措施,例如对中间计算结果采用双精度等方法.矩阵三角分解法是高斯消元法的变形,本章主要介绍了 Cholesky 分解、Crout 分解、对称正定矩阵的 Cholesky 分解.对一些特殊类型的方程组应该选用适合其特点的求解方法,本章介绍了基于对称正定矩阵的 Cholesky 分解的求解对称正定方程组的平方根法、求解三对角方程组的"追赶"法.

本章在分析方程组解的误差基础上,介绍了影响方程组解的相对误差的两个因素:残差向量 $\boldsymbol{r}$ 和条件数 cond($\boldsymbol{A}$),利用矩阵 $\boldsymbol{A}$ 的条件数可确定方程组是良态的还是病态的.病态问题指的是系数矩阵的条件数很大,因此在解方程组之前了解系数矩阵的条件数是必要的,它可以帮助判断所得数值解是否可信.计算条件数是一件相对费时、费事的工作,因为涉及矩阵逆的计算.根据实际经验,在下列情况下,方程组常常是病态的:

- 用主元法中出现小主元;

- 系数矩阵的行列式近似等于 0；
- 系数矩阵的行(或列)近似线性相关.

而要检验所求方程组解的精度时，必须把残差向量 $\boldsymbol{r}$ 和条件数 $\mathrm{cond}(\boldsymbol{A})$ 结合起来进行分析. 本章最后给出了求解病态方程组的精度改善法，如果初步判定某个方程组为病态方程组，则不能用前面介绍的线性方程组的直接法来求解，而要在求解过程中采用双精度计算，把丢失的残差向量逐步找回来，这样才可得到方程组较好的近似解.

习　题

1. 用高斯消元法求解以下方程组：

(1) $\begin{pmatrix}3 & 2 & 1\\1 & 0 & 1\\12 & -3 & 3\end{pmatrix}\begin{pmatrix}x_1\\x_2\\x_3\end{pmatrix}=\begin{pmatrix}4\\2\\15\end{pmatrix}$；　(2) $\begin{pmatrix}1 & 2 & 1\\2 & 2 & 3\\-1 & -3 & 0\end{pmatrix}\begin{pmatrix}x_1\\x_2\\x_3\end{pmatrix}=\begin{pmatrix}0\\3\\2\end{pmatrix}$.

2. 用列选主元高斯消元法求解第 1 题中的各题.

3. 用高斯消元法和列选主元高斯消元法解方程组(取十进制四位浮点数计算).

$$\begin{pmatrix}1.133 & 5.281\\24.14 & -1.21\end{pmatrix}\begin{pmatrix}x_1\\x_2\end{pmatrix}=\begin{pmatrix}6.414\\22.93\end{pmatrix}$$

4. 设 $\boldsymbol{A}\in\boldsymbol{R}^{n\times n}$ 是对称矩阵且 $a_{11}\neq 0$，经过 Gauss 消元法一步后，$\boldsymbol{A}$ 约化为 $\begin{pmatrix}a_{11} & \boldsymbol{\alpha}_1^{\mathrm{T}}\\0 & \boldsymbol{A}_2\end{pmatrix}$，证明 $\boldsymbol{A}_2$ 是对称矩阵.

5. 用 $\boldsymbol{LU}$ 分解法求解以下方程组：

(1) $\begin{bmatrix}1 & 0 & 2 & 0\\0 & 1 & 0 & 1\\1 & 2 & 4 & 3\\0 & 1 & 0 & 3\end{bmatrix}\begin{bmatrix}x_1\\x_2\\x_3\\x_4\end{bmatrix}=\begin{bmatrix}5\\3\\17\\7\end{bmatrix}$；　(2) $\begin{pmatrix}2 & 1 & 1\\1 & 3 & 2\\1 & 2 & 2\end{pmatrix}\begin{pmatrix}x_1\\x_2\\x_3\end{pmatrix}=\begin{pmatrix}4\\5\\6\end{pmatrix}$；　(3) $\begin{pmatrix}1 & 2 & 3\\4 & 7 & 10\\14 & 22 & 31\end{pmatrix}\begin{pmatrix}x_1\\x_2\\x_3\end{pmatrix}=\begin{pmatrix}1\\4\\14\end{pmatrix}$.

6. 用平方根法解方程组 $\begin{pmatrix}3 & 2 & 3\\2 & 2 & 0\\3 & 0 & 12\end{pmatrix}\begin{pmatrix}x_1\\x_2\\x_3\end{pmatrix}=\begin{pmatrix}5\\3\\7\end{pmatrix}$.

7. 用改进的平方根法解方程组 $\begin{pmatrix}2 & -1 & 1\\-1 & 20 & -3\\1 & -3 & 1\end{pmatrix}\begin{pmatrix}x_1\\x_2\\x_3\end{pmatrix}=\begin{pmatrix}4\\5\\6\end{pmatrix}$.

8. 用“追赶”法求解下列方程组：

(1) $\begin{bmatrix}10 & 5 & 0 & 0\\2 & 2 & 1 & 0\\0 & 1 & 10 & 5\\0 & 0 & 2 & 1\end{bmatrix}\begin{bmatrix}x_1\\x_2\\x_3\\x_4\end{bmatrix}=\begin{bmatrix}5\\3\\27\\6\end{bmatrix}$；　(2) $\begin{bmatrix}2 & 1 & 0 & 0\\0.5 & 2 & 0.5 & 0\\0 & 0.5 & 2 & 0.5\\0 & 0 & 1 & 2\end{bmatrix}\begin{bmatrix}x_1\\x_2\\x_3\\x_4\end{bmatrix}=\begin{bmatrix}0\\-3\\-3\\18\end{bmatrix}$.

9. 计算向量 $\boldsymbol{x}=\begin{pmatrix}1\\-2\\1.5\end{pmatrix}$ 的1-范数、2-范数、∞-范数.

10. 计算矩阵 $\boldsymbol{A}=\begin{pmatrix}1.1 & -2\\2.5 & -3.5\end{pmatrix}$ 的1-范数、2-范数、∞-范数.

11. 对于任意的 $\boldsymbol{X}\in\boldsymbol{R}^n$,证明:

(1) $\|\boldsymbol{X}\|_\infty\leqslant\|\boldsymbol{X}\|_2\leqslant\sqrt{n}\,\|\boldsymbol{X}\|_\infty$;　　(2) $\|\boldsymbol{X}\|_\infty\leqslant\|\boldsymbol{X}\|_1\leqslant n\|\boldsymbol{X}\|_\infty$.

12. 设有矩阵 $\boldsymbol{A}\in\boldsymbol{R}^{n\times n}$,$\|\boldsymbol{X}\|$ 是 $\boldsymbol{R}^n$ 上的一种向量范数,定义 $\|\boldsymbol{X}\|_A=\|\boldsymbol{AX}\|$,证明:当 $\boldsymbol{A}$ 非奇异时,$\|\boldsymbol{X}\|_A$ 是 $\boldsymbol{R}^n$ 上的一种范数;当 $\boldsymbol{A}$ 奇异时,$\|\boldsymbol{X}\|_A$ 不是 $\boldsymbol{R}^n$ 上的一种范数.

13. 设 $\boldsymbol{A}\in\boldsymbol{R}^{n\times n}$ 为对称正定矩阵,定义 $\|\boldsymbol{x}\|_A=(\boldsymbol{Ax},\boldsymbol{x})^{\frac{1}{2}}$,证明 $\|\boldsymbol{x}\|_A$ 为 $\boldsymbol{R}^n$ 的一种向量范数.

14. 设 $\boldsymbol{x},\boldsymbol{y}\in\boldsymbol{R}^n$,证明:当且仅当向量 $\boldsymbol{x},\boldsymbol{y}$ 线性相关,且 $\boldsymbol{x}^{\mathrm{T}}\boldsymbol{y}\geqslant 0$ 时,才有

$$\|\boldsymbol{x}+\boldsymbol{y}\|_2=\|\boldsymbol{x}\|_2+\|\boldsymbol{y}\|_2$$

15. 设 $\boldsymbol{A}\in\boldsymbol{R}^{n\times n}$,证明矩阵2-范数的如下3个定义是等价的:

(1) $\|\boldsymbol{A}\|_2=\max\limits_{x\neq 0}\dfrac{\|\boldsymbol{Ax}\|_2}{\|\boldsymbol{x}\|_2}$;　(2) $\|\boldsymbol{A}\|_2=\max\limits_{\|x\|=1}\|\boldsymbol{Ax}\|_2$;　(3) $\|\boldsymbol{A}\|_2=\max\limits_{x\neq 0,y\neq 0}\dfrac{|\boldsymbol{y}^{\mathrm{T}}\boldsymbol{Ax}|}{\|\boldsymbol{x}\|_2\|\boldsymbol{y}\|_2}$.

16. 求矩阵 $\boldsymbol{Q}=\begin{pmatrix}1&1&1&1\\-1&1&-1&1\\-1&-1&1&1\\1&-1&-1&1\end{pmatrix}$ 的 $\|\boldsymbol{Q}\|_1$,$\|\boldsymbol{Q}\|_2$,$\|\boldsymbol{Q}\|_\infty$ 与 $\mathrm{cond}(\boldsymbol{Q})$.

17. 求下列矩阵的条件数:

(1) 三阶 Hilbert 矩阵 $\boldsymbol{H}_3=\begin{pmatrix}1&\frac{1}{2}&\frac{1}{3}\\\frac{1}{2}&\frac{1}{3}&\frac{1}{4}\\\frac{1}{3}&\frac{1}{4}&\frac{1}{5}\end{pmatrix}$,求 $\mathrm{cond}_\infty(\boldsymbol{H}_3)$;

(2) $\boldsymbol{A}=\begin{pmatrix}1&0\\0&10^{-10}\end{pmatrix}$,求 $\mathrm{cond}_1(\boldsymbol{A})$.

18. 已知方程组 $\begin{pmatrix}1&1.0001\\1&1\end{pmatrix}\begin{pmatrix}x_1\\x_2\end{pmatrix}=\begin{pmatrix}2\\2\end{pmatrix}$ 有解 $\boldsymbol{x}=(2,0)^{\mathrm{T}}$.

(1) 求 $\mathrm{cond}_\infty(\boldsymbol{A})$;

(2) 求右端项有小扰动的方程组 $\begin{pmatrix}1&1.0001\\1&1\end{pmatrix}\begin{pmatrix}x_1\\x_2\end{pmatrix}=\begin{pmatrix}2.0001\\2\end{pmatrix}$ 的解 $\tilde{\boldsymbol{x}}=\boldsymbol{x}+\Delta\boldsymbol{x}$;

(3) 计算 $\dfrac{\|\Delta\boldsymbol{b}\|_\infty}{\|\boldsymbol{b}\|_\infty}$,$\dfrac{\|\Delta\boldsymbol{x}\|_\infty}{\|\boldsymbol{x}\|_\infty}$,结果说明了什么问题?

19. 假设一个经济系统由煤炭、石油、电力、钢铁、机械制造、运输行业组成,每个行业的产出在各个行业中的分配如习题表2.1所列.

习题表 2.1　每个行业的产出在各个行业中的分配

产出分配						购买者
煤　炭	石　油	电　力	钢　铁	制　造	运　输	
0	0	0.2	0.1	0.2	0.2	煤炭
0	0	0.1	0.1	0.2	0.1	石油
0.5	0.1	0.1	0.2	0.1	0.1	电力
0.4	0.1	0.2	0	0.1	0.4	钢铁
0	0.1	0.3	0.6	0	0.2	制造
0.1	0.7	0.1	0	0.4	0	运输

每一列中的元素表示占该行业总产出的比例. 用直接法求使得每个行业的投入与产出都相等的平衡价格.

20. 生产三类电子器件：器件 1、器件 2 和器件 3，需要用到金属、塑料和橡胶三种原材料. 生产一个电子器件所需要的三种原材料如习题表 2.2 所列.

习题表 2.2　一个电子器件所需要的三种原材料

器　件	金属/g	塑料/g	橡胶/g
器件 1	15	0.25	1.0
器件 2	17	0.33	1.2
器件 3	19	0.42	1.6

如果每天可以使用的金属、塑料和橡胶总量分别是 24.5 kg，1.5 kg 和 2.1 kg，求每天可以生产的器件个数.

第 3 章　线性方程组的迭代解法

3.0　概　述

直接法理论上得到的解是准确的,但它们的计算量都是 $O(n^3)$ 数量级,故对于中小规模的线性方程组,直接解速度快,精度也高.但是由于现在的很多实际问题,往往是大规模的线性方程组,而且其系数矩阵是稀疏矩阵,故对于这类线性方程组,用直接法求解效率很低,这就要求我们使用迭代法.

例 3.0.1　平衡结构的梁受力分析.

桥梁、铁塔等建筑结构中,工程师们常常要对各种各样的梁进行受力分析,如图 3.0.1 和图 3.0.2 所示.

图 3.0.1　埃菲尔铁塔

图 3.0.2　埃菲尔铁塔局部

问题　在图 3.0.3 所示的支架系统中,假设 F_1,F_2 和 F_3 表示已知支架各个部分所受的力,外部反作用力 H_2,V_2 和 V_3 表示支撑面与支架之间的相互作用力. 铰接点 1 受到 454 N 的外力,试分析铰接点处所受到的力.

解　假设力的正方向在水平方向是从左到右,在垂直方向是从下到上,在铰接点处的受力情况如图 3.0.4 所示.

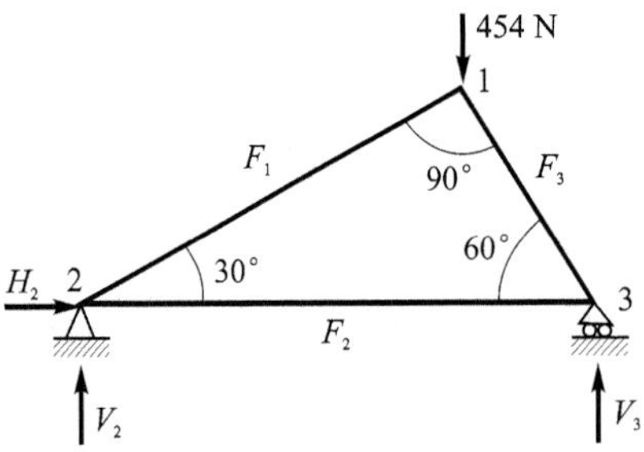

图 3.0.3　支架系统

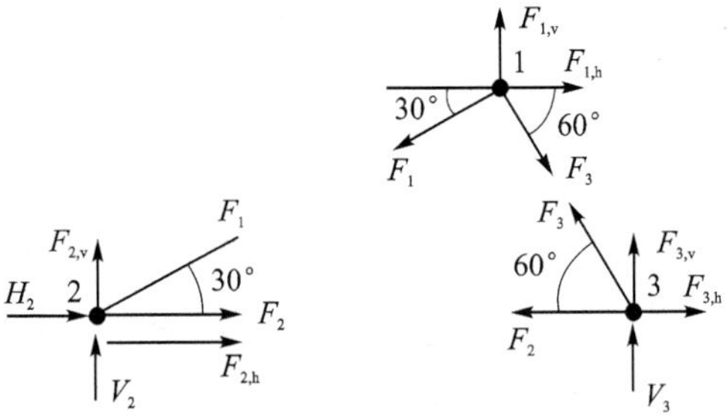

图 3.0.4　受力分析

由于是静止的支架系统,各铰接点处的水平方向和垂直方向所受的力之和应为 0. 因此有

① 对于铰接点 1：

水平方向：
$$-F_1\cos 30°+F_3\cos 60°+F_{1,\mathrm{h}}=0$$
竖直方向：
$$-F_1\sin 30°-F_3\sin 60°+F_{1,\mathrm{v}}=0$$

② 对于铰接点 2：

水平方向：
$$F_1\cos 30°+F_2+F_{2,\mathrm{h}}+H_2=0$$
竖直方向：
$$F_1\sin 30°+V_2+F_{2,\mathrm{v}}=0$$

③ 对于铰接点 3：

水平方向：
$$-F_3\cos 60°-F_2+F_{3,\mathrm{h}}=0$$
竖直方向：
$$F_3\sin 60°+V_3+F_{3,\mathrm{v}}=0$$

其中，$F_{i,\mathrm{v}}$ 表示垂直方向的力，$F_{i,\mathrm{h}}$ 表示水平方向的力．在本问题中，除 $F_{1,\mathrm{v}}=-454$ N 外，其他均为 0．将上述结果联立得到如下线性方程组：

$$\begin{pmatrix} \frac{\sqrt{3}}{2} & 0 & -\frac{1}{2} & 0 & 0 & 0 \\ \frac{1}{2} & 0 & \frac{\sqrt{3}}{2} & 0 & 0 & 0 \\ \frac{\sqrt{3}}{2} & 1 & 0 & 1 & 0 & 0 \\ \frac{1}{2} & 0 & 0 & 0 & 1 & 0 \\ 0 & 1 & \frac{1}{2} & 0 & 0 & 0 \\ 0 & 0 & \frac{\sqrt{3}}{2} & 0 & 0 & 1 \end{pmatrix} \begin{pmatrix} F_1 \\ F_2 \\ F_3 \\ H_2 \\ V_2 \\ V_3 \end{pmatrix} = \begin{pmatrix} 0 \\ -454 \\ 0 \\ 0 \\ 0 \\ 0 \end{pmatrix}$$

例 3.0.2　交通网络流量分析问题．

城市道路网中每条道路、每个交叉路口的车流量调查，是分析、评价及改善城市交通状况的基础．根据实际车流量信息可以设计流量控制方案，必要时设置单行线，以免大量车辆长时间拥堵．图 3.0.5 所示为某地交通实况，图 3.0.6 所示为某城市单行线示意图．

图 3.0.5　某地交通实况

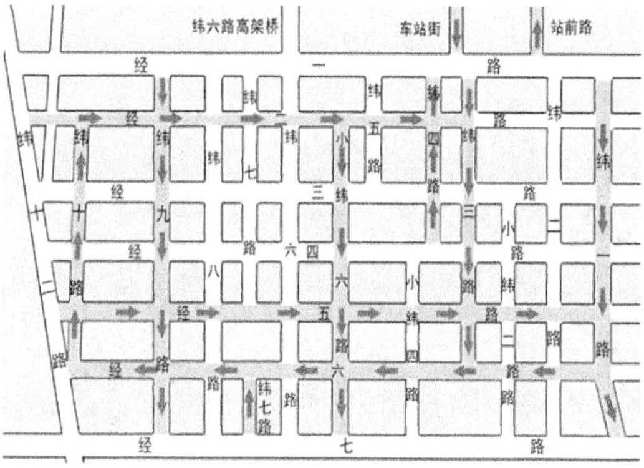

图 3.0.6　某城市单行线示意图

问题　某城市单行线车流量如图 3.0.7 所示，其中的数字表示该路段每小时按箭头方向

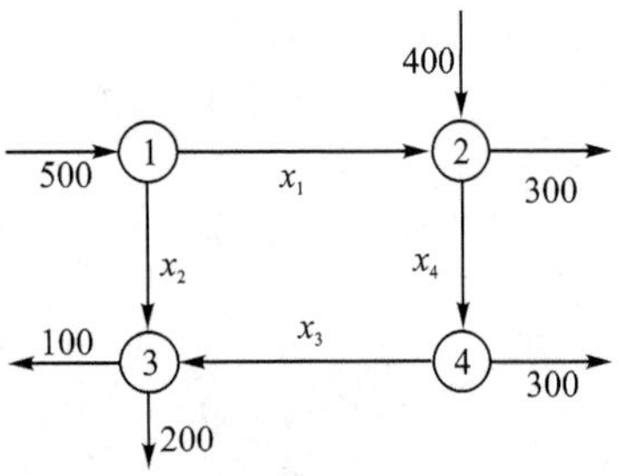

图 3.0.7　某城市单行线车流量

行驶的车辆，建立确定每条道路流量的线性方程组. 假定每条道路都是单行线且每个交叉路口进入和离开的车辆数目相等.

解　根据图 3.0.7 和上述假设，在①，②，③，④四个路口进出车辆数目分别满足

$$500 = x_1 + x_2 \quad ①$$

$$400 + x_1 = x_4 + 300 \quad ②$$

$$x_2 + x_3 = 100 + 200 \quad ③$$

$$x_4 = x_3 + 300 \quad ④$$

根据上述等式可得如下线性方程组：

$$\begin{cases} x_1 + x_2 = 500 \\ x_1 - x_4 = -100 \\ x_2 + x_3 = 300 \\ -x_3 + x_4 = 300 \end{cases}$$

从例 3.0.1 和例 3.0.2 可以看出，一个简单的支架问题就对应一个 6 阶线性方程组，而一个简单的交通流量分析问题对应一个 4 阶的线性方程组. 当应用到大型的复杂的结构或分析整个城市的交通流量问题时，就需要求解成百上千个部分构成的支架系统或上百个路口构成的复杂车流量系统. 当应用到这里时，所产生的方程组规模很大，直接解法就不能发挥其应有的作用了，必须考虑迭代方法.

迭代法是求解线性方程组的另一种重要方法. 其基本思想是，从任意初始向量 $\boldsymbol{x}^{(0)}$ 开始，按某一规则，不断对所得的向量进行修改，形成向量序列 $\{\boldsymbol{x}^{(k)}\}$，当 $k \to \infty$ 时，若 $\boldsymbol{x}_k$ 收敛于 $\boldsymbol{x}^*$，则 $\boldsymbol{x}^*$ 就是所给方程组的解.

迭代法的一个突出优点是算法简单，因而编制程序比较容易. 计算实践表明，迭代法对于求解大型稀疏方程组是十分有效的，因为它可以保持系数矩阵稀疏的优点，从而节省了大量的存储量，并减少了计算量. 本章研究三个问题：① 如何构造序列迭代公式；② 向量序列 $\{\boldsymbol{x}^{(k)}\}$ 的收敛条件；③ $\|\boldsymbol{x}^* - \boldsymbol{x}^{(k)}\|$ 的误差估计.

3.1　迭代法的一般理论

3.1.1　迭代公式的构造

设线性方程组为

$$\boldsymbol{Ax} = \boldsymbol{b} \tag{3.1.1}$$

其中，$\boldsymbol{A}$ 为 n 阶非奇异矩阵，$\boldsymbol{b}$ 为已知向量. 首先将式(3.1.1)的系数矩阵 $\boldsymbol{A}$ 分裂为

$$\boldsymbol{A} = \boldsymbol{N} - \boldsymbol{P} \tag{3.1.2}$$

这里要求 $\boldsymbol{N}$ 非奇异，于是式(3.1.1)等价地可写成

$$\boldsymbol{x} = \boldsymbol{N}^{-1}\boldsymbol{Px} + \boldsymbol{N}^{-1}\boldsymbol{b}$$

构造迭代公式：

$$x^{(k+1)} = Mx^{(k)} + f \tag{3.1.3}$$

其中，$M = N^{-1}P$，$f = N^{-1}b$. M 称为式(3.1.3)的迭代矩阵. 对于式(3.1.1)和式(3.1.3)，若存在非奇异矩阵 Q，使

$$M = I - QA, \qquad f = Qb \tag{3.1.4}$$

则称 Q 为分裂矩阵.

当任选一个解的初始近似 $x^{(0)}$ 后，即可由式(3.1.3)产生一个向量序列 $\{x^{(k)}\}$，如果它是收敛的，即

$$\lim_{k\to\infty} x^{(k)} = x^*$$

对式(3.1.3)两边取极限，得

$$x^* = Mx^* + f$$

若式(3.1.4)成立，可得 $Ax^* = b$，故 x^* 满足式(3.1.1)，即式(3.1.3)和式(3.1.1)相容.

对式(3.1.3)，定义误差向量

$$e_k = x^{(k)} - x^*$$

则误差向量有如下的递推关系：

$$e_k = Me_{k-1} = M^2 e_{k-2} = \cdots = M^k e_0 \tag{3.1.5}$$

这里 $e_0 = x^{(0)} - x^*$，是解的初始近似 $x^{(0)}$ 与精确解 x^* 的误差.

引进误差向量后，迭代的收敛问题就等价于误差向量序列收敛于 0 的问题.

3.1.2　迭代法的收敛性和误差估计

欲使式(3.1.3)对任意的初始向量 $x^{(0)}$ 都收敛，误差向量 e_k 应对任意的初始误差 e_0 都收敛于零向量. 于是式(3.1.3)对任意的初始向量都收敛的充分必要条件是

$$\lim_{k\to\infty} M^k = 0 \tag{3.1.6}$$

定理 3.1.1　(迭代法收敛的基本定理) 式(3.1.3)对任意的初始向量 $x^{(0)}$ 都收敛的充分必要条件是 $\rho(M) < 1$，这里的 M 是迭代矩阵，$\rho(M)$ 表示 M 的谱半径.

证明　必要性　设对初始向量 $x^{(0)}$，式(3.1.3)都是收敛的，那么式(3.1.6)成立. 由于对于任意的矩阵范数，成立关系式

$$\rho(M) \leqslant \|M\|$$

若 $\rho(M) < 1$ 不成立，即 $\rho(M) \geqslant 1$，则

$$\|M^k\| \geqslant \rho(M^k) = [\rho(M)]^k \geqslant 1$$

这与式(3.1.6)矛盾.

充分性　若 $\rho(M) < 1$，则存在一个正数 ε，使得

$$\rho(M) + 2\varepsilon < 1$$

因而存在一种矩阵范数 $\|M\|$，使

$$\|M\| < \rho(M) + \varepsilon < 1 - \varepsilon$$

故得

$$\|M^k\| \leqslant \|M\|^k < (1-\varepsilon)^k$$

从而当 $k \to \infty$ 时，$\|M^k\| \to 0$，充分性得证.

由此可见，迭代是否收敛仅与迭代矩阵的谱半径有关，即仅与方程组的系数矩阵和迭代格

式的构造有关,而与方程组的右端向量 $\boldsymbol{b}$ 及初始向量 $\boldsymbol{x}^{(0)}$ 无关.

定理 3.1.2 若 $\boldsymbol{M}$ 为迭代矩阵,且 $\|\boldsymbol{M}\|=q<1$,则对式(3.1.3)有误差估计式

$$\|\boldsymbol{x}^{(k)}-\boldsymbol{x}^*\|\leqslant\frac{q^k}{1-q}\|\boldsymbol{x}_0-\boldsymbol{x}_1\| \tag{3.1.7}$$

证明 由式(3.1.5),有

$$\|\boldsymbol{x}^{(k)}-\boldsymbol{x}^*\|=\|\boldsymbol{e}_k\|\leqslant\|\boldsymbol{M}^k\|\cdot\|\boldsymbol{e}_0\|\leqslant q^k\|\boldsymbol{e}_0\|$$

注意到 $\boldsymbol{x}^*=(\boldsymbol{I}-\boldsymbol{M})^{-1}\boldsymbol{f}$,于是

$$\begin{aligned}\|\boldsymbol{e}_0\|=\|\boldsymbol{x}^{(0)}-\boldsymbol{x}^*\|=\|\boldsymbol{x}^{(0)}-(\boldsymbol{I}-\boldsymbol{M})^{-1}\boldsymbol{f}\|=\\ \|(\boldsymbol{I}-\boldsymbol{M})^{-1}[(\boldsymbol{I}-\boldsymbol{M})\boldsymbol{x}^{(0)}-\boldsymbol{f}]\|=\\ \|(\boldsymbol{I}-\boldsymbol{M})^{-1}(\boldsymbol{x}^{(0)}-\boldsymbol{x}^{(1)})\|\leqslant\\ \|(\boldsymbol{I}-\boldsymbol{M})^{-1}\|\cdot\|\boldsymbol{x}^{(0)}-\boldsymbol{x}^{(1)}\|\end{aligned}$$

因 $\|\boldsymbol{M}\|<1$,故有

$$\|(\boldsymbol{I}-\boldsymbol{M})^{-1}\|\leqslant\frac{1}{1-q}$$

于是

$$\|\boldsymbol{x}^{(k)}-\boldsymbol{x}^*\|\leqslant\frac{q^k}{1-q}\|\boldsymbol{x}^{(0)}-\boldsymbol{x}^{(1)}\|$$

在理论上,可用上述定理来估计近似解达到某一精度所需要的迭代次数,但由于 q 不易计算,因此计算实践中很少使用.

定理 3.1.3 若 $\|\boldsymbol{M}\|<1$,则对任意初始近似 $\boldsymbol{x}^{(0)}$,由式(3.1.3)产生的向量序列 $\{\boldsymbol{x}^{(k)}\}$ 收敛,且有估计式

$$\|\boldsymbol{x}^{(k)}-\boldsymbol{x}^*\|\leqslant\frac{\|\boldsymbol{M}\|}{1-\|\boldsymbol{M}\|}\|\boldsymbol{x}^{(k)}-\boldsymbol{x}^{(k-1)}\| \tag{3.1.8}$$

证明 收敛性由定理 3.1.1 是显然的. 下面证明式(3.1.8). 由于

$$\begin{aligned}\boldsymbol{e}_k=\boldsymbol{x}^{(k)}-\boldsymbol{x}^*=(\boldsymbol{M}\boldsymbol{x}^{(k-1)}+\boldsymbol{f})-(\boldsymbol{M}\boldsymbol{x}^*+\boldsymbol{f})=\\ \boldsymbol{M}\boldsymbol{x}^{(k-1)}-\boldsymbol{M}\boldsymbol{x}^*=\boldsymbol{M}\boldsymbol{x}^{(k-1)}-\boldsymbol{M}(\boldsymbol{I}-\boldsymbol{M})^{-1}\boldsymbol{f}=\\ \boldsymbol{M}(\boldsymbol{I}-\boldsymbol{M})^{-1}[(\boldsymbol{I}-\boldsymbol{M})x^{(k-1)}-\boldsymbol{f}]=\\ \boldsymbol{M}(\boldsymbol{I}-\boldsymbol{M})^{-1}(\boldsymbol{x}^{(k-1)}-\boldsymbol{x}^{(k)})\end{aligned}$$

对上式两边取范数即得定理的结论.

由上述定理可知,只要 $\|\boldsymbol{M}\|$ 不很接近于 1,就可用 $\{\boldsymbol{x}^{(k)}\}$ 的相邻两项之差的范数 $\|\boldsymbol{x}^{(k)}-\boldsymbol{x}^{(k-1)}\|$ 来估计 $\|\boldsymbol{x}^{(k)}-\boldsymbol{x}^*\|$ 的大小.

3.2 经典迭代法介绍

本节主要介绍三种经典迭代法:雅可比(Jacobi)迭代法、高斯-赛德尔(Gauss - Seidel)迭代法和逐次超松弛(SOR)迭代法,并讨论它们的收敛性条件.

3.2.1 雅可比迭代法

对于式(3.1.1),设 $a_{ii}\neq 0$, $i=1,\cdots,n$,得

$$a_{ii}x_i = b_i - \sum_{j=1,j\neq i}^{n} a_{ij}x_j, \qquad i=1,\cdots,n$$

雅可比迭代法

微视频

即

$$x_i = \frac{1}{a_{ii}}\Big(b_i - \sum_{j=1,j\neq i}^{n} a_{ij}x_j\Big), \qquad i=1,\cdots,n$$

其相应的迭代公式为

$$x_i^{(k+1)} = \frac{1}{a_{ii}}\Big(b_i - \sum_{j=1,j\neq i}^{n} a_{ij}x_j^{(k)}\Big), \qquad i=1,\cdots,n \tag{3.2.1}$$

式(3.2.1)称为雅可比迭代法.

为便于收敛性分析,可将分量形式的式(3.2.1)改写成矩阵形式.令

$$\boldsymbol{N} = \boldsymbol{D} = \mathrm{diag}(a_{11}, a_{22}, \cdots, a_{nn})$$

因 $a_{ii} \neq 0$, $i=1,\cdots,n$,故 $\boldsymbol{N}$ 非奇异.对 $\boldsymbol{A}$ 做分裂,得

$$\boldsymbol{A} = (\boldsymbol{A} - \boldsymbol{D}) + \boldsymbol{D}$$

则方程组 $\boldsymbol{Ax} = \boldsymbol{b}$ 可改写为

$$\boldsymbol{Dx} = (\boldsymbol{D} - \boldsymbol{A})\boldsymbol{x} + \boldsymbol{b}$$

因此有

$$\boldsymbol{x} = \boldsymbol{D}^{-1}[(\boldsymbol{D} - \boldsymbol{A})\boldsymbol{x} + \boldsymbol{b}]$$

相应的迭代公式为

$$\boldsymbol{x}^{(k+1)} = \boldsymbol{D}^{-1}[(\boldsymbol{D} - \boldsymbol{A})\boldsymbol{x}^{(k)} + \boldsymbol{b}] \tag{3.2.2}$$

简记为

$$\boldsymbol{x}^{(k+1)} = \boldsymbol{B}_{\mathrm{J}}\boldsymbol{x}^{(k)} + \boldsymbol{f}_{\mathrm{J}} \tag{3.2.3}$$

式中,$\boldsymbol{B}_{\mathrm{J}} = \boldsymbol{D}^{-1}(\boldsymbol{D} - \boldsymbol{A})$,$\boldsymbol{f}_{\mathrm{J}} = \boldsymbol{D}^{-1}\boldsymbol{b}$.式(3.2.2)或式(3.2.3)也称为雅可比迭代,同时称式(3.2.3)中的 $\boldsymbol{B}_{\mathrm{J}}$ 为雅可比迭代矩阵.

算法 3.2.1　雅可比迭代法的具体算法步骤如下:

① 取初始点 $\boldsymbol{x}^{(0)}$,精度要求 $\boldsymbol{\varepsilon}$,最大迭代次数 T,置 $k:=0$;

② 由式(3.2.1)或式(3.2.3)计算 $\boldsymbol{x}^{(k+1)}$;

③ 若满足某种精度要求,则停算,输出 $\boldsymbol{x}^{(k+1)}$ 作为方程组的近似解;

④ 置 $\boldsymbol{x}^{(k)} := \boldsymbol{x}^{(k+1)}$,$k := k+1$,转步骤 ②.

例 3.2.1　雅可比迭代法.

问题　用雅可比迭代法求方程组的近似解,要求 $\|\boldsymbol{x}^{(k+1)} - \boldsymbol{x}^{(k)}\|_2 \leqslant 10^{-8}$.

$$\begin{cases} 10x_1 - 2x_2 - 2x_3 = 1 \\ -2x_1 + 10x_2 - x_3 = 0.5 \\ -x_1 - 2x_2 + 3x_3 = 1 \end{cases}$$

解　首先将系数矩阵 $\boldsymbol{A}$ 分裂为

$$\begin{pmatrix} 10 & -2 & -2 \\ -2 & 10 & -1 \\ -1 & -2 & 3 \end{pmatrix} = \begin{pmatrix} 10 & & \\ & 10 & \\ & & 3 \end{pmatrix} - \begin{pmatrix} 0 & & \\ 2 & 0 & \\ 1 & 2 & 0 \end{pmatrix} - \begin{pmatrix} 0 & 2 & 2 \\ & 0 & 1 \\ & & 0 \end{pmatrix} = \boldsymbol{D} - \boldsymbol{L} - \boldsymbol{U}$$

计算雅可比迭代矩阵和迭代的常向量

$$B_J = I - D^{-1}A = \begin{pmatrix} 1 & & \\ & 1 & \\ & & 1 \end{pmatrix} - \begin{pmatrix} 0.1 & & \\ & 0.1 & \\ & & 1/3 \end{pmatrix}\begin{pmatrix} 10 & -2 & -2 \\ -2 & 10 & -1 \\ -1 & -2 & 3 \end{pmatrix} =$$

$$\begin{pmatrix} 0 & 0.2 & 0.2 \\ 0.2 & 0 & 0.1 \\ 0.333\,33 & 0.666\,67 & 0 \end{pmatrix}$$

$$f_J = D^{-1}b = \begin{pmatrix} 0.1 & & \\ & 0.1 & \\ & & 0.333\,3 \end{pmatrix}\begin{pmatrix} 1 \\ 0.5 \\ 1 \end{pmatrix} = \begin{pmatrix} 0.1 \\ 0.05 \\ 0.333\,3 \end{pmatrix}$$

取初始迭代向量 $x^{(0)}=(0,0,0)^T$，代入迭代公式计算25次的结果如表3.2.1所列.

表3.2.1 代入迭代公式计算25次的结果

迭代次数	$x^{(k)}$ 的分量			$\lVert x^{(k+1)}-x^{(k)} \rVert_2$
1	0.176 667	0.103 333	0.400 000	3.736 5e-001
2	0.200 667	0.125 333	0.461 111	2.101 4e-001
3	0.217 289	0.136 244	0.483 778	9.546 7e-002
4	0.224 004	0.141 836	0.496 593	4.862 4e-002
5	0.227 686	0.144 460	0.502 559	2.350 7e-002
6	0.229 404	0.145 793	0.505 535	1.160 3e-002
7	0.230 266	0.146 434	0.506 997	5.694 5e-003
8	0.230 686	0.146 753	0.507 711	2.794 7e-003
9	0.230 893	0.146 908	0.508 064	1.373 8e-003
10	0.230 994	0.146 985	0.508 237	6.742 3e-004
11	0.231 044	0.147 023	0.508 321	3.312 8e-004
12	0.231 069	0.147 041	0.508 363	1.626 6e-004
13	0.231 081	0.147 050	0.508 384	7.989 7e-005
14	0.231 087	0.147 055	0.508 394	3.923 7e-005
15	0.231 090	0.147 057	0.508 399	1.927 1e-005
16	0.231 091	0.147 058	0.508 401	9.464 3e-006
17	0.231 092	0.147 058	0.508 402	4.648 2e-006
18	0.231 092	0.147 059	0.508 403	2.282 8e-006
19	0.231 092	0.147 059	0.508 403	1.121 2e-006
20	0.231 092	0.147 059	0.508 403	5.506 3e-007
21	0.231 092	0.147 059	0.508 403	2.704 3e-007
22	0.231 092	0.147 059	0.508 403	1.328 1e-007
23	0.231 092	0.147 059	0.508 403	6.522 9e-008
24	0.231 092	0.147 059	0.508 403	3.203 6e-008
25	0.231 092	0.147 059	0.508 403	9.573 3e-009

3.2.2　高斯-赛德尔迭代法

高斯-赛德尔迭代法微视频

对雅可比迭代方法作如下改变：迭代式首先用 $\boldsymbol{x}(k)=(x_1^k,x_2^k,\cdots,x_n^k)^{\mathrm{T}}$ 代入雅可比迭代的第 1 个方程求 $x_1^{(k+1)}$，求得 $x_1^{(k+1)}$ 后，用 $x_1^{(k+1)}$ 替换 $x_1^{(k)}$，用 $(x_1^{(k+1)},x_2^{(k)},\cdots,x_n^{(k)})^{\mathrm{T}}$ 代入雅可比迭代的第 2 个方程求 $x_2^{(k+1)}$，求得 $x_2^{(k+1)}$ 后，即可替换 $x_2^{(k)}$，用 $(x_1^{(k+1)},x_2^{(k+1)},x_3^{(k)},\cdots,x_n^{(k)})^{\mathrm{T}}$ 代入雅可比迭代的第 3 个方程求 $x_3^{(k+1)}$，如此逐个替换，直到 $\boldsymbol{x}^{(k)}$ 的所有分量替换完成，即可得到 $\boldsymbol{x}^{(k+1)}$. 这种改变既可以节省存储量，编程又十分方便，这就是高斯-赛德尔迭代.

对于线性方程组(3.2.1)，高斯-赛德尔迭代的计算格式为

$$x_i^{(k+1)}=\frac{1}{a_{ii}}\left[b_i-\sum_{j=1}^{i-1}a_{ij}x_j^{(k+1)}-\sum_{j=i+1}^{n}a_{ij}x_j^{(k)}\right],\qquad i=1,2,\cdots,n \tag{3.2.4}$$

为便于收敛性分析，可将分量形式的迭代公式(3.2.4)改写成矩阵形式. 令

$$\boldsymbol{D}=\begin{pmatrix}a_{11}&&&\\&a_{22}&&\\&&\ddots&\\&&&a_{nn}\end{pmatrix},\quad \boldsymbol{L}=\begin{pmatrix}0&&&\\-a_{21}&0&&\\\vdots&\vdots&\ddots&\\-a_{n1}&-a_{n2}&\cdots&0\end{pmatrix},\quad \boldsymbol{U}=\begin{pmatrix}0&-a_{12}&\cdots&-a_{1n}\\&0&\cdots&-a_{2n}\\&&\ddots&\vdots\\&&&0\end{pmatrix}$$

则 $\boldsymbol{A}=\boldsymbol{D}-\boldsymbol{L}-\boldsymbol{U}$. 式(3.2.4)可表示为

$$\boldsymbol{D}\boldsymbol{x}^{(k+1)}=\boldsymbol{L}\boldsymbol{x}^{(k+1)}+\boldsymbol{U}\boldsymbol{x}^{(k)}+\boldsymbol{b}$$

得高斯-赛德尔迭代的矩阵表示为

$$\boldsymbol{x}^{(k+1)}=(\boldsymbol{D}-\boldsymbol{L})^{-1}(\boldsymbol{U}\boldsymbol{x}^{(k)}+\boldsymbol{b}) \tag{3.2.5}$$

简记为

$$\boldsymbol{x}^{(k+1)}=\boldsymbol{B}_{\mathrm{S}}\boldsymbol{x}^{(k)}+\boldsymbol{f}_{\mathrm{S}} \tag{3.2.6}$$

其中，$\boldsymbol{B}_{\mathrm{S}}=(\boldsymbol{D}-\boldsymbol{L})^{-1}\boldsymbol{U}$；$\boldsymbol{f}_{\mathrm{S}}=(\boldsymbol{D}-\boldsymbol{L})^{-1}\boldsymbol{b}$.

算法 3.2.2　高斯-赛德尔迭代法的具体算法步骤如下：

① 输入矩阵 $\boldsymbol{A}$，右端向量 $\boldsymbol{b}$，初始点 $\boldsymbol{x}^{(0)}$，精度要求 $\boldsymbol{\varepsilon}$，最带迭代次数 T，置 $k:=0$；

② 由式(3.2.4)或式(3.2.6)计算 $\boldsymbol{x}^{(k+1)}$；

③ 若满足某种精度要求，则停算，输出 $\boldsymbol{x}^{(k+1)}$ 作为方程的近似解；

④ 置 $x^{(k)}:=x^{(k+1)}$，$k:=k+1$，转步骤②.

例 3.2.2　高斯-赛德尔迭代法.

问题　用高斯-赛德尔迭代法求解线性方程组

$$\begin{pmatrix}0.76&-0.01&-0.14&-0.16\\-0.01&0.88&-0.03&0.05\\-0.14&-0.03&1.01&-0.12\\-0.16&0.05&-0.12&0.72\end{pmatrix}\begin{pmatrix}x_1\\x_2\\x_3\\x_4\end{pmatrix}=\begin{pmatrix}0.68\\1.18\\0.12\\0.74\end{pmatrix}$$

取初始点 $\boldsymbol{x}^{(0)}=(0,0,0,0)^{\mathrm{T}}$，要求 $\|\boldsymbol{b}-\boldsymbol{A}\boldsymbol{x}^{(k)}\|_2\leqslant 10^{-8}$.

解　高斯-赛德尔迭代法的迭代矩阵

$$
\boldsymbol{B}_{\mathrm{S}}=(\boldsymbol{D}-\boldsymbol{L})^{-1}\boldsymbol{U}=\begin{pmatrix} 0.76 & & & \\ -0.01 & 0.88 & & \\ -0.14 & -0.03 & 1.01 & \\ -0.16 & 0.05 & -0.12 & 0.72 \end{pmatrix}^{-1}\begin{pmatrix} & 0.01 & 0.14 & 0.16 \\ & & 0.03 & 0.05 \\ & & & 0.12 \\ & & & \end{pmatrix}
$$

和右端常向量

$$
\boldsymbol{f}_{\mathrm{S}}=(\boldsymbol{D}-\boldsymbol{L})^{-1}\boldsymbol{b}=\begin{pmatrix} 0.76 & & & \\ -0.01 & 0.88 & & \\ -0.14 & -0.03 & 1.01 & \\ -0.16 & 0.05 & -0.12 & 0.72 \end{pmatrix}^{-1}\begin{pmatrix} 0.68 \\ 1.18 \\ 0.12 \\ 0.74 \end{pmatrix}
$$

取初始迭代向量 $\boldsymbol{x}^{(0)}=(0,0,0)^{\mathrm{T}}$，代入迭代公式计算 10 次的结果如表 3.2.2 所列.

表 3.2.2　代入迭代公式计算 10 次的结果

迭代次数	$\boldsymbol{x}^{(k)}$ 的分量				$\Vert \boldsymbol{b}-\boldsymbol{A}\boldsymbol{x}^{(k)}\Vert_2$
1	1.213 049	1.297 298	0.465 682	1.284 868	4.368 5e−002
2	1.268 089	1.298 191	0.485 804	1.300 390	5.629 5e−003
3	1.275 075	1.298 074	0.488 613	1.302 419	7.571 5e−004
4	1.276 018	1.298 065	0.488 985	1.302 691	1.009 2e−004
5	1.276 144	1.298 064	0.489 035	1.302 728	1.347 8e−005
6	1.276 160	1.298 064	0.489 041	1.302 733	1.799 2e−006
7	1.276 163	1.298 064	0.489 042	1.302 733	2.402 0e−007
8	1.276 163	1.298 064	0.489 042	1.302 733	3.206 7e−008
9	1.276 163	1.298 064	0.489 042	1.302 733	4.281 0e−009

3.2.3　逐次超松弛迭代法

逐次超松弛
迭代法微视频

逐次超松弛(SOR)迭代法可以看作高斯-赛德尔迭代法的加速.高斯-赛德尔迭代格式为

$$
\boldsymbol{x}^{(k+1)}=\boldsymbol{D}^{-1}(\boldsymbol{L}\boldsymbol{x}^{(k+1)}+\boldsymbol{U}\boldsymbol{x}^{(k)}+\boldsymbol{b})
$$

可将其改写成

$$
\boldsymbol{x}^{(k+1)}=\boldsymbol{x}^{(k)}+\boldsymbol{D}^{-1}(\boldsymbol{L}\boldsymbol{x}^{(k+1)}+\boldsymbol{U}\boldsymbol{x}^{(k)}-\boldsymbol{D}\boldsymbol{x}^{(k)}+\boldsymbol{b}):=x^{(k)}+\Delta x^{(k)}
$$

则 $\boldsymbol{x}^{(k+1)}$ 可以看作由 $\boldsymbol{x}^{(k)}$ 做 $\Delta\boldsymbol{x}^{(k)}$ 修正而得到.若在修正项 $\Delta\boldsymbol{x}^{(k)}$ 中引入一个因子 ω，即

$$
\boldsymbol{x}^{(k+1)}=\boldsymbol{x}^{(k)}+\omega\boldsymbol{D}^{-1}(\boldsymbol{L}\boldsymbol{x}^{(k+1)}+\boldsymbol{U}\boldsymbol{x}^{(k)}-\boldsymbol{D}\boldsymbol{x}^{(k)}+\boldsymbol{b}) \tag{3.2.7}
$$

即可得到逐次超松弛迭代格式(SOR).由式(3.2.7)，有

$$
(\boldsymbol{I}-\omega\boldsymbol{D}^{-1}\boldsymbol{L})\boldsymbol{x}^{(k+1)}=[(1-\omega)\boldsymbol{I}+\omega\boldsymbol{D}^{-1}\boldsymbol{U}]\boldsymbol{x}^{(k)}+\omega\boldsymbol{D}^{-1}\boldsymbol{b}
$$

即

$$
(\boldsymbol{D}-\omega\boldsymbol{L})\boldsymbol{x}^{(k+1)}=[(1-\omega)\boldsymbol{D}+\omega\boldsymbol{U}]\boldsymbol{x}^{(k)}+\omega\boldsymbol{b}
$$

故 SOR 迭代的计算格式为

$$
\boldsymbol{x}^{(k+1)}=(\boldsymbol{D}-\omega\boldsymbol{L})^{-1}\left\{[(1-\omega)\boldsymbol{D}+\omega\boldsymbol{U}]\boldsymbol{x}^{(k)}+\omega\boldsymbol{b}\right\} \tag{3.2.8}
$$

简记为

$$\boldsymbol{x}^{(k+1)}=\boldsymbol{B}_{\omega}\boldsymbol{x}^{(k)}+\boldsymbol{f}_{\omega} \tag{3.2.9}$$

其中，$\boldsymbol{B}_{\omega}=(\boldsymbol{D}-\omega\boldsymbol{L})^{-1}[(1-\omega)\boldsymbol{D}+\omega\boldsymbol{U}]$，$\boldsymbol{f}_{\omega}=\omega(\boldsymbol{D}-\omega\boldsymbol{L})^{-1}\boldsymbol{b}$，参数 ω 叫松弛因子. 当 $\omega>1$ 时叫超松弛，当 $0<\omega<1$ 时叫低松弛，当 $\omega=1$ 时就是高斯-赛德尔迭代法.

用分量形式表示式(3.2.9)，即

$$\begin{aligned}x_i^{(k+1)}&=x_i^{(k)}+\omega\left(b_i-\sum_{j=1}^{n}a_{ij}x_j^{(k+1)}-\sum_{j=1}^{n}a_{ij}x_j^{(k)}\right)a_{ii}^{-1}=\\&(1-\omega)x_i^{(k)}+\omega\left(b_i-\sum_{j=i+1}^{i-1}a_{ij}x_j^{(k+1)}-\sum_{j=i+1}^{n}a_{ij}x_j^{(k)}\right)a_{ii}^{-1}\\&i=1,2,\cdots,n,\qquad k=0,1,2,\cdots\end{aligned} \tag{3.2.10}$$

算法 3.2.3　SOR 迭代算法的具体步骤如下：

① 输入矩阵 $\boldsymbol{A}$，右端向量 $\boldsymbol{b}$，初始点 $\boldsymbol{x}^{(0)}$，精度要求 ε，最大迭代次数 T，置 $k:=0$；

② 由式(3.2.9)或式(3.2.10)计算 $\boldsymbol{x}^{(k+1)}$；

③ 若满足某种精度要求，则停算，输出 $\boldsymbol{x}^{(k+1)}$ 作为方程的近似解；

④ 置 $\boldsymbol{x}^{(k)}:=\boldsymbol{x}^{(k+1)}$，$k:=k+1$，转步骤②.

例 3.2.3　高斯-赛德尔迭代法和 SOR 迭代法.

问题　分别利用高斯-赛德尔迭代法和 SOR 迭代法求解线性方程组

$$\begin{pmatrix}4&-2&-1\\-2&4&-2\\-1&-2&3\end{pmatrix}\begin{pmatrix}x_1\\x_2\\x_3\end{pmatrix}=\begin{pmatrix}0\\-2\\3\end{pmatrix}$$

取初始点 $\boldsymbol{x}^{(0)}=(1,1,1)^{\mathrm{T}}$，松弛因子 $\omega=1.45$，要求 $\|\boldsymbol{x}^{(k+1)}-\boldsymbol{x}^{(k)}\|_2\leqslant10^{-6}$，比较两者的收敛速度.

解　高斯-赛德尔迭代法的迭代矩阵

$$\boldsymbol{B}_{\mathrm{S}}=(\boldsymbol{D}-\boldsymbol{L})^{-1}\boldsymbol{U}=\begin{pmatrix}4&&\\-2&4&\\-1&-2&3\end{pmatrix}^{-1}\begin{pmatrix}0&2&1\\&0&2\\&&0\end{pmatrix}$$

和右端常向量

$$\boldsymbol{f}_{\mathrm{S}}=(\boldsymbol{D}-\boldsymbol{L})^{-1}\boldsymbol{b}=\begin{pmatrix}4&&\\-2&4&\\-1&-2&3\end{pmatrix}^{-1}\begin{pmatrix}0\\-2\\3\end{pmatrix}$$

取初始迭代向量 $\boldsymbol{x}^{(0)}=(1,1,1)^{\mathrm{T}}$，代入迭代公式计算 74 次的结果如表 3.2.3 所列.

表 3.2.3　代入迭代公式计算 74 次的结果

迭代次数	$\boldsymbol{x}^{(k)}$ 的分量元素			$\|\boldsymbol{x}^{(k+1)}-\boldsymbol{x}^{(k)}\|_2$
1	0.750 000 0	0.375 000 0	1.500 000	0.838 525
2	0.562 500 0	0.531 250 0	1.541 667	0.247 601
3	0.651 041 6	0.596 354 2	1.614 583	0.131 890
⋮	⋮	⋮	⋮	⋮

续表 3.2.3

迭代次数	$x^{(k)}$ 的分量元素			$\|x^{(k+1)}-x^{(k)}\|_2$
72	0.999 995 8	0.999 995 3	1.999 995	0.138e-5
73	0.999 996 5	0.999 996 0	1.999 996	0.117e-5
74	0.999 997 0	0.999 996 6	1.999 997	0.992e-6

SOR 迭代法的迭代矩阵

$$B_\omega=(D-\omega L)^{-1}[(1-\omega)D+\omega U]=\begin{pmatrix}4 & & \\ -2\omega & 4 & \\ -\omega & -2\omega & 3\end{pmatrix}^{-1}\begin{pmatrix}4(1-\omega) & 2\omega & \omega \\ & 4(1-\omega) & 2\omega \\ & & 3(1-\omega)\end{pmatrix}$$

和右端常向量

$$f_\omega=\omega(D-\omega L)^{-1}b=\omega\begin{pmatrix}4 & & \\ -2\omega & 4 & \\ -\omega & -2\omega & 3\end{pmatrix}^{-1}\begin{pmatrix}0\\ -2\\ 3\end{pmatrix}$$

取初始迭代向量 $x^{(0)}=(1,1,1)^T$ 和 $\omega=1.45$，代入迭代公式计算 24 次的结果如表 3.2.4 所列.

表 3.2.4 代入迭代公式计算 24 次的结果

迭代次数	$x^{(k)}$ 的分量元素			$\|x^{(k+1)}-x^{(k)}\|_2$
1	0.637 500 0	0.012 187 5	1.319 906	1.099 78
2	0.200 426 7	0.371 757 2	1.312 281	0.566 022
3	0.655 033 5	0.534 011 9	1.692 285	0.614 326
⋮	⋮	⋮	⋮	⋮
22	0.999 998 4	0.999 992 7	1.999 999	0.171e-5
23	0.999 999 8	0.999 999 4	1.999 999	0.161e-5
24	0.999 999 6	0.999 999 8	1.999 999	0.471e-6

3.2.4 经典迭代法的收敛条件

以上介绍了三种古典的迭代法：

雅可比迭代格式：$x^{(k+1)}=(I-D^{-1}A)x^{(k)}+D^{-1}b$

高斯-赛德尔迭代格式：$x^{(k+1)}=(D-L)^{-1}Ux^{(k)}+(D-L)^{-1}b$

松弛法迭代格式：$x^{(k+1)}=(D-\omega L)^{-1}[(1-\omega)D+\omega U]x^{(k)}+\omega(D-\omega L)^{-1}b$

可以统一表示成下面的格式：

$$x^{(k+1)}=Mx^{(k)}+g$$

其中，M 是迭代矩阵，g 是迭代的常向量.

由迭代法收敛的基本定理知，对任意初始向量 $x^{(0)}$，由三种古典迭代法产生的序列收敛的充分必要条件是迭代矩阵的谱半径 $\rho(M)<1$. 又由 $\rho(M)\leqslant\|M\|$ 知，迭代格式收敛的充分条件为迭代矩阵的范数 $\|M\|<1$.

例 3.2.4 判断迭代法的收敛性.

问题　设有方程组

(1) $\begin{cases} x_1+0.4x_2+0.4x_3=1 \\ 0.4x_1+x_2+0.8x_3=2; \\ 0.4x_1+0.8x_2+x_3=3 \end{cases}$　　(2) $\begin{cases} x_1+2x_2-2x_3=1 \\ x_1+x_2+x_3=1 \\ 2x_1+2x_2+x_3=1 \end{cases}$

试考察解方程组的雅可比迭代法和高斯-赛德尔迭代法的收敛性.

解　(1) 将矩阵 $\boldsymbol{A}$ 分裂为 $\boldsymbol{A}=\boldsymbol{D}-\boldsymbol{L}-\boldsymbol{U}$,并计算雅可比迭代矩阵

$$\boldsymbol{A}=\begin{pmatrix} 1 & 0.4 & 0.4 \\ 0.4 & 1 & 0.8 \\ 0.4 & 0.8 & 1 \end{pmatrix}=\begin{pmatrix} 1 & & \\ & 1 & \\ & & 1 \end{pmatrix}-\begin{pmatrix} 0 & & \\ -0.4 & 0 & \\ -0.4 & -0.8 & 0 \end{pmatrix}-\begin{pmatrix} 0 & -0.4 & -0.4 \\ & 0 & -0.8 \\ & & 0 \end{pmatrix}$$

$$\boldsymbol{B}_{\mathrm{J}}=\boldsymbol{D}^{-1}(\boldsymbol{L}+\boldsymbol{U})=\begin{pmatrix} 0 & -0.4 & -0.4 \\ -0.4 & 0 & -0.8 \\ -0.4 & -0.8 & 0 \end{pmatrix}$$

计算 $\boldsymbol{B}_{\mathrm{J}}$ 特征值

$$|\lambda\boldsymbol{I}-\boldsymbol{B}_{\mathrm{J}}|=\begin{vmatrix} \lambda & 0.4 & 0.4 \\ 0.4 & \lambda & 0.8 \\ 0.4 & 0.8 & \lambda \end{vmatrix}=(\lambda-0.8)(\lambda^2+0.8\lambda-0.32)=0$$

得

$$\lambda_1=0.8,\qquad \lambda_{2,3}=-0.4\pm\sqrt{0.48}$$

则

$$\rho(\boldsymbol{B}_{\mathrm{J}})=0.4+\sqrt{0.48}\approx 1.09>1$$

因此解此方程组雅可比法不收敛.

高斯-赛德尔迭代矩阵

$$\boldsymbol{B}_{\mathrm{S}}=(\boldsymbol{D}-\boldsymbol{L})^{-1}\boldsymbol{U}=\begin{pmatrix} 1 & 0 & 0 \\ -0.4 & 1 & 0 \\ -0.08 & -0.8 & 1 \end{pmatrix}\begin{pmatrix} 0 & -0.4 & -0.4 \\ & 0 & -0.8 \\ & & 0 \end{pmatrix}=\begin{pmatrix} 0 & -0.4 & -0.4 \\ 0 & 0.16 & -0.64 \\ 0 & 0.032 & 0.672 \end{pmatrix}$$

由于 $\|\boldsymbol{B}_{\mathrm{S}}\|_\infty=0.8<1$,因此可知解此方程组用高斯-赛德尔迭代收敛.

(2) 因为

$$\boldsymbol{A}=\begin{pmatrix} 1 & 2 & -2 \\ 1 & 1 & 1 \\ 2 & 2 & 1 \end{pmatrix}=\begin{pmatrix} 1 & & \\ & 1 & \\ & & 1 \end{pmatrix}-\begin{pmatrix} 0 & & \\ -1 & 0 & \\ -2 & -2 & 0 \end{pmatrix}-\begin{pmatrix} 0 & -2 & 2 \\ & 0 & -1 \\ & & 0 \end{pmatrix}$$

雅可比迭代矩阵

$$\boldsymbol{B}_{\mathrm{J}}=\boldsymbol{D}^{-1}(\boldsymbol{L}+\boldsymbol{U})=\begin{pmatrix} 0 & -2 & 2 \\ -1 & 0 & -1 \\ -2 & -2 & 0 \end{pmatrix}$$

计算 $\boldsymbol{B}_{\mathrm{J}}$ 特征值

$$|\lambda\boldsymbol{I}-\boldsymbol{B}_{\mathrm{J}}|=\begin{vmatrix} \lambda & 2 & -2 \\ 1 & \lambda & 1 \\ 2 & 2 & \lambda \end{vmatrix}=\lambda^3+4-4+4\lambda-2\lambda-2\lambda=\lambda^3=0$$

得 $\lambda_1=\lambda_2=\lambda_3=0$，由于 $\rho(\boldsymbol{B}_J)=0<1$，因此可知解此方程组用雅可比迭代收敛.

高斯-赛德尔迭代矩阵

$$\boldsymbol{B}_S=(\boldsymbol{D}-\boldsymbol{L})^{-1}\boldsymbol{U}=\begin{pmatrix}1&0&0\\-1&1&0\\0&-2&1\end{pmatrix}\begin{pmatrix}0&-2&2\\0&0&-1\\0&0&0\end{pmatrix}=\begin{pmatrix}0&-2&2\\0&2&-3\\0&0&2\end{pmatrix}$$

由于

$$|\lambda\boldsymbol{I}-\boldsymbol{B}_S|=\begin{vmatrix}\lambda&2&-2\\0&\lambda-2&3\\0&0&\lambda-2\end{vmatrix}=\lambda(\lambda-2)^2=0$$

有 $\lambda_1=0,\lambda_2=\lambda_3=2$，得 $\rho(\boldsymbol{B}_S)=2>1$. 因此解此方程组用高斯-赛德尔迭代发散.

从例 3.2.4 可见，雅可比法和高斯-赛德尔法在收敛问题上并无一致的关系：有的方程雅可比法收敛，而高斯-赛德尔法发散；有的方程却相反，即雅可比法发散，而高斯-赛德尔法收敛. 如果两种方法都收敛，则迭代矩阵谱半径越小，收敛得越快.

引理 3.2.1 设 n 阶矩阵 $\boldsymbol{A}$ 是行(列)严格对角占优的，即

$$|a_{ii}|>\sum_{j=1,j\neq i}^{n}|a_{ij}|,\qquad i=1,2,\cdots,n\quad\left(|a_{jj}|>\sum_{j=1,j\neq 1}^{n}|a_{ij}|,\qquad i=1,2,\cdots,n\right)$$

则 $\boldsymbol{A}$ 是非奇异的.

证明 仅就行严格对角占优的情形加以证明. 用反证法. 假定 $\boldsymbol{A}$ 奇异，则存在非零向量 $\boldsymbol{z}$ 使 $\boldsymbol{Az}=0$. 不失一般性，可设 $\|\boldsymbol{z}\|_\infty=1$. 若令 $|z_i|=1$，则 $|z_j|\leqslant|z_i|$，$j=1,2,\cdots,n$. 由 $\boldsymbol{Az}=0$ 的第 i 个方程，得

$$|a_{ii}|=|a_{ii}||z_i|=|a_{ii}z_i|\leqslant\sum_{j=1,j\neq i}^{n}|a_{ij}z_j|\leqslant\sum_{j=1,j\neq i}^{n}|a_{ij}|$$

这与 $\boldsymbol{A}$ 的行严格对角占优性矛盾. 证毕.

定理 3.2.1 若式(3.1.1)的系数矩阵 $\boldsymbol{A}$ 是行(列)严格对角占优矩阵，则雅可比迭代法和高斯-赛德尔迭代法收敛.

证明 仅就行严格对角占优的情形加以证明.

(1) 注意到雅可比迭代法的迭代矩阵为 $\boldsymbol{B}_J=\boldsymbol{D}^{-1}(\boldsymbol{D}-\boldsymbol{A})=\boldsymbol{D}^{-1}(\boldsymbol{L}+\boldsymbol{U})$，其特征多项式为

$$P(\lambda)=\det(\lambda\boldsymbol{I}-\boldsymbol{B}_J)=\det[\lambda\boldsymbol{I}-\boldsymbol{D}^{-1}(\boldsymbol{L}+\boldsymbol{U})]=$$
$$\det(\boldsymbol{D}^{-1})\cdot\det(\lambda\boldsymbol{D}-\boldsymbol{L}-\boldsymbol{U})$$

显然 $\det(\boldsymbol{D}^{-1})\neq0$. 以下用反证法. 假设 $\boldsymbol{B}_J$ 有特征值 λ 满足 $|\lambda|\geqslant1$. 因 $\boldsymbol{A}=\boldsymbol{D}-\boldsymbol{L}-\boldsymbol{U}$ 是行严格对角占优的，故显然 $\lambda\boldsymbol{D}-\boldsymbol{L}-\boldsymbol{U}$ 也是严格行对角占优的. 由引理 3.2.1 可知 $\det(\lambda\boldsymbol{D}-\boldsymbol{L}-\boldsymbol{U})\neq0$. 这与 λ 是 $\boldsymbol{B}_J$ 的特征值相矛盾，即 $|\lambda|$ 不可大于或等于 1. 因此 $|\lambda|<1$，即 $\rho(\boldsymbol{B}_J)<1$，从而雅可比迭代收敛.

(2) 注意到高斯-赛德尔迭代矩阵 $\boldsymbol{B}_S=(\boldsymbol{D}-\boldsymbol{L})^{-1}\boldsymbol{U}$ 的特征多项式为

$$P(\lambda)=\det(\lambda\boldsymbol{I}-\boldsymbol{B}_S)=\det[\lambda\boldsymbol{I}-(\boldsymbol{D}-\boldsymbol{L})^{-1}\boldsymbol{U}]=$$
$$\det\{(\boldsymbol{D}-\boldsymbol{L})^{-1}[\lambda(\boldsymbol{D}-\boldsymbol{L})-\boldsymbol{U}]\}=$$
$$\det[(\boldsymbol{D}-\boldsymbol{L})^{-1}]\cdot\det[\lambda(\boldsymbol{D}-\boldsymbol{L})-\boldsymbol{U}]$$

显然 $\det[(\boldsymbol{D}-\boldsymbol{L})^{-1}]\neq0$. 以下用反证法. 若高斯-赛德尔迭代不收敛，则至少存在一个特征

值 λ 满足 $|\lambda|\geqslant 1$. 由于 $\boldsymbol{A}$ 行严格对角占优，不难发现 $\lambda\boldsymbol{D}-\boldsymbol{L}-\boldsymbol{U}$ 仍为行严格对角占优. 由引理 3.2.1 可知 $\det(\lambda\boldsymbol{D}-\boldsymbol{L}-\boldsymbol{U})\neq 0$. 故

$$\det(\lambda\boldsymbol{I}-\boldsymbol{B}_{\mathrm{S}})\neq 0$$

这与 λ 是迭代矩阵 $\boldsymbol{B}_{\mathrm{S}}$ 的特征值相矛盾，即 $|\lambda|$ 不可大于或等于 1. 因此 $|\lambda|<1$，即 $\rho(\boldsymbol{B}_{\mathrm{S}})<1$，从而高斯-赛德尔迭代收敛.

定理 3.2.2　对于 SOR 迭代法，有下面收敛性结果：

(1) SOR 迭代法收敛的必要条件是 $0<\omega<2$.

(2) 若式(3.1.1)的系数矩阵 $\boldsymbol{A}$ 对称正定，则当 $0<\omega<2$ 时，SOR 迭代法收敛.

证明　(1) SOR 迭代矩阵为 $\boldsymbol{B}_{\omega}=(\boldsymbol{D}-\omega\boldsymbol{L})^{-1}[(1-\omega)\boldsymbol{D}+\omega\boldsymbol{U}]$，若 SOR 迭代收敛，则 $\rho(\boldsymbol{B}_{\omega})<1$，从而

$$|\det(\boldsymbol{B}_{\omega})|=|\lambda_1\lambda_2\cdots\lambda_n|<1$$

这里，$\lambda_1\lambda_2\cdots\lambda_n$ 为 $\boldsymbol{B}_{\omega}$ 的特征值，又

$$\begin{aligned}|\det(\boldsymbol{B}_{\omega})|&=\left|\det[(\boldsymbol{D}-\omega\boldsymbol{L})^{-1}]\right|\cdot\left|\det[(1-\omega)\boldsymbol{D}+\omega\boldsymbol{U}]\right|=\\&\left|a_{11}^{-1}a_{22}^{-1}\cdots a_{nn}^{-1}\right|\cdot\left|(1-\omega)^n a_{11}a_{22}\cdots a_{nn}\right|=\\&\left|(1-\omega)^n\right|<1\end{aligned}$$

故有 $|1-\omega|<1$，即 $0<\omega<2$.

(2) 设 λ 是 $\boldsymbol{B}_{\omega}$ 的任一特征值，对应的特征向量为 $\boldsymbol{z}$，则

$$(\boldsymbol{D}-\omega\boldsymbol{L})^{-1}[(1-\omega)\boldsymbol{D}+\omega\boldsymbol{U}]\boldsymbol{z}=\lambda\boldsymbol{z}$$

即

$$[(1-\omega)\boldsymbol{D}+\omega\boldsymbol{U}]\boldsymbol{z}=\lambda(\boldsymbol{D}-\omega\boldsymbol{L})\boldsymbol{z}$$

上式两边同乘以 $\boldsymbol{z}$ 的共轭转置 $\boldsymbol{z}^{\mathrm{H}}$，得

$$(1-\omega)\boldsymbol{z}^{\mathrm{H}}\boldsymbol{D}\boldsymbol{z}+\omega\boldsymbol{z}^{\mathrm{H}}\boldsymbol{U}\boldsymbol{z}=\lambda(\boldsymbol{z}^{\mathrm{H}}\boldsymbol{D}\boldsymbol{z}-\omega\boldsymbol{z}^{\mathrm{H}}\boldsymbol{L}\boldsymbol{z})$$

即

$$\lambda=\frac{(1-\omega)\boldsymbol{z}^{\mathrm{H}}\boldsymbol{D}\boldsymbol{z}+\omega\boldsymbol{z}^{\mathrm{H}}\boldsymbol{U}\boldsymbol{z}}{\boldsymbol{z}^{\mathrm{H}}\boldsymbol{D}\boldsymbol{z}-\omega\boldsymbol{z}^{\mathrm{H}}\boldsymbol{L}\boldsymbol{z}}\tag{3.2.11}$$

记 $\boldsymbol{z}^{\mathrm{H}}\boldsymbol{D}\boldsymbol{z}=d$，$\boldsymbol{z}^{\mathrm{H}}\boldsymbol{L}\boldsymbol{z}=a+\mathrm{i}b$，因 $\boldsymbol{A}$ 对称，故 $\boldsymbol{U}=\boldsymbol{L}^{\mathrm{T}}$，$\boldsymbol{z}^{\mathrm{H}}\boldsymbol{D}\boldsymbol{z}=a-\mathrm{i}b$，代入式(3.2.11)，得

$$\lambda=\frac{(1-\omega)d+\omega(a-\mathrm{i}b)}{d-\omega(a+\mathrm{i}b)}=\frac{[(1-\omega)d+\omega a]-\mathrm{i}\omega b}{(d-\omega a)-\mathrm{i}\omega b}$$

因 $\boldsymbol{A}$ 正定，故 $\boldsymbol{z}^{\mathrm{H}}\boldsymbol{D}\boldsymbol{z}=\boldsymbol{z}^{\mathrm{H}}(\boldsymbol{D}-\boldsymbol{L}-\boldsymbol{U})\boldsymbol{z}=d-2a>0$. 注意到 λ 的分子、分母虚部相等，而当 $0<\omega<2$ 时，有

$$(d-\omega a)^2-[(1-\omega)d+\omega a]^2=(2-\omega)\omega d(d-2a)>0$$

由此可得 $|\lambda|<1$，故迭代收敛.

由于当松弛因子 $\omega=1$ 时，SOR 迭代法退化为高斯-赛德尔迭代法，故立即有：

推论 3.2.1　若式(3.1.1)的系数矩阵 $\boldsymbol{A}$ 对称正定，则高斯-赛德尔迭代法收敛.

定理 3.2.3　若式(3.1.1)的系数矩阵 $\boldsymbol{A}$ 对称正定，则雅可比迭代法收敛的充要条件是 $2\boldsymbol{D}-\boldsymbol{A}$ 也对称正定.

证明　由于 $\boldsymbol{A}$ 是对称正定矩阵，则 $a_{ii}>0,i=1,2,\cdots,n$.

$$\boldsymbol{B}_{\mathrm{J}}=\boldsymbol{D}^{-1}(\boldsymbol{D}-\boldsymbol{A})=\boldsymbol{I}-\boldsymbol{D}^{-1}\boldsymbol{A}=\boldsymbol{D}^{-\frac{1}{2}}(\boldsymbol{I}-\boldsymbol{D}^{-\frac{1}{2}}\boldsymbol{A}\boldsymbol{D}^{-\frac{1}{2}})\boldsymbol{D}^{\frac{1}{2}}\tag{3.2.12}$$

其中,$D^{\frac{1}{2}}=\mathrm{diag}(\sqrt{a_{11}},\sqrt{a_{22}},\cdots,\sqrt{a_{nn}})$. 于是,$B_J$ 相似于对称矩阵 $I-D^{-\frac{1}{2}}AD^{-\frac{1}{2}}$,故其 n 个特征值均为实数.

必要性 设雅可比迭代收敛,则有

$$\rho(B_J)=\rho(I-D^{-\frac{1}{2}}AD^{-\frac{1}{2}})<1$$

于是 $D^{-\frac{1}{2}}AD^{-\frac{1}{2}}$ 的任一特征值 λ 均满足 $|1-\lambda|<1$,即 $0<\lambda<2$. 注意到

$$2D-A=D^{\frac{1}{2}}(2I-D^{-\frac{1}{2}}AD^{-\frac{1}{2}})D^{\frac{1}{2}} \tag{3.2.13}$$

且 $2I-D^{-\frac{1}{2}}AD^{-\frac{1}{2}}$ 的特征值 $2-\lambda\in(0,2)$,故 $2I-D^{-\frac{1}{2}}AD^{-\frac{1}{2}}$ 对称正定. 由式(3.2.13)即知 $2D-A$ 对称正定.

充分性 设 A,$2D-A$ 均对称正定. 一方面,由 A 对称正定,可知 $D^{-\frac{1}{2}}AD^{-\frac{1}{2}}$ 对称正定,故其任一特征值 $\lambda>0$. 于是 $I-D^{-\frac{1}{2}}AD^{-\frac{1}{2}}$ 的特征值 $1-\lambda<1$,由式(3.2.12)可知 B_J 的任一特征值 $\lambda(B_J)<1$. 另一方面,由 $2D-A$ 也对称正定,注意到

$$D^{-\frac{1}{2}}(2D-A)D^{-\frac{1}{2}}=I+(I-D^{-\frac{1}{2}}AD^{-\frac{1}{2}})$$

由此可知,$I-D^{-\frac{1}{2}}AD^{-\frac{1}{2}}$ 的特征值全大于 -1. 由式(3.2.12)可知,B_J 的任一特征值 $\lambda(B_J)>-1$. 于是 $\rho(B_J)<1$,故雅可比迭代法收敛.

例 3.2.5 判断迭代法的收敛性

问题 已知矩阵 A 如下,判断求解 $Ax=b$ 的雅可比迭代法、高斯-赛德尔迭代法及 SOR 迭代法是否收敛:

(1) $A=\begin{pmatrix}1 & -1 & 2\\ -1 & 3 & 0\\ 2 & 0 & 7\end{pmatrix}$;　　(2) $A=\begin{pmatrix}2 & 1 & 1\\ 1 & 2 & 1\\ 1 & 1 & 2\end{pmatrix}$.

解 (1) 显然 A 是对称的,顺序主子式

$$D_1=1>0,\quad D_2=\begin{vmatrix}1 & -1\\ -1 & 3\end{vmatrix}=2>0,\quad D_3=\begin{vmatrix}1 & -1 & 2\\ -1 & 3 & 0\\ 2 & 0 & 7\end{vmatrix}=2>0$$

故 A 对称正定. 从而由定理 3.2.3,当 $0<\omega<2$ 时,SOR 迭代法是收敛的. 由推论 3.2.1,高斯-赛德尔迭代法也是收敛的. 又

$$2D-A=\begin{pmatrix}1 & 1 & -2\\ 1 & 3 & 0\\ -2 & 0 & 7\end{pmatrix}$$

显然也是对称的,且其顺序主子式的值与 A 的相同,故 $2D-A$ 也是对称正定的,从而由定理 3.2.3 知,雅可比迭代法也是收敛的.

(2) 容易验证 A 是对称正定的,故高斯-赛德尔迭代法和 SOR 迭代法当 $0<\omega<2$ 时都是收敛的. 但 $\det(2D-A)=0$,故 $2D-A$ 不正定,故由定理 3.2.3 知,雅可比迭代法是发散的.

例 3.2.6 判断迭代法的收敛性.

问题 判断用雅可比迭代法和高斯-赛德尔迭代法解下列方程组的收敛性:

$$(1)\begin{pmatrix}7&-2&-3\\-1&6&-2\\-1&-1&4\end{pmatrix}\begin{pmatrix}x_1\\x_2\\x_3\end{pmatrix}=\begin{pmatrix}2.8\\3.5\\6.2\end{pmatrix};\qquad(2)\begin{pmatrix}4&-2&-1\\-2&4&3\\-1&-3&3\end{pmatrix}\begin{pmatrix}x_1\\x_2\\x_3\end{pmatrix}=\begin{pmatrix}1\\5\\0\end{pmatrix}.$$

解　(1) 由于该方程组的系数矩阵严格对角占优,故由定理 3.2.1 知,雅可比迭代法和高斯-赛德尔迭代法均收敛.

(2) 由于该方程组的系数矩阵不是严格对角占优矩阵,也不是对称正定矩阵,故无法由定理 3.2.1、定理 3.2.2 或定理 3.2.3 判断其收敛性.对于雅可比迭代法,其迭代矩阵为

$$\boldsymbol{B}_{\mathrm{J}}=\boldsymbol{D}^{-1}(\boldsymbol{D}-\boldsymbol{A})=\begin{pmatrix}0&1/2&1/4\\1/2&0&-3/4\\1/3&1&0\end{pmatrix}$$

其特征方程为

$$\det(\lambda\boldsymbol{I}-\boldsymbol{B}_{\mathrm{J}})=\lambda^3+\frac{5}{12}\lambda=0$$

三个特征根为 $\lambda_1=0,\lambda_{2,3}=\pm\sqrt{\frac{5}{12}}\mathrm{i}$,从而 $\rho(\boldsymbol{B}_{\mathrm{J}})<1$,即雅可比迭代法收敛.

对于高斯-赛德尔迭代法,其迭代矩阵为

$$\boldsymbol{B}_{\mathrm{S}}=(\boldsymbol{D}-\boldsymbol{L})^{-1}\boldsymbol{U}=\begin{pmatrix}4&0&0\\-2&4&0\\-1&-3&3\end{pmatrix}^{-1}\begin{pmatrix}0&2&1\\0&0&-3\\0&0&0\end{pmatrix}$$

计算,得

$$\boldsymbol{B}_{\mathrm{S}}=\begin{pmatrix}1/4&0&0\\1/8&1/4&0\\5/24&1/4&1/3\end{pmatrix}\begin{pmatrix}0&2&1\\0&0&-3\\0&0&0\end{pmatrix}=\begin{pmatrix}0&1/2&1/4\\0&1/4&-5/8\\0&5/12&-13/24\end{pmatrix}$$

从而

$$\|\boldsymbol{B}_{\mathrm{S}}\|_\infty=\max\left\{\frac{3}{4},\frac{7}{8},\frac{23}{24}\right\}<1$$

故高斯-赛德尔迭代法收敛.

例 3.2.7　由迭代法收敛性确定参数的选取范围.

问题　考虑方程组

$$\begin{cases}2x_1-x_2=1\\-x_1+2x_2+ax_3=0\\-x_2+2x_3=-1\end{cases}$$

求实数 a 的取值范围,使解线性方程组的雅可比迭代法和高斯-赛德尔迭代法都收敛.

解　分析:求参数 a 的取值范围的问题,应该讨论迭代法收敛的充分必要条件.由

$$\boldsymbol{B}_J=\begin{pmatrix}2&&\\&2&\\&&2\end{pmatrix}^{-1}\begin{pmatrix}0&1&0\\1&0&a\\0&1&0\end{pmatrix}=\begin{bmatrix}0&\frac{1}{2}&0\\\frac{1}{2}&0&-\frac{a}{2}\\0&\frac{1}{2}&0\end{bmatrix}$$

计算得 $\det(\lambda\boldsymbol{I}-\boldsymbol{B}_{\mathrm{J}})=\lambda\left(\lambda^{2}-\dfrac{1-a}{4}\right)$,故

$$\rho(\boldsymbol{B}_{\mathrm{J}})=\frac{\sqrt{|1-a|}}{2}$$

又由

$$\boldsymbol{B}_{\mathrm{S}}=\begin{pmatrix}2 & & \\ -1 & 2 & \\ 0 & -1 & 2\end{pmatrix}^{-1}\begin{pmatrix}0 & 1 & 0\\ 0 & 0 & -a\\ 0 & 1 & 0\end{pmatrix}=\begin{pmatrix}0 & \dfrac{1}{2} & 0\\ 0 & \dfrac{1}{4} & -\dfrac{a}{2}\\ 0 & \dfrac{1}{8} & -\dfrac{a}{4}\end{pmatrix}$$

计算得 $\det(\lambda\boldsymbol{I}-\boldsymbol{B}_{\mathrm{S}})=\lambda\left(\lambda^{2}-\dfrac{1-a}{4}\lambda\right)$,故

$$\rho(\boldsymbol{B}_{\mathrm{S}})=\frac{|1-a|}{4}$$

由此可得雅可比迭代法和高斯-赛德尔迭代法都收敛的条件为

$$\frac{|1-a|}{4}<1$$

因此,当 $a\in(-3,5)$ 时,两种方法都收敛.

3.3 现代迭代法介绍

本节介绍两类最基本的现代迭代法:一类是解对称正定线性方程组的最速下降法和共轭梯度法;另一类解不对称线性方程组的广义极小残量法.

3.3.1 最速下降法

首先,介绍与式(3.1.1)等价的变分问题.任取 $\boldsymbol{x}\in\boldsymbol{R}^{n}$,对于式(3.1.1)中给定的 $\boldsymbol{A}$ 和 $\boldsymbol{b}$,定义二次泛函(即 n 元二次实函数) $\varphi:\boldsymbol{R}^{n}\rightarrow\boldsymbol{R}$ 为

$$\varphi(\boldsymbol{x})=\frac{1}{2}(\boldsymbol{x},\boldsymbol{A}\boldsymbol{x})-(\boldsymbol{b},\boldsymbol{x})=\frac{1}{2}\sum_{i=1}^{n}\sum_{j=1}^{n}a_{ij}x_{i}x_{j}-\sum_{j=1}^{n}b_{j}x_{j}\tag{3.3.1}$$

式中,$(x,y)=\sum_{j=1}^{n}x_{j}y_{j}$.

可以证明式(3.1.1)的解与式(3.3.1)的极小点是等价的.

式(3.3.1)启发我们,可通过求泛函 $\varphi(\boldsymbol{x})$ 的极小点来获得式(3.1.1)的解.为此,可从任一 $\boldsymbol{x}^{(k)}$ 出发,沿着泛函 $\varphi(\boldsymbol{x})$ 在 $\boldsymbol{x}^{(k)}$ 处下降最快的方向搜索下一个近似点,使得 $\varphi(\boldsymbol{x}^{(k+1)})$ 在该方向上达到极小值.

由多元微积分知识,$\varphi(\boldsymbol{x})$ 在 $\boldsymbol{x}^{(k)}$ 处下降最快的方向是在该点的负梯度方向,经过简单计算,得

$$-\nabla\varphi(\boldsymbol{x})\big|_{\boldsymbol{x}=\boldsymbol{x}^{(k)}}=\boldsymbol{b}-\boldsymbol{A}\boldsymbol{x}^{(k)}:=\boldsymbol{r}^{(k)}$$

此处，$\boldsymbol{r}^{(k)}$ 也称为近似点 $\boldsymbol{x}^{(k)}$ 对应的残差向量. 取 $\boldsymbol{x}^{(k+1)}=\boldsymbol{x}^{(k)}+\alpha\boldsymbol{r}^{(k)}$，确定 α 的值使 $\varphi(\boldsymbol{x}^{(k+1)})$ 取得极小值. 由式(3.3.1)，令

$$\frac{\mathrm{d}\varphi(\boldsymbol{x}^{(k)}+\alpha\boldsymbol{r}^{(k)})}{\mathrm{d}\alpha}=0$$

得

$$-(\boldsymbol{r}^{(k)},\boldsymbol{r}^{(k)})+\alpha(\boldsymbol{A}\boldsymbol{r}^{(k)},\boldsymbol{r}^{(k)})=0$$

由上式求出 α 并记为 α_k：

$$\alpha_k=\frac{(\boldsymbol{r}^{(k)},\boldsymbol{r}^{(k)})}{(\boldsymbol{A}\boldsymbol{r}^{(k)},\boldsymbol{r}^{(k)})}\tag{3.3.2}$$

综合上述推导过程，可得最速下降法的算法描述.

算法 3.3.1　最速下降法的算法描述如下：

① 给定初始点，允许误差 $\varepsilon\geqslant 0$，置 $k:=0$；

② 计算 $\boldsymbol{r}^{(k)}=\boldsymbol{b}-\boldsymbol{A}\boldsymbol{x}^{(k)}$，若 $\|\boldsymbol{r}^{(k)}\|\leqslant\varepsilon$，停算，输出 $\boldsymbol{r}^{(k)}$ 作为近似解；

③ 按式(3.3.2)计算步长因子 α_k，置 $\boldsymbol{x}^{(k+1)}=\boldsymbol{x}^{(k)}+\alpha\boldsymbol{r}^{(k)}$，$k:=k+1$，转步骤②.

3.3.2　共轭梯度法

本小节叙述当代用来求解大型线性方程组最有效的方法之一的共轭梯度法，这里的系数矩阵是对称正定的大型稀疏矩阵.

与最速下降法使用负梯度方向作为搜索方向不同，共轭梯度法的基本思想是寻找一组所谓的共轭梯度方向：$\boldsymbol{p}^{(0)},\boldsymbol{p}^{(1)},\cdots,\boldsymbol{p}^{(k)}$，使得进行 k 次一维搜索后，求得近似解 $\boldsymbol{x}^{(k)}$.

对于一维极小化问题 $\min\limits_{\alpha>0}\varphi(\boldsymbol{x}^{(k)}+\alpha\boldsymbol{p}^{(k)})$，令

$$\frac{\mathrm{d}}{\mathrm{d}\alpha}\varphi(\boldsymbol{x}^{(k)}+\alpha\boldsymbol{p}^{(k)})=0$$

得

$$\alpha=\alpha_k=\frac{(\boldsymbol{r}^{(k)},\boldsymbol{p}^{(k)})}{(\boldsymbol{A}\boldsymbol{p}^{(k)},\boldsymbol{p}^{(k)})}$$

从而下一个近似解和对应的残量分别为

$$\boldsymbol{x}^{(k+1)}=\boldsymbol{x}^{(k)}+\alpha_k\boldsymbol{p}^{(k)}$$

$$\boldsymbol{r}^{(k+1)}=\boldsymbol{b}-\boldsymbol{A}\boldsymbol{x}^{(k+1)}=\boldsymbol{r}^{(k)}-\alpha_k\boldsymbol{A}\boldsymbol{p}^{(k)}$$

为了讨论方便，可设 $\boldsymbol{x}^{(0)}=0$，则有

$$\boldsymbol{x}^{(k+1)}=\alpha_0\boldsymbol{p}^{(0)}+\alpha_1\boldsymbol{p}^{(1)}+\cdots+\alpha_k\boldsymbol{p}^{(k)}$$

从而，$\boldsymbol{x}^{(k+1)}\in\operatorname{span}\{\boldsymbol{p}^{(0)},\boldsymbol{p}^{(1)},\cdots,\boldsymbol{p}^{(k)}\}$，其中 $\operatorname{span}\{\boldsymbol{p}^{(0)},\boldsymbol{p}^{(1)},\cdots,\boldsymbol{p}^{(k)}\}$ 是指由 $\boldsymbol{p}^{(0)},\boldsymbol{p}^{(1)},\cdots,\boldsymbol{p}^{(k)}$ 张成的子空间.

记 $\boldsymbol{x}=\boldsymbol{y}+\alpha\boldsymbol{p}^{(k)}$，其中 $\boldsymbol{y}\in\operatorname{span}\{\boldsymbol{p}^{(0)},\boldsymbol{p}^{(1)},\cdots,\boldsymbol{p}^{(k-1)}\}$. 现在来讨论 $\boldsymbol{p}^{(0)},\boldsymbol{p}^{(1)},\cdots,\boldsymbol{p}^{(k)}$ 取什么方向使得二次泛函 $\varphi(\boldsymbol{x}^{(k)}+\alpha\boldsymbol{p}^{(k)})$ 下降最快.

初始方向可以取为 $\boldsymbol{p}^{(0)}=\boldsymbol{r}^{(0)}$. 当 $k\geqslant 1$ 时，不仅希望满足

$$\varphi(\boldsymbol{x}^{(k+1)})=\min_{\alpha\geqslant 0}\varphi(\boldsymbol{x}^{(k)}+\alpha\boldsymbol{p}^{(k)})$$

而且希望 $\boldsymbol{p}^{(k)}$ 的选取满足

$$\varphi(\boldsymbol{x}^{(k+1)})=\min_{x\in \mathrm{span}\{\boldsymbol{p}^{(0)},\boldsymbol{p}^{(1)},\cdots,\boldsymbol{p}^{(k)}\}}\varphi(\boldsymbol{x})$$

注意到 $\boldsymbol{x}=\boldsymbol{y}+\alpha\boldsymbol{p}^{(k)}$ 及

$$\varphi(\boldsymbol{x})=\varphi(\boldsymbol{y}+\alpha\boldsymbol{p}^{(k)})=$$

$$\varphi(\boldsymbol{y})+\alpha(\boldsymbol{A}\boldsymbol{y},\boldsymbol{p}^{(k)})-\alpha(\boldsymbol{b},\boldsymbol{p}^{(k)})+\frac{\alpha^2}{2}(\boldsymbol{A}\boldsymbol{p}^{(k)},\boldsymbol{p}^{(k)}) \tag{3.3.3}$$

上式中的交叉项 $(\boldsymbol{A}\boldsymbol{y},\boldsymbol{p}^{(k)})=0,\ \forall\,\boldsymbol{y}\in \mathrm{span}\{\boldsymbol{p}^{(0)},\boldsymbol{p}^{(1)},\cdots,\boldsymbol{p}^{(k-1)}\}$,即

$$(\boldsymbol{A}\boldsymbol{p}^{(i)},\boldsymbol{p}^{(k)})=0,\qquad i=1,2,\cdots,k-1 \tag{3.3.4}$$

并且对于每个 $k=1,2,\cdots,n$,都选择 $\boldsymbol{p}^{(k)}$ 满足这一条件.

$$\alpha_k=\frac{(\boldsymbol{r}^{(k)},\boldsymbol{A}\boldsymbol{p}^{(k-1)})}{(\boldsymbol{A}\boldsymbol{p}^{(k)},\boldsymbol{p}^{(k)})}$$

现在讨论 $\boldsymbol{p}^{(k)}$ 的选取. 为了简单,不妨取 $\boldsymbol{p}^{(k)}=\boldsymbol{r}^{(k)}+\beta_{k-1}\boldsymbol{p}^{(k-1)}$,利用 $(\boldsymbol{p}^{(k)},\boldsymbol{A}\boldsymbol{p}^{(k-1)})=0$,可以求出

$$\beta_{k-1}=-\frac{(\boldsymbol{r}^{(k)},\boldsymbol{A}\boldsymbol{p}^{(k-1)})}{(\boldsymbol{p}^{(k-1)},\boldsymbol{A}\boldsymbol{p}^{(k-1)})}$$

综合上述推导过程,可得共轭梯度法的算法描述.

算法 3.3.2 共轭梯度法的算法描述如下:

① 给定初始点 $\boldsymbol{x}^{(0)}\in\boldsymbol{R}^n$,允许误差 $\varepsilon\geqslant 0$,计算 $\boldsymbol{r}^{(0)}=\boldsymbol{b}-\boldsymbol{A}\boldsymbol{x}^{(0)},\boldsymbol{p}^{(0)}:=\boldsymbol{r}^{(0)}$, 置 $k:=0$.

② 计算步长因子

$$\alpha_k=\frac{(\boldsymbol{r}^{(k)},\boldsymbol{p}^{(k)})}{(\boldsymbol{A}\boldsymbol{p}^{(k)},\boldsymbol{p}^{(k)})}$$

置

$$\boldsymbol{x}^{(k+1)}=\boldsymbol{x}^{(k)}+\alpha_k\boldsymbol{p}^{(k)}$$

$$\boldsymbol{r}^{(k+1)}=\boldsymbol{r}^{(k)}-\alpha_k\boldsymbol{A}\boldsymbol{p}^{(k)}$$

③ 若 $\|\boldsymbol{r}^{(k+1)}\|\leqslant\varepsilon$,停算,输出 $\boldsymbol{x}^{(k+1)}$ 作为近似解.

④ 计算

$$\beta_k=-\frac{(\boldsymbol{r}^{(k+1)},\boldsymbol{A}\boldsymbol{p}^{(k)})}{(\boldsymbol{p}^{(k)},\boldsymbol{A}\boldsymbol{p}^{(k)})}$$

置

$$\boldsymbol{p}^{(k+1)}=\boldsymbol{r}^{(k+1)}+\beta_k\boldsymbol{p}^{(k)},\qquad k:=k+1$$

转步骤②.

下面不加证明地给出共轭梯度法的误差估计和收敛性定理.

定理 3.3.1 设 $\boldsymbol{A}$ 是 n 阶对称正定矩阵. λ_1 和 λ_n 分别是其最大和最小特征值. $\{\boldsymbol{x}^{(k)}\}$ 是由共轭梯度法产生的向量序列,则

$$\|\boldsymbol{x}^{(k)}-\boldsymbol{x}^*\|_{\boldsymbol{A}}\leqslant 2\left(\frac{\sqrt{\lambda_1}-\sqrt{\lambda_n}}{\sqrt{\lambda_1}+\sqrt{\lambda_n}}\right)^k\|\boldsymbol{x}^{(0)}-\boldsymbol{x}^*\|_{\boldsymbol{A}} \tag{3.3.5}$$

式中,$\boldsymbol{x}^*$ 为 $\boldsymbol{A}\boldsymbol{x}=\boldsymbol{b}$ 的精确解; $\boldsymbol{x}^{(0)}$ 是算法的初始点.

由上式可以看出,当 $\boldsymbol{A}$ 的条件数很大时,共轭梯度法的收敛速度可能很慢;当 $\boldsymbol{A}$ 的条件数较小时,收敛速度才会很快.

此外,如果没有舍入误差的影响,则在理论上可以证明共轭梯度法至多迭代 n 步即可得到

精确解 x^*. 但是由于计算过程中不可避免地存在舍入误差，因此实际上是将共轭梯度法作为一种迭代法来使用的.

3.4 综　述

在自然科学和工程实际应用中，有许多问题的求解最终转化为线性方程组的求解问题. 例如，电学中的网络问题、曲线拟合中常用的最小二乘法、样条函数插值、解非线性方程组、求解偏微分方程的差分法、有限元法和边界元法以及目前工程实际中普遍存在的反演问题等. 特别是图像恢复、模型参数估计、解卷积、带限信号外推、地震勘探等众多领域，都需要求解线性方程组. 而这些问题往往需要求数值解. 在进行数值求解时，经离散后，常常归纳为求解形如 $\boldsymbol{Ax}=\boldsymbol{b}$ 的大型线性方程组. 20 世纪 50—70 年代，由于电子计算机的发展，人们开始考虑和研究在计算机上用迭代法求线性方程组 $\boldsymbol{Ax}=\boldsymbol{b}$ 的近似解，用某种极限过程去逐渐逼近精确解，并发展了许多非常有效的迭代方法.

迭代法是按照某种规则构造一个向量序列 $\{\boldsymbol{x}_k\}$，使其极限向量 $\boldsymbol{x}^*$ 是方程组 $\boldsymbol{Ax}=\boldsymbol{b}$ 的精确解. 因此，对迭代法来说一般有下面几个问题需要考虑：

① 如何构造迭代序列？

② 构造的迭代序列是否收敛？在什么情况下收敛？

③ 如果收敛，收敛速度如何？我们应给予量的刻画，用来比较各种迭代方法收敛的快慢.

④ 因为计算总是有限次的，所以总要讨论近似解的误差估计和迭代过程的中断处理等问题.

迭代法具有需要计算机存储单元少、程序设计简单、原始系数矩阵在计算过程中始终不变等优点. 例如雅可比法、高斯-赛德尔法、SOR 法、SSOR 法，这几种迭代法是最常见的一阶线性定常迭代法.

求解线性方程组的雅可比迭代法是雅可比(Jacobi)在 1845 年提出的. 事实上，高斯早在 1823 年就给出了形如高斯-赛德尔方法的迭代法，但这种方法的符号表示和收敛性分析是由赛德尔(Seidel)在 1847 年提出的，赛德尔是雅可比的学生. 进一步的迭代或“松弛”方法是在 20 世纪初由 Liebmann、理查森、Southwell 等人提出的. 1950 年，杨(Young)发表了逐次超松弛法. 共轭梯度法是 1952 年由 Hestenes 和 Stiefel 给出的. 可以证明，由于截断误差的影响，将共轭梯度法作为一种直接法是无效的，所以直到 20 世纪 70 年代这种方法才得以使用. 而它作为迭代法的使用是由 Reid、Golub 和其他一些人推广的.

习　题

1. 分别用雅可比迭代法和高斯-赛德尔迭代法求解方程组

$$\begin{cases}10x_1-2x_2-x_3=3\\-2x_1+10x_2-x_3=15\\-x_1-2x_2+5x_3=10\end{cases}$$

取初值 $\boldsymbol{x}^{(0)}=(0,0,0)^{\mathrm{T}}$，计算结果精确到 3 位小数.

2. 分别用雅可比迭代法、高斯-赛德尔迭代法和 SOR 法($\omega=1.46$)求解方程组

$$\begin{pmatrix} 2 & -1 & 0 & 0 \\ -1 & 2 & -1 & 0 \\ 0 & -1 & 2 & -1 \\ 0 & 0 & -1 & 2 \end{pmatrix}\begin{pmatrix} x_1 \\ x_2 \\ x_3 \\ x_4 \end{pmatrix}=\begin{pmatrix} 1 \\ 0 \\ 1 \\ 0 \end{pmatrix}$$

取初值 $\boldsymbol{x}^{(0)}=(1,1,1,1)^{\mathrm{T}}$,精确到 10^{-3}.

3. 分别用雅可比迭代法和高斯-赛德尔迭代法求解方程组

$$\begin{cases} 20x_1+2x_2+3x_3=24 \\ x_1+8x_2+x_3=12 \\ 2x_1-3x_2+15x_3=30 \end{cases}$$

取初值 $\boldsymbol{x}^{(0)}=(0,0,0)^{\mathrm{T}}$,问迭代是否收敛?若收敛,则需要迭代多少次才能保证各分量绝对误差小于 10^{-6}?

4. 讨论用雅可比和高斯-赛德尔迭代法解方程组 $\boldsymbol{Ax}=\boldsymbol{b}$ 时的收敛性,如果收敛,则比较哪种方法收敛较快,其中 $\boldsymbol{A}=\begin{pmatrix} 3 & 0 & -2 \\ 0 & 2 & 1 \\ -2 & 1 & 2 \end{pmatrix}$.

5. 设有系数矩阵 $\boldsymbol{A}=\begin{pmatrix} 1 & 2 & -2 \\ 1 & 1 & 1 \\ 2 & 2 & 1 \end{pmatrix}$,$\boldsymbol{B}=\begin{pmatrix} 2 & -1 & 1 \\ 1 & 1 & 1 \\ 1 & 1 & -2 \end{pmatrix}$. 证明:

(1) 系数矩阵 $\boldsymbol{A}$ 对雅可比迭代法收敛,而高斯-赛德尔迭代法发散;

(2) 系数矩阵 $\boldsymbol{B}$ 对雅可比迭代法发散,而高斯-赛德尔迭代法收敛.

6. 若用雅可比迭代法求解方程组

$$\begin{pmatrix} a & -1 & -3 \\ -1 & a & -1 \\ 3 & -2 & a \end{pmatrix}\begin{pmatrix} x_1 \\ x_2 \\ x_3 \end{pmatrix}=\begin{pmatrix} b_1 \\ b_2 \\ b_3 \end{pmatrix}$$

讨论实数 a 与收敛性的关系.

7. 若用雅可比迭代法求解方程组

$$\begin{cases} a_{11}x_1+a_{12}x_2=b_1 \\ a_{21}x_1+a_{22}x_2=b_2 \end{cases},\qquad a_{11}a_{22}\neq 0$$

则迭代收敛的充要条件是

$$\left|\frac{a_{12}a_{21}}{a_{11}a_{22}}\right|<1$$

8. 设 $\boldsymbol{A}=(a_{ij})_{2\times 2}$ 是二阶矩阵,且 $a_{11}a_{22}\neq 0$. 试证求解方程组 $\boldsymbol{Ax}=\boldsymbol{b}$ 的雅可比方法与高斯-赛德尔方法同时收敛或发散.

9. 设有方程组

$$\begin{cases} 10x_1+4x_2+4x_3=13 \\ 4x_1+10x_2+8x_3=11 \\ 4x_1+8x_2+10x_3=25 \end{cases}$$

(1) 分别写出雅可比迭代法、高斯-赛德尔迭代法和 SOR 法($\omega=1.35$)的计算公式及迭代矩阵.

(2) 对任意的初值,各迭代是否收敛？说明理由.

10. 设有方程组

$$\begin{pmatrix} a & -1 & -3 \\ -1 & a & -1 \\ 3 & -2 & a \end{pmatrix}\begin{pmatrix} x_1 \\ x_2 \\ x_3 \end{pmatrix}=\begin{pmatrix} b_1 \\ b_2 \\ b_3 \end{pmatrix}$$

试写出收敛的迭代式,并说明理由.

11. 设有方程组

$$\begin{pmatrix} 1 & a & a \\ 4a & 1 & 0 \\ a & 0 & 1 \end{pmatrix}\begin{pmatrix} x_1 \\ x_2 \\ x_3 \end{pmatrix}=\begin{pmatrix} b_1 \\ b_2 \\ b_3 \end{pmatrix}$$

(1) 分别写出雅可比迭代法和高斯-赛德尔迭代法的计算公式.

(2) 用迭代收敛的充要条件给出使这两种迭代法都收敛的 a 的取值范围.

12. 如何对方程组 $\begin{pmatrix} -1 & 8 & 0 \\ -1 & 0 & 9 \\ 9 & -1 & -1 \end{pmatrix}\begin{pmatrix} x_1 \\ x_2 \\ x_3 \end{pmatrix}=\begin{pmatrix} 7 \\ 8 \\ 7 \end{pmatrix}$ 进行调整,使得用高斯-赛德尔方法求解时收敛？并取初始向量 $\boldsymbol{X}^{(0)}=(0,0,0)^{\mathrm{T}}$,用该方法求近似解 $\boldsymbol{X}^{(k+1)}$,使 $\|\boldsymbol{X}^{(k+1)}-\boldsymbol{X}^{(k)}\|_\infty \leqslant 10^{-3}$.

13. 证明对称矩阵

$$\boldsymbol{A}=\begin{pmatrix} 1 & a & a \\ a & 1 & a \\ a & a & 1 \end{pmatrix}$$

当 $-\dfrac{1}{2}<a<1$ 时为正定矩阵,且只有当 $-\dfrac{1}{2}<a<\dfrac{1}{2}$ 时,用雅可比迭代法求解方程组 $\boldsymbol{Ax}=\boldsymbol{b}$ 才收敛.

14. 某城市有如习题图 3.1 所示的交通图，每条道路都是单行线，需要调查每条道路每小时的车流量. 图中的数字表示该条路段的车流数. 如果每个交叉路口进入和离开的车数相等，整个图中进入和离开的车数相等,则

(1) 建立确定每条道路流量的线性方程组.

(2) 用雅可比迭代法和高斯-赛德尔迭代法求解该线性方程组.

15. 有一个平面结构如习题图 3.2 所示，有 13 条梁(图中标号的线段)和 8 个铰接点(图中标号的圈)连接在一起. 其中 1 号铰接点完全固定，8 号铰接点竖直方向固定，并在 2 号、5 号和 6 号铰接点上，分别有图示的 10 吨、15 吨和 20 吨的负载. 在静平衡的条件下,任何一个铰接点上水平和竖直方向受力都是平衡的. 已知每条斜梁的角度都是 45°.

(1) 列出由各铰接点处受力平衡方程构成的线性方程组.

(2) 用雅可比迭代法和高斯-赛德尔迭代法求解该线性方程组,确定每条梁的受力情况.

16. 假定习题图 3.3 中的平板代表一条金属梁的截面,并忽略垂直于该截面方向上的热传导. 已知平板内部有 30 个节点,每个节点的温度近似等于与它相邻的 4 个节点温度的平均值. 设 4 条边界上的温度分别等于每位同学学号的后四位的 5 倍，例如学号为 16308209 的同

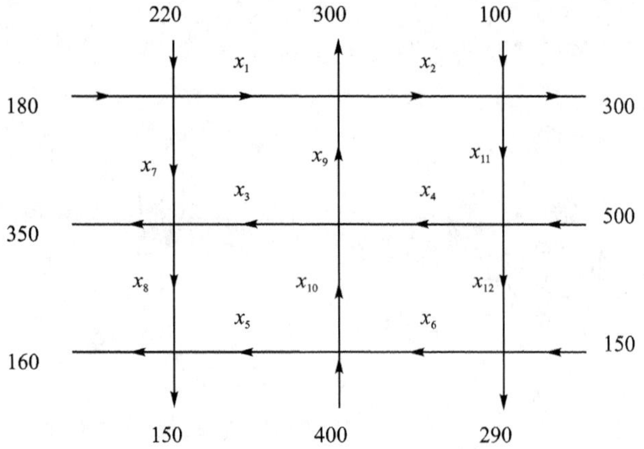

习题图 3.1　某城市单行线车流量

学计算本题时，选择 $T_l=40$，$T_u=10$，$T_r=0$，$T_d=45$.

(1) 建立可以确定平板内节点温度的线性方程组.

(2) 用雅可比迭代法和高斯-赛德尔迭代法求解该线性方程组.

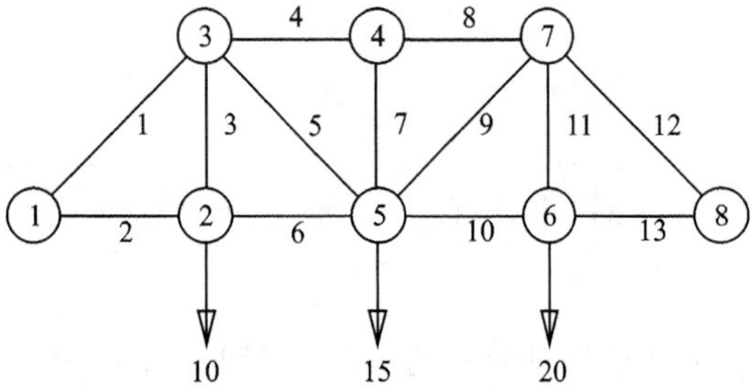

习题图 3.2　一个平面结构的梁

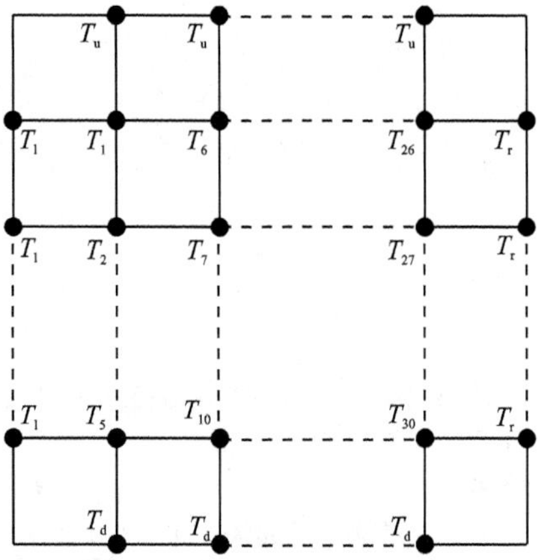

习题图 3.3　一块平板的温度分布图

第4章 函数插值

4.0 引 言

作为近些年迅速发展起来的一门空间信息分析技术，地理信息系统(GIS)技术在资源与环境等应用领域中发挥着技术引领的作用. 在实际应用中，人们根据自己的需求获取采样的观测值，如地面的高程等. 但这些点的分布往往是不规则的，而且有可能在人们感兴趣或模型复杂的区域采样点多，在其他区域的采样点少，从而导致所形成的区域的内部变化不能表达得更精确、更具体，只能达到一般的平均水平. 但人们却希望获知相应区域中的未观测点具有某种特征的、更加精确的值. GIS 系统可以通过现有的观测数据找到一个函数关系式，使该关系式能很好地逼近这些已知的数据，并能根据函数关系式推求出区域范围内其他任意点或任意分区的值.

例 4.0.1 山区地形地貌图如图 4.0.1 所示.

已知某地山区的地形选点的测量坐标数据为

$$x=0\quad 0.5\quad 1\quad 1.5\quad 2\quad 2.5\quad 3\quad 3.5\quad 4\quad 4.5\quad 5$$

$$y=0\quad 0.5\quad 1\quad 1.5\quad 2\quad 2.5\quad 3\quad 3.5\quad 4\quad 4.5\quad 5$$

海拔高度数据为

$$z=\begin{matrix}88 & 90 & 87 & 85 & 92 & 91 & 96 & 93 & 90 & 87 & 83\\ 92 & 96 & 98 & 99 & 95 & 91 & 89 & 86 & 84 & 82 & 84\\ 96 & 98 & 95 & 92 & 90 & 88 & 85 & 84 & 83 & 81 & 85\\ 80 & 81 & 82 & 89 & 95 & 96 & 93 & 92 & 89 & 86 & 86\\ 82 & 85 & 87 & 98 & 99 & 96 & 97 & 88 & 85 & 82 & 83\\ 82 & 85 & 89 & 94 & 95 & 93 & 92 & 91 & 86 & 84 & 88\\ 88 & 92 & 93 & 94 & 95 & 89 & 87 & 86 & 83 & 81 & 92\\ 92 & 96 & 97 & 98 & 96 & 93 & 95 & 84 & 82 & 81 & 84\\ 85 & 85 & 81 & 82 & 80 & 80 & 81 & 85 & 90 & 93 & 95\\ 84 & 86 & 81 & 98 & 99 & 98 & 97 & 96 & 95 & 84 & 87\\ 81 & 82 & 85 & 82 & 83 & 84 & 87 & 90 & 95 & 86 & 88\end{matrix}$$

图 4.0.2 所示为将原始数据进行插值，利用新的数据绘制的山区地形地貌图.

数表在计算机存储、计算机图形处理以及机械 CAD/CAM 等诸多领域有着广泛的应用.

在计算机科学中，查询表是一个用简单的阵列索引运算来代替耗时计算的数组，其元素预先计算好并保存在静态存储器中. 查询表可以方便地通过表中已知的一组元素来验证输入值的有效性.

机械 CAD/CAM 中涉及的数表(本质上是查询表)可归纳为以下两类：

第一类数据表中的数据是一些属于不同对象的各种常数数表，彼此间没有明显的关联性，也不存在函数关系. 这类数表比较简单，只有一组数据，如模具设计中常用到的材料性能表、标准零件的尺寸参数、拉伸时的单位压力数据表等.

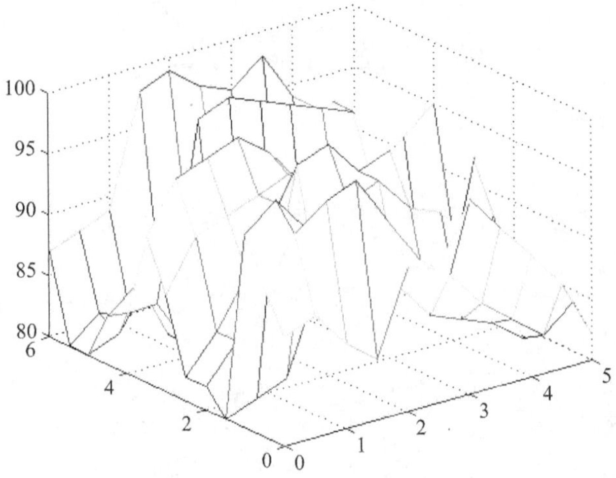

图 4.0.1 原始数据下的山区地形地貌图

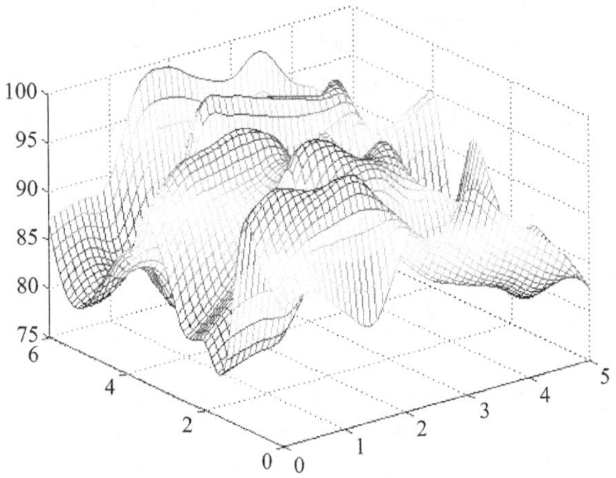

图 4.0.2 插值数据后的山区地形地貌图

第二类数表中的数据之间存在函数关系,用来表示工程中某些复杂问题参数之间的关系,如三角函数表或离散型的实验数据表.这类数据之间的关系可用某个理论公式或经验公式表示.这类用离散的数据表格表达的函数称为列表函数.机械 CAD/CAM 中绝大部分数据都是列表函数.

对于数据间存在联系或函数关系的第二类列表函数,对数表用插值公式处理,由计算机直接求解得到所需的数据.

例 4.0.2 聚氨酯橡胶的数表.

图 4.0.3 所示为邵氏 60A 聚氨酯橡胶的压缩性能曲线,表 4.0.1 所列为对应的数表.在实际应用中,利用表 4.0.1 中的数据运用计算机进行插值,得到所要的数据.

以上的例子可以抽象为如下数学问题:

已知 $y = f(x)$在一系列的点 $x_0, x_1, \cdots, x_n$ 处的值 $y_0, y_1, \cdots, y_n$,构造一个简单且容易计算的函数 $P(x)$来计算 $y = f(x)$在某点 x 处的值.

本章所介绍的函数插值法就是建立这种近似计算的公式的基本方法之一.

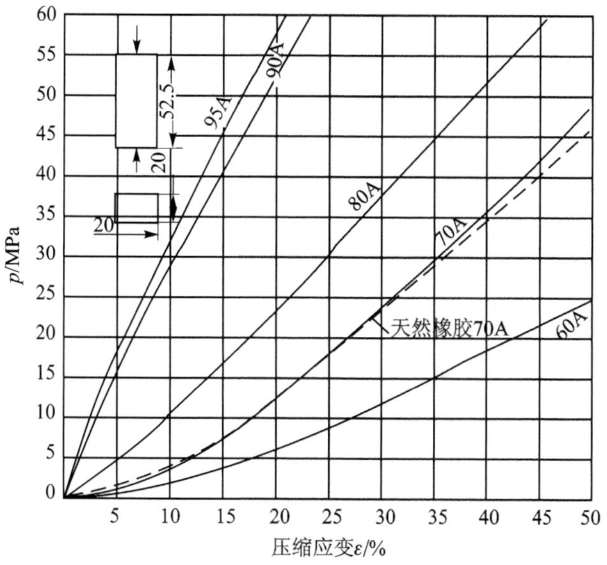

图 4.0.3　邵氏 60A 聚氨酯橡胶的压缩性能曲线

表 4.0.1　聚氨酯橡胶 60A 的压缩应变与单位压力的关系

压缩应变 ε/%	0	5	10	15	20	25	30	35	40	45	50
单位压力 p/MPa	0	0.75	1.67	3.44	6.67	9.20	10.5	15.7	17.5	22.0	25.1

4.1　拉格朗日插值

现在讨论如下问题：设已知某个函数关系 $y=f(x)$ 在某些离散点上的函数值为

拉格朗日插值微视频

$$\begin{array}{cccccc} x & x_0 & x_1 & x_2 & \cdots & x_n \\ y & y_0 & y_1 & y_2 & \cdots & y_n \end{array} \tag{4.1.1}$$

根据这些已知数据来构造函数 $y=f(x)$ 的一种简单的近似表达式，以便于计算点 $x\neq x_i$ 的函数值 $f(x)$，或计算函数的一阶、二阶导数值.

一种常用的方法就是从多项式中选一个 $P_n(x)$，使得

$$P_n(x_i)=y_i,\qquad i=0,1,2,\cdots,n \tag{4.1.2}$$

作为 $f(x)$ 的近似. 因为多项式求值方便，且还有直到 n 阶的导数. 称满足关系(4.1.2)的函数 $P_n(x)$ 为 $f(x)$ 的一个插值函数，称 $x_0, x_1,\cdots, x_n$ 为插值节点，并称关系式(4.1.2)为插值条件.

不妨设 $x_0<x_1<\cdots<x_n$，并记 $a=x_0, b=x_n$，则插值区间为 $[a,b]$. 设所要构造的插值多项式为

$$P_n(x)=a_0+a_1x+a_2x^2+\cdots+a_nx^n$$

由插值条件

$$P_n(x_i)=y_i,\qquad i=0,1,\cdots,n$$

得到如下线性代数方程组：

$$\begin{cases} 1\cdot a_0+x_0a_1+\cdots+x_0^na_n=y_0 \\ 1\cdot a_0+x_1a_1+\cdots+x_1^na_n=y_1 \\ \qquad\vdots \\ 1\cdot a_0+x_na_1+\cdots+x_n^na_n=y_n \end{cases}$$

此方程组的系数行列式为

$$D=\begin{vmatrix} 1 & x_0 & x_0^2 & \cdots & x_0^n \\ 1 & x_1 & x_1^2 & \cdots & x_1^n \\ \vdots & \vdots & \vdots & & \vdots \\ 1 & x_n & x_n^2 & \cdots & x_n^n \end{vmatrix}=\prod_{0\leqslant j<i\leqslant n}(x_i-x_j)$$

这是著名的 Vandermonde 行列式. 在高等代数中已经证明，当 $x_i\neq x_j$ 时，$D\neq 0$. 因此，$P_n(x)$由 a_0, a_1,…, a_n 唯一确定.

但如果 n 较大，$P_n(x)$的条件数会变得很大，求解相应的线性方程组会变得很困难，因此本方法有很大的局限性.

4.1.1 拉格朗日插值介绍

从简单的情形讨论.

问题 1 已知函数 $y=f(x)$在给定互异点 x_0, x_1 上的值为 $y_0=f(x_0)$，$y_1=f(x_1)$，如何构造一个一次多项式

$$P_1(x)=ax+b$$

使它满足条件

$$P_1(x_0)=y_0,\qquad P_1(x_1)=y_1 \tag{4.1.3}$$

其几何解释就是一条直线，通过已知点 $A(x_0,y_0)$，$B(x_1,y_1)$.

已知过两点 A、B 的直线方程可写为

$$P_1(x)=y_0+\frac{y_1-y_0}{x_1-x_0}(x-x_0) \tag{4.1.4}$$

可改写成

$$P_1(x)=\frac{x-x_1}{x_0-x_1}y_0+\frac{x-x_0}{x_1-x_0}y_1 \tag{4.1.5}$$

容易验证，$P_1(x)$就是所求的一次多项式.

在式(4.1.5)中，记

$$l_0(x)=\frac{x-x_1}{x_0-x_1},\qquad l_1(x)=\frac{x-x_0}{x_1-x_0} \tag{4.1.6}$$

则式(4.1.5)可写为

$$P_1(x)=l_0(x)y_0+l_1(x)y_1 \tag{4.1.7}$$

发现：

$$\begin{aligned} &l_0(x_0)=1,\qquad l_0(x_1)=0 \\ &l_1(x_0)=0,\qquad l_1(x_1)=1 \end{aligned} \tag{4.1.8}$$

像这样的多项式称为节点 x_0, x_1 的插值基函数(见图 4.1.1 和图 4.1.2).

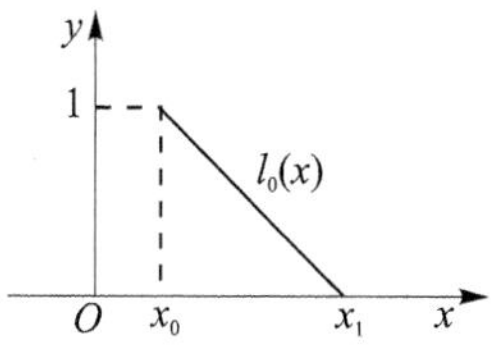

图 4.1.1　基函数 $l_0(x)$

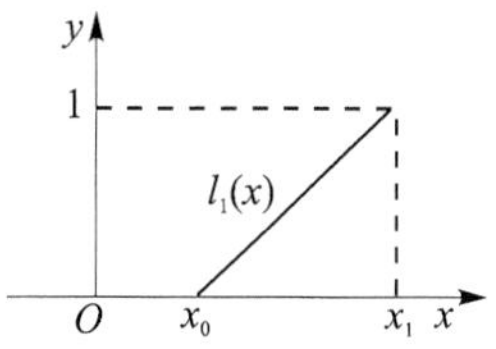

图 4.1.2　基函数 $l_1(x)$

由式(4.1.7)说明，满足条件式(4.1.3)的一次插值多项式 $y = P_1(x)$ 可以由两个插值基函数 $l_0(x)$ 和 $l_1(x)$ 的线性组合来表示，$P_1(x)$ 也称之为线性插值.

例 4.1.1　线性插值.

问题　已知 $y=\sqrt{x}$，$x_0=4$，$x_1=9$. 用线性插值(即一次插值多项式)求 $\sqrt{7}$ 的近似值.

解　根据已知有 $y_0=2$，$y_1=3$. 基函数分别为

$$l_0(x)=\frac{x-9}{4-9}=-\frac{x-9}{5},\qquad l_1(x)=\frac{x-4}{9-4}=\frac{x-4}{5}$$

插值多项式为

$$L_1(x)=y_0l_0(x)+y_1l_1(x)=2\times\left(-\frac{x-9}{5}\right)+3\times\frac{x-4}{5}=\frac{x+6}{5}$$

故 $\sqrt{7}\approx L_1(7)=\dfrac{13}{5}=2.6$.

线性插值计算方便，但有时计算结果的误差可能很大. 为了克服这一缺点，可以考虑用简单的曲线去近似地逼近已知的函数曲线. 最简单的曲线是二次曲线，我们考虑如下问题.

问题　设函数 $y=f(x)$ 在给定互异的自变量值 x_0，x_1，x_2 上对应的函数值为 y_0，y_1，y_2，试构造一个二次多项式

$$P_2(x)=a_0+a_1x+a_2x^2$$

使之满足

$$P_2(x_i)=y_i,\qquad i=0,1,2 \tag{4.1.9}$$

因构造的多项式是经过三点的二次曲线，故又称为抛物插值.

由式(4.1.7)，线性插值多项式可写为

$$P_1(x)=l_0(x)y_0+l_1(x)y_1$$

因此，我们自然会产生一个类似的想法，将二次插值多项式设为

$$P_2(x)=l_0(x)y_0+l_1(x)y_1+l_2(x)y_2 \tag{4.1.10}$$

其中，$l_i(x)(i=1,2,3)$ 满足

$$\begin{cases} l_0(x_0)=1, & l_0(x_1)=0, & l_0(x_2)=0 \\ l_1(x_0)=0, & l_1(x_1)=1, & l_1(x_2)=0 \\ l_2(x_0)=0, & l_2(x_1)=0, & l_2(x_2)=1 \end{cases} \tag{4.1.11}$$

很显然，式(4.1.10)满足插值条件公式(4.1.9). 只要能构造出三个基函数 $l_i(x)$，$i=1,2,3$ 即可.

由式(4.1.11)知，x_1，x_2 是 $l_0(x)$ 的根，所以有

$$l_0(x)=\lambda(x-x_1)(x-x_2)$$

再由

$$1=l_0(x_0)=\lambda(x_0-x_1)(x_0-x_2)$$

得

$$\lambda=\frac{1}{(x_0-x_1)(x_1-x_2)}$$

所以

$$l_0(x)=\frac{(x-x_1)(x-x_2)}{(x_0-x_1)(x_0-x_2)}$$

同理可推得

$$l_1(x)=\frac{(x-x_0)(x-x_2)}{(x_1-x_0)(x_1-x_2)},\qquad l_2(x)=\frac{(x-x_0)(x-x_1)}{(x_2-x_0)(x_2-x_1)}$$

于是,得到如下二次插值多项式

$$P_2(x)=\frac{(x-x_1)(x-x_2)}{(x_0-x_1)(x_0-x_2)}y_0+\frac{(x-x_0)(x-x_2)}{(x_1-x_0)(x_1-x_2)}y_1+\frac{(x-x_0)(x-x_1)}{(x_2-x_0)(x_2-x_1)}y_2$$

图 4.1.3 所示为二次基函数 $l_0(x)$,$l_1(x)$和 $l_2(x)$.

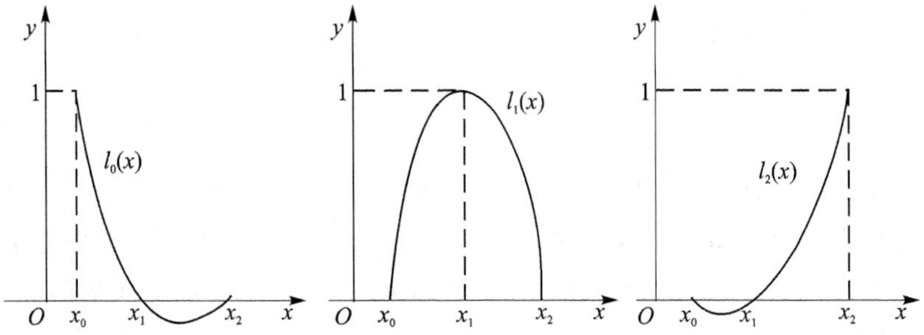

图 4.1.3 二次基函数 $l_0(x)$,$l_1(x)$和 $l_2(x)$

例 4.1.2 二次插值.

问题 求过点(−1,−2),(1,0),(3,−6)的抛物线插值多项式.

解 以 $x_0=-1,x_1=1,x_2=3$ 为节点的二次基函数分别为

$$l_0(x)=\frac{(x-1)(x-3)}{(-1-1)(-1-3)}=\frac{1}{8}(x-1)(x-3)$$

$$l_1(x)=\frac{(x+1)(x-3)}{(1+1)(1-3)}=-\frac{1}{4}(x+1)(x-3)$$

$$l_2(x)=\frac{(x+1)(x-1)}{(3+1)(3-1)}=\frac{1}{8}(x+1)(x-1)$$

则拉格朗日的二次插值多项式为

$$P_2(x)=y_0l_0(x)+y_1l_1(x)+y_2l_2(x)=$$

$$-2\times\frac{1}{8}(x-1)(x-3)+0\times\frac{-1}{4}(x+1)(x-3)+(-6)\times\frac{1}{8}(x+1)(x-1)=$$

$$-\frac{1}{16}(x-1)(x-3)-\frac{3}{4}(x+1)(x-1)$$

现在讨论插值的一般情形.

问题　设连续函数 $y=f(x)$ 在 $[a,b]$ 上对给定 $n+1$ 个不同节点 $x_0,x_1,\cdots,x_n$，对应的函数值分别为 $y_0,y_1,\cdots,y_n$，试构造一个次数不超过 n 的插值多项式

$$P_n(x)=a_0+a_1x+a_2x^2+\cdots+a_nx^n$$

使之满足条件

$$P_n(x_i)=y_i,\qquad i=0,1,2,\cdots,n \tag{4.1.12}$$

类似于构造线性、抛物插值的方法，先求 n 次插值基函数 $l_k(x)$，$k=0,1,\cdots,n$，使

$$l_k(x_i)=\begin{cases}1, & k=i\\ 0, & k\neq i\end{cases} \tag{4.1.13}$$

则所要求的插值多项式为

$$P_n(x)=\sum_{k=1}^{n}y_kl_k(x)$$

显然，$P_n(x_i)=\sum\limits_{k=1}^{n}y_kl_k(x_i)=y_i$，$i=0,1,2,\cdots,n$，即 $P_n(x)$ 满足插值条件公式(4.1.12).

问题的关键是求出插值基函数 $l_k(x)$.

根据式(4.1.13)，除 x_k 以外其他所有的节点都是 $l_k(x)$ 的根，因此可设

$$l_k(x)=\lambda(x-x_0)(x-x_1)\cdots(x-x_{k-1})(x-x_{k+1})\cdots(x-x_n)=\lambda\prod_{\substack{j=0\\ j\neq k}}^{n}(x-x_j)$$

又由 $l_k(x_k)=1$，得

$$\lambda=\frac{1}{(x_k-x_0)(x_k-x_1)\cdots(x_k-x_{k-1})(x_k-x_{k+1})\cdots(x_k-x_n)}$$

所以有

$$l_k(x)=\frac{(x-x_0)(x-x_1)\cdots(x-x_{k-1})(x-x_{k+1})\cdots(x-x_n)}{(x_k-x_0)(x_k-x_1)\cdots(x_k-x_{k-1})(x_k-x_{k+1})\cdots(x_k-x_n)}=\prod_{\substack{j=0\\ j\neq k}}^{n}\frac{x-x_j}{x_k-x_j} \tag{4.1.14}$$

于是所求的插值多项式 $P_n(x)$ 的表达式为

$$P_n(x)=\sum_{k=0}^{n}l_k(x)y_k=\sum_{k=0}^{n}\left(\prod_{\substack{j=0\\ j\neq k}}^{n}\frac{x-x_j}{x_k-x_j}\right)y_k \tag{4.1.15}$$

式(4.1.15)称为拉格朗日(Lagrange)插值多项式，式(4.1.14)称为拉格朗日插值基函数.

Joseph-Louis Lagrange(1735—1813)法国力学家、数学家，1756 年被选为柏林科学院外籍院士. 拉格朗日是分析力学的奠基人. 他在所著《分析力学》(1788)中，吸收并发展了欧拉、达朗贝尔等人的研究成果，应用数学分析解决质点和质点系(包括刚体、流体)的力学问题.

拉格朗日继欧拉之后研究过理想流体运动方程，并最先提出速度势和流函数的概念，成为流体无旋运动理论的基础. 1764—1778 年，他因研究月球平动等天体力学问题曾 5 次获法国科学院奖. 在数学方面，拉格朗日是变分法的奠基人之一；他对代数方程的研究为伽罗瓦群论的建立起了先导作用.

4.1.2 余项误差

现在分析所构造的拉格朗日插值多项式与原函数 $f(x)$ 的误差. 称 $f(x)-P_n(x)$ 为用插值多项式 $P_n(x)$ 代替 $f(x)$ 的误差或插值余项,记为

$$R_n(x)=f(x)-P_n(x) \tag{4.1.16}$$

下面讨论余项的形式.

设 x 是区间$[a, b]$中任意的数,若 $x=x_i$,则 $R_n(x_i)=0$,$i = 0, 1, 2,\cdots, n$. 如果 x 不是节点,考虑如下函数:

$$\varphi(t)=f(t)-P_n(t)-\frac{\omega_{n+1}(t)}{\omega_{n+1}(x)}R_n(x) \tag{4.1.17}$$

其中,$\omega_{n+1}(x)=\prod\limits_{k=0}^{n}(x-x_k)$.

由插值条件式(4.1.12)知

$$\varphi(x_i)=0, \qquad i=0,1,\cdots,n$$

如果 x 不是节点,则

$$\varphi(x)=f(x)-P_n(x)-\frac{\omega_{n+1}(x)}{\omega_{n+1}(x)}R_n(x)=0$$

所以,$\varphi(t)$在$[a, b]$上有 $n+2$ 个互异零点. 应用罗尔定理,$\varphi'(t)$在 $\varphi(t)$的每两个零点间有一个零点,即 $\varphi'(t)$ 在$[a, b]$上至少有 $n+1$ 个零点. 进一步对 $\varphi'(t)$应用罗尔定理可知,$\varphi''(t)$在$[a, b]$上至少有 n 个零点. 以此类推,$\varphi^{(n+1)}(t)$在$[a, b]$内至少有一个零点,记之为 ξ,即

$$\varphi^{(n+1)}(\xi)=0$$

但 $P_n(t)$为不高于 n 次的多项式,所以

$$P_n^{(n+1)}(t)=0, \qquad \omega_{n+1}^{(n+1)}(t)=(n+1)!$$

于是

$$0=\varphi^{(n+1)}(\xi)=f^{(n+1)}(\xi)-\frac{(n+1)!\ R_n(x)}{\omega_{n+1}(x)}$$

整理可得

$$R_n(x)=\frac{f^{(n+1)}(\xi)}{(n+1)!}\omega_{n+1}(x)$$

由以上过程可得到定理 4.1.1.

定理 4.1.1 设 $a\leqslant x_0<x_1<\cdots<x_n\leqslant b$ 为 $n+1$ 个互异的插值节点,函数 $f(x)$ 在这组节点处的值 $f(x_i)=y_i$,$i=0,1,\cdots,n$ 均已知,设 $f^{(n)}(x)$在区间$[a, b]$上连续,$f^{(n+1)}(x)$在$[a, b]$上存在,则存在唯一的次数不大于 n 的拉格朗日插值多项式

$$P_n(x)=\sum_{k=0}^{n}\left(\prod_{\substack{j=0\\ j\neq k}}^{n}\frac{x-x_j}{x_k-x_j}\right)y_k$$

其余项为

$$R_n(x)=f(x)-P_n(x)=\frac{f^{(n+1)}(\xi)}{(n+1)!}\omega_{n+1}(x), \qquad x\in[a, b] \tag{4.1.18}$$

其中, $\omega_{n+1}(x)=\prod\limits_{j=1}^{n}(x-x_j)$.

例 4.1.3　插值多项式的应用.

问题　正弦函数 $\sin x$ 的数表在工程中应用非常广泛. 假设由数表已知

$$\sin 0.32=0.314\,567,\qquad \sin 0.34=0.333\,487,\qquad \sin 0.36=0.352\,274$$

用线性插值及二次插值计算 $\sin 0.336\,7$ 的近似值并估计误差.

解　由题意知,被插值函数为 $y=\sin x$,给定插值点为 $x_0=0.32$,$y_0=0.314\,567$,$x_1=0.34$,$y_1=0.333\,487$,$x_2=0.36$,$y_2=0.352\,274$.

由式(4.1.7)知线性插值函数为

$$L_1(x)=\frac{x-x_1}{x_0-x_1}y_0+\frac{x-x_0}{x_1-x_0}y_1=$$

$$\frac{x-0.34}{-0.02}\times 0.314\,567+\frac{x-0.32}{0.02}\times 0.333\,487$$

当 $x=0.336\,7$ 时,有

$$\sin 0.336\,7\approx L_1(0.336\,7)=\frac{0.336\,7-0.34}{0.02}\times(-0.314\,567)+\frac{0.336\,7-0.32}{0.02}\times 0.333\,487\approx$$

$$0.051\,903\,6+0.278\,461\,6\approx 0.330\,365$$

其截断误差由式(4.1.18)得

$$|R_1(x)|\leqslant\frac{M_2}{2}|(x-x_1)(x-x_1)|$$

其中,$M_2=\max\limits_{x_0\leqslant x\leqslant x_1}|f''(x)|$.

因 $f(x)=\sin x$,$f''(x)=-\sin x$,故

$$M_2=\sin 0.34<0.333\,5$$

于是

$$|R_1(0.336\,7)|=|\sin 0.336\,7-L_1(0.336\,7)|\leqslant$$

$$\frac{1}{2}\times 0.333\,5\times 0.016\,7\times 0.003\,3\leqslant 0.92\times 10^{-5}$$

若用二次插值,则由式(4.1.10)得

$$\sin x\approx L_2(x)=\frac{(x-x_1)(x-x_2)}{(x_0-x_1)(x_0-x_2)}y_0+\frac{(x-x_0)(x-x_2)}{(x_1-x_0)(x_1-x_2)}y_1+\frac{(x-x_0)(x-x_1)}{(x_2-x_0)(x_2-x_1)}y_2$$

$$\sin 0.336\,7\approx L_2(0.336\,7)=\frac{(0.336\,7-0.34)(0.336\,7-0.36)}{(0.32-0.34)(0.32-0.36)}\times 0.314\,56+$$

$$\frac{(0.336\,7-0.32)(0.336\,7-0.36)}{(0.34-0.32)(0.34-0.36)}\times 0.333\,478+$$

$$\frac{(0.336\,7-0.32)(0.336\,7-0.34)}{(0.36-0.32)(0.36-0.34)}\times 0.352\,274\approx$$

$$0.330\,374$$

这个结果与 6 位有效数字的正弦函数表完全一样. 其截断误差由式(4.1.18)得

$$|R_2(x)|\leqslant\frac{M_3}{6}|(x-x_0)(x-x_1)(x-x_2)|$$

其中

$$M_3=\max_{x_0\leqslant x\leqslant x_2}|f'''(x)|=\max_{x_0\leqslant x\leqslant x_2}|\cos x|=\cos 0.32<0.950$$

于是

$$|R_2(0.3367)|=\sin 0.3367-L_2(0.3367)\leqslant$$
$$\frac{1}{6}|0.950\times 0.0167\times 0.0033\times 0.0233|<0.204\times 10^{-6}$$

4.2 牛顿插值

牛顿插值
微视频

拉格朗日(Lagrange)插值公式的形式虽然有一定的规律,但是当增加一个节点时,不仅要增加项数,而且以前各项也必须重新全部计算,不能利用已有的结果. 为克服这一缺点,本节介绍它的另一种形式——牛顿(Newton)插值.

Sir Isaac Newton FRS(1642.12.25—1727.3.20),著名的物理学家、数学家和哲学家. 他在 1687 年 7 月 5 日发表的《自然哲学的数学原理》中提出的万有引力定律以及牛顿运动定律是经典力学的基石. 牛顿和莱布尼茨各自独立地发现了微积分.

首先考虑构造线性插值函数 $P_1(x)$满足插值条件

$$P_1(x_i)=y_i,\qquad i=0,1$$

设 $P_1(x)=a_0+a_1(x-x_0)$,则由插值条件有

$$y_0=P_1(x_0)=a_0$$
$$y_1=P_1(x)=a_0+a_1(x_1-x_0)$$

于是

$$a_0=y_0,\qquad a_1=\frac{y_1-y_0}{x_1-x_0}\tag{4.2.1}$$

考虑二次插值多项式. 设

$$P_2(x)=a_0+a_1x+a_2x^2$$

满足插值条件

$$P_2(x_i)=y_i,\qquad i=0,1,2$$

$P_2(x)$也可以写成如下形式:

$$P_2(x)=a_0+a_1(x-x_0)+a_2(x-x_0)(x-x_1)$$

令 $x=x_0$,由插值条件,有

$$P_2(x_0)=y_0=a_0$$

令 $x=x_1$,则有

$$y_1=P_2(x_1)=y_0+a_1(x_1-x_0)$$

于是有

$$a_1=\frac{y_1-y_0}{x_1-x_0}\tag{4.2.2}$$

最后,由 $P_2(x_2)=y_2$ 得

$$a_2=\frac{\dfrac{y_2-y_0}{x_2-x_0}-\dfrac{y_1-y_0}{x_1-x_0}}{x_2-x_1}=\frac{\dfrac{y_2-y_1}{x_2-x_1}-\dfrac{y_1-y_0}{x_1-x_0}}{x_2-x_0}\tag{4.2.3}$$

可以看到，系数表示有明显的规律性. 为了把这一规律具体化，写出牛顿插值公式，引进差商的概念.

4.2.1　差商的定义与性质

定义 4.2.1　设有函数 $f(x)$ 以及自变量的一系列互不相等的 $x_0, x_1, \cdots, x_n$，对应的函数值为 $f(x_i)$，$i=1,2,\cdots n$，称

$$\frac{f(x_j)-f(x_i)}{x_j-x_i}, \qquad i \neq j \tag{4.2.4}$$

为 $f(x)$ 在点 x_i, x_j 处的一阶差商，并记作 $f[x_i, x_j]$. 例如：

$$f[x_0,x_1]=\frac{f(x_1)-f(x_0)}{x_1-x_0}, \qquad f[x_1,x_2]=\frac{f(x_2)-f(x_1)}{x_2-x_1}$$

类似地，称

$$f[x_i,x_j,x_k]=\frac{f[x_i,x_j]-f[x_j,x_k]}{x_i-x_k}$$

为 $f(x)$ 在点 x_i, x_j, x_k 处的二阶差商，如 $f[x_0,x_1,x_2]=\dfrac{f[x_0,x_1]-f[x_1,x_2]}{x_0-x_2}$.

一般地，称

$$f[x_0,x_1,\cdots,x_n]=\frac{f[x_0,x_1,\cdots,x_{n-1}]-f[x_1,x_2,\cdots x_n]}{x_0-x_n} \tag{4.2.5}$$

为 $f(x)$ 在点 $x_0, x_1, \cdots, x_n$ 处的 n 阶差商.

差商可列表计算，见表 4.2.1.

表 4.2.1　差商表 1

x_i	y_i	一阶差商	二阶差商	三阶差商	四阶差商
x_0	$f(x_0)$				
x_1	$f(x_1)$	$f[x_0, x_1]$			
x_2	$f(x_2)$	$f[x_1, x_2]$	$f[x_0, x_1, x_2]$		
x_3	$f(x_3)$	$f[x_2, x_3]$	$f[x_1, x_2, x_3]$	$f[x_0, x_1, x_2, x_3]$	
x_4	$f(x_4)$	$f[x_3, x_4]$	$f[x_2, x_3, x_4]$	$f[x_1, x_2, x_3, x_4]$	$f[x_0, \cdots, x_4]$

4.2.2　牛顿插值介绍

由差商定义可知，式(4.2.1)和式(4.2.2)可表示为

$$a_1=f[x_0,x_1]$$

则式(4.2.3)可表示为

$$a_2=\frac{f[x_1,x_2]-f[x_0,x_1]}{x_2-x_0}=f[x_0,x_1,x_2]$$

于是有

$$P_1(x)=f(x_0)+f[x_0,x_1](x-x_0)$$

$$P_2(x)=f(x_0)+f[x_0,x_1](x-x_0)+f[x_0,x_1,x_2](x-x_0)(x-x_1)$$

猜想 从上面两个函数表达式可以发现,$P_2(x)$与$P_1(x)$的前两项一样,多了第三项. 我们自然会猜想,如果由4个节点来构造3次插值多项式$P_3(x)$,它是否与$P_2(x)$的前三项一样,多出一个第四项,而且第四项是$f[x_0,x_1,x_2,x_3](x-x_0)(x-x_1)(x-x_2)$呢?

分析一般的n阶牛顿插值公式.

由差商定义

$$\left.\begin{aligned}f(x)&=f(x_0)+(x-x_0)f[x,x_0]\\f[x,x_0]&=f[x_0,x_1]+(x-x_1)f[x,x_0,x_1]\\f[x,x_0,x_1]&=f[x_0,x_1,x_2]+(x-x_2)f[x,x_0,x_1,x_2]\\&\vdots\\f[x,x_0,\cdots,x_{n-1}]&=f[x_0,x_1,\cdots,x_n]+(x-x_n)f[x,x_0,x_1,\cdots,x_n]\end{aligned}\right\}\tag{4.2.6}$$

将式(4.2.6)中第二式等号两边乘以$(x-x_0)$,第三式等号两边乘以$(x-x_0)(x-x_1)$,以此类推,最后一个式子等号两边乘以$(x-x_0)(x-x_1),\cdots,(x-x_n)$,然后将所得的等式相加

$$\begin{aligned}f(x)=&f(x_0)+(x-x_0)f[x_0,x_1]+(x-x_0)(x-x_1)f[x_0,x_1,x_2]+\cdots+\\&(x-x_0)(x-x_1)\cdots(x-x_{n-1})f[x_0,x_1,\cdots x_n]+\\&(x-x_0)(x-x_1)\cdots(x-x_n)f[x,x_0,x_1,\cdots,x_n]\end{aligned}\tag{4.2.7}$$

记

$$\begin{aligned}N_n(x)=&f(x_0)+(x-x_0)f[x_0,x_1]+(x-x_0)(x-x_1)f[x_0,x_1,x_2]+\cdots+\\&(x-x_0)(x-x_1)\cdots(x-x_{n-1})f[x_0,x_1,\cdots x_n]\end{aligned}\tag{4.2.8}$$

余项为

$$R_n(x)=(x-x_0)(x-x_1)\cdots(x-x_n)f[x,x_0,\cdots,x_n]\tag{4.2.9}$$

则有

$$f(x)=N_n(x)+R_n(x)$$

称$N_n(x)$为n次牛顿插值多项式,$R_n(x)$是截断误差.

现在证明$N_n(x)$满足插值条件

$$N_n(x_i)=f(x_i),\qquad i=0,1,2,\cdots,n$$

事实上,在式(4.2.8)中,取$x=x_0$,式(4.2.8)等号右边从第二项起全为零,所以

$$N_n(x_0)=f(x_0)$$

在式(4.2.8)中,取$x=x_1$,等号右边第三项起全为零,所以

$$N_n(x_1)=f(x_0)+(x_1-x_0)f[x_0,x_1]$$

令$x=x_1$,由一阶差商的定义有

$$f(x_1)=f(x_0)+(x_1-x_0)f[x_0,x_1]$$

故

$$N_n(x_1)=f(x_1)$$

依次类推,可得

$$N_n(x_i)=f(x_i),\qquad i=0,1,\cdots,n-1$$

再在式(4.2.8)中取$x=x_n$,于是

$$\begin{aligned}N_n(x_n)=&f(x_0)+(x_n-x_0)f[x_0,x_1]+\\&(x_n-x_0)(x_n-x_1)f[x_0,x_1,x_2]+\cdots+\end{aligned}$$

$$(x_n - x_0)(x_n - x_1)\cdots(x_n - x_{n-1})f[x_0,x_1,\cdots,x_n]$$

将 $x = x_n$ 代入式(4.2.7)，也有

$$\begin{aligned} f(x_n) = f(x_0) + (x_n - x_0)f[x_0,x_1] + \\ (x_n - x_0)(x_n - x_1)f[x_0,x_1,x_2] + \cdots + \\ (x_n - x_0)(x_n - x_1)\cdots(x_n - x_{n-1})f[x_0,x_1,\cdots,x_n] \end{aligned}$$

因此有

$$N_n(x_n) = f(x_n)$$

这就证明了 $N_n(x)$满足插值条件，说明 $N_n(x)$是 $f(x)$ 的插值多项式.

根据牛顿插值公式的特点，有

$$N_{k+1}(x) = N_k(x) + (x - x_0)(x - x_1)\cdots(x - x_k)f[x_0,\cdots,x_k,x_{k+1}] \quad (4.2.10)$$

这说明前面的猜想是对的，即在牛顿插值公式中，当增加一个节点时，只要再增加一项就行了，即有递推式(4.2.10).

另外，与拉格朗日插值相比，牛顿插值还有减少乘除法运算次数的优点.

对于节点为 $x_0, x_1, \cdots, x_n$ 的 n 次插值多项式，拉格朗日余项为(假定 $f(x)$是 $n+1$ 次连续可微)

$$R_n(x) = \frac{f^{(n+1)}(\xi)}{(n+1)!}\omega_n(x), \qquad \xi \in (a,b)$$

其中 $a = \min\{x_i, x\}, b = \min\{x_i, x\}$. 牛顿余项为

$$R_n(x) = \omega_n(x)f(x,x_0,x_1,\cdots,x_n)$$

无论是拉格朗日插值多项式还是牛顿插值多项式，都是 $f(x)$在点 $x_0, x_1, \cdots, x_n$ 插值的 n 次插值多项式. 由插值多项式的唯一性，拉格朗日余项与牛顿余项是相等的，即

$$f(x,x_0,x_1,\cdots,x_n) = \frac{f^{(n+1)}(\xi)}{(n+1)!}, \qquad \xi \in (a,b) \quad (4.2.11)$$

这也是差商的一个性质.

例 4.2.1　设聚氨酯橡胶 60A 的压缩应变与单位压力的关系见表 4.2.2.

① 试用前 4 组数作 3 次牛顿插值多项式，并计算 $\varepsilon = 35$ 的值；

② 试用所有的 5 组数作 4 次牛顿插值多项式，并计算 $\varepsilon = 35$ 的值.

表 4.2.2　聚氨酯橡胶 60A 的压缩应变与单位压力的关系

压缩应变 ε/%	10	20	30	40	50
单位压力 p/MPa	1.67	6.67	10.5	17.5	25.1

解　(1) 作差商表(见表 4.2.3)

表 4.2.3　差商表 2

ε/%	p/MPa	一阶差商	二阶差商	三阶差商
10	1.67			
20	6.67	0.500 0		
30	10.5	0.383 0	−0.005 85	
40	17.5	0.700 0	0.015 85	0.000 723

根据差商表,有

$$N_3(\varepsilon)=1.67+0.5(\varepsilon-10)-0.005\,85(\varepsilon-10)(\varepsilon-20)\\+0.000\,723(\varepsilon-10)(\varepsilon-20)(\varepsilon-30)$$

将 $\varepsilon=35$ 代入计算得

$$N_3(35)=13.331\,85$$

(2) 作差商表(见表 4.2.4)

表 4.2.4 差商表 3

ε/%	p/MPa	一阶差商	二阶差商	三阶差商	四阶差商
10	1.67				
20	6.67	0.500 0			
30	10.5	0.383 0	−0.005 85		
40	17.5	0.700 0	0.015 85	0.000 723	
50	25.1	0.760 0	0.003 00	−0.000 428	−0.000 029

于是得到 4 次牛顿插值多项式为

$$N_4(\varepsilon)=N_3(\varepsilon)-0.000\,029(\varepsilon-10)(\varepsilon-20)(\varepsilon-30)(\varepsilon-40)$$

将 $\varepsilon=35$ 代入计算得 $N_4(35)=13.601\,69$.

4.2.3 差分及等距节点牛顿插值公式

1. 差分及差分表

实际应用中常采用等距节点,即 $x_k=x_0+kh,k=0,1,\cdots,n$. 此时,差商的分母是常数,差商的计算只涉及分子上的函数值的差,可用差分计算,使插值公式进一步简化,计算也简单得多.

设 $y=f(x)$在等距节点 $x_k=x_0+kh$ 的值为 $f(x_k)$,步长 h 是常数. 引入记号

$$\left.\begin{aligned}\Delta f(x_i)&=f(x_i+h)-f(x_i)\\ \nabla f(x_i)&=f(x_i)-f(x_i-h)\\ \delta f(x_i)&=f\left(x_i+\frac{h}{2}\right)-f\left(x_i-\frac{h}{2}\right)\end{aligned}\right\}\tag{4.2.12}$$

分别称 $\Delta f(x_i)$,$\nabla f(x_i)$为函数 $f(x)$在点 $x=x_i$ 处以 $h(h>0)$为步长的一阶向前差分和一阶向后差分,$\delta f(x_i)$称为 $f(x)$在点 $x=x_i$ 处以 h 为步长的一阶中心差分. 以此类推,给出 n 阶差分的定义

n 阶向前差分: $\Delta^n f_k=\Delta^{n-1}f_{k+1}-\Delta^{n-1}f_k$

n 阶向后差分: $\nabla^n f_k=\nabla^{n-1}f_k-\nabla^{n-1}f_{k-1}$

n 阶中心差分: $\delta^n f_k=\delta^{n-1}f_{k+1/2}-\delta^{n-1}f_{k-1/2}$

以向前差分为例,下面给出差分的几个重要性质.

性质 4.2.1 常数的差分等于零.

性质 4.2.2 差分算子为线性算子,即

$$\Delta(y_1+y_2)=\Delta y_1+\Delta y_2$$

性质 4.2.3　如果 $f(x)$ 是 n 次多项式，那么 k 阶差分 $\Delta^k f(x)$，$0 \leqslant k \leqslant n$ 是 $n-k$ 次多项式，并且 $\Delta^{n+l} f(x)=0$（l 为正整数）.

性质 4.2.4　当节点 x_k 是等距时，差分与差商存在如下关系：

$$f[x_0, x_1, \cdots, x_k]=\frac{\Delta^k y_0}{k!\, h^k} \tag{4.2.13}$$

同高阶差商一样，高阶差分在计算时也可以构造差分表，如表 4.2.5 所列.

表 4.2.5　差分表 1

f_k	$\Delta(\nabla)$	$\Delta^2(\nabla^2)$	$\Delta^3(\nabla^3)$	$\Delta^4(\nabla^4)$	$\cdots$
f_0					
f_1	$\Delta f_0(\nabla f_1)$				
f_2	$\Delta f_1(\nabla f_2)$	$\Delta^2 f_0(\nabla^2 f_2)$			
f_3	$\Delta f_2(\nabla f_3)$	$\Delta^2 f_1(\nabla^2 f_3)$	$\Delta^3 f_0(\nabla^3 f_3)$		
f_4	$\Delta f_3(\nabla f_4)$	$\Delta^2 f_2(\nabla^2 f_4)$	$\Delta^3 f_1(\nabla^3 f_4)$	$\Delta^4 f_0(\nabla^4 f_4)$	
$\vdots$	$\vdots$	$\vdots$	$\vdots$	$\vdots$	$\vdots$

2. 等距牛顿节点插值公式

由差分的性质 4.2.4，差分与差商存在对应的关系，利用这一关系将牛顿插值多项式转化为一个相对简单的插值公式.

设 $f(x)$ 在区间 $[x_0, x_n]$ 上有 $n+1$ 阶导数. 取 $x_i = x_0 + ih$，$i = 0, 1, 2, \cdots, n$，为插值节点，则牛顿插值公式可写为

$$N_n(x)=f(x_0)+(x-x_0)f[x_0,x_1]+(x-x_0)(x-x_1)f[x_0,x_1,x_2]+\cdots+(x-x_0)(x-x_1)\cdots(x-x_{n-1})f[x_0,x_1,\cdots,x_n]$$

(1) 如果在 x_0 附近计算在 x 处的值，引入新变量 t，将 x 写成 $x=x_0+th$，于是 $\dfrac{x-x_0}{h}=t$. 以此类推，有 $\dfrac{x-x_1}{h}=t-1, \cdots, \dfrac{x-x_{n-1}}{h}=t-n+1$.

结合差分的性质 4.2.4，得到等距节点牛顿向前插值多项式

$$N_n(x)=N_n(x_0+th)=y_0+\frac{t}{1!}\Delta y_0+\frac{t(t-1)}{2!}\Delta^2 y_0+\cdots+\frac{t(t-1)\cdots(t-n+1)}{n!}\Delta^n y_0 \tag{4.2.14}$$

余项为

$$R_n(x)=\frac{h^{n+1}}{(n+1)!}t(t-1)(t-2)\cdots(t-n)f^{(n+1)}(\xi), \qquad \xi \in [x_0, x_n]$$

(2) 如果在 x_n 附近计算在 x 处的值，此时将节点按 $x_n, x_{n-1}, \cdots, x_0$ 的顺序排列. 引入新变量 t，将 x 写成 $x=x_n+th$. 类似于第一种情形的推导，得到等距节点牛顿向后插值多项式

$$N_n(x)=N_n(x_n+th)=y_n+\frac{t}{1!}\nabla y_n+\frac{t(t+1)}{2!}\nabla^2 y_n+\cdots+\frac{t(t+1)\cdots(t+n-1)}{n!}\nabla^n y_n \tag{4.2.15}$$

余项为

$$R_n(x)=\frac{h^{n+1}}{(n+1)!}t(t+1)(t+2)\cdots(t+n)f^{(n+1)}(\xi),\qquad \xi\in[x_0,x_n]$$

(3) 如果计算 $f(x)$位于 $x_n, x_{n-1},\cdots,x_0$ 中间的值,用中心差分插值公式进行计算.

例 4.2.2 利用例 4.2.1 中的数据求四阶牛顿向前差分插值公式和向后差分插值公式,并计算 $N_4(45)$.

解 先列差分表(见表 4.2.6)

表 4.2.6 差分表 2

ε	p	一阶差分	二阶差分	三阶差分	四阶差分
10	1.67				
20	6.67	5.000			
30	10.5	3.830	−1.170		
40	17.5	7.000	3.170	4.340	
50	25.1	7.600	0.600	−2.570	−6.910

表中“______”所标识的数据表示各阶向后差分,“______”所标识的数据表示各阶向前差分.

由式(4.2.13),四阶牛顿向前差分插值公式为

$$N_4(x)=N_4(10+th)=$$

$$1.67+5.0\times\frac{t}{1!}-1.17\times\frac{t(t-1)}{2!}+4.34\times\frac{t(t-1)(t-2)}{3!}-$$

$$6.91\times\frac{t(t-1)(t-2)(t-3)}{4!}$$

由式(4.2.14),四阶牛顿向后差分插值公式为

$$N_4(x)=N_4(50+th)=$$

$$25.1+7.6\times\frac{t}{1!}+0.60\times\frac{t(t+1)}{2!}-2.57\times\frac{t(t+1)(t+2)}{3!}-$$

$$6.91\times\frac{t(t+1)(t+2)(t+3)}{4!}$$

要计算 $N_4(45)$,用四阶牛顿向后差分插值公式. 本例中,$h=10, t=(45-50)/10=-0.5$,故有

$$N_4(45)=25.1+7.6\times\frac{-0.5}{1!}+0.60\times\frac{-0.5\times0.5}{2!}-2.57\times\frac{-0.5\times0.5\times1.5}{3!}-$$

$$6.91\times\frac{-0.5\times0.5\times1.5\times2.5}{4!}=21.656$$

4.3 Hermite 插值

Hermite 插值
微视频

在应用中,很多的插值问题不但要求在节点上函数值相等,而且还要求相应的导数值甚至高阶导数值相等,这样的插值问题称为 Hermite 插值问题. 本节只讨论较简单的情况.

设 $y=f(x)$ 在节点 $x_0, x_1, \cdots, x_n$ 处的函数值与导数值分别为 $y_i=f(x_i)$，$y'_i=f'(x_i)$，$i=0,1,\cdots,n$，求插值多项式 $H(x)$，使

$$H(x_i)=y_i,\qquad H'(x_i)=y_i,\qquad i=0,1,\cdots,n \tag{4.3.1}$$

由式(4.3.1)知，已知 $2(n+1)$ 个插值条件，故可确定的多项式的次数不大于 $2n+1$. 如果设为形式

$$H_{2n+1}(x)=a_0+a_1x+\cdots+a_{2n+1}x^{2n+1}$$

则根据插值条件式(4.3.1)可得到一个 $2n+2$ 阶的线性方程组. 尽管求解该方程组可以确定 $H_{2n+1}(x)$，但显然计算量太大. 所以仍然采用拉格朗日插值的思想，构造相应的基函数，将 $H_{2n+1}(x)$ 表示为一些基函数的组合.

首先分析最简单的情形.

问题 4.3.1 已知函数表

$$y(x_0)=y_0,\qquad y(x_1)=y_1,\qquad y'(x_0)=y'_0,\qquad y'(x_1)=y'_1$$

求一个插值多项式 $H(x)$，使其满足如下条件：

$$\begin{cases} H(x_0)=y_0, & H(x_1)=y_1 \\ H'(x_0)=y'_0, & H'(x_1)=y'_1 \end{cases} \tag{4.3.2}$$

根据已知条件，所要构造的至多是一个 3 次插值多项式. 构造 4 个插值基函数 $\alpha_i(x)$，$\beta_i(x)$，$i=0,1$，它们均为 3 次多项式，且满足要求见表 4.3.1.

表 4.3.1 插值基函数的插值要求

$\alpha_0(x_0)=1$	$\alpha_1(x_0)=0$	$\beta_0(x_0)=0$	$\beta_1(x_0)=0$
$\alpha_0(x_1)=0$	$\alpha_1(x_1)=1$	$\beta_0(x_1)=0$	$\beta_1(x_1)=0$
$\alpha'_0(x_0)=0$	$\alpha'_1(x_0)=0$	$\beta'_0(x_0)=1$	$\beta'_1(x_0)=0$
$\alpha'_0(x_1)=0$	$\alpha'_1(x_1)=0$	$\beta'_0(x_1)=0$	$\beta'_1(x_1)=1$

则所要构造的多项式可表示为

$$H_3(x)=y_0\alpha_0(x)+y_1\alpha_1(x)+y'_0\beta_0(x)+y'_1\beta_1(x)$$

显然，$H_3(x)$满足插值条件式(4.3.2). 问题就归结为求基函数 $\alpha_i(x)$，$\beta_i(x)$，$i=0, 1$.

在表 4.3.1 中，由 $\alpha_0(x_1)=0$ 和 $\alpha'_0(x_1)=0$ 知，x_1 是 $\alpha_0(x)$的二阶零点，故

$$\alpha_0(x)=(ax+b)(x-x_1)^2$$

由 $\alpha_0(x_0)=1$，有

$$(ax_0+b)(x_0-x_1)^2=1$$

由 $\alpha'_0(x_0)=0$，有

$$a(x_0-x_1)^2+2(ax_0+b)(x_0-x_1)=0$$

解这个方程组，得

$$a=-2/(x_0-x_1)^3,\qquad b=(3x_0-x_1)/(x_0-x_1)^3$$

于是

$$\alpha_0(x)=[-2x/(x_0-x_1)^3+(3x_0-x_1)/(x_0-x_1)^3](x-x_1)^2=$$
$$\left(1-2\frac{x-x_0}{x_0-x_1}\right)\left(\frac{x-x_1}{x_0-x_1}\right)^2=\left(1-2\frac{x-x_0}{x_0-x_1}\right)l_0(x)^2$$

其中 $l_0(x)=\dfrac{x-x_1}{x_0-x_1}$.

类似地,有

$$\alpha_1(x)=\left(1-2\frac{x-x_1}{x_1-x_0}\right)l_1(x)^2,\qquad l_1(x)=\frac{x-x_0}{x_1-x_0}$$

$$\beta_i(x)=(x-x_i)l_i(x)^2,\qquad i=0,1$$

Charles Hermite(1822.12.24—1901.1.14),著名的法国数学家,巴黎综合工科学校毕业,曾任法兰西学院、巴黎高等师范学校、巴黎大学教授.他的研究领域包括数论、不变量理论、正交多项式、椭圆函数和代数等.他的研究成果丰硕,如埃尔米特多项式、埃尔米特规范形式、埃尔米特算子、埃尔米特矩阵和立方埃尔米特样条都以他的名字命名.

现在讨论一般的 Hermite 插值.

问题 4.3.2 设 $y=f(x)$ 在节点 $x_0,x_1,\cdots,x_n$ 处的函数值与导数值分别为 $y_i=f(x_i)$,$y'_i=f'(x_i)$,$i=0,1,\cdots,n$,求一个插值多项式 $H(x)$,使其满足如下条件:

$$H(x_i)=y_i,\qquad i=0,1,2,\cdots,n$$
$$H'(x_i)=y'_i,\qquad i=0,1,2,\cdots,n \tag{4.3.3}$$

根据问题 4.3.1 的思想,我们要构造 $2n+2$ 个插值基函数为 $\alpha_i(x)$,$\beta_i(x)$,$i=0,1,\cdots,n$,它们均为 $2n+1$ 次多项式,且满足

$$\begin{aligned}&\alpha_i(x_k)=\delta_{ik},\quad \beta_i(x_k)=0,\qquad i,k=0,1,\cdots,n\\&\alpha'_i(x_k)=0,\quad \beta'_i(x_k)=\delta_{ik},\quad i,k=0,1,\cdots,n\end{aligned} \tag{4.3.4}$$

于是满足插值条件式(4.3.3)的 $H_{2n+1}(x)$ 可写成用基函数表示的形式

$$H_{2n+1}(x)=\sum_{i=0}^{n}[y_i\alpha_i(x)+y'_i\beta_i(x)] \tag{4.3.5}$$

根据式(4.3.4),对于基函数 $\alpha_i(x)$,$\beta_i(x)$,$i=0,1,\cdots,n$,可以充分利用拉格朗日基函数 $l_i(x)$,令

$$\alpha_i(x)=(ax+b)l_i(x)^2,\qquad i=0,1,\cdots,n \tag{4.3.6}$$

$$\beta_i(x)=c(x-x_i)l_i(x)^2,\qquad i=0,1,\cdots,n \tag{4.3.7}$$

其中

$$l_i(x)=\frac{(x-x_1)\cdots(x-x_{i-1})(x-x_{i+1})\cdots(x-x_n)}{(x_i-x_1)\cdots(x_i-x_{i-1})(x_i-x_{i+1})\cdots(x_i-x_m)}$$

再由式(4.3.4)有

$$\alpha_i(x_i)=(ax_i+b)l_i(x_i)^2=1$$

$$\alpha'_i(x_i)=[al_i(x_i)+2(ax_i+b)l'_i(x_i)]\,l_i(x_i)=0$$

求解得到 a,b,代入式(4.3.6),有

$$\alpha_i(x)=1-2l'_i(x_i)(x-x_i)l_i(x)^2,\qquad i=0,1,\cdots,n \tag{4.3.8}$$

类似地,可得

$$\beta_i(x)=(x-x_i)l_i(x)^2,\qquad i=0,1,\cdots,n \tag{4.3.9}$$

特别地,当 $m=n=1$ 时,就是问题 4.3.1 所得到的 3 次多项式:

$$H_3(x)=\left(1-2\frac{x-x_0}{x_0-x_1}\right)\left(\frac{x-x_1}{x_0-x_1}\right)^2 f(x_0)+$$
$$\left(1-2\frac{x-x_1}{x_1-x_0}\right)\left(\frac{x-x_0}{x_1-x_0}\right)^2 f(x_1)+ \tag{4.3.10}$$
$$\frac{(x-a)^2(x-b)^2}{(a-b)^2}f'(x_0)+\frac{(x-x_1)(x-x_0)}{(x-x_0)^2}f'(x_1)$$

这样 $H_{2n+1}(x)$ 就确定了. 用类似于证明拉格朗日插值多项式的方法,可证明 $H_{2n+1}(x)$ 的唯一性,其插值余项为

$$R(x)=f(x)-H_{2n+1}(x)=\frac{f^{(2n+2)}(\xi)}{(2n+2)!}\omega_{n+1}^2(x),\qquad \xi\in(a,b) \tag{4.3.11}$$

其中,$\omega_{n+1}(x)=(x-x_0)(x-x_1)\cdots(x-x_n)$.

例 4.3.1　求满足下列条件的 Hermite 插值多项式,见表 4.3.2.

表 4.3.2　数据表

x_i	0	1
y_i	2	3
y'_i	1	−1

解　由埃尔米特插值公式(4.3.11)有

$$P_3(x)=\left[1-2(x-x_0)\frac{1}{x_0-x_1}\right]\left(\frac{x-x_1}{x_0-x_1}\right)^2 y_0+$$
$$\left[1-2(x-x_1)\frac{1}{x_1-x_0}\right]\left(\frac{x-x_0}{x_1-x_0}\right)^2 y_1+$$
$$(x-x_0)\left(\frac{x-x_1}{x_0-x_1}\right)^2 y'_0+(x-x_1)\left(\frac{x-x_0}{x_1-x_0}\right)^2 y'_1$$

根据表 4.3.2,得

$$P_3(x)=-2x^3+8x^2-9x+5$$

有时会遇到这样的问题:只知道部分节点处的导数值,如何求相应的插值函数呢?

例 4.3.2　某公路的技术标准为山重区四级公路,拟改建为山重区二级公路,其中有一曲线段地处平微区,路基宽度已达到山重区二级公路标准,如按传统的"直线型"或称"导线型"设计法(即首先设置直线,然后用曲线连接的设计方法)对线形进行设计,则设计中线偏离原路基中线较大,原路基大部分不能利用. 而利用三次样条函数拟合法对线形设计,计算量大,应用不便. 表 4.3.3 所列是该曲线段中线实测资料(假设以曲线两端点的连线方向为 x 轴,以连线的法向为 y 轴). 请在该线形设计中,利用前三组数据用 Hermite 插值函数对相应的公路段线形进行拟合设计.

表 4.3.3　某公路曲线段中线实测坐标

x	50	100	150	200	250
y	10.10	30.54	36.89	30.54	10.10
y'	0	—	—	—	2.303 1

分析　此问题中,给出三个节点处的函数,但只给出了两个节点处的导数值,与前面所讨论的 Hermite 插值问题有所区别. 像这样的问题称为不完全 Hermite 插值问题. 我们还是可以按拉格朗日插值思想来求解本问题的.

解　设 $x_0=50,x_1=100,x_2=150$,所要构造的 3 次基函数分别为 $\alpha_i(x),i=1,2,3$ 和 $\beta(x)$,则通过简单计算可知

$$\alpha_i(x)=[1-(x-x_i)l'_i(x_i)]\,l_i(x),\qquad i=1,2,3$$
$$\beta(x)=(x-x_0)l_0(x)$$

其中

$$l_0(x)=\frac{(x-100)(x-150)}{5\,000},\quad l_1(x)=-\frac{(x-50)(x-150)}{2\,500},\quad l_2(x)=\frac{(x-50)(x-100)}{5\,000}$$

故所要求的 3 次 Hermite 插值多项式为

$$H_3(x)=10.10\,[1+0.03(x-50)]\,l_0(x)+30.54l_1(x)+$$
$$36.89\,[1+0.03(x-150)]\,l_2(x)$$

已知插值条件中给出了相应的函数值的导数值,除了上述的 Hermite 插值多项式方法外,还可以通过重节点差商来构造牛顿插值多项式. 定义如下重节点差商:

$$f[x_0,x_0]=\lim_{x\to x_0}f[x,x_0]=\lim_{x\to x_0}\frac{f(x)-f(x_0)}{x-x_0}=f'(x_0)$$

$$f[x_0,x_0,x_0]=\lim_{x,z\to x_0}f[x,z,x_0]=\lim_{\xi_x\to x_0}\frac{f''(\xi_x)}{2!}=\frac{f''(x_0)}{2!}$$

$$f[x,x,x_0,\cdots,x_k]=f'[x,x_0,\cdots,x_k]$$

定义了重节点差商后,按如下方法构造逼近的牛顿插值多项式. 定义节点

$$z_0=z_1=x_0,\qquad z_2=z_3=x_1,\qquad \cdots,\qquad z_{2n}=z_{2n+1}=x_n$$

则相应的牛顿插值多项式为

$$\begin{aligned}H_{2n+1}(x)=&f[z_0]+f[z_0,z_1](x-z_0)+f[z_0,z_1,z_2](x-z_0)(x-z_1)+\cdots+\\&f[z_0,z_1,z_2,\cdots,z_{2n+1}](x-z_0)(x-z_1)\cdots(x-z_{2n})=\\&f[x_0]+f[x_0,x_0](x-x_0)+f[x_0,x_0,x_1](x-x_0)^2+\cdots+\\&f[x_0,x_0,x_1,x_1,\cdots,x_n](x-x_0)^2(x-x_1)^2\cdots(x-x_{n-1})^2(x-x_n)\end{aligned}\tag{4.3.12}$$

各阶差商的计算见表 4.3.4.

表 4.3.4　差商表 1

$z_0=x_0$	y_0				
$z_1=x_0$	y_0	$f[z_0,z_1]=y'_0$			
$z_2=x_1$	y_1	$f[z_1,z_2]=f[x_0,x_1]$	$f[z_0,z_1,z_2]$		
$z_3=x_1$	y_1	$f[z_2,z_3]=y'_1$	$f[z_1,z_2,z_3]$	$f[z_0,z_1,z_2,z_3]$	
$z_4=x_2$	y_2	$f[z_3,z_4]=f[x_1,x_2]$	$f[z_2,z_3,z_4]$	$f[z_1,z_2,z_3,z_4]$	$f[z_0,z_1,z_2,z_3,z_4]$
⋮	⋮	⋮	⋮	⋮	⋮

例 4.3.3　重节点差商方法.

试根据例 4.3.2 中的前三组数,利用重点差商方法构造一个 3 次插值多项式.

解　计算差商表,见表 4.3.5.

表 4.3.5　差商表 2

$z_0=50$	10.10			
$z_1=50$	10.10	0		
$z_2=100$	30.54	0.408 8	−0.001 108	
$z_3=150$	36.89	0.127 0	−0.002 818	−0.000 017 1

故所求的 3 次多项式为

$$H_3(x)=10.10-0.001\,108(x-50)^2-0.000\,017\,1(x-50)^2(x-100)$$

4.4　分段插值与样条插值

4.4.1　多项式插值的缺陷与分段插值

多项式插值的缺陷与分段插值微视频

由拉格朗日插值多项式余项估计有

$$|R_n(x)|=|f(x)-L_n(x)|\leqslant\frac{M_{n+1}}{(n+1)!}|(x-x_0)(x-x_1)\cdots(x-x_n)|$$

其中，$M_{n+1}=\max\limits_{a\leqslant x\leqslant b}|f^{(n+1)}(x)|$.

Carl Runge(1856.8.30—1927.1.2)，著名的德国数学家，物理学家和光谱学家，是龙格-库塔法的共同发明者与共同命名者. 1880 年，他获得柏林大学的数学博士，是著名德国数学家、被誉为“现代分析之父”的卡尔·魏尔施特拉斯的学生. 1886 年，他成为在德国汉诺威莱布尼兹大学的教授. 他的兴趣包括数学、光谱学、大地测量学与天体物理学等. 他与海因里希·凯瑟一同研究各种元素的谱线，并应用于天体光谱学.

现在的问题是：对于函数 $f(x)$，当插值的次数逐步提高时，是否逼近程度也得到逐步改善呢？答案是否定的. 1900 年，德国数学家龙格(Runge)就给出了一个等距节点插值多项式 $L_n(x)$ 不收敛于 $f(x)$ 的例子. 已知区间$[-1,1]$上函数 $f(x)=\dfrac{1}{1+(5x)^2}$取等距节点

$$x_i=-1+\frac{i}{5},\qquad i=0,1,2,\cdots,10$$

作拉格朗日插值多项式 $L_{10}(x)=\sum\limits_{i=0}^{10}l_i(x)y_i$.

从图 4.4.1 可以看出，在 $x=0$ 附近，$L_{10}(x)$能较好地逼近 $f(x)$. 但在有些地方，如在$[-1,-0.8]$和$[0.8,1]$之间，$L_{10}(x)$与 $f(x)$差异很大，这种现象叫做龙格(Runge)现象.

龙格现象启发人们认识到：

① 节点加密导致高次插值，并不一定能保证在两节点间的插值函数 $P(x)$很好地逼近被插值函数 $f(x)$. 因此，高次插值并不是唯一的好的选择.

② 龙格例子和前面所介绍的拉格朗日插值逼近、牛顿插值逼近或者 Hermite 插值都是在整个区间上来构造的，称之为整体逼近. 但从龙格现象来看，整体逼近有时并不能很好地逼近

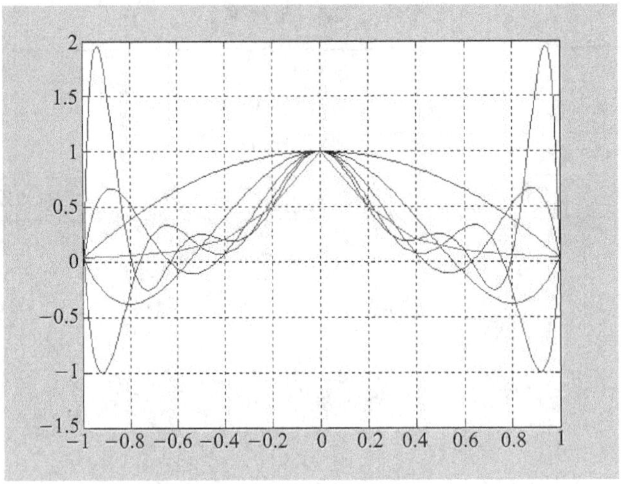

图 4.4.1 龙格现象

某函数. 能否将整个区间分成若干子区间,在每个子区间上用低阶多项式插值逼近,比如线性插值? 若子区间较小,则由线性逼近的误差可知,能控制在较小的范围内,而且在整个区间插值函数保持连续.

1. 分段线性插值

过点(x_0, y_0),(x_1, y_1),…,(x_N, y_N)作折线相连:

$$F(x)=\frac{x-x_{i+1}}{x_i-x_{i+1}}y_1+\frac{x-x_i}{x_{i+1}-x_i}y_{i+1}, \qquad x_i \leqslant x \leqslant x_{i+1}$$

例如,针对函数 $f(x)=\dfrac{1}{1+x^2}$选取 11 个节点,可以构造 10 个分段线性函数 $\varphi(x)$.

在 MATLAB 命令窗口输入:

```
f = inline('1/(x^2 + 1)');
fplot(f,[ - 5,5]);
hold on
x = [ - 5, - 4, - 3, - 2, - 1,0,1,2,3,4,5];
y = [1/26,1/17,0.1,0.2,0.5,1,0.5,0.2,0.1,1/17,1/26];
plot(x,y,'o')
plot(x,y,'r')
```

可以得到图 4.4.2.

显然和龙格现象相比,分段线性插值函数 $\varphi(x)$比 $L_{10}(x)$都能更好地逼近原函数 $f(x)$.

2. 分段 Hermite 插值

如果知道部分节点的导数值,则可以构造分段 Hermite 插值函数逼近.

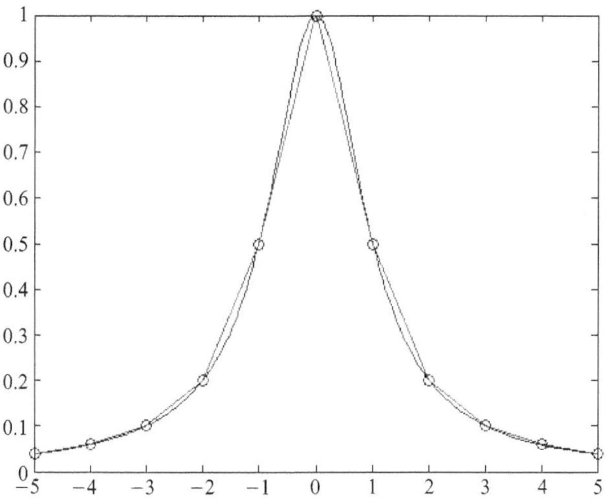

图 4.4.2　分段线性插值

4.4.2　三次样条函数插值

在生产和工程中，要求所做的分段插值函数次数低，而且在节点上要求不仅连续，还要存在连续的导数. 称满足这样条件的插值函数为样条插值函数，所对应的曲线称之为样条曲线.

样条插值函数的应用范围很广，早期应用于汽车、轮船、飞机制造方面的手工放样. 随着计算机的发展，它现在已广泛应用于制造业的计算机辅助设计(CAD)、各种图形的绘制、地理信息系统、实验数据的拟合以及计算机动画制作等方面.

在样条函数中，应用最广的是三次样条函数，这也是本课程的重点内容之一.

定义 4.4.1　设对 $y=f(x)$在区间$[a, b]$上给定一组节点 $a=x_0<x_1<x_2<\cdots<x_n=b$ 和相应的函数值 $y_0, y_1,\cdots, y_n$，假设函数 $s(x)$具有下列性质：

(1) 在每个子区间$[x_{i-1}, x_i]$，$i=1, 2,\cdots, n$ 上，$s(x)$是不高于三次的多项式.

(2) $s(x)$，$s'(x)$，$s''(x)$在 $[a, b]$上连续，则称 $s(x)$为三次样条函数. 如果 $s(x)$还满足

$$s(x_i)=y_i, \qquad i=0,1,2,\cdots,n$$

则称 $s(x)$为 $y=f(x)$的三次样条插值函数.

下面讨论如何构造三次样条插值函数.

设 $f(x)$是定义在 $[a, b]$区间上的一个二次连续可微函数，分划为

$$a_0=x_0<x_1<x_2<\cdots<x_n=b$$

假设

$$M_i=S''_i(x_i), \qquad i=0,1,2,\cdots,n \tag{4.4.1}$$

根据三次样条函数的定义，$S(x)$ 在每一个小区间$[x_{i-1}, x_i]$，$i=1,\cdots, n$ 上都是三次多项式，所以 $S''(x)$在 $[x_{i-1}, x_i]$上是一个线性函数，不妨设其表达式为

$$S''_i(x)=M_{i-1}\frac{x_i-x}{h_i}+M_i\frac{x-x_{i-1}}{h_i} \tag{4.4.2}$$

其中，$h_i=x_i-x_{i-1}$.

将式(4.4.2)分别积分两次得

$$S'_i(x)=-M_{i-1}\frac{(x_i-x)^2}{2h_i}+M_i\frac{(x-x_{i-1})^2}{2h_i}+A_i$$

$$S_i(x)=M_{i-1}\frac{(x_i-x)^3}{6h_i}+M_i\frac{(x-x_{i-1})^3}{6h_i}+A_i(x-x_i)+B_i$$

其中,A_i 和 B_i 为积分常数. 因为

$$S_i(x_{i-1})=y_{i-1},\qquad S_i(x_i)=y_i$$

所以它满足方程:

$$\begin{cases}\dfrac{M_i}{6}h_i^2+B_i=y_i\\[2ex]\dfrac{M_{i-1}}{6}h_i^2-A_ih_i+B_i=y_{i-1}\end{cases}$$

解之得

$$\begin{cases}A_i=\dfrac{y_i-y_{i-1}}{h_i}-\dfrac{h_i}{6}(M_i-M_{i-1})\\[2ex]B_i=y_i-\dfrac{M_i}{6}h_i^2\end{cases}$$

因此,有

$$S_i(x)=M_{i-1}\frac{(x_i-x)^3}{6h_i}+M_i\frac{(x-x_{i-1})^3}{6h_i}+\left(y_{i-1}-\frac{M_{i-1}}{6}h_i^2\right)\frac{x_i-x}{h_i}+\left(y_i-\frac{M_i}{6}h_i^2\right)\frac{x-x_{i-1}}{h_i},\qquad i=1,2,\cdots,n \tag{4.4.3}$$

在式(4.4.3)中,只要知道了 M_i,$S(x)$的表达式也就完全确定了. 将式(4.4.3)两边求导,即

$$S'_i(x)=-M_{i-1}\frac{(x_i-x)^2}{2h_i}+M_i\frac{(x-x_{i-1})^2}{2h_i}+\frac{y_i-y_{i-1}}{h_i}-\frac{(M_i-M_{i-1})}{6}h_i \tag{4.4.4}$$

类似地,有

$$S'_{i+1}(x)=-M_i\frac{(x_{i+1}-x)^2}{2h_{i+1}}+M_{i+1}\frac{(x-x_i)^2}{2h_{i+1}}+\frac{y_{i+1}-y_i}{h_{i+1}}-\frac{h_{i+1}}{6}(M_{i+1}-M_i) \tag{4.4.5}$$

于是

$$S'_i(x_i)=\frac{h_i}{3}M_i+\frac{y_i-y_{i-1}}{h_i}+\frac{h_i}{6}M_{i-1} \tag{4.4.6}$$

$$S'_{i+1}(x_i)=\frac{h_{i+1}}{3}M_i+\frac{y_{i+1}-y_i}{h_{i+1}}-\frac{h_{i+1}}{6}M_{i+1} \tag{4.4.7}$$

由 $S'_i(x)$的连续性,有 $S'_i(x_i)=S'_{i+1}(x_i)$,即

$$h_iM_{i-1}+2(h_i+h_{i+1})M_i+h_{i+1}M_{i+1}=6\left(\frac{y_{i+1}-y_i}{h_{i+1}}-\frac{y_i-y_{i-1}}{h_i}\right),\qquad i=1,2,\cdots,n-1 \tag{4.4.8}$$

将上式等号两边同时除以 h_i+h_{i+1},并记

$$\lambda_i=\frac{h_{i+1}}{h_i+h_{i+1}},\qquad \mu_i=1-\lambda_i$$

$$d_i = 6\frac{\dfrac{y_{i+1}-y_i}{h_{i+1}} - \dfrac{y_i - y_{i-1}}{h_i}}{h_i + h_{i+1}}$$

则式(4.4.8)可写为

$$\mu_i M_{i-1} + 2M_i + \lambda_i M_{i+1} = d_i, \qquad i = 1,2,\cdots,n-1 \tag{4.4.9}$$

现在得到了 $n-1$ 个内点有 $n-1$ 个方程,但由式(4.4.1)知有 $n+1$ 个未知量 M_i. 为确定 $M_i, i = 0, 1, \cdots, n$,还须加上两个端点条件(或者称为边界条件).

端点条件形式很多,在本书给出常用的两种:

① 已知 $M_0 = y''_0, M_n = y''_n$. 将这两个条件代入式(4.4.9),得到一个 $n-1$ 阶的线性方程组. 若取 $M_0 = M_n = 0$,则称为三次自然样条.

② 已知两端点的导数值 $S'(x_0) = y'_0, S'(x_n) = y'_n$. 于是有

$$S'_1(x_0) = \frac{y_1 - y_0}{h_1} - \frac{h_1}{3}M_0 - \frac{h_1}{6}M_1 = y'_0$$

$$S'_n(x_n) = \frac{y_n - y_{n-1}}{h_n} + \frac{h_n}{6}M_{n-1} + \frac{h_n}{3}M_n = y'_n$$

整理得到两个方程

$$2M_0 + M_1 = \frac{6}{h_1}\left(\frac{y_1 - y_0}{h_1} - y'_0\right)$$

$$M_{n-1} + 2M_n = \frac{6}{h_n}\left(y'_n - \frac{y_n - y_{n-1}}{h_n}\right)$$

与式(4.4.9)联立得到一个 $n+1$ 阶的线性方程组

$$\begin{pmatrix} 2 & \lambda_0 & & & & \\ \mu_1 & 2 & \lambda_1 & & & \\ & \mu_2 & 2 & \lambda_2 & & \\ & & & \ddots & & \\ & & \mu_{n-1} & 2 & \ddots & \lambda_n \\ & & & \mu_n & & 2 \end{pmatrix} \begin{pmatrix} M_0 \\ M_1 \\ \vdots \\ M_{n-1} \\ M_n \end{pmatrix} = \begin{pmatrix} d_0 \\ d_1 \\ \vdots \\ d_{n-1} \\ d_n \end{pmatrix} \tag{4.4.10}$$

其中,对第①类端点条件,有

$$\lambda_0 = 0, \qquad d_0 = 2M_0$$

$$\mu_n = 0, \qquad d_n = 2M_n$$

对第②类端点条件,有

$$\lambda_0 = 1, \quad d_0 = \frac{6}{h_1}\left(\frac{y_1 - y_0}{h_1} - y'_0\right)$$

$$\mu_n = 1, \quad d_n = \frac{6}{h_n}\left(y'_n - \frac{y_n - y_{n-1}}{h_n}\right)$$

式(4.4.10)是一个三对角方程组,可用"追赶"法来求解. 因为 $\mu_i + \lambda_i = 1, \mu_i > 0, \lambda_i > 0, \lambda_0 = \lambda_i = 1$,故方程组系数严格对角占优,从而存在唯一解. 求出了 $M_i, i = 0,1,\cdots,n$,也就求得 $S(x)$ 在各个小区间的表达式 $S_i(x), i = 0,1,2,\cdots,n$.

如果是等距节点情形,即 $h_i = h$, $i = 1,\cdots, n-1$,则

$$\lambda_i=\frac{h}{h+h}=\frac{1}{2},\qquad \mu_i=1-\lambda_i=\frac{1}{2}$$

$$d_i=\frac{6}{2h}\left(\frac{y_{i+1}-2y_i+y_{i-1}}{h}\right)=\frac{3}{h^2}(y_{i+1}-2y_i+y_{i-1}),\qquad i=1,2,\cdots,n \quad (4.4.11)$$

注: 上述方法是根据假设式(4.4.1),即假设二阶导数已知的情形下来讨论分析的,称这种方法为"M 关系式法". 也可以假设已知一阶导数值,即

$$m_i=S'_i(x_i),\qquad i=0,1,2,\cdots,n$$

来确定三次样条函数 $S(x)$,称之为"m 关系式法". 详细过程请参阅相关书籍.

例 4.4.1 根据例 4.3.2 的 5 组数据,构造 3 次样条函数进行线形设计.

解 该问题属于第②类端点条件问题,等距节点情形,$h=50$. 由式(4.4.10)和式(4.4.11)有

$$\lambda_0=1,\qquad \lambda_i=\frac{h}{h+h}=\frac{1}{2},\qquad i=1,2,3$$

$$\mu_4=1,\qquad \mu_i=1-\lambda_i=\frac{1}{2},\qquad i=1,2,3$$

$$d_0=\frac{6}{h}\left(\frac{y_1-y_0}{h}-y'_0\right)=\frac{6}{50}\left(\frac{30.54-10.10}{50}-0\right)=-0.049\ 056$$

$$d_1=\frac{3}{h^2}(y_2-2y_1+y_0)=\frac{3}{2\ 500}\times(36.89-2\times30.54+10.10)=-0.016\ 908$$

$$d_2=\frac{3}{h^2}(y_3-2y_2+y_1)=\frac{3}{2\ 500}\times(30.54-2\times36.89+30.54)=-0.015\ 24$$

$$d_3=\frac{3}{h^2}(y_4-2y_3+y_1)=\frac{3}{2\ 500}\times(10.10-2\times30.54+36.89)=-0.016\ 908$$

$$d_4=\frac{6}{h}\left(y'_4-\frac{y_4-y_3}{h}\right)=\frac{6}{50}\left(2.303\ 1-\frac{10.10-30.54}{50}\right)=0.325\ 428$$

于是有

$$\begin{pmatrix}2 & 1 & & & \\ \frac{1}{2} & 2 & \frac{1}{2} & & \\ & \frac{1}{2} & 2 & \frac{1}{2} & \\ & & \frac{1}{2} & 2 & \frac{1}{2} \\ & & & 1 & 2\end{pmatrix}\begin{pmatrix}M_0\\M_1\\M_2\\M_3\\M_4\end{pmatrix}=\begin{pmatrix}0.049\ 056\\-0.016\ 908\\-0.015\ 24\\-0.016\ 908\\0.325\ 428\end{pmatrix}$$

解之得,$M_0=0.034\ 627$,$M_1=-0.020\ 198$,$M_2=0.012\ 350$,$M_3=-0.059\ 680$,$M_4=0.192\ 554$.

代入式(4.5.3)可以得到相应的分段三次样条函数.

例 4.4.2 对龙格现象中的函数 $f(x)=\dfrac{1}{x^2+1}$进行 11 个点的三次样条插值.

解 设

```
x=[-5,-4,-3,-2,-1,0,1,2,3,4,5];
y=[1/26,1/17,0.1,0.2,0.5,1,0.5,0.2,0.1,1/17,1/26];
```

```
xi = -5:0.01:5;
yi = interp1(x,y,xi,'spline');   % 样条插值
plot(xi,yi,x,y,'o')
hold on
f = inline('1/(x^2 + 1)');
fplot(f,[-5,5],'r')
```

绘图,如图 4.4.3 所示.

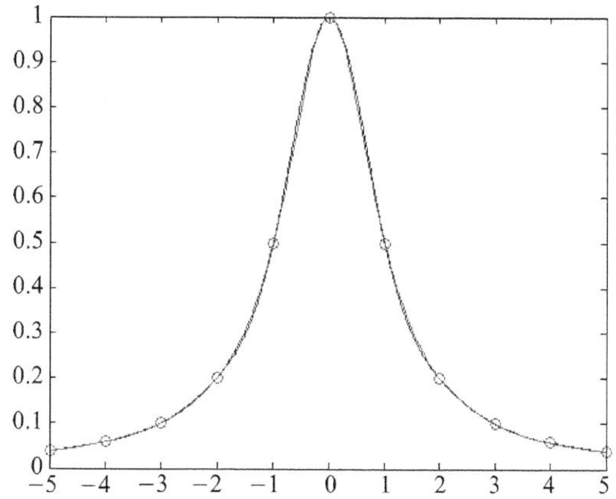

图 4.4.3　分段三次样条插值

从图 4.4.3 和图 4.4.2 可以发现,分段三次样条函数比分段线性插值函数更好地逼近函数 $f(x)$.

4.5　综　述

插值多项式最早由英国数学家 Edward Waring(1736—1798)在 1776 年发现,欧拉在 1783 年重新发现,Joseph-Louis Lagrange (1736—1813) 于 1795 年发表相关论文. 丹麦天文学家、数学家 Thiele 于 1909 年在他的关于插值的书中把插值描述为 art of reading between the lines in a [numerical] table. 在早期,插值的一个重要应用就是天文学中,Hipparchus of Rhodes (公元前 190—120) 为了计算天体位置利用线性插值构造了 chord function(与 sin 函数有关). 中国南北朝数学家刘焯是第一个利用二阶插值计算太阳和月亮的位置得到了著名的《皇极历》. 1787 年 Charles Hermite (1822—1901)构造了著名的 Hermite 插值多项式. 随着天文学、物理学等的发展,Copernicus、Kepler、Galileo 以及 Newton 等发展了插值理论.

基于 J. M. Whittaker 关于主级数展开理论的工作,Shannon 意识到其对通信领域的重要性,1948 年得到了著名的 Sampling Theorem,使插值在通信领域中得到了广泛的应用. Rifman 首次提出了三次卷积插值,在 20 世纪 70 年代广泛应用于数字图像处理中. 样条插值也随后应用于数学图像插值当中,1978 年 Hou & Andrews 给出了详细的分析. 现在,各种插值方法已广泛应用于通信工程、信号处理、数值分析、统计分析、计算机图形学、计算机辅助设计等诸多领域. 详细情况请参阅参考文献[7].

习　题

1. 令

$$V_n(x)=V_n(x_0,x_1,\cdots,x_{n-1},x)=\begin{vmatrix}1 & x_0 & x_0^2 & \cdots & x_0^n \\ \vdots & \vdots & \vdots & & \vdots \\ 1 & x_{n-1} & x_{n-1}^2 & \cdots & x_{n-1}^n \\ 1 & x & x^2 & \cdots & x^n\end{vmatrix}$$

证明 $V_n(x)$是 n 次多项式，根为 $x_0,\cdots,x_{n-1}$，而且

$$V_n(x)=V_{n-1}(x_0,x_1,\cdots,x_{n-1})(x-x_0)\cdots(x-x_{n-1})$$

2. 当 $x=1$，-1，2 时，$f(x)=0$，$-3,4$，求 $f(x)$的二次插值多项式.

3. 给出 $f(x)=\ln x$ 的数表(见习题表 4.1)，用线性插值及二次插值计算 ln 0.54 的近似值.

习题表 4.1　$f(x)=\ln x$ 的数表

x	0.4	0.5	0.6	0.7	0.8
$\ln x$	−0.916 291	−0.693 147	−0.510 826	−0.357 765	−0.223 144

4. 给出 $\cos x$，$0°\leqslant x\leqslant 90°$的函数表，步长 $h=1'=(1/60)°$. 若函数表具有 5 位有效数字，研究用线性插值求 $\cos x$ 近似值时的总误差界.

5. 设 x_j 为互异节点，$j=0,1,\cdots,n$，证明：

(1) $\sum\limits_{j=0}^{n} x_j^k l_j(x)\equiv x^k,k=0,1,\cdots,n$；

(2) $\sum\limits_{j=0}^{n}(x_j-x)^k l_j(x)\equiv 0,k=1,2,\cdots,n.$

6. 在 $-4\leqslant x\leqslant 4$ 上给出 $f(x)=e^x$ 的等距节点函数表. 若用二次插值求 e^x 的近似值，要使截断误差不超过 10^{-6}，问使用的步长 h 应取多少？

7. 已知函数表(见习题表 4.2)

习题表 4.2　函数表 1

x_i	1.615	1.634	1.702	1.828
$y=f(x_i)$	2.414 50	2.462 59	2.652 71	3.030 35

试求它的 3 阶牛顿插值多项式，并计算 $f(1.682)$的近似值.

8. 已知函数表(见习题表 4.3)，分别用牛顿向前、向后插值公式计算 $f(1.5)$和 $f(3.7)$的近似值.

9. $f(x)=x^7+x^4+3x+1$，求 $f[2^0,2^1,\cdots,2^7]$和 $f[2^0,2^1,\cdots,2^8]$.

10. 已知函数 $f(x)=\dfrac{x}{x^3+2}$满足数据表(见习题表 4.4)，构造 3 次埃尔米特插值多项式 $P_3(x)$.

习题表 4.3　函数表 2

x_i	1	2	3	4
$y=f(x_i)$	3	5	9	15

习题表 4.4　数据表 1

x_i	1	2
y_i	1/3	0.2
y'_i	0	−0.14

11. 求三次多项式 $P_3(x)$，使得 $P_3(0)=P'_3(0)=0$，$P_3(1)=1$，$P_3(2)=3$.

12. 试求出一个最高次数不高于 4 次的函数多项式 $P(x)$，使它满足如下边界条件：

$$P(0)=P'(0)=0,\qquad P(1)=P'(1)=1,\qquad P(2)=1$$

13. 设 $f(x)=1/(1+x^2)$，在 $-5\leqslant x\leqslant 5$ 上取 $n=10$，按等距节点求分段线性插值函数 $I_h(x)$，并计算 $I_h(x)$ 和 $f(x)$ 在各节点之间中点处的值，并估计误差.

14. 给定数据表(见习题表 4.5)：

习题表 4.5　数据表 2

x_j	0.25	0.30	0.39	0.45	0.53
y_j	0.500 0	0.547 7	0.624 5	0.670 8	0.728 0

试求三次样条插值 $S(x)$，并使其满足条件：

(1) $S'(0.25)=1.000\,0$，$S'(0.53)=0.686\,8$；

(2) $S''(0.25)=S''(0.53)=0$.

15. 对于在 180 MPa 压强下的过热 H_2O，使用如下数表(见习题表 4.6)的数据. 当密度为 0.108 m^3/kg 时，请分别用线性插值和二次插值查询与特定体积 V 对应的熵 S.

习题表 4.6　数表 1

V	0.103 77	0.111 44	0.125 4
S	6.414 7	6.545 3	6.766 4

16. 下面的数表(见习题表 4.7)给出了淡水中溶解氧的海平面浓度，这里浓度是温度的函数：

习题表 4.7　数表 2

T /℃	0	8	16	24	32	40
氧/浓度	14.621	11 .843	9.870	8.418	7.305	6.413

试分别用线性插值、牛顿插值和 3 次样条估计 $O(27)$. 准确结果是 7.986 018 mg/L.

17. 拉格朗日插值的一个应用称为表查询，即在一个表中“查询”中间值. 开发如下算法：

(1) 将由 x 和 $f(x)$ 形成的表存储在两个一维数组里；

(2) 根据需要计算点的 x 值，将相应的数值对传给一个函数.

该函数执行两个任务：

(a) 它向下遍历表，直到找到未知数所在的那个区间为止；

(b) 应用插值方法，如拉格朗日插值，确定合适的 $f(x)$ 值.

如果用 3 次拉格朗日多项式开发这样一个函数执行插值计算. 对于中间的区间，效果很好. 因为生成 3 次多项式所必需的 4 个点共组成三个区间，而未知数位于中间的区间内. 对于第一和最后一个区间，可以使用 2 次拉格朗日插值多项式. 当用户请求 x 定义域外的某个值时，代码也应该能检测到. 对于这种情况，函数应显示出错信息. 请用 $f(x)=\ln x$ 在 $x=0,1,2,3,\cdots,10$ 处的值来测试你的程序.

第5章　最佳逼近

5.0　引　言

在水资源工程中，水库水位的调整依赖于对该水库所在河流的水流的精确估计. 对有些河流，水流的长期历史记录难以获得. 相比之下，很多年以前的降水量方面的气象数据通常能容易查到，因此，确定水流与降水量之间的关系通常是很有用的.

当只获得降雨量的测量数据时，就可以用这种关系估计每一年河流的流量.

例 5.0.1　水流与降水量.

表 5.0.1 所列的数据来自于一条河流的数据.

表 5.0.1　河流的流量和降水量的数据

降水量/cm	88.9	108.5	104.1	139.7	127	94	116.8	99.1
流量/($m^3 \cdot s^{-1}$)	14.6	16.7	15.3	23.2	19.5	16.1	18.1	16.6

在图 5.0.1 中画出这些数据并观察它们的规律，由于降水量和流量的测量与很多因素有关，每个环节都有可能产生误差，所以测量的这些数据都不会是很精确的，但可以从得到的这些数据中观察到水流与降水量之间的关系大概呈线性关系. 因为数据不会很精确，所以只要想办法寻找一条尽可能代表水流与降水量之间线性关系的直线即可，而这条直线不必经过每一个数据点.

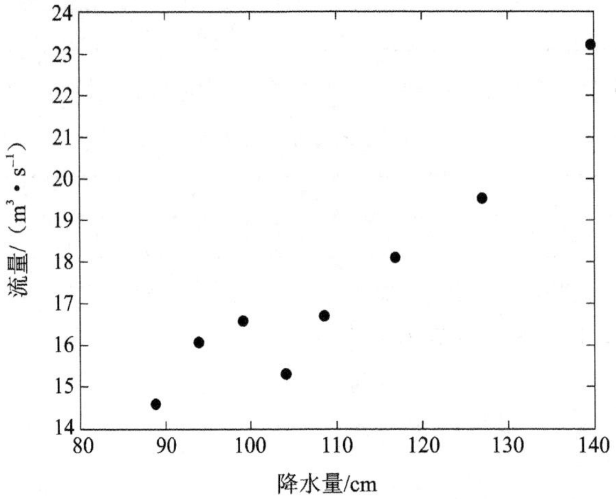

图 5.0.1　流量和降水量的离散数据图

例 5.0.2　停车问题.

停车过程中需要行驶的距离包含两部分：一部分是反应过程中行驶的距离；一部分是刹车过程中行驶的距离. 每一部分都是速度的函数. 下面采集到的实验数据是对这种函数关系的量化. 分别建立针对这两个过程的最佳拟合方程，并使用这些方程估计使一辆以 110 km/s 速度行驶的汽车停止下来需要行驶的距离，如表 5.0.2 所列.

表 5.0.2　刹车相关数据

速度/$(\mathrm{km}\cdot\mathrm{h}^{-1})$	30	45	60	75	90	120
反应距离/km	5.6	8.5	11.1	14.5	16.7	22.4
刹车距离/km	5.0	12.3	21.0	32.9	47.6	84.7

以上的例子就是典型的数据拟合的问题. 在本章讨论两类函数逼近的问题. 一类是已知一组实验数据$(x_1,y_1),(x_2,y_2),\cdots,(x_n,y_n)$，希望找到一个简单函数反映变量 x 和 y 的函数关系 $y=f(x)$. 插值其实也属于这类问题，插值对应的是数据精确的情况下，找一条经过每个数据点的曲线. 而现实中，数据总会有误差，而且数据量也会比较大，在这种情况下，推导代表整个数据趋势的一条曲线，因为每个数据点都有误差，所以不必使曲线经过每个数据点，只要离这些数据点足够接近即可，这就是拟合问题. 线性拟合作为数学计算中一种常用的数学方法，在建筑、物理、化学甚至天体物理、航天中都得到基本的应用.

函数逼近的另一类问题是，已知函数的表达式，希望用较简单的函数，如多项式逼近已知函数.

5.1　离散最小二乘逼近

在科学实验或者统计方法研究中，往往要从一组实验数据中寻找自变量 x 和因变量 y 之间的函数关系 $y=f(x)$，这就是曲线拟合的问题. 由于实验得到的数据往往有误差，如果像插值那样要求 $y=f(x)$必须经过每一个数据点，不但会把观测误差保留下来，而且 $y=f(x)$也不一定表示实验数据的客观规律. 对此类问题采用的方法是推导出代表整个数据趋势的一条曲线，不必使拟合曲线经过每个已知的数据点，只要距离已知点足够接近即可. 而对于拟合函数的选取，需要结合已知数据点本身的规律.

5.1.1　最小二乘线性拟合

最小二乘线性拟合
微视频

最小二乘拟合最简单的情况是根据一组观测值，推导一条直线 $y=a+bx$，使得直线距离数据点足够近. 如何描述这个“足够近”，下面先看一个例子.

例 5.1.1　某公司 2009 年前 11 个月的生产销售额(万元)的一组数据如表 5.1.1 所列.

表 5.1.1　月份和销售额的数据

月　份	1	2	3	4	5	6	7	8	9	10	11
销售额/万元	15.5	15.9	16.4	16.8	17.3	17.7	18.2	18.6	19.1	19.5	20

预测第 12 月的销售额.

解　为了研究销售额的增长，把月份看作自变量 x，销售额看作函数 y，画出数据的散点图，如图 5.1.1 所示.

通过图 5.1.1，可认为销售额 y 与月份 x 满足线性关系，即 $y=a+bx$，要找到一对值(a,b)使直线经过每个数据点$(y_i=y_i^*=a+bx_i)$显然不可能. 所以要找到最好的那条，使得观察值 y_i 与计算值 y_i^* 之差(称为残差)的绝对值或者平方最小. 即使

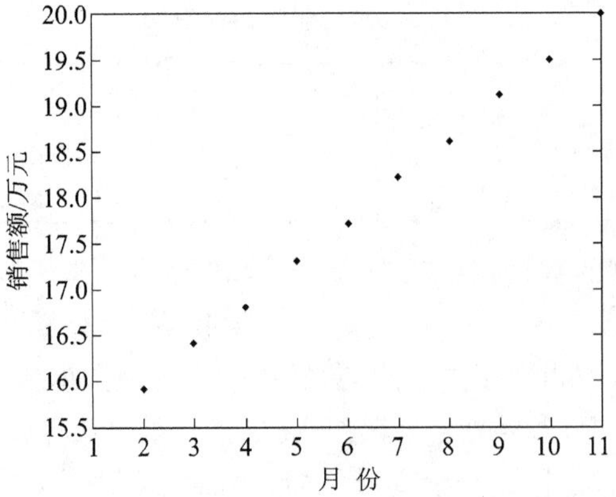

图 5.1.1　月份和销售额的离散数据图

$$S_1(a,b)=\sum_{i=1}^{11}\left|y_i-(a+bx_i)\right|=\min$$

或者

$$S_2(a,b)=\sum_{i=1}^{11}[y_i-(a+bx_i)]^2=\min$$

使 S_1 最小的不容易算出来. 由于 $S_2(a,b)$关于参数 a,b 连续可微,可以直接利用微分学方法求最小值在计算上容易处理,因此最为常用,称之为最小二乘法. 此时求得的直线称为最小二乘拟合直线.

对于数据组(x_i,y_i),$i=1,2,\cdots,m$,要使

$$S_2(a,b)=\sum_{i=1}^{m}[y_i-(a+bx_i)]^2$$

达到最小,按照微分学知识,参数 a,b 应满足两个偏导数都等于零的必要条件:

$$\frac{\partial S_2(a,b)}{\partial a}=\frac{\partial S_2(a,b)}{\partial b}=0$$

即

$$\begin{cases}\dfrac{\partial S_2(a,b)}{\partial a}=\displaystyle\sum_{i=1}^{m}2[y_i-(a+bx_i)](-1)=0\\[2ex]\dfrac{\partial S_2(a,b)}{\partial b}=\displaystyle\sum_{i=1}^{m}2[y_i-(a+bx_i)](-x_i)=0\end{cases}$$

化简得

$$\begin{cases}ma+\left(\displaystyle\sum_{i=1}^{m}x_i\right)b=\displaystyle\sum_{i=1}^{m}y_i\\[2ex]\left(\displaystyle\sum_{i=1}^{m}x_i\right)a+\left(\displaystyle\sum_{i=1}^{m}x_i^2\right)b=\displaystyle\sum_{i=1}^{m}x_iy_i\end{cases}$$

上式称为正规方程组. 令

$$\sigma_x=\sum_{i=1}^{m}x_i,\qquad \sigma_y=\sum_{i=1}^{m}y_i,\qquad \sigma_{x^2}=\sum_{i=1}^{m}x_i^2,\qquad \sigma_{xy}=\sum_{i=1}^{m}x_iy_i$$

正规方程组可写为

$$\begin{cases} ma+\sigma_x b=\sigma_y \\ \sigma_x a+\sigma_{x^2} b=\sigma_{xy} \end{cases}$$

解得

$$a=\frac{\begin{vmatrix} \sigma_y & \sigma_x \\ \sigma_{xy} & \sigma_{x^2} \end{vmatrix}}{\begin{vmatrix} m & \sigma_x \\ \sigma_x & \sigma_{x^2} \end{vmatrix}},\qquad b=\frac{\begin{vmatrix} m & \sigma_y \\ \sigma_x & \sigma_{xy} \end{vmatrix}}{\begin{vmatrix} m & \sigma_x \\ \sigma_x & \sigma_{x^2} \end{vmatrix}}$$

即可求得拟合直线方程 $y=a+bx$.

回到上例中,分别计算

$$\sigma_x=\sum_{i=1}^{11} i=\frac{11\times 12}{2}=66,\quad \sigma_y=\sum_{i=1}^{11} y_i=195$$

$$\sigma_{x^2}=\sum_{i=1}^{11} x_i^2=506,\qquad \sigma_{xy}=\sum_{i=1}^{11} x_i y_i=1\ 219.5$$

得到正规方程组为

$$\begin{cases} 11a+66b=195 \\ 66a+506b=1\ 219.5 \end{cases}$$

解得

$$\begin{cases} a=15.027\ 3 \\ b=0.45 \end{cases}$$

最小二乘拟合直线的方程为

$$y=15.027\ 3+0.45x$$

拟合效果如图 5.1.2 所示.

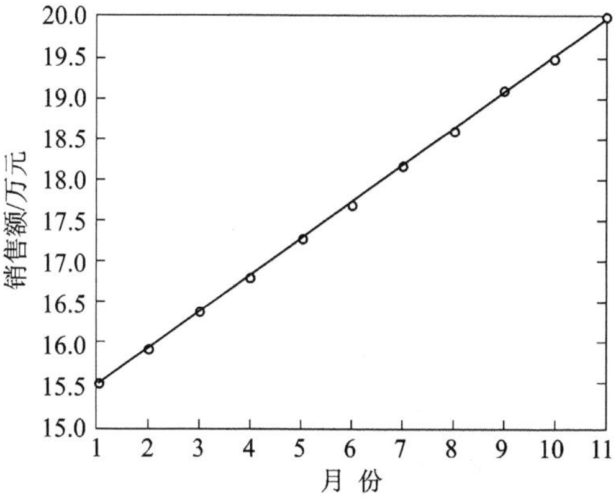

图 5.1.2　月份和销售额的拟合效果图

可以预测第 12 月的数据为 $y=15.027\ 3+0.45\times 12=20.427\ 3$.

例 5.1.2　测得铜导线在温度 T 时的电阻 R(见表 5.1.2),求电阻和温度的关系.

表 5.1.2　铜导线温度和电阻的关系

变　量	1	2	3	4	5	6	7
T/℃	19.1	25.0	30.1	36.0	40.0	45.1	50.0
R/Ω	76.30	77.80	79.25	80.80	82.35	83.90	85.10

解　先画出散点图观察数据分布情况,如图 5.1.3 所示.

由图 5.1.3 可见数据接近一条直线,故可设 $R=a+bT$. 利用最小二乘法求出待定参数 a,b. 为得到正规方程组,先求

$$\sigma_x=\sum_{i=1}^{7}T_i=245.3,\quad \sigma_{x^2}=\sum_{i=1}^{7}T_i^2=9\ 325.83$$

$$\sigma_y=\sum_{i=1}^{7}R_i=566.5,\quad \sigma_{xy}=\sum_{i=1}^{7}T_iR_i=20\ 029.445$$

得到正规方程组为

$$\begin{cases}7a+245.3b=566.5\\245.3a+9\ 325.83b=20\ 029.445\end{cases}$$

解得 $a=70.572$, $b=0.291\ 45$,故求得电阻和温度的关系为 $R=70.572+0.291\ 45T$.

拟合效果如图 5.1.4 所示.

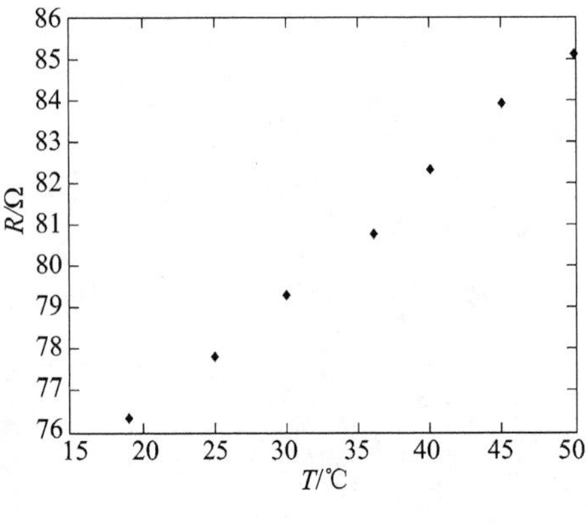

图 5.1.3　铜导线温度和电阻的离散数据图

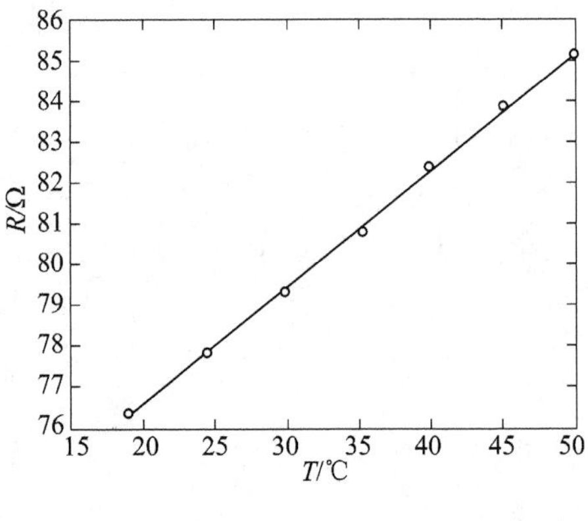

图 5.1.4　铜导线温度和电阻的拟合效果图

5.1.2　最小二乘多项式拟合

最小二乘多项式拟合微视频

当已知的数据点不在一条直线上时,使用 5.1.1 小节的线性拟合显然行不通. 而除了直线外,最简单的函数就是多项式了,所以可以用多项式拟合那些不在直线上的数据,使得拟合曲线和数据足够接近.

设有一组数据 $(x_1,y_1),(x_2,y_2),\cdots,(x_m,y_m)$,适当选取参数 $a_0,a_1,\cdots,a_n$, $n<m$,使得多项式 $p(x)=a_0+a_1x+\cdots+a_nx^n$ 满足

$$S(a_0,a_1,\cdots,a_n)=\sum_{k=1}^{m}[p(x_k)-y_k]^2=\min$$

则称 $p(x)=a_0+a_1x+\cdots+a_nx^n$ 为数据的 n 次最小二乘拟合多项式.

接下来推导 $a_0,a_1,\cdots,a_n,n<m$ 的选取方法.

与线性拟合的推导方法相同,要使得 S 达到最小,$a_0,a_1,\cdots,a_n,n<m$ 应该满足的必要条件

$$\frac{\partial S}{\partial a_j}=0,\qquad j=0,1,\cdots,n$$

直接计算可得

$$\frac{\partial S}{\partial a_j}=2\left[\sum_{i=0}^{n}\left(\sum_{k=1}^{m}x_k^{i+j}\right)a_i-\sum_{k=1}^{m}y_kx_k^j\right]=0,\qquad j=0,1,\cdots,n$$

或

$$\sum_{k=1}^{m}[p(x_k)-y_k]x_k^j=0,\qquad j=0,1,\cdots,n$$

这是 $p(x)=a_0+a_1x+\cdots+a_nx^n$ 的系数满足的方程组,称为正规方程组. 可以写为更直观的矩阵方程的形式

$$\begin{pmatrix} m & \sum\limits_{k=1}^{m}x_k & \cdots & \sum\limits_{k=1}^{m}x_k^n \\ \sum\limits_{k=1}^{m}x_k & \sum\limits_{k=1}^{m}x_k^2 & \cdots & \sum\limits_{k=1}^{m}x_k^{n+1} \\ \vdots & \vdots & & \vdots \\ \sum\limits_{k=1}^{m}x_k^n & \sum\limits_{k=1}^{m}x_k^{n+1} & \cdots & \sum\limits_{k=1}^{m}x_k^{2n} \end{pmatrix}\begin{pmatrix} a_0 \\ a_1 \\ \vdots \\ a_n \end{pmatrix}=\begin{pmatrix} \sum\limits_{k=1}^{m}y_k \\ \sum\limits_{k=1}^{m}y_kx_k \\ \vdots \\ \sum\limits_{k=1}^{m}y_kx_k^n \end{pmatrix}$$

对于正规方程组的解,有如下定理:

定理 5.1.1　当 $x_k,k=1,2,\cdots,m$ 互不相同时,最小二乘问题的解存在唯一,且为正规方程组的解.

例 5.1.3　已知数据表 5.1.3,求最小二乘拟合二次式.

表 5.1.3　数据表 1

变　量	1	2	3	4	5
x_k	0	0.25	0.50	0.75	1.00
y_k	1.000 0	1.284 0	1.648 7	2.117 0	2.718 3

解　设拟合函数为 $y=a_0+a_1x+a_2x^2$,得正规方程组

$$\begin{pmatrix} 5 & 2.5 & 1.875 \\ 2.5 & 1.875 & 1.562 \\ 1.875 & 1.562 & 1.382 \end{pmatrix}\begin{pmatrix} a_0 \\ a_1 \\ a_2 \end{pmatrix}=\begin{pmatrix} 8.768\ 0 \\ 5.451\ 4 \\ 4.401\ 5 \end{pmatrix}$$

解得

$$\begin{cases} a_0=1.005\ 1 \\ a_1=0.864\ 68 \\ a_2=0.843\ 16 \end{cases}$$

所以拟合函数为 $y=1.005\ 1+0.864\ 68x+0.843\ 16x^2$.

拟合效果如图 5.1.5 所示.

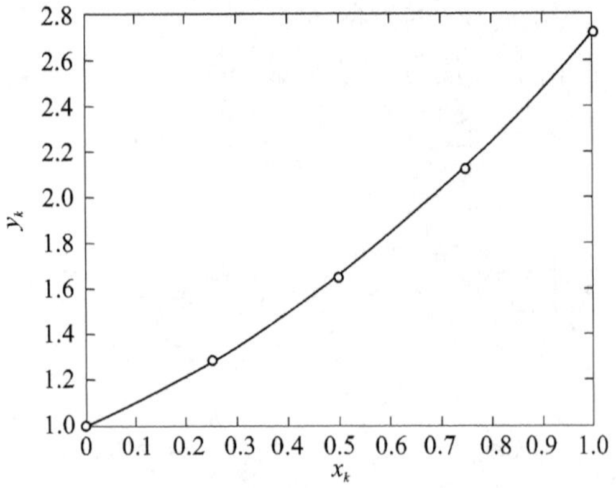

图 5.1.5　二次多项式拟合效果图

5.1.3　曲线拟合

除了可以用多项式拟合不在直线上的点外，还可以用非线性函数拟合. 而对于一组数据，拟合函数的形式往往未知，通常情况下需要根据经验选取，所以拟合函数一般也称为经验函数. 而对于曲线关系的数据，进行非线性拟合的办法不多，一般都需要对数据进行一些变换也就是线性化，使得数据适合使用线性拟合的方法.

曲线拟合

微视频

这里是一些经典的线性化方法.

幂方程：　$y=ax^b \Rightarrow \ln y=\ln a+b\ln x$

指数方程：　$y=a\mathrm{e}^{bx} \Rightarrow \ln y=\ln a+bx$

饱和增长率方程：　$y=a\cdot\dfrac{x}{b+x} \Rightarrow \dfrac{1}{y}=\dfrac{1}{a}+\dfrac{b}{a}\cdot\dfrac{1}{x}$

例 5.1.4　试用指数函数对表 5.1.4 所列的数据进行拟合.

表 5.1.4　数据表 2

变　量	1	2	3	4	5
x_k	0	1	2	3	4
y_k	1.5	2.5	3.5	5.0	7.5

解　先画出散点图，如图 5.1.6 所示.

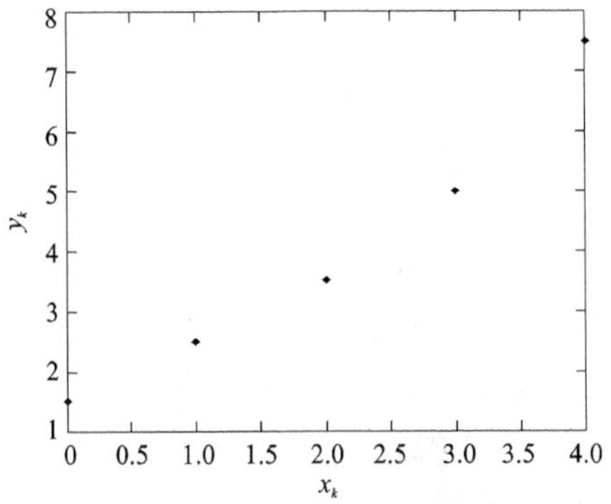

图 5.1.6　离散数据图

由图 5.1.6 可知已知数据点符合指数函数变化规律，可设拟合函数为 $y=ae^{bx}$，直接计算 a,b 非常困难，所以首先对指数函数线性化 $y=ae^{bx}\Rightarrow \ln y=\ln a+bx$. 这时，$x$ 与 $\ln y$ 满足线性关系，所以可以用线性拟合的方法得到系数 $\ln a$ 和 b，从而再求出 a.

先处理数据，求出 $\ln y$，如表 5.1.5 所列.

表 5.1.5　处理后的数据

变　量	1	2	3	4	5
x_k	0	1	2	3	4
y_k	1.5	2.5	3.5	5.0	7.5
$\ln y$	0.404 65	0.916 291	1.252 763	1.609 438	2.014 903

再求 x 与 $\ln y$ 的线性拟合方程 $\ln y=a_0+a_1x$. 因为正规方程组为

$$\begin{pmatrix}5 & 10\\10 & 30\end{pmatrix}\begin{pmatrix}a_0\\a_1\end{pmatrix}=\begin{pmatrix}6.198\ 860\\16.309\ 743\end{pmatrix}$$

解得

$$\begin{cases}a_0=0.457\ 367\\a_1=0.391\ 202\end{cases}$$

由指数函数的线性化方法 $y=ae^{bx}\Rightarrow \ln y=\ln a+bx$ 知，$a_0=\ln a$，$a_1=b$，解得

$$\begin{cases}a=e^{a_0}=1.579\ 910\\b=a_1=0.391\ 202\end{cases}$$

所以所求的指数拟合函数为 $y=1.579\ 910e^{0.391\ 202x}$.

拟合效果如图 5.1.7 所示.

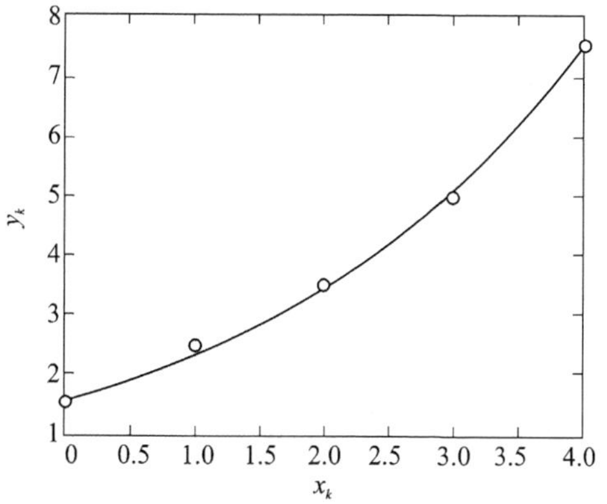

图 5.1.7　指数函数拟合效果图

5.2　最佳平方逼近

最佳平方逼近
微视频

本节研究用较简单的函数逼近已知函数的问题. 如图 5.2.1 所示. 其中实线是 $y=\sin \pi x$ 的图形，虚线是 $y=-0.050\ 465+4.122\ 51x-4.122\ 51x^2$ 的图形，两者图形非常接近，但是实际应用起来，显然多数情况下多项式比三

角函数方便. 对于复杂函数,希望能找到一个离它足够近的简单函数来替代,这就是最佳平方逼近的思想.

定义 5.2.1 已知函数 $f(x)$ 是 $[a,b]$ 上的连续函数,如果在 $C[a,b]$ 的一个子集 $\text{span}\{\varphi_0(x),\varphi_1(x),\cdots,\varphi_n(x)\}$ 中存在 $p(x)=a_0\varphi_0(x)+a_1\varphi_1(x)+\cdots+a_n\varphi_n(x)$,使得内积

$$(f-p,f-p)=\min$$

则称 $p(x)$ 是 $f(x)$ 在子集 $\text{span}\{\varphi_0(x),\varphi_1(x),\cdots,\varphi_n(x)\}$ 中的最佳平方逼近函数. 其中,内积定义为 $(f,g)=\int_a^b \omega(x)f(x)g(x)\mathrm{d}x$,$\omega(x)$ 为权函数.

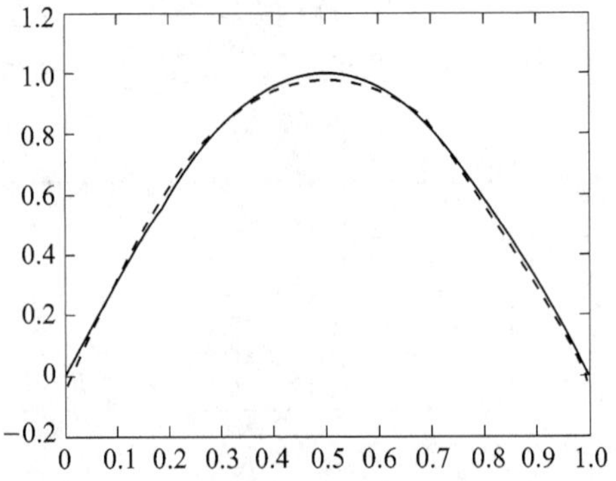

图 5.2.1 三角函数和多项式比较

按照定义,基函数 $\varphi_0(x),\varphi_1(x),\cdots,\varphi_n(x)$ 全是已知函数,要使得 $(f-p,f-p)$ 达到最小,只能从系数 $a_0,a_1,\cdots,a_n$ 入手.

不妨设

$$S(a_0,a_1,\cdots,a_n)=(f-p,f-p)=\int_a^b \omega(x)\left[f(x)-\sum_{i=0}^{n}a_i\varphi_i(x)\right]^2\mathrm{d}x$$

由微分学知识可知,要使 $S(a_0,a_1,\cdots,a_n)$ 达到最小,其必要条件是

$$\frac{\partial S}{\partial a_j}=-2\int_a^b \omega(x)\left[f(x)-\sum_{i=0}^{n}a_i\varphi_i(x)\right]\varphi_j(x)\mathrm{d}x=0,\qquad j=0,1,2,\cdots,n$$

化简为

$$\int_a^b \omega(x)f(x)\varphi_j(x)\mathrm{d}x=\sum_{i=0}^{n}a_i\int_a^b \omega(x)\varphi_i(x)\varphi_j(x)\mathrm{d}x,\qquad j=0,1,2,\cdots,n$$

用内积记号代替积分,可写为简单的方程组形式

$$\begin{pmatrix}(\varphi_0,\varphi_0) & (\varphi_0,\varphi_1) & \cdots & (\varphi_0,\varphi_n)\\ (\varphi_1,\varphi_0) & (\varphi_1,\varphi_1) & \cdots & (\varphi_1,\varphi_n)\\ \vdots & \vdots & & \vdots\\ (\varphi_n,\varphi_0) & (\varphi_n,\varphi_1) & \cdots & (\varphi_n,\varphi_n)\end{pmatrix}\begin{pmatrix}a_0\\ a_1\\ \vdots\\ a_n\end{pmatrix}=\begin{pmatrix}(f,\varphi_0)\\ (f,\varphi_1)\\ \vdots\\ (f,\varphi_n)\end{pmatrix}$$

也把上式称为求系数 $a_0,a_1,\cdots,a_n$ 的正规方程组,这和多项式拟合得到的正规方程组类似.

只要通过求解正规方程组得到所有系数的值,便可得到最佳平方逼近函数. 但是仔细观察,发现正规方程组的系数矩阵一般是病态的,利用方程组的理论可知其求解困难而且精度不高. 此时可以从基函数 $\varphi_0(x),\varphi_1(x),\cdots,\varphi_n(x)$ 入手简化计算.

定义 5.2.2 若内积

$$(f,g)=\int_a^b \omega(x)f(x)g(x)\mathrm{d}x=0$$

则称 f,g 在区间 $[a,b]$ 上带权 $\omega(x)$ 正交,若函数族 $\varphi_0(x),\varphi_1(x),\cdots,\varphi_n(x)$ 满足

$$(\varphi_i,\varphi_j)=\begin{cases}0, & i\neq j\\ A_i>0, & i=j\end{cases}$$

则称函数族 $\{\varphi_n(x)\}$ 是 $[a,b]$ 上带权 $\omega(x)$ 的正交函数族.

利用正交函数族构造的正规方程组，其系数矩阵成为对角阵：

$$\begin{pmatrix}(\varphi_0,\varphi_0) & & & \\ & (\varphi_1,\varphi_1) & & \\ & & \ddots & \\ & & & (\varphi_n,\varphi_n)\end{pmatrix}\begin{pmatrix}a_0\\a_1\\\vdots\\a_n\end{pmatrix}=\begin{pmatrix}(f,\varphi_0)\\(f,\varphi_1)\\\vdots\\(f,\varphi_n)\end{pmatrix}$$

因此立即得到解

$$a_i=\frac{(f,\varphi_i)}{(\varphi_i,\varphi_i)},\qquad i=0,1,\cdots,n$$

于是马上可得 $f(x)$的最佳平方逼近多项式为

$$p(x)=\sum_{i=0}^{n}\frac{(f,\varphi_i)}{(\varphi_i,\varphi_i)}\varphi_i(x)$$

这样逼近计算可变得非常简单方便.

对于正交函数族的获得，有两种方法：一种是对$\{1,x,x^2,\cdots,x^n\}$利用施密特正交化方法得到；一种是利用三项递推公式得到.

定理 5.2.1　如下定义的多项式序列是正交的：

$$P_n(x)=(x-a_n)P_{n-1}(x)-b_nP_{n-2}(x),\qquad n\geqslant 2$$

其中

$$P_0(x)=1,\qquad P_1(x)=x-a_1$$

$$a_n=\frac{(xP_{n-1},P_{n-1})}{(P_{n-1},P_{n-1})},\qquad b_n=\frac{(xP_{n-1},P_{n-2})}{(P_{n-2},P_{n-2})}$$

例 5.2.1　试推导在区间$[-1,1]$关于权函数$\omega(x)\equiv 1$的正交多项式组的前三项.

解　方法一：利用施密特正交化方法.

令

$$P_0=1,\qquad P_1=x-\frac{(x,P_0)}{(P_0,P_0)}P_0,\qquad P_2=x^2-\frac{(x^2,P_0)}{(P_0,P_0)}P_0-\frac{(x^2,P_1)}{(P_1,P_1)}P_1$$

计算内积可得 $(x,P_0)=\int_{-1}^{1}x\,\mathrm{d}x=0$，所以 $P_1=x$.

$$(x^2,P_0)=\int_{-1}^{1}x^2\,\mathrm{d}x=\frac{2}{3},\qquad (P_0,P_0)=\int_{-1}^{1}1\mathrm{d}x=2,\qquad (x^2,P_1)=\int_{-1}^{1}x^3\,\mathrm{d}x=0$$

所以 $P_2(x)=x^2-\dfrac{1}{3}$.

方法二：利用三项递推公式.

令 $P_0(x)=1$，则

$$(P_0,P_0)=\int_{-1}^{1}1\mathrm{d}x=2,\qquad (xP_0,P_0)=\int_{-1}^{1}x\,\mathrm{d}x=0$$

因此 $a_1=0$，得 $P_1(x)=x$.

$$(P_1,P_1)=\int_{-1}^{1}x^2\,\mathrm{d}x=\frac{2}{3},\qquad (xP_1,P_1)=\int_{-1}^{1}x^3\,\mathrm{d}x=0$$

因此 $a_2=\dfrac{(xP_1,P_1)}{(P_1,P_1)}=0$.

$$(xP_1,P_0)=\int_{-1}^{1}x^2\mathrm{d}x=\frac{2}{3}$$

因此 $b_2=\dfrac{(xP_1,P_0)}{(P_0,P_0)}=\dfrac{1}{3}$,得 $P_2(x)=x^2-\dfrac{1}{3}$.

接下来的几个多项式为

$$P_3(x)=x^3-\frac{3}{5}x,\qquad P_4(x)=x^4-\frac{6}{7}x^2+\frac{3}{35},\qquad P_5(x)=x^5-\frac{10}{9}x^3+\frac{5}{21}x$$

称为首项系数为 1 的勒让德多项式.

接下来介绍几个常用的正交多项式,便于以后直接引用. 使用这些正交多项式时,要注意它的成立区间 $[a,b]$ 以及权函数 $\omega(x)$.

1. 勒让德多项式

一般形式为

$$P_n(x)=\frac{1}{2^n n!}\frac{\mathrm{d}^n}{\mathrm{d}x^n}(x^2-1)^n$$

前几个勒让德多项式为

$$P_0(x)=1,\qquad P_1(x)=x,\qquad P_2(x)=\frac{1}{2}(3x^2-1)$$

$$P_3(x)=\frac{1}{2}(5x^3-3x),\qquad P_4(x)=\frac{1}{8}(35x^4-30x^2+3)$$

$$P_5(x)=\frac{1}{8}(63x^5-70x^3+15x),\qquad P_6(x)=\frac{1}{16}(231x^6-315x^4+105x^2-5)$$

勒让德多项式的性质如下:

① $\{P_n(x)\}$ 在区间 $[-1,1]$ 上关于权函数 $\omega(x)=1$ 正交,且

$$(P_n,P_m)=\int_{-1}^{1}P_n(x)\cdot P_m(x)\mathrm{d}x=\begin{cases}0, & n\neq m\\ \dfrac{2}{2n+1}, & n=m\end{cases}$$

② 三项递推公式:

$$(n+1)P_{n+1}(x)=(2n+1)xP_n(x)-nP_{n-1}(x),\qquad n=1,2,3,\cdots$$

③ 奇偶性:$P_{2n}(x)$是偶函数,$P_{2n+1}(x)$是奇函数.

④ $P_n(x)$在区间 $[-1,1]$ 里面恰有 n 个实根.

2. 切比雪夫多项式

一般形式为

$$T_n(x)=\cos(n\arccos x)=$$
$$\frac{1}{2}\left[\left(x+\sqrt{x^2-1}\right)^n+\left(x-\sqrt{x^2-1}\right)^n\right]$$

前几个切比雪夫多项式为

$$T_0(x)=1,\qquad T_1(x)=x,\qquad T_2(x)=2x^2-1$$

$$T_3(x)=4x^3-3x,\qquad T_4(x)=8x^4-8x^2+1$$

切比雪夫多项式的性质如下：

① $\{T_n(x)\}$是在区间$[-1,1]$关于权函数$\omega(x)=\dfrac{1}{\sqrt{1-x^2}}$的正交函数族，且

$$(T_n(x),T_m(x))=\int_{-1}^{1}\frac{1}{\sqrt{1-x^2}}T_n(x)T_m(x)\mathrm{d}x=\begin{cases}0, & n\neq m\\ \pi, & n=m=0\\ \dfrac{\pi}{2}, & n=m>0\end{cases}$$

② 切比雪夫多项式满足三项递推公式：

$$T_{n+1}(x)=2xT_n(x)-T_{n-1}(x),\qquad n=1,2,3,\cdots$$

③ 奇偶性：$T_{2n}(x)$是偶函数，$T_{2n+1}(x)$是奇函数.

④ $T_n(x)$在区间$[-1,1]$里面恰有n个实根.

3. 拉盖尔(Laguerre)多项式

一般形式为

$$L_n(x)=\mathrm{e}^x\frac{\mathrm{d}^n}{\mathrm{d}x^n}(x^n\mathrm{e}^{-x}),\qquad n=0,1,2,\cdots$$

前几个拉盖尔多项式为

$$L_0(x)=1,\qquad L_1(x)=-x+1,\qquad L_2(x)=x^2-4x+2$$

$$L_3(x)=-x^3+9x^2-18x+6$$

$$L_4(x)=x^4-16x^3+72x^2-96x+24$$

$$L_5(x)=-x^5+25x^4-200x^3+600x^2-600x+120$$

拉盖尔多项式的性质如下：

① $\{L_n(x)\}$是在区间$[0,\infty)$关于权函数$\omega(x)=\mathrm{e}^{-x}$的正交函数族，且

$$(L_n(x),L_m(x))=\int_0^{\infty}\mathrm{e}^{-x}L_n(x),\quad L_m(x)\mathrm{d}x=\begin{cases}0, & n\neq m\\ (n!)^2, & n=m,\quad n=0,1,2,\cdots\end{cases}$$

② 拉盖尔多项式的三项递推公式如下：

$$L_{n+1}(x)=(2n+1-x)L_n(x)-n^2L_{n-1}(x),\qquad n=1,2,3\cdots$$

③ $L_n(x)$在区间$[0,\infty)$里面恰有n个实根.

4. 埃尔米特多项式

一般形式为

$$H_n(x)=(-1)^n\mathrm{e}^{x^2}\frac{\mathrm{d}^n}{\mathrm{d}x^n}\mathrm{e}^{-x^2}$$

前几个埃尔米特多项式为

$$H_0(x)=1,\qquad H_1(x)=2x,\qquad H_2(x)=4x^2-2,\qquad H_3(x)=8x^3-12x$$

$$H_4(x)=16x^4-48x^2+12,\qquad H_5(x)=32x^5-160x^3+120x$$

埃尔米特多项式的性质如下：

① $\{H_n(x)\}$是在区间$(-\infty,\infty)$关于权函数$\omega(x)=\mathrm{e}^{-x^2}$的正交函数族，且

$$(H_n(x),H_m(x))=\int_{-\infty}^{\infty}e^{-x^2}H_n(x)H_m(x)dx=\begin{cases}0, & n\neq m\\ 2^n(n!)\sqrt{\pi}, & n=m\end{cases}$$

② 埃尔米特多项式的三项递推公式如下：

$$H_{n+1}(x)=2xH_n(x)-2nH_{n-1}(x),\qquad n=1,2,3,\cdots$$

③ 奇偶性：$H_{2n}(x)$是偶函数，$H_{2n+1}(x)$是奇函数.

④ $H_n(x)$在区间$(-\infty,\infty)$里面恰有 n 个实根.

有了以上常用的正交多项式，可以方便地求函数的最佳逼近.

例 5.2.2 求 $f(x)=\arctan x$ 在$[0,1]$上的最佳平方逼近一次式.

解 **方法一**：利用 $\varphi_0=1,\varphi_1=x$ 求解.

由于基函数不正交，因此利用普通的正规方程组求解

$$\begin{pmatrix}(\varphi_0,\varphi_0) & (\varphi_0,\varphi_1)\\ (\varphi_1,\varphi_0) & (\varphi_1,\varphi_1)\end{pmatrix}\begin{pmatrix}a_0\\ a_1\end{pmatrix}=\begin{pmatrix}(f,\varphi_0)\\ (f,\varphi_1)\end{pmatrix}$$

代入已知数据求得正规方程组为

$$\begin{pmatrix}\int_0^1 dx & \int_0^1 x\,dx\\ \int_0^1 x\,dx & \int_0^1 x^2 dx\end{pmatrix}\begin{pmatrix}a_0\\ a_1\end{pmatrix}=\begin{pmatrix}\int_0^1 \arctan x\,dx\\ \int_0^1 x\ \arctan x\,dx\end{pmatrix}$$

计算得

$$\begin{pmatrix}1 & \frac{1}{2}\\ \frac{1}{2} & \frac{1}{3}\end{pmatrix}\begin{pmatrix}a_0\\ a_1\end{pmatrix}=\begin{pmatrix}\frac{\pi}{4}-\frac{\ln 2}{2}\\ \frac{\pi}{4}-\frac{1}{2}\end{pmatrix}$$

求解得 $a_0\approx 0.042\,9, a_1\approx 0.791\,8$.

所以最佳平方逼近一次式为 $f(x)=0.042\,9+0.791\,8x$.

方法二：利用正交基函数求解. 首先要求$[0,1]$区间上的正交函数族，可以利用变量代换转换为已知正交函数族来求解，也可以利用三项递推方法求解，还可以利用施密特正交化方法求出. 下面利用变量代换求解.

首先作变量代换 $t=2x-1$，则 $f(x)=\arctan x=\arctan\frac{t+1}{2}=y(t)$，$-1\leqslant t\leqslant 1$，则利用$[-1,1]$区间上的勒让德正交多项式，取基函数 $P_0(t)=1,P_1(t)=t$，得到关于 t 的正规方程组

$$\begin{pmatrix}(P_0,P_0) & \\ & (P_1,P_1)\end{pmatrix}\begin{pmatrix}a_0\\ a_1\end{pmatrix}=\begin{pmatrix}(y,P_0)\\ (y,P_1)\end{pmatrix}$$

解得

$$a_0=\frac{(y,P_0)}{(P_0,P_0)}=\frac{\int_{-1}^1 \arctan\frac{t+1}{2}dt}{\int_{-1}^1 dt}=\frac{\pi}{4}-\frac{\ln 2}{2}$$

$$a_1=\frac{(y,P_1)}{(P_1,P_1)}=\frac{\int_{-1}^1 t\cdot\arctan\frac{t+1}{2}dt}{\int_{-1}^1 t^2 dt}=\frac{3\pi}{4}-3+\frac{3}{2}\ln 2$$

故最佳平方逼近一次式为 $f(x)=a_0+a_1t=a_0+a_1(2x-1)\approx 0.0429+0.7918x$.

逼近效果如图 5.2.2 所示.

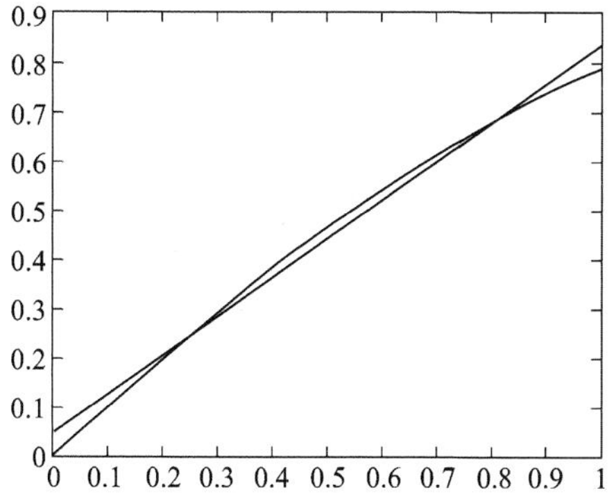

图 5.2.2　最佳一次逼近效果图

从上例可看出，若求高次的最佳平方逼近函数，则利用正交多项式的求解过程会简单很多.

5.3　综　述

最小二乘法在应用科学中有重要的应用. 曲线拟合和插值不同，它不要求所求函数在节点处与已知数据相同，而是要求在所有节点处的误差平方和最小，因此在个别点误差可能较大. 最佳平方逼近是对某区间上的函数寻找一个简单的逼近函数，使得在区间上误差平方的积分最小. 无论是曲线拟合还是最佳平方逼近，它们的构造方法都要求解正规方程组，但是当阶数较高时正规方程组往往是病态的，因此最好选取正交多项式组作为内积空间的基函数，这样可以避免解方程组. 正交多项式在数值分析中应用广泛，常用的连续型正交函数有勒让德多项式、切比雪夫多项式、勒盖尔多项式和哈密特多项式. 正交多项式有类似的性质，如三项递推公式、在所论区间上有与次数相同个实根等. 当用正交多项式作曲线拟合时用到离散型的正交多项式，可以根据在离散点集上正交的定义和三项递推公式来构造所需的正交多项式. 正交多项式在后面将要介绍的高斯型积分中也起到重要的作用.

习　题

1. 对以下数据进行线性拟合：

(1)

x	-1	-0.5	0	0.75
y	0.3	0.2	0.1	-0.05

(2)

x	-2	-1	0	1	2
y	1	2	3	3	4

(3)

x	1.36	1.73	1.95	2.28
y	14.094	16.844	18.475	20.963

2. 对以下数据进行二次拟合：

(1)

x	0	0.9	1.9	3.0	3.9	5.0
y	0	10	30	51	80	111

(2)

x	−0.5	−0.2	0.1	0.25
y	−0.075	0.096	0.249	0.317 85

3. 用最小二乘法求一个形如 $y=a+bx^3$ 的经验公式，拟合以下数据：

(1)

x	−3	−2	−1	0	1	2	3
y	−1.76	0.42	1.2	1.34	1.43	2.25	4.38

(2)

x	−1	1	2	3
y	1.9	0.9	−0.2	−4.1

4. 对以下数据，求形如 $y=\dfrac{1}{a+bx}$ 的拟合函数：

x	1.0	1.4	1.8	2.2	2.6
y	0.931	0.473	0.297	0.224	0.168

5. 单原子波函数的形式为 $y=a\mathrm{e}^{-bx}$，试按最小二乘法决定参数 a，b，已知数据如下：

x	0	1	2	4
y	2.01	1.21	0.74	0.45

6. 设已知一组实验数据如下所示，试用最小二乘法确定拟合函数 $y=ax^b$ 中的参数 a，b.

x	2.2	2.6	3.4	4.0
y	65	61	54	50

7. 证明拉盖尔多项式的正交性.

8. 求 $[0,1]$ 区间上关于权函数 $\rho(x)=-\ln x$ 的正交多项式系的前三项.

9. 求函数 $y=\sqrt{x}$ 在区间 $\left[\dfrac{1}{4},1\right]$ 上的最佳平方逼近一次式.

10. 求函数 $y=\mathrm{e}^x$ 在区间 $[0,2]$ 上的最佳平方逼近一次式.

11. 分别求 $f(x)=x^4$ 的 0 次、1 次、2 次最佳平方逼近多项式 $p_0(x)$，$p_1(x)$，$p_2(x)$.

12. 已知数据如下，利用在已知节点上的正交多项式求拟合曲线 $y=a_0+a_2x+a_2x^2+a_3x^3$.

x	-2	-1	0	1	2
y	-1	-1	0	1	1

13. 求 $f(x)=x^4+3x^3-1$ 关于节点 $-1,0,1,2,3$ 的最小二乘三次逼近多项式：

(1) 由基 $1,x,x^2,x^3$ 直接计算；

(2) 将基 $1,x,x^2,x^3$ 正交化后计算.

14. 设 $f(x)$ 是区间 $[-1,1]$ 上的函数，$\varphi_0(x)=1,\varphi_1(x)=x,x_0=-1,x_1=0,x_2=1$，证明：

(1) $\varphi_0(x)=1,\varphi_1(x)=x$，是关于点集 $[x_0,x_1,x_2]$ 的正交函数组；

(2) 在 $\mathrm{span}\{\varphi_0,\varphi_1\}$ 中，有一 φ^*，且

$$\varphi^*=\frac{1}{6}\{(2-3x)f(-1)+2f(0)+(2+3x)f(1)\}$$

使得 $\sum_{i=1}^{2}[f(x_i)-\varphi^*(x_i)]=\min$.

15. 通过实验确定使某类不锈钢断裂所需施加的力与时间的关系. 分别施加了 8 个大小不同的力，实验结果如下：

外作用力 $x/(\mathrm{kg\cdot mm^{-2}})$	5	10	15	20	25	30	35	40
断裂时间 y/h	40	30	25	40	18	20	22	15

将这些数据在图上表示出来，然后建立一个最佳拟合方程来预测施加大小为 20 $\mathrm{kg/mm^2}$ 的力时，该类不锈钢断裂所需的时间.

16. 在水资源工程中，水库水位的调整依赖于对该水库所在河流的水流的精确估计. 对于有些河流，水流的长期历史记录是很难获得的. 相比之下，很多年以前的降水量方面的气象数据通常很快就可以找到. 所以确定水流与降水量之间的关系通常是很有用的. 当只能获得降雨量的测量数据时，就可以用这种关系估计每一年河流的流量. 下面的数据就是某一条河流的数据，该河流上有一个挡水坝.

降水量/cm	88.9	108.5	104.1	139.7	127	94	116.8	99.1
流量/$(\mathrm{m^3\cdot s^{-1}})$	14.6	16.7	15.3	23.2	19.5	16.1	18.1	16.6

(1) 在图上画出这些数据.

(2) 采用线性回归方法，用一条直线拟合这些数据，并将该直线画在(1)的图中.

(3) 如果降雨量为 120 cm，用最佳拟合直线预测每年的水流量.

17. 求解某地区 2000 年人口预测问题. 据人口增长的统计资料和人口理论数学模型知，当人口总数 N 不是很大时，在不太长的时期内，人口增长接近于指数增长 $N=\mathrm{e}^{a+bt}$. 根据下表中数据构造拟合函数，预测该地区 2000 年时的人口.

年　份	1991	1992	1993	1994	1995	1996	1997	1998	1999
人口/万	297.2	306.1	315.1	321.3	323.4	328.5	335.6	342.0	348.3

第 6 章　数值积分与数值微分

6.0　引　言

在实际问题中常常需要计算定积分 $I=\int_a^b f(x)\mathrm{d}x$ ，例如以下问题：

问题 6.0.1　河流横截面积.

河流的横截面积(A)广泛应用于水资源工程的许多任务，包括洪水预报和水库设计. 除非利用电子探测装置获得河道底部的连续剖面图，否则工程师必须依赖于离散的深度测量值计算 A. 例如，一个典型的河流横截面如图 6.0.1 所示. 数据点表示停船并测量深度值的位置. 根据这些数据估计河流的横截面积.

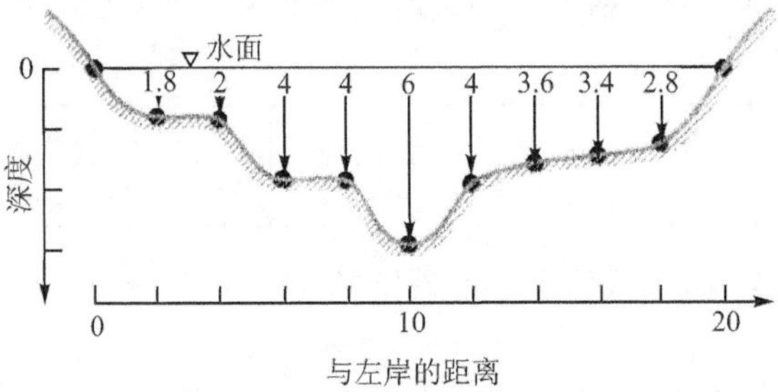

图 6.0.1　某河流横截面积

问题 6.0.2　流体体积.

已知液体流过导管的速度分布(见图 6.0.2)，流通率 Q(单位时间内通过导管的水的体积)可通过 $Q=\int v\mathrm{d}A$ 计算，其中，v 是速度，A 是导管的横截面积. 对于圆形导管，$A=\pi r^2$，$\mathrm{d}A=2\pi r\mathrm{d}r$. 因而有

$$Q=\int_0^r 2\pi r v\mathrm{d}r$$

其中，r 是由管的中心向外的径向距离. 如果速度分布为

$$v=2\left(1-\frac{r}{r_0}\right)^{1/6}$$

其中，$r_0=3$ cm 是总半径. 试计算 Q.

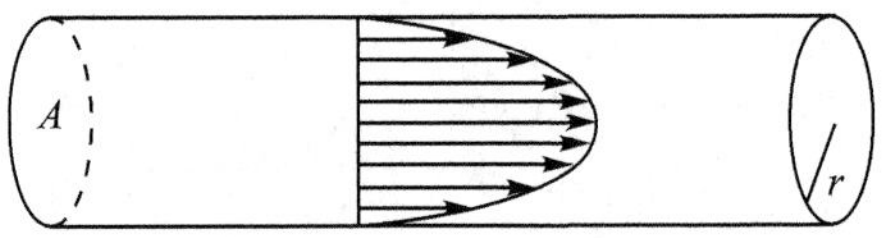

图 6.0.2　液体在导管内的速度分布

一般地，只要找到被积函数 $f(x)$的原函数 $F(x)$，由如下牛顿-莱布尼兹(Newton - Leibniz)公式可以准确计算：

$$\int_a^b f(x)\mathrm{d}x = F(b) - F(a)$$

但在很多实际问题中，存在以下情况：

① 函数本身就是离散函数，如离散的数据表等，牛顿–莱布尼兹公式也不能直接运用. 如问题 6.0.1 中，给出了一些测量的数据，如何估计河流的横截面积.

② 被积函数的原函数很难求出来，或者不能用初等函数表示. 例如，问题 6.0.2 中，积分

$$Q = \int_0^r 2\pi r \times 2\left(1 - \frac{r}{r_0}\right)^{1/6} \mathrm{d}r$$

是很直接求积的；另外，如概率积分

$$p(t) = \int_0^t \mathrm{e}^{-x^2}\mathrm{d}x, \qquad 0 \leqslant t < \infty$$

和回路磁场强度公式

$$H(x) = \frac{4Ir}{r^2 - x^2}\int_0^{\frac{\pi}{2}} \sqrt{1 - \left(\frac{x}{r}\right)^2 \sin^2\theta}\,\mathrm{d}\theta$$

计算也是很麻烦的.

③ 被积函数的原函数可以求出来，但原函数非常复杂. 例如

$$\int \frac{\mathrm{d}x}{2 + \cos x} = \frac{2\sqrt{3}}{3}\arctan\left(\frac{\sqrt{3}}{2}\tan\frac{x}{2}\right) + C$$

尽管上式可以写出原函数，因函数值不能做到精确计算，最终得到的结果仍然是近似的，而且计算正切值和反正切值的工作量也不小.

但这些困难可以用数值积分方法来解决. 本章主要介绍常用的一些数值微积分公式及其相关知识.

6.1 牛顿–科茨求积公式

6.1.1 数值积分的基本思想

牛顿–科茨求积公式

微视频

已知定积分定义为

$$I(f) = \int_b^a f(x)\mathrm{d}x = \lim_{h=\max h_i \to 0} \sum_{i=0}^{n} h_i f(\xi_i)$$

式中，$a = x_0 < x_1 < \cdots < x_n = b$，$\xi_i \in [x_i, x_{i+1}]$，$h_i = x_{i+1} - x_i$，$i = 0, 1, \cdots, n-1$. 由上述定义可以给出一种计算积分近似值的方法，即

$$I(f) = \int_a^b f(x)\mathrm{d}x = \sum_{i=0}^{n} A_i f(x_i) + E[f] \approx \sum_{i=0}^{n} A_i f(x_i) \tag{6.1.1}$$

式中，$\{A_i\}_{i=0}^{n}$ 称为求积系数，$\{x_i\}_{i=0}^{n}$ 称为求积节点，它们均与被积函数 $f(x)$ 无关，$E[f]$ 表示误差.

现在的问题就是：如何选取 x_i 和 A_i，使得用式(6.1.1)计算定积分的值足够准确？这里要讨论如下三个问题：

① 求积公式的具体构造；

② 求积公式的精确程度衡量标准；

③ 求积公式的误差估计.

下面就上述问题进行分析讨论.

已知定积分 $I=\int_a^b f(x)\mathrm{d}x$ 的几何意义是,在平面坐标系中 I 的值即为四条曲线所围图形的面积,这四条曲线分别是 $y=f(x)$,$y=0$,$x=a$,$x=b$,如图 6.1.1 所示.

由积分中值定理可知,在 $[a,b]$ 内存在一点 ξ,使得 $\int_a^b f(x)\mathrm{d}x=(b-a)f(\xi)$ 成立. 问题在于点 ξ 取什么值是不知道的,没办法准确地算出 $f(\xi)$的值.

① 如果取 $f(\xi)=f\left(\frac{a+b}{2}\right)$,则有如下求积公式:

$$I[f]\approx(b-a)f\left(\frac{a+b}{2}\right)$$

这个公式称为中矩形公式(见图 6.1.2).

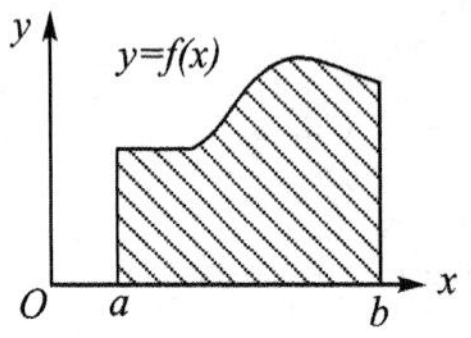

图 6.1.1 积分的几何意义

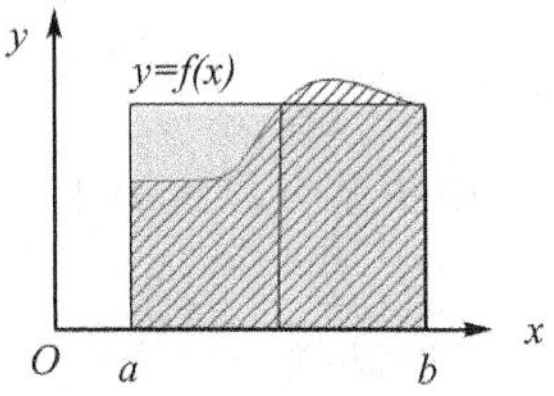

图 6.1.2 中矩形公式

② 如果取 $f(\xi)=f(a)$,则有如下求积公式:

$$I[f]\approx(b-a)f(a)$$

这个公式称为左矩形公式(见图 6.1.3).

③ 如果取 $f(\xi)=f(b)$,则有如下求积公式:

$$I[f]\approx(b-a)f(b)$$

这个公式称为右矩形公式(见图 6.1.4).

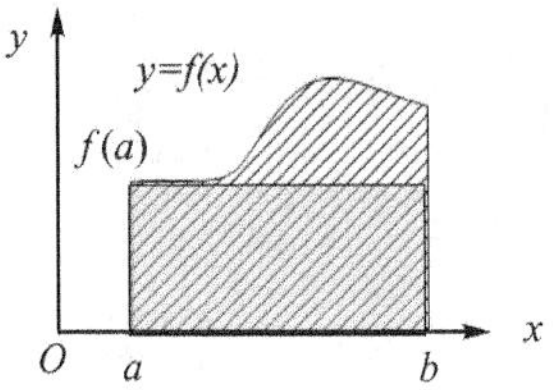

图 6.1.3 左矩形公式

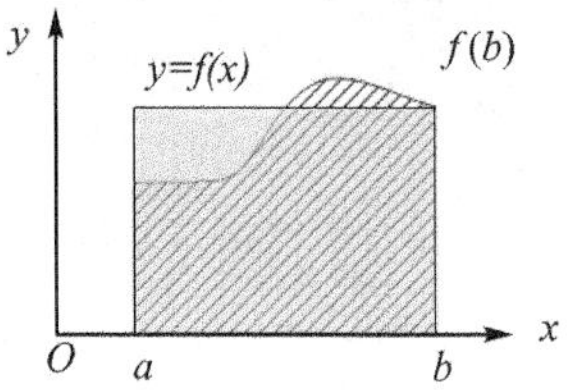

图 6.1.4 右矩形公式

④ 如果用两端点的函数值 $f(a)$与 $f(b)$的算术平均作为 $f(\xi)$的近似值,可得到如下求积公式:

$$I[f]\approx(b-a)\frac{f(a)+f(b)}{2}=\frac{b-a}{2}f(a)+\frac{b-a}{2}f(b)$$

这是我们熟悉的梯形公式(见图 6.1.5).

下面分析上述四种计算公式.

第①种情形里的公式实际上是令

$$f(x) \approx f\left(\frac{a+b}{2}\right)$$

从而有

$$I[f]=\int_a^b f(x)\mathrm{d}x \approx \int_a^b f\left(\frac{a+b}{2}\right)\mathrm{d}x=(b-a)f\left(\frac{a+b}{2}\right)$$

这在本质上相当于,对被积函数 $f(x)$ 构造了一个零次多项式 $f\left(\frac{a+b}{2}\right)$ 来逼近它,进而得到相应的数值积分计算公式.

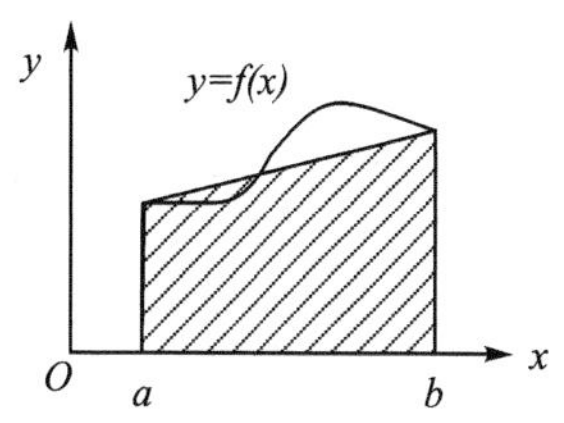

图 6.1.5　梯形公式

同样地,情形②和情形③都是构造了相应的零次多项式来逼近被积函数来进行数值积分计算的.

再分析情形④. 先利用两个端点 $(a,f(a))$ 和 $(b,f(b))$ 构造 $f(x)$ 的一次插值多项式

$$L(x)=\frac{b-x}{b-a}f(a)+\frac{x-a}{b-a}f(b)$$

令 $f(x)=L(x)$,有

$$I[f]=\int_a^b f(x)\mathrm{d}x \approx \int_a^b L(x)\mathrm{d}x=$$

$$\int_a^b \left(\frac{b-x}{b-a}f(a)+\frac{x-a}{b-a}f(b)\right)\mathrm{d}x=(b-a)\frac{f(a)+f(b)}{2}$$

这就是梯形公式.

由上述分析可知,通过被积函数 $f(x)$ 的插值逼近多项式可以构造相应的数值积分计算公式. 这就是熟知的插值型求积法.

6.1.2　插值型求积法

设给定的 $n+1$ 个互异节点为 $\{x_i\}_{i=0}^n \subset [a,b]$,利用这些节点构造被积函数 $f(x)$ 的拉格朗日插值函数 $L_n(x)$,于是有

$$f(x)=L_n(x)+\frac{f^{(n+1)}(\xi)}{(n+1)!}\omega_{n+1}(x) \tag{6.1.2}$$

于是

$$\int_a^b f(x)\mathrm{d}x=\int_a^b L_n(x)\mathrm{d}x+\int_a^b \frac{f^{(n+1)}(\xi)}{(n+1)!}\omega_{n+1}(x)\mathrm{d}x=$$

$$\sum_{k=0}^n f(x_k)\int_a^b l_k(x)\mathrm{d}x+\int_a^b \frac{f^{(n+1)}(\xi)}{(n+1)!}\omega_{n+1}(x)\mathrm{d}x \tag{6.1.3}$$

其中,$l_k(x)$为关于节点 $\{x_i\}_{i=0}^n$ 的拉格朗日插值基函数.

在式(6.1.3)中,取 $\int_a^b L_n(x)\mathrm{d}x$ 作为积分的近似值,得到如下插值型求积公式:

$$\int_a^b f(x)\mathrm{d}x \approx \sum_{k=0}^n A_k f(x_k) \tag{6.1.4}$$

其中,求积系数

$$A_k=\int_a^b l_k(x)\mathrm{d}x \tag{6.1.5}$$

该求积公式的求积余项为

$$E[f]=\int_a^b \frac{f^{(n+1)}(\xi)}{(n+1)!}\omega_{n+1}(x)\mathrm{d}x \tag{6.1.6}$$

其中,ξ 与变量 x 有关. 由此可知,对于次数小于或等于 n 的多项式 $f(x)$,其余项 $R_n[f]=0$.

例 6.1.1 给定求积节点 $x_0=\frac{1}{4}$,$x_1=\frac{3}{4}$,试推出计算积分 $\int_0^1 f(x)\mathrm{d}x$ 的插值型求积公式,并写出它的余项.

解 因要求所构造的求积公式是插值型的,故其求积系数可表示为

$$A_0=\int_0^1 l_0(x)\mathrm{d}x=\int_0^1 \frac{1}{2}(3-4x)\mathrm{d}x=\frac{1}{2}$$

$$A_1=\int_0^1 l_1(x)\mathrm{d}x=\int_0^1 \frac{1}{2}(3-4x)\mathrm{d}x=\frac{1}{2}$$

故求积公式为

$$\int_0^1 f(x)\mathrm{d}x\approx\frac{1}{2}\left[f\left(\frac{1}{4}\right)+f\left(\frac{3}{4}\right)\right]$$

若 $f''(x)$ 在 $[0,1]$ 上存在,则该求积公式的余项为

$$R_1[f]=\frac{1}{2}\int_0^1 f''(\xi)\left(x-\frac{1}{4}\right)\left(x-\frac{3}{4}\right)\mathrm{d}x$$

其中,ξ 属于 $(0,1)$ 并依赖于 x.

6.1.3 牛顿-科茨求积公式介绍

对于等距节点所建立的插值求积公式称为牛顿-科茨(Newton - Cotes)求积公式.它的思想最早出现于1676年牛顿写给莱布尼茨的信中,后来科茨(Cotes)对牛顿的方法进行了系统研究,于1711年给出了点数≤10的所有公式的权.

将积分区间 $[a,b]$ 划分为 n 等分,设步长 $h=\frac{b-a}{n}$,节点 $x_k=a+kh$,$k=0,1,\cdots,n$,插值型求积公式(6.1.4)可以写为

$$I[f]\approx I_n[f]=(b-a)\sum_{k=0}^{n}C_k^{(n)}f(x_k) \tag{6.1.7}$$

其中

$$C_k^{(n)}=\frac{1}{b-a}\int_0^1 l_k(x)\mathrm{d}x \tag{6.1.8}$$

式(6.1.6)称为 n 阶牛顿-科茨求积公式,并称 $C_k^{(n)}$ 为科茨系数.

利用节点的等分性,可以把科茨系数的表达式化简,作变换 $x=a+th$,则有

$$C_k^{(n)}=\frac{h}{b-a}\int_0^n \prod_{\substack{j=0\\ j\neq k}}^{n}\frac{t-j}{k-j}\mathrm{d}t=$$

$$\frac{(-1)^{n-k}}{k!\,(n-k)!\,n}\int_0^n \prod_{\substack{j=0\\ j\neq k}}^{n}(t-j)\mathrm{d}t \tag{6.1.9}$$

由式(6.1.8)知,系数 $C_k^{(n)}$ 与被积函数无关,而且与积分区间也无关. 利用式(6.1.8)求出的部分科茨系数见表6.1.1.

表 6.1.1　部分科茨系数

n \ k	0	1	2	3	4	5	6	7	8
1	$\frac{1}{2}$	$\frac{1}{2}$							
2	$\frac{1}{6}$	$\frac{4}{6}$	$\frac{1}{6}$						
3	$\frac{1}{8}$	$\frac{3}{8}$	$\frac{3}{8}$	$\frac{1}{8}$					
4	$\frac{7}{90}$	$\frac{32}{90}$	$\frac{12}{90}$	$\frac{32}{90}$	$\frac{7}{90}$				
5	$\frac{19}{288}$	$\frac{75}{288}$	$\frac{50}{288}$	$\frac{50}{288}$	$\frac{75}{288}$	$\frac{19}{288}$			
6	$\frac{41}{840}$	$\frac{216}{840}$	$\frac{27}{840}$	$\frac{272}{840}$	$\frac{27}{840}$	$\frac{216}{840}$	$\frac{41}{840}$		
7	$\frac{751}{17\ 280}$	$\frac{3\ 577}{17\ 280}$	$\frac{1\ 323}{17\ 280}$	$\frac{2\ 989}{17\ 280}$	$\frac{2\ 989}{17\ 280}$	$\frac{1\ 323}{17\ 280}$	$\frac{3\ 577}{17\ 280}$	$\frac{751}{17\ 280}$	
8	$\frac{989}{28\ 350}$	$\frac{5\ 888}{28\ 350}$	$-\frac{928}{28\ 350}$	$\frac{10\ 496}{28\ 350}$	$-\frac{4\ 540}{28\ 350}$	$\frac{10\ 496}{28\ 350}$	$-\frac{928}{28\ 350}$	$\frac{5\ 888}{28\ 350}$	$\frac{989}{28\ 350}$

根据表 6.1.1，当 $n=1$ 时，科茨系数为

$$C_0^{(1)}=C_1^{(1)}=\frac{1}{2}$$

求积分式为梯形公式

$$\int_a^b f(x)\mathrm{d}x \approx \frac{b-a}{2}[f(a)+f(b)]$$

当 $n=2$ 时，科茨系数为

$$C_0^{(2)}=\frac{1}{6},\qquad C_1^{(2)}=\frac{4}{6},\qquad C_2^{(2)}=\frac{1}{6}$$

求积公式为

$$\int_a^b f(x)\mathrm{d}x \approx \frac{b-a}{6}\left[f(a)+4f\left(\frac{a+b}{2}\right)+f(b)\right] \tag{6.1.10}$$

此公式称为辛普森(Simpson)公式.

当 $n=5$ 时，称牛顿-科茨求积公式

$$\int_a^b f(x)\mathrm{d}x \approx \frac{b-a}{90}[7f(x_0)+32f(x_1)+12f(x_2)+32f(x_3)+7f(x_4)]$$

为科茨公式，其中 $x_i=a+ih$，$h=\dfrac{b-a}{4}$，$i=0,1,2,3$. 相应的科茨系数为

$$C_0^{(4)}=\frac{7}{90},\quad C_1^{(4)}=\frac{32}{90},\quad C_2^{(4)}=\frac{12}{90},\quad C_3^{(4)}=\frac{32}{90},\quad C_4^{(4)}=\frac{7}{90}$$

例 6.1.2　试分别用一点、二点、三点、四点以及五点牛顿-科茨公式计算积分 $\int_0^1 \frac{1}{1+x}\mathrm{d}x$ 的近似值(计算结果取 5 位小数).

解　利用中点求积公式，得

$$\int_0^1 \frac{1}{1+x}\mathrm{d}x \approx 1\times\frac{1}{1+\frac{1}{2}}=0.666\ 67$$

利用梯形求积公式,得

$$\int_0^1 \frac{1}{1+x}\mathrm{d}x \approx \frac{1}{2}\times\left[1+\frac{1}{2}\right]=0.750\ 00$$

利用辛普森(Simpson)求积公式,得

$$\int_0^1 \frac{1}{1+x}\mathrm{d}x \approx \frac{1}{6}\times\left(1+4\times\frac{1}{1+\frac{1}{2}}+\frac{1}{2}\right)=0.694\ 44$$

利用四点牛顿-科茨求积公式,得

$$\int_0^1 \frac{1}{1+x}\mathrm{d}x \approx \frac{1}{8}\times\left(1+3\times\frac{1}{1+\frac{1}{3}}+3\times\frac{1}{1+\frac{2}{3}}+\frac{1}{2}\right)=0.693\ 75$$

利用科茨求积公式,得

$$\int_0^1 \frac{1}{1+x}\mathrm{d}x \approx \frac{1}{90}\times\left(7+32\times\frac{1}{1+\frac{1}{4}}+12\times\frac{1}{1+\frac{1}{2}}+32\times\frac{1}{1+\frac{3}{4}}+\frac{7}{2}\right)=0.693\ 17$$

事实上,原积分的准确值为

$$\int_0^1 \frac{1}{1+x}\mathrm{d}x = \ln 2 \approx 0.693\ 15$$

可见这 5 个公式近似积分的精确程度不同,求积节点越多,得到积分的近似值就越精确.

如何判断一个求积公式的精确程度呢?其计算误差是多少呢?

6.1.4 代数精度

为度量求积公式的精确程度,先给出代数精度的概念.

定义 6.1.1 若求积公式对于被积函数是任意的次数不高于 m 次的代数多项式时都精确成立,而对某个 $m+1$ 次多项式不精确成立,则称该求积公式具有 m 次代数精度.

一般地,欲使求积公式 $\int_a^b f(x)\mathrm{d}x \approx \sum_{k=0}^{n} A_k f(x_k)$ 具有 m 次代数精度,只要令它对于 $f(x)=1$, $x,\cdots,x^m$ 都能准确成立,就要求有下列等式成立:

$$\begin{cases} \sum_{k=0}^{n} A_k = b-a \\ \sum_{k=0}^{n} A_k x_k = \frac{1}{2}(b^2-a^2) \\ \quad\vdots \\ \sum_{k=0}^{n} A_k x_k^m = \frac{1}{m+1}(b^{m+1}-a^{m+1}) \end{cases}$$

通过代数精度的定义容易验证,中点公式、辛普森公式、科茨公式的代数精度分别为 1 次、

3 次、5 次.

如果求积公式是插值型的，按照插值的余项公式，对于次数$\leqslant n$的多项式 $f(x)$，其余项 $R_n[f]$等于 0，因而这时求积公式至少具有 n 次代数精度.

根据代数精度的定义，可以确定数值积分公式中的相关参数，使求积公式的代数精度尽可能高.

例 6.1.3　试确定参数 A,B,C，使得求积公式

$$\int_0^2 f(x)\mathrm{d}x \approx Af(0)+Bf(1)+Cf(2)$$

的代数精度尽可能高.

解　根据代数精度的定义，令 $f(x)=1,x,x^2$ 时，求积公式精确成立，得

$$\begin{cases} A+B+C=2 \\ B+2C=2 \\ B+4C=8/3 \end{cases}$$

解之得

$$A=\frac{1}{3},\qquad B=\frac{4}{3},\qquad C=\frac{1}{3}$$

取 $f(x)=x^3$，则

$$\int_0^2 x^4\mathrm{d}x=4$$

$$Af(0)+Bf(1)+Cf(2)=\frac{4}{3}+\frac{1}{3}\times 2^3=4$$

此时，该求积公式至少具有 3 次代数精度.

取 $f(x)=x^4$，有

$$\int_0^2 x^4\mathrm{d}x=\frac{32}{5}$$

但是

$$Af(0)+Bf(1)+Cf(2)=\frac{4}{3}+\frac{1}{3}\times 2^4=\frac{20}{3}$$

因此，当 $A=0,B=\frac{4}{3},C=\frac{2}{3}$时，求积公式达到最高的代数精度，且代数精度的次数为 3 次.

6.1.5　牛顿-科茨求积公式的截断误差及稳定性

我们分析牛顿-科茨求积公式的误差和稳定性.

定理 6.1.1　设函数 $f(x)\in C^2[a,b]$，则梯形求积公式的截断误差为

$$E_{\mathrm{T}}[f]=-\frac{(b-a)^3}{12}f''(\eta),\qquad a<\eta<b \tag{6.1.11}$$

证明　梯形求积公式的余项为

$$E_{\mathrm{T}}[f]=\int_a^b \frac{f''(\xi)}{2!}(x-a)(x-b)\mathrm{d}x,\qquad a<\xi<b$$

由于 $\omega_2(x)=(x-a)(x-a)$在积分区间$[a,b]$内不变号，而函数 $f''(\xi)$在$[a,b]$上连续，由积分第二中值定理知，在(a,b)内存在一点 η，使得

$$E_T[f]=\frac{f''(\eta)}{2!}\int_a^b(x-a)(x-b)\mathrm{d}x=-\frac{(b-a)^3}{12}f''(\eta)$$

定理 6.1.2 设函数 $f(x)\in C^4[a,b]$，则辛普森公式的截断误差为

$$E_S[f]=-\frac{(b-a)^5}{2\,880}f^{(4)}(\eta),\qquad a<\eta<b \tag{6.1.12}$$

证明 对区间 $[a,b]$ 上的函数 $f(x)$，构造次数不高于 3 次的插值多项式 $H_3(x)$，使得

$$H_3(a)=f(a),\qquad H_3(b)=f(b)$$

$$H_3\left(\frac{a+b}{2}\right)=f\left(\frac{a+b}{2}\right),\qquad H'_3\left(\frac{a+b}{2}\right)=f'\left(\frac{a+b}{2}\right)$$

不难得到

$$f(x)=H_3(x)+\frac{f^{(4)}(\xi)}{4!}(x-a)\left(x-\frac{a+b}{2}\right)^2(x-b),\qquad a<\xi<b$$

对上式两端在区间 $[a,b]$ 上积分

$$\int_a^b f(x)\mathrm{d}x=\int_a^b H_3(x)\mathrm{d}x+\int_a^b\frac{f^{(4)}(\xi)}{4!}(x-a)\left(x-\frac{a+b}{2}\right)^2(x-b)\mathrm{d}x$$

因辛普森公式的代数精确度是 3，故

$$\int_a^b f(x)\mathrm{d}x=\frac{b-a}{6}\left[H_3(a)+4H_3\left(\frac{a+b}{2}\right)+H_3(b)\right]+$$
$$\int_a^b\frac{f^{(4)}(\xi)}{4!}(x-a)\left(x-\frac{a+b}{2}\right)^2(x-b)\mathrm{d}x=$$
$$\frac{b-a}{6}\left[f(a)+4f\left(\frac{a+b}{2}\right)+f(b)\right]+E_S[f]$$

式中

$$E_S[f]=\int_a^b\frac{f^{(4)}(\xi)}{4!}(x-a)\left(x-\frac{a+b}{2}\right)^2(x-b)\mathrm{d}x=$$
$$\frac{f^{(4)}(\eta)}{4!}\int_a^b(x-a)\left(x-\frac{a+b}{2}\right)^2(x-b)\mathrm{d}x=-\frac{(b-a)^5}{2\,880}f^{(4)}(\eta)$$

定理 6.1.3 当 n 为偶数时，n 阶牛顿-科茨公式至少有 $n+1$ 次代数精度.

证 只要验证当 n 为偶数时，牛顿-科茨对 $f(x)=x^{n+1}$ 的余项为零. 此时，由于 $f^{(n+1)}(x)=(n+1)!$，于是有

$$R_n[f]=\int_a^b\omega_{n+1}(x)\mathrm{d}x=h^{n+2}\int_0^n\prod_{j=0}^n(t-j)\mathrm{d}t$$

这里，$x=a+th$，再令 $t=u+\frac{n}{2}$，进一步有

$$R_n[f]=h^{n+2}\int_{-\frac{n}{2}}^{\frac{n}{2}}\prod_{j=0}^n\left(u+\frac{n}{2}-j\right)\mathrm{d}u$$

显然，被积函数

$$\prod_{j=0}^n\left(u+\frac{n}{2}-j\right)$$

是一个奇函数，从而积分为零. 结论得证.

牛顿-科茨求积公式序列的稳定性主要考虑函数值 $f(x_i)$ 计算的舍入误差对数值积分结

果的影响.

如果对任意给定的小正数 $\varepsilon>0$，只要误差 $\delta=\max\limits_i|e_i|$ 充分小，就有

$$|I_n(f)-I_n(\tilde{f})|=\left|\sum_{i=0}^{n}A_i[f(x_i)-\tilde{f}(x_i)]\right|\leqslant\varepsilon$$

则称该求积公式序列 $\{I_n(f)\}_{n=0}^{+\infty}$ 是稳定的.

对于数值求积公式，有

$$\left|\sum_{i=0}^{n}A_i[f(x_i)-\tilde{f}(x_i)]\right|=\left|\sum_{i=0}^{n}A_ie_i\right|\leqslant\sum_{i=0}^{n}A_ie_i\leqslant\sum_{i=0}^{n}\left|A_i\right|\delta$$

由于牛顿-科茨求积公式对常数均能精确积分，当被积函数 $f(x)=1$ 时，$R_n[f]=0$，可得

$$\sum_{k=0}^{n}C_k^{(n)}=1 \tag{6.1.13}$$

假定初始数据 $f(x_k)$ 有舍入误差，设 $f(x_k)\approx f^*(x_k)$，$k=0,1,\cdots,n$. 在计算中有 $\sum\limits_{k=0}^{n}C_k^{(n)}f(x_k)\approx\sum\limits_{k=0}^{n}C_k^{(n)}f^*(x_k)$，若记 $\delta=\max\limits_{0\leqslant k\leqslant n}|f(x_k)-f^*(x_k)|$，则有

$$\left|\sum_{k=0}^{n}C_k^{(n)}f(x_k)-\sum_{k=0}^{n}C_k^{(n)}f^*(x_k)\right|\leqslant\delta\sum_{k=0}^{n}|C_k^{(n)}| \tag{6.1.14}$$

当 $C_k^{(n)}>0$，$k=0,1,\cdots,n$ 时，由式(6.1.13)和式(6.1.14)可知计算是稳定的. 由表 6.1.1 知，当 $n\geqslant8$ 时，科茨系数出现负值，那么

$$\sum_{k=0}^{n}|C_k^{(n)}|\geqslant\sum_{k=0}^{n}C_k^{(n)}=1$$

特别地，假定 $C_k^{(n)}[f(x_k)-f^*(x_k)]>0$，并且 $|f(x_k)-f^*(x_k)|=\alpha$，那么有

$$\left|\sum_{k=0}^{n}C_k^{(n)}f(x_k)-\sum_{k=0}^{n}C_k^{(n)}f^*(x_k)\right|=\sum_{k=0}^{n}C_k^{(n)}[f(x_k)-f^*(x_k)]=$$

$$\sum_{k=0}^{n}|C_k^{(n)}|\cdot|f(x_k)-f^*(x_k)|>\alpha$$

此时，初始数据的误差引起计算结果的增大，从而导致计算不稳定.

注 由公式知，当 $n\geqslant8$ 时，科茨系数出现负值，这时，初始数据误差将会引起计算结果误差增大，即计算不稳定. 因此，实际计算不用 $n\geqslant8$ 的牛顿-科茨公式.

在实际计算中，人们通常通过细化积分区间的方法，用复化求积公式来提高数值积分的精度.

6.2 复化求积公式

由上一节的讨论可知，高阶牛顿-科茨求积公式是不稳定的. 另外，对于某些情况，高次插值有龙格(Runge)现象. 因此，通常不用高阶求积公式得到比较精确的积分值，而是将整个积分区间分段，在每一小段上用低阶求积公式. 这种方法称为复化求积方法. 理论和数值结果都表明，这种方

复化求积公式
微视频

案可以获得理想的数值结果.

6.2.1 复化梯形求积公式

将积分区间 $[a,b]$ 进行 n 等分,$h=\frac{b-a}{n}$,节点记为 $x_i=a+ih$,$i=0,1,\cdots,n$. 然后在每个小区间 $[x_i,x_{i+1}]$ 上使用梯形公式,得

$$\int_a^b f(x)\mathrm{d}x=\sum_{i=0}^{n-1}\int_{x_i}^{x_{i+1}}f(x)\mathrm{d}x=$$
$$\sum_{i=0}^{n-1}\left\{\frac{h}{2}[f(x_i)+f(x_{i+1})]-\frac{h^3}{12}f''(\eta_i)\right\}=$$
$$\frac{h}{2}\left[f(a)+2\sum_{i=1}^{n-1}f(x_i)+f(b)\right]-\frac{h^3}{12}\sum_{i=0}^{n-1}f''(\eta_i)$$

得到复化梯形公式

$$T_n=\frac{h}{2}\left[f(a)+2\sum_{i=0}^{n-1}f(x_i)+f(b)\right] \tag{6.2.1}$$

其截断误差为

$$E_{T_n}=-\frac{h^3}{12}\sum_{i=0}^{n-1}f''(\eta_i),\qquad x_i<\eta_i<x_{i+1}$$

定理 6.2.1 设函数 $f(x)\in C^2[a,b]$,则复化梯形公式的截断误差为

$$E_{T_n}=-\frac{b-a}{12}h^2f''(\eta_i),\qquad a\leqslant\eta\leqslant b \tag{6.2.2}$$

证明 因为 $f''(x)$ 在 $[a,b]$ 上连续,则其在区间一定有最大值 M 和最小值 m,即

$$m\leqslant f''(\eta_i)\leqslant M,\qquad \eta_i\in(x_i,x_{i+1})\subset[a,b]$$

进而有

$$m\leqslant\frac{1}{n}\sum_{i=0}^{n-1}f''(\eta_i)\leqslant M$$

由连续函数的介值定理知,存在一点 $\eta\in[a,b]$,使得

$$f''(\eta)=\frac{1}{n}\sum_{i=0}^{n-1}f''(\eta_i)$$

故

$$E_{T_n}=-\frac{h^3}{12}\sum_{i=0}^{n-1}f''(\eta_i)=-\frac{b-a}{12}h^2f''(\eta)$$

从截断误差可以看出,复化梯形公式的代数精度仍为一阶.

定义 6.2.1 如果一种求积公式 I_n 有 $\lim\limits_{h\to 0}\frac{I-I_n}{h^p}=c\neq 0$,其中 c 为常数,则称求积公式 I_n 是 P 阶收敛的.

显然,复化梯形公式是 2 阶收敛的.

用复化梯形求积公式时,如果 T_n 不够精确,那么可以将每个子区间 $[x_k,x_{k+1}]$($k=0,1,\cdots,n-1$)对分(即一分为二),得到 $2n$ 个子区间,再用复化梯形公式计算. 这种方法称为区间逐次分半求积法,或称为变步长求积法.

对于复化梯形公式，区间逐次分半求积法的基本思路如下(参见图 6.2.1)：

首先

$$I=\int_a^b f(x)\mathrm{d}x \approx T_0=\frac{b-a}{2}[f(a)+f(b)]$$

然后第一次对半分：

$$I=\int_a^b f(x)\mathrm{d}x \approx T_1=\frac{b-a}{2^2}\left[f(a)+2f\left(\frac{a+b}{2}\right)+f(b)\right]=\frac{1}{2}T_0+\frac{b-a}{2}f\left(a+\frac{b-a}{2}\right)$$

继续对半分：

$$I=\int_a^b f(x)\mathrm{d}x \approx T_2=\frac{b-a}{2^3}\left\{f(a)+2\sum_{i=1}^{3}f\left[a+\frac{i(b-a)}{2^2}\right]+f(b)\right\}=$$

$$\frac{1}{2}T_1+\frac{b-a}{2^2}\sum_{i=1}^{2}f\left[a+\frac{(2i-1)(b-a)}{2^2}\right]$$

以此类推，可得变步长的梯形公式为

$$I=\int_a^b f(x)\mathrm{d}x \approx T_k=\frac{1}{2}T_{k-1}+\frac{b-a}{2^k}\sum_{k=1}^{2^k-1}f\left[a+\frac{(2i-1)(b-a)}{2^k}\right],\qquad k=0,1,2,\cdots \tag{6.2.3}$$

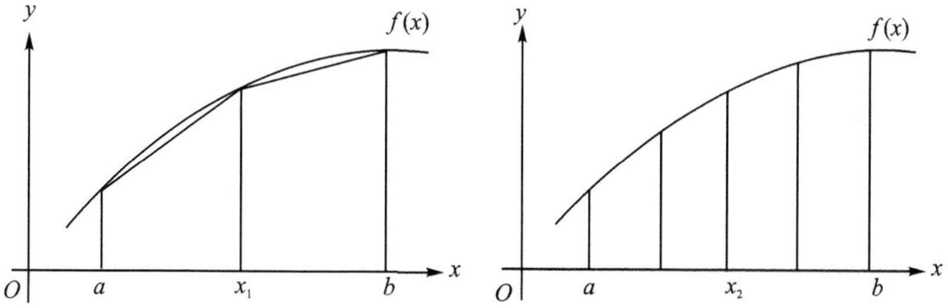

图 6.2.1　$T_2(f)$与$T_4(f)$

6.2.2　复化辛普森求积公式

将积分区间$[a,b]$为 n 等分，令 $h=\dfrac{b-a}{n}$，则有 $x_k=a+kh, k=0,1,\cdots,n$. 若在每个小区间上使用辛普森公式，则有

$$\int_a^b f(x)\mathrm{d}x=\sum_{i=0}^{n-1}\int_{x_i}^{x_{i+1}}f(x)\mathrm{d}x=$$

$$\sum_{i=0}^{n-1}\frac{h}{6}[f(x_i)+4f(x_{i+\frac{1}{2}})+f(x_{i+1})]-\sum_{i=0}^{n-1}\frac{h^5}{2\,880}f^{(4)}(\eta_i)=$$

$$\frac{h}{6}\left[f(a)+2\sum_{i=0}^{n-1}f(x_i)+4\sum_{i=0}^{n-1}f(x_{i+\frac{1}{2}})+f(b)\right]-\frac{h^5}{2\,880}\sum_{i=0}^{n-1}f^{(4)}(\eta_i)$$

得到复化辛普森公式

$$S_n=\frac{h}{6}\left[f(a)+2\sum_{i=1}^{n-1}f(x_i)+4\sum_{i=0}^{n-1}f(x_{i+\frac{1}{2}})+f(b)\right] \tag{6.2.4}$$

其截断误差为

$$E_{S_n}=-\frac{h^5}{2\,880}\sum_{i=0}^{n-1}f^{(4)}(\eta_i),\qquad x_i<\eta_i<x_{i+1}$$

定理 6.2.2 设函数 $f(x)\in C^4[a,b]$,则复化辛普森公式的截断误差为

$$E_{S_n}=-\frac{b-a}{2\,880}h^4f^{(4)}(\eta_i),\qquad a\leqslant\eta\leqslant b \tag{6.2.5}$$

从截断误差可以看出,复化辛普森公式的代数精度仍为三阶.

为提高复化辛普森公式的计算精度,我们同样可以推导出基于区间逐次分半求积的复化辛普森公式.

例 6.2.1 分别用复化梯形公式和复化辛普森公式计算 $\int_0^\pi \sin x\mathrm{d}x$ 时,要使得误差不超过 2×10^{-5},问各取多少个节点?

解 显然,$b-a=\pi,h=\frac{b-a}{n}=\frac{\pi}{n},\max\limits_{0\leqslant\eta\leqslant\pi}|f''(\eta)|=\max\limits_{0\leqslant\eta\leqslant\pi}|\sin\eta|=1$.

(1) 复化梯形公式

由式(6.2.2),有

$$|E_{T_n}|=\left|-\frac{b-a}{12}h^2f''(\eta)\right|\leqslant\frac{\pi}{12}\left(\frac{\pi}{n}\right)^2\leqslant10^{-5}$$

由此有 $\frac{\pi^3}{12}\times10^5\leqslant n^2$,即 $n\geqslant160.74$.

取 $n=161$,故需要 $n+1=162$ 个节点.

(2) 复化辛普森公式

由式(6.2.5),有

$$|E_{S_n}|=\left|-\frac{b-a}{2\,880}h^4f^{(4)}(\eta)\right|\leqslant\frac{\pi}{2\,880}\left(\frac{\pi}{n}\right)^4\max_{0\leqslant\eta\leqslant\pi}|\sin\eta|\leqslant10^{-5}$$

于是有 $\frac{\pi^5}{2\,880}\times10^5\leqslant n^4$,即 $n\geqslant5.71$. 取 $n=6$,故需要 $2n+1=13$ 个节点.

因此,要使误差不超过 10^{-5},复化梯形公式取 162 个节点,复化辛普森公式取 13 个节点. 可见,复化辛普森公式明显优于复化梯形公式.

例 6.2.2 将区间[0,1]平均分成 8 个小区间,计算 $\pi=\int_0^1\frac{4}{1+x^2}\mathrm{d}x$ 的近似值.

解 将区间 [0,1] 平均分成 8 个小区间,步长为 $h=\frac{1}{8}$,节点 $x_i=\frac{i}{8},i=0,1,\cdots,8$.

(1) 用复化梯形公式:

$$T_8=\frac{h}{2}\left(f(0)+2\sum_{i=1}^{7}f(x_i)+f(1)\right)=3.128\,988\,494$$

(2) 用复化辛普森公式:由于一个区间上,辛普森公式要用 3 个点. 因此,用这 8 个节点分成 4 个小区间. 此时,区间步长为 $2h=\frac{1}{4}$. 有

$$S_4=\frac{2h}{6}\left(f(0)+2\sum_{i=1}^{3}f(x_i)+4\sum_{i=0}^{3}f\left(x_{i+\frac{1}{2}}\right)+f(1)\right)=3.141\,592\,502$$

发现,这二者运算量基本相同. 但从计算结果可以看出,后者明显优于前者. 这是因为辛

普森公式是 3 阶收敛的.

6.3　龙贝格求积法

6.3.1　外推方法

用复化公式进行近似计算时必须考虑,对给定计算误差 $\varepsilon>0$,如何确定步长 h,使得

$$|I[f]-I_n|<\varepsilon$$

考虑在区间$[a,b]$上 n 等分和 $2n$ 等分下的复化梯形公式,其计算误差分别为

$$I(f)-T_n(f)=-\frac{b-a}{12}h^2 f''(\xi)$$

$$I(f)-T_{2n}(f)=-\frac{b-a}{12}\left(\frac{h}{2}\right)^2 f''(\eta)$$

由于 $f''(\xi)=\frac{1}{n}\sum_{i=0}^{n-1}f''(\xi_i)$ 和 $f''(\eta)=\frac{1}{2n}\sum_{i=0}^{2n-1}f''(\eta_i)$ 分别为 n 及 $2n$ 个点上的均值,可以假设 $f''(\xi)=f''(\eta)$,于是

$$I(f)-T_n(f)\approx 4\left[I(f)-T_{2n}(f)\right]$$

或者

$$I(f)-T_{2n}(f)\approx\frac{1}{3}\left[T_{2n}(f)-T_n(f)\right] \tag{6.3.1}$$

由式(6.3.1),对任给的误差控制量 $\varepsilon>0$,要使 $|I(f)-T_{2n}(f)|<\varepsilon$,只须 $|T_{2n}(f)-T_n(f)|<3\varepsilon$ 即可.

将式(6.3.1)改写成如下形式

$$I(f)\approx T_{2n}(f)+\frac{1}{3}\left[T_{2n}(f)-T_n(f)\right]=\frac{4}{3}T_{2n}(f)-\frac{1}{3}T_n(f)=S_n \tag{6.3.2}$$

式(6.3.2)将梯形求积公式组合成了辛普森求积公式,而且截断误差由 $O(h^2)$ 提高到 $O(h^4)$,这种方法称为外推算法. 外推算法是一类非常有效的计算方法,能够在不增加计算量的前提下提高计算的精度.

定理 6.3.1　设 f 在$[a,b]$上的各阶导数存在,则复合梯形公式 $T(h)$可展成

$$T(h)=I(f)+\alpha_1 h^2+\alpha_2 h^4+\cdots+\alpha_l h^{2l}+O(h^{2l+2}) \tag{6.3.3}$$

其中,$a_1,a_2,\cdots,a_i$ 为不依赖 h 的常数.

在式(6.3.3)中若用 $\frac{h}{2}$ 代替 h,则得

$$T(h)=I(f)+\alpha_1\left(\frac{h}{2}\right)^2+\alpha_2\left(\frac{h}{2}\right)^4+\cdots+\alpha_l\left(\frac{h}{2}\right)^{2l}+O(h^{2l+2}) \tag{6.3.4}$$

用 4 乘以式(6.3.4)减去式(6.3.3),则得

$$\frac{4T(h/2)-T(h)}{3}=I(f)+\beta_1\left(\frac{h}{2}\right)^4+\cdots$$

若记

$$T_0(h)=T(h),\qquad T_1(h)=\frac{4T_0(h/2)-T_0(h)}{3} \tag{6.3.5}$$

显然

$$T_1(h)=I(f)+\beta_1 h^4+\beta_2 h^6+\cdots \tag{6.3.6}$$

这说明，$T_1(h)\approx I(f)$ 有精度 $O(h^4)$.

由式(6.3.2)知

$$T_1(h)\approx s_n,\qquad T_1\left(\frac{h}{2}\right)\approx s_{2n},\qquad \cdots$$

为提高精度，根据式(6.3.6)，可由 $T_1(h)$及 $T_1\left(\frac{h}{2}\right)$中消去 h^4，得

$$T_2(h)=\frac{16T_1(h/2)-T_1(h)}{15}=I(f)+r_1h^6+r_2h^8+\cdots \tag{6.3.7}$$

故有 $T_2(h)\approx I(f)$，精度为 $O(h^6)$.

如此逐次做下去，可得到

$$T_m(h)=\frac{4^m T_{m-1}(h/2)-T_{m-1}(h)}{4^m-1},\qquad m=1,2,\cdots \tag{6.3.8}$$

根据定理 6.3.1，用式(6.3.8)所得到的 $T_m(h/2)\approx I(f)$ 具有高阶的计算精度. 在式(6.3.7)中，因为 $T_1(h/2)\approx s_{2n}$，$T_1(h)\approx s_n$ ，所以有

$$T_2(h/2)=\frac{16s_{2n}-s_n}{15}=c_n \tag{6.3.9}$$

这说明，将辛普森求积公式进行组合得到复化柯茨公式，其截断误差是 $O(h^6)$.

将式(6.3.9)进行改写，得到

$$I(f)-S_{2n}(f)\approx\frac{1}{15}[S_{2n}(f)-S_n(f)] \tag{6.3.10}$$

同理，对柯茨公式进行组合，得到具有 7 次代数精度和截断误差是 $O(h^8)$ 的龙贝格公式

$$R_n(f)=\frac{64}{63}C_{2n}(f)-\frac{1}{63}C_n(f) \tag{6.3.11}$$

6.3.2 龙贝格求积法介绍

综合式(6.3.2)、式(6.3.9)和式(6.3.11)的分析，可以写成如下形式：

$$\begin{array}{llll} T_1 & & & \\ T_2 & S_1 & & \\ T_4 & S_2 & C_1 & \\ T_8 & S_4 & C_2 & R_1 \\ T_{16} & S_8 & C_4 & R_2 \\ \vdots & \vdots & \vdots & \vdots \end{array}$$

实际上，在式(6.3.8)中，用 $T_0^{(k)}$ 表示将区间 $[a,b]$二分 k 次得到的复合梯形公式，此时 $[a,b]$分为 2^k 等分，步长 $h=\dfrac{b-a}{2^k}$. 当 $k=0,1,\cdots$逐次得到 $T_0^{(0)},T_0^{(1)},T_0^{(2)},\cdots$. $T_m^{(k)}$，$m>0$ 表示第 m 次外推值，如序列$\{T_1^{(k)}\}$即为辛普森公式序列. 式(6.3.8)将可改写为

$$T_m^{(k)}=\frac{4^m}{4^m-1}T_{m-1}^{(k+1)}-\frac{1}{4^m-1}T_{m-1}^{(k)},\qquad k=0,1,2,\cdots,\qquad m=1,2,\cdots \tag{6.3.12}$$

称为龙贝格求积公式.

计算从 $k=0$,即 $h=b-a$ 出发,逐次二分得到龙贝格求积表(见表 6.3.1).

表 6.3.1　龙贝格求积法

k	$T_0^{(k)}$	$T_1^{(k-1)}$	$T_2^{(k-2)}$	$T_3^{(k-3)}$	$T_4^{(k-4)}$	…
0	$T_0^{(0)}$					
1	$T_0^{(1)}$	$T_1^{(0)}$				
2	$T_0^{(2)}$	$T_1^{(1)}$	$T_2^{(0)}$			
3	$T_0^{(3)}$	$T_1^{(2)}$	$T_2^{(1)}$	$T_3^{(0)}$		
4	$T_0^{(4)}$	$T_1^{(3)}$	$T_2^{(2)}$	$T_3^{(1)}$	$T_4^{(0)}$	
⋮	⋮	⋮	⋮	⋮	⋮	

当 k 增加时,先由式(6.2.3)根据 $T_0^{(k-1)}$ 算出 $T_0^{(k)}$,再由式(6.3.12)对 $m=1,2,\cdots,k$ 计算 $T_m^{(k)}$

$$\begin{cases} T_0^{(0)}=\dfrac{b-a}{2}[f(a)+f(b)] \\ T_0^{(i)}=\dfrac{1}{2}T_0^{(k-1)}+\dfrac{b-a}{2^k}\displaystyle\sum_{j=1}^{2^{k-1}}f\left[a+\dfrac{2j-1}{2^k}(b-a)\right], \quad k=1,2,\cdots \\ T_{m+1}^{(k-1)}=\dfrac{4^m T_m^{(k)}-T_m^{(k-1)}}{4^m-1}, \quad m=1,2,\cdots,k-1; \quad k=1,2,\cdots \end{cases}$$

对给定的精确标准 ε,可由

$$\left|T_m^{(0)}-T_{m-1}^{(0)}\right|<\varepsilon \qquad 或 \qquad \left|\frac{T_m^{(0)}-T_{m-1}^{(0)}}{T_m^{(0)}}\right|<\varepsilon$$

作为计算终止的标准.

例 6.3.1　用龙贝格求积法计算定积分 $\int_0^1 \frac{\sin x}{x}\mathrm{d}x$,使计算值的误差不超过 $\varepsilon=0.5\times10^{-6}$.

解　依照表 6.3.1 分别计算

$$f(x)=\frac{\sin x}{x}, \qquad T_0^{(0)}=\frac{1}{2}[f(0)+f(1)]=0.920\ 735\ 5$$

$$T_0^{(1)}=\frac{1}{2}T_0^{(0)}+\frac{1}{2}\left[f\left(\frac{1}{2}\right)\right]=0.939\ 793\ 3$$

$$T_1^{(0)}=\frac{4}{3}T_0^{(1)}-\frac{1}{3}T_0^{(0)}=0.946\ 145\ 9$$

$$T_0^{(2)}=\frac{1}{2}T_0^{(1)}+\frac{1}{4}\left[f\left(\frac{1}{4}\right)+f\left(\frac{3}{4}\right)\right]=0.944\ 513\ 5$$

$$T_1^{(1)}=\frac{4}{3}T_0^{(2)}-\frac{1}{3}T_0^{(1)}=0.946\ 086\ 9$$

$$T_2^{(0)}=\frac{16}{15}T_1^{(1)}-\frac{1}{15}T_1^{(0)}=0.946\ 983\ 0$$

由于 $\left|T_2^{(0)}-T_1^{(0)}\right|=0.000\ 837\ 1>0.5\times10^{-6}$,需要继续外推计算.

$$T_0^{(3)}=\frac{1}{2}T_0^{(2)}+\frac{1}{8}\left[f\left(\frac{1}{8}\right)+f\left(\frac{3}{8}\right)+f\left(\frac{5}{8}\right)+f\left(\frac{7}{8}\right)\right]=0.945\ 690\ 9$$

$$T_1^{(2)}=\frac{4}{3}T_0^{(3)}-\frac{1}{3}T_0^{(2)}=0.946\ 083\ 4$$

$$T_2^{(1)}=\frac{16}{15}T_1^{(2)}-\frac{1}{15}T_1^{(1)}=0.946\ 083\ 1$$

$$T_3^{(0)}=\frac{64}{63}T_2^{(1)}-\frac{1}{63}T_2^{(0)}=0.946\ 083\ 1$$

计算结果见表 6.3.2.

表 6.3.2　龙贝格求积法

k	$T_0^{(k)}$	$T_1^{(k-1)}$	$T_2^{(k-2)}$	$T_3^{(k-3)}$
0	0.920 735 5			
1	0.939 793 3	0.946 145 9		
2	0.944 513 5	0.946 086 9	0.946 083 0	
3	0.945 690 9	0.946 083 4	0.946 083 1	0.946 083 1

由表 6.3.2 可以发现,步长折半 3 次,复化梯形公式只有 2 位有效数字相同,而经 6 次外推后,计算结果具有 6 位有效数字,这说明龙贝格求积法具有很好的计算效率.

6.4　高斯求积公式

6.4.1　高斯求积公式的基本理论

高斯求积公式微视频

在等距节点情形下,可以在复化求积方法的基础上,利用外推的方法提高截断误差. 在非等距节点情况,如何使求积公式的代数精度尽可能高呢? 另外,我们知道,对于具有 $n+1$ 个求积节点的求积公式,其代数精度至少可以达到 n 次. 那么有没有可能通过选择适当的求积节点和相应的求积系数,使得求积公式具有更高的代数精度?

我们先分析一个简单例子.

例 6.4.1　试确定 x_1,x_2,A_1,A_2,使下面求积公式

$$\int_0^1 \frac{f(x)}{\sqrt{x}}\mathrm{d}x \approx A_1 f(x_1)+A_2 f(x_2)$$

至少具有 3 阶的代数精度.

解　由代数精度的定义, 分别令 $f(x)=1,x,x^2,x^3$ 有

$$\begin{cases} 2\sqrt{x}\,\Big|_0^1=2=A_1+A_2 \\ \dfrac{2}{3}x^{\frac{3}{2}}\Big|_0^1=\dfrac{2}{3}=A_1x_1+A_2x_2 \\ \dfrac{2}{5}x^{\frac{5}{2}}\Big|_0^1=\dfrac{2}{5}=A_1x_1^2+A_2x_2^2 \\ \dfrac{2}{7}x^{\frac{7}{2}}\Big|_0^1=\dfrac{2}{7}=A_1x_1^3+A_2x_2^3 \end{cases}\quad \text{解得}\quad \begin{cases} x_1=\dfrac{3}{7}-\dfrac{2}{7}\sqrt{\dfrac{6}{5}} \\ x_2=\dfrac{3}{7}+\dfrac{2}{7}\sqrt{\dfrac{6}{5}} \\ A_1=1+\dfrac{1}{3}\sqrt{\dfrac{5}{6}} \\ A_2=1-\dfrac{1}{3}\sqrt{\dfrac{5}{6}} \end{cases}$$

由例 6.4.1 可知，在非等距节点情况下，可以找到相应的系数，构造具有高精度的数值求积公式.

一般地，对于求积公式

$$\int_a^b \rho(x) f(x) \mathrm{d}x \approx \sum_{k=0}^{n} A_k f(x_k) \tag{6.4.1}$$

其中，$x_k, A_k, k=0,1,\cdots,n$ 为 $2n+2$ 个待定参数. 适当选择这些参数，有可能使求积公式(6.4.1)具有 $2n+1$ 次代数精度. 将这种具有 $2n+1$ 次代数精度的求积公式称为高斯型求积公式，对应的一组 $n+1$ 个求积节点称为一组高斯点.

但如果像例 6.4.1 那样，直接利用代数精度的概念去求 $n+1$ 的高斯点和 $n+1$ 个求积系数，就要解一个具有 $2n+2$ 个未知数的非线性方程组. 当 n 稍大时，解这个非线性方程组不容易.

通常构造高斯型求积公式的方法是，首先通过正交多项式确定一组高斯点，然后再使用待定系数法或插值的方法求出高斯型求积公式的求积系数.

定理 6.4.1　对于求积公式(6.4.1)，其互异节点 $\{x_i\}_{i=0}^n$ 是一组高斯点的充分必要条件是，以这些点为零点的多项式函数 $\omega_{n+1}(x)=(x-x_0)(x-x_1)\cdots(x-x_n)$ 与任意的次数不超过 n 次的多项式函数 $p(x)$ 在积分区间 $[a,b]$ 上正交，即满足

$$\int_a^b \omega_{n+1}(x) p(x) \mathrm{d}x = 0 \tag{6.4.2}$$

证明　先证必要性　设 $p(x)$ 是任意不超过 n 次的多项式，则 $p(x)\omega_{n+1}(x)$ 不超过 $2n+1$ 次的多项式. 因为节点 $\{x_i\}_{i=0}^n$ 是高斯点，$\{A_i\}_{i=0}^n$ 是相应的求积系数，相应的求积公式(6.4.1)具有 $2n+1$ 次代数精度，因此

$$\int_a^b p(x)\omega_{n+1}(x)\mathrm{d}x = \sum_{i=0}^{n} A_i p(x_i)\omega_{n+1}(x_i) = 0 \tag{6.4.3}$$

这说明式(6.4.2)成立.

再证充分性　对任意不超过 $2n+1$ 次的多项式 $g(x)$，存在不超过 n 次的多项式 $q(x)$ 和 $r(x)$，使得

$$g(x) = q(x)\omega_{n+1}(x) + r(x) \tag{6.4.4}$$

成立. 对上式两端积分，得

$$\int_a^b \rho(x) g(x)\mathrm{d}x = \int_a^b \rho(x) q(x)\omega_{n+1}(x)\mathrm{d}x + \int_a^b \rho(x) r(x)\mathrm{d}x = \int_a^b \rho(x) r(x)\mathrm{d}x \tag{6.4.5}$$

对互异节点组 $\{x_i\}_{i=0}^n$，构造插值型求积公式，即

$$\int_a^b \rho(x) r(x)\mathrm{d}x = \sum_{i=0}^{n} A_i r(x_i) = \sum_{i=0}^{n} A_i g(x_i) \tag{6.4.6}$$

其中

$$A_k = \int_a^b \rho(x) \prod_{\substack{j=0 \\ j\neq k}}^{n} \frac{x-x_j}{x_k-x_j}\mathrm{d}x, \qquad k=0,1,\cdots,n$$

再由式(6.4.5)，有

$$\int_a^b \rho(x) g(x)\mathrm{d}x = \sum_{i=0}^{n} A_i g(x_i) \tag{6.4.7}$$

显然，式(6.4.7)具有 $2n+1$ 次代数精度，相应的积分节点是一组高斯点. 定理得证.

由于 $n+1$ 次正交多项式与比它次数低的任意多项式正交,并且 $n+1$ 次正交多项式恰好有 $n+1$ 个互异的实的单根,于是有下面的推论.

推论 $n+1$ 次正交多项式的零点是 $n+1$ 点高斯公式的高斯点.

利用正交多项式得出高斯点 $x_0,x_1,\cdots,x_n$ 后,利用插值原理可得高斯公式的求积系数为

$$A_k=\int_a^b \rho(x)l_k(x)\mathrm{d}x,\qquad k=0,1,\cdots,n$$

其中,$l_k(x)$是关于高斯点的拉格朗日插值基函数.

例 6.4.2 用上述新的方法确定 x_1,x_2,A_1,A_2,构造例 6.4.1 中的求积公式.

解 设 x_1,x_2 是高斯型求积公式的高斯点,并且是以 $\rho(x)=1/\sqrt{x}$ 为权函数的 2 次正交多项式 $p_2(x)$的零点,不妨设 $p_2(x)=(x-x_1)(x-x_2)$. 于是

$$\begin{cases}\displaystyle\int_0^1 \frac{1}{\sqrt{x}}\times 1\times(x-x_1)(x-x_2)\mathrm{d}x=0\Rightarrow \frac{1}{3}(x_1+x_2)-x_1x_2=\frac{1}{5}\\ \displaystyle\int_0^1 \frac{1}{\sqrt{x}}\times x\times(x-x_1)(x-x_2)\mathrm{d}x=0\Rightarrow \frac{1}{5}(x_1+x_2)-\frac{1}{3}x_1x_2=\frac{1}{7}\end{cases}$$

解得 $x_1=\dfrac{3}{7}-\dfrac{2}{7}\sqrt{\dfrac{6}{5}},x_2=\dfrac{3}{7}+\dfrac{2}{7}\sqrt{\dfrac{6}{5}}$.

再分别令 $f(x)=1,x$,则 $\displaystyle\int_0^1 \frac{f(x)}{\sqrt{x}}\mathrm{d}x\approx A_1f(x_1)+A_2f(x_2)$ 都准确成立,即

$$\begin{cases}2\sqrt{x}\Big|_0^1=2=A_1+A_2\\ \dfrac{2}{3}x^{3/2}\Big|_0^1=\dfrac{2}{3}=A_1x_1+A_2x_2=A_1\left(\dfrac{3}{7}-\dfrac{2}{7}\sqrt{\dfrac{6}{5}}\right)+A_2\left(\dfrac{3}{7}+\dfrac{2}{7}\sqrt{\dfrac{6}{5}}\right)\end{cases}$$

解得 $A_1=1+\dfrac{1}{3}\sqrt{\dfrac{5}{6}},A_2=1-\dfrac{1}{3}\sqrt{\dfrac{5}{6}}$.

我们发现,新方法比原来的方法要简单得多.

6.4.2 常用高斯求积公式

1. 高斯-勒让德求积公式

在式(6.4.1)中,若 $\rho(x)\equiv 1$, $[a,b]=[-1,1]$,求积节点 $x_1,x_2,\cdots,x_n$ 是 n 次勒让德多项式 $p_n(x)=\dfrac{n!}{(2n)!}\dfrac{\mathrm{d}^n}{\mathrm{d}x^n}(x^2-1)^n=(x-x_1)(x-x_2)\cdots(x-x_n)$的 n 个零点,则称

$$\int_{-1}^1 f(x)\mathrm{d}x\approx\sum_{i=1}^n A_if(x_i)\tag{6.4.8}$$

为高斯-勒让德求积公式.

当 $n=1,2,3$ 时的勒让德多项式为

$$p_1(x)=x,\qquad p_2(x)=x^2-\frac{1}{3},\qquad p_3(x)=x^3-\frac{3}{5}x$$

① 两点高斯公式的高斯点是:$x_1=-\dfrac{1}{\sqrt{3}},x_2=\dfrac{1}{\sqrt{3}}$. 相应的求积公式为

$$\int_{-1}^{1} f(x)\mathrm{d}x \approx f\left(-\frac{1}{\sqrt{3}}\right) + f\left(\frac{1}{\sqrt{3}}\right)$$

② 三点高斯公式的高斯点是：$x_1 = -\frac{3}{5}, x_2 = 0, x_3 = \frac{3}{5}$. 相应的求积公式为

$$\int_{-1}^{1} f(x)\mathrm{d}x \approx \frac{5}{9} f\left(-\frac{\sqrt{15}}{5}\right) + \frac{8}{9} f(0) + \frac{5}{9} f\left(\frac{\sqrt{15}}{5}\right)$$

③ 更多点的高斯公式的高斯点见表 6.4.1.

表 6.4.1　高斯点

n	x_k	A_k
0	0	2
1	±0.577 350 269 2	1
2	±0.774 596 669 22	0.555 555 555 5
	0	0.888 888 888 8
3	±0.861 136 311 6	0.347 854 845 1
	±0.339 981 043 6	0.652 145 145 9
4	±0.906 179 845 9	0.236 926 885 1
	±0.538 469 310 1	0.478 628 670 5
	0	0.568 888 888 9

注　对于一般的求积区间 $[a,b]$，作变换：

对 $\forall x \in [a,b]$，若令 $x = \frac{b-a}{2}t + \frac{a+b}{2}$，则 $\mathrm{d}x = \frac{b-a}{2}\mathrm{d}t, t \in [-1,1]$. 于是

$$\int_a^b f(x)\mathrm{d}x = \frac{b-a}{2}\int_{-1}^{1} f\left(\frac{b-a}{2}t + \frac{a+b}{2}\right)\mathrm{d}t \approx$$

$$\frac{b-a}{2}\sum_{i=1}^{n} A_i f\left(\frac{b-a}{2}t_i + \frac{a+b}{2}\right)$$

例 6.4.3　用两点高斯公式计算 $I = \int_0^1 \frac{\sin x}{x}\mathrm{d}x$ 的近似值.

解　积分区间为$[0,1]$，不是标准的积分区间，必须先作变换. 在标准区间上，由两点高斯公式知，$t_1 = -\frac{1}{\sqrt{3}}, t_2 = \frac{1}{\sqrt{3}}, A_1 = A_2 = 1$. 于是

$$x_1 = \frac{b-a}{2}t_1 + \frac{a+b}{2} = \frac{1-0}{2} \times \left(-\frac{1}{\sqrt{3}}\right) + \frac{0+1}{2} = \frac{1}{2} - \frac{1}{2\sqrt{3}}$$

$$x_2 = \frac{b-a}{2}t_2 + \frac{a+b}{2} = \frac{1-0}{2} \times \left(\frac{1}{\sqrt{3}}\right) + \frac{0+1}{2} = \frac{1}{2} - \frac{1}{2\sqrt{3}}$$

故

$$I \approx \frac{b-a}{2}[A_1 f(x_1) + A_2 f(x_2)] =$$

$$\frac{1-0}{2}\left[1 \times f\left(\frac{1}{2} - \frac{1}{2\sqrt{3}}\right) + 1 \times f\left(\frac{1}{2} - \frac{1}{2\sqrt{3}}\right)\right] =$$

$$0.946\ 041\ 15$$

与精确值 $I=0.946\ 083\ 070\cdots$ 对比,有4位有效数字相同.

如果用三点高斯公式计算 $I=\int_0^1 \frac{\sin x}{x}\mathrm{d}x$ 的近似值 $0.946\ 083\ 1$,则有7位有效数字. 若用复化梯形公式的递推算法计算,则必须对积分区间[0,1]二分10次,计算 $1+2^{10}=1\ 025$ 个函数值,才能达到相同的精度,而三点高斯公式仅用了3个函数值. 这说明高斯型求积公式确实是高精度的求积公式.

2. 高斯-切比雪夫求积公式

在区间[-1, 1]上取权函数 $\rho(x)=\frac{1}{\sqrt{1-x^2}}$ 的正交多项式是切比雪夫正交多项式. n 次切比雪夫多项式 $T_n(x)=\frac{1}{2^{n-1}}\cos(n\arccos x)=(x-x_1)(x-x_2)\cdots(x-x_n)$ 的零点为

$$x_i=\cos\frac{2i-1}{2n}\pi,\qquad i=1,2,\cdots,n$$

以此为高斯点,利用切比雪夫多项式的性质可得相应的求积系数为

$$A_k=\int_{-1}^1 \frac{1}{\sqrt{1-x^2}}l_k(x)\mathrm{d}x=\frac{\pi}{n},\qquad k=1,2,\cdots,n$$

其中,$l_k(x)$是关于高斯点的拉格朗日插值基函数. 得到如下高斯-切比雪夫求积公式

$$\int_{-1}^1 \frac{1}{\sqrt{1-x^2}}f(x)\mathrm{d}x\approx\sum_{i=1}^n A_i f(x_i)\tag{6.4.9}$$

例 6.4.4 用两点高斯-切比雪夫求积公式计算积分 $I=\int_{-1}^1\frac{1-x^2}{\sqrt{1-x^2}}\mathrm{d}x$.

解 因为在[-1,1]上,2次高斯-切比雪夫多项式的零点是

$$x_1=\cos\frac{2\times1-1}{2\times2}\pi=\cos\frac{\pi}{4}=\frac{\sqrt{2}}{2},\qquad x_2=\cos\frac{2\times2-1}{2\times2}\pi=\cos\frac{3\pi}{4}=-\frac{\sqrt{2}}{2}$$

求积系数为 $A_1=A_2=\frac{\pi}{2}$,$f(x)=1-x^2$,权函数为 $\rho(x)=\frac{1}{\sqrt{1-x^2}}$,故

$$I=\int_{-1}^1\frac{1-x^2}{\sqrt{1-x^2}}\mathrm{d}x=A_1f(x_1)+A_2f(x_2)=\frac{\pi}{2}\left[1-\left(\frac{\sqrt{2}}{2}\right)^2\right]+\frac{\pi}{2}\left[1-\left(-\frac{\sqrt{2}}{2}\right)^2\right]=\frac{\pi}{2}$$

因为 $f(x)=1-x^2$ 是2次多项式,而两点高斯-切比雪夫求积公式具有3次代数精度,所以上式准确成立. 事实上

$$I=\int_{-1}^1\frac{1-x^2}{\sqrt{1-x^2}}\mathrm{d}x=2\int_0^1\frac{1-x^2}{\sqrt{1-x^2}}\mathrm{d}x=\left(x\sqrt{1-x^2}+\arcsin x\right)\Big|_0^1=\frac{\pi}{2}$$

6.4.3 高斯求积公式的余项与稳定性

下面讨论高斯求积公式的余项及稳定性.

定理 6.4.2 设 $f(x)\in C^{2n+2}[a,b]$,则高斯求积分公式(6.4.1)的余项为

$$R_n[f]=\frac{f^{(2n+2)}(\eta)}{(2n+2)!}\int_a^b\omega_{n+1}^2(x)\rho(x)\mathrm{d}x \tag{6.4.10}$$

证明　利用 $f(x)$ 在节点 $x_k,k=0,1,\cdots,n$，有

$$H_{2n+1}(x_k)=f(x_k),\qquad H'_{2n+1}(x_k)=f'(x_k),\qquad k=0,1,\cdots,n$$

从而可以得到相应的 Hermite 插值 $H_{2n+1}(x)$，即

$$f(x)=H_{2n+1}(x)+\frac{f^{(2n+2)}(\xi)}{(2n+2)!}\omega_{n+1}^2(x)$$

于是

$$I=\int_a^b\rho(x)f(x)\mathrm{d}x=\int_a^b\rho(x)H_{2n+1}(x)\mathrm{d}x+R_n[f]$$

上式右端的第一项积分对 $2n+1$ 次多项式的求积公式是精确成立的，故

$$R_n[f]=I-\sum_{k=0}^n A_kf(x_k)=\int_a^b\frac{f^{(2n+2)}(\xi)}{(2n+2)!}\omega_{n+1}^2(x)\rho(x)\mathrm{d}x$$

又 $\omega_{n+1}^2(x)\rho(x)\geqslant 0$，由积分中值定理，结论成立.

高斯求积公式不仅具有高精度，而且是数值稳定的.

引理 6.4.1　高斯求积公式(6.4.1)中的系数 $A_k>0,k=0,1,\cdots,n$.

证　对于以高斯点 $x_k>0,k=0,1,\cdots,n$ 为节点的插值基函数 $l_k(x)=\prod_{\substack{j=0\\ j\neq k}}^n\frac{x-x_j}{x_k-x_j}$，$l_k^2(x)$ 是 $2n$ 次多项式，故高斯求积公式(6.4.1)精确成立，即有

$$0<\int_a^b l_k^2(x)\rho(x)\mathrm{d}x=\sum_{i=0}^n A_il_k^2(x_i)=A_k$$

在实际计算中，因为 $f(x_k)$ 是近似值，不妨设 $f^*(x_k)\approx f(x_k)(k=0,1,\cdots,n)$，故实际计算的积分值为 $I_n^*=\sum_{k=0}^n A_kf^*(x_k)$.

定理 6.4.3　高斯求积公式(6.4.1)是数值稳定的，即

$$|I_n^*-I_n|\leqslant\max_{0\leqslant k\leqslant n}|f^*(x_k)-f(x_k)|\int_a^b\rho(x)\mathrm{d}x \tag{6.4.11}$$

证　由于求积系数 $A_k>0,k=0,1,\cdots,n$，因此有

$$|I_n^*-I_n|=\left|\sum_{k=0}^n A_kf^*(x_k)-\sum_{k=0}^n A_kf(x_k)\right|\leqslant\sum_{k=0}^n A_k|f^*(x_k)-f(x_k)|\leqslant$$

$$\max_{0\leqslant k\leqslant n}|f^*(x_k)-f(x_k)|\sum_{k=0}^n A_k$$

在高斯求积公式中，取 $f(x)=1$，此时求积公式精确成立，即得

$$\int_a^b\rho(x)\mathrm{d}x=\sum_{k=0}^n A_k$$

因此，式(6.4.11)成立，定理成立.

这说明对于求积公式计算误差值是可以控制的，即高斯求积公式在数值计算中是稳定的.

定理 6.4.4　若 $f(x)\in C[a,b]$，则其高斯型求积公式收敛，即

$$\lim_{n\to\infty}\sum_{i=1}^n A_if(x_i)=\int_a^b\rho(x)f(x)\mathrm{d}x$$

其中,$x_1,x_2,\cdots,x_n$ 称为高斯点.

6.5 数值微分

在实际应用中,很多问题要用导数来刻画. 例如,傅里叶热传导定律用导数描述了热量由高温区域向低温区域传导的过程. 对于一维情形,这个定律的数学表示为

$$\text{热通量}=-k\frac{\mathrm{d}T}{\mathrm{d}x}$$

上式中,导数用于度量温度变化的强度或梯度. 类似的定律还可用于描述流体力学、空气动力学、化学反应动力学、电磁学等诸多领域. 因此,能否准确计算这些领域中所涉及的导数的计算就显得非常重要.

例 6.5.1 喷气式飞机降落在航空母舰上,降落时间与飞机在跑道上的位置被记录如下(见表 6.5.1):

表 6.5.1 降落时间与飞机在跑道上的位置关系

t/s	0	0.52	1.04	1.75	2.37	3.25	3.83
x/m	153	185	230	249	261	271	273

其中,x 是与舰艇边缘的距离. 利用数值微分方法估计速度($\mathrm{d}x/\mathrm{d}t$)和加速度($\mathrm{d}v/\mathrm{d}t$).

像例 6.5.1 一样,很多实际问题是给出一些测量值,然后根据这些数据去分析相应的规律. 要解决这一类问题,就要用到数值微分的方法.

数值微分就是用离散方法求出函数在某点的导数的近似值. 这一节将介绍一些常用的方法.

6.5.1 插值型求导公式

假设在区间$[a,b]$上,已知 $y_i=f(x_i),i=0,1,2\cdots,n$,可以用插值方法建立该函数的插值多项式 $p_n(x)$. 然后用 $p_n(x)$的导数来近似 $f(x)$的导数,即取 $f'(x)\approx p'_n(x)$. 由

$$f(x)=p_n(x)+\frac{f^{(n+1)}(\xi)}{(n+1)!}\omega_{n+1}(x),\qquad a<\xi<b \tag{6.5.1}$$

得到

$$f'(x)=p'_n(x)+\frac{f^{(n+1)}(\xi)}{(n+1)!}\omega'_{n+1}(x)+\frac{\omega_{n+1}(x)}{(n+1)!}\frac{\mathrm{d}}{\mathrm{d}x}f^{(n+1)}(\xi) \tag{6.5.2}$$

上式中的 ξ 是与 x 有关的未知函数,因此对于$\frac{\mathrm{d}}{\mathrm{d}x}f^{(n+1)}(\xi)$很难做出估计. 但是,在插值节点处的导数值

$$f'(x_i)=p'_n(x_i)+\frac{f^{(n+1)}(\xi)}{(n+1)!}\omega'_{n+1}(x_i),\qquad 0\leqslant i\leqslant n \tag{6.5.3}$$

于是,函数在插值节点处的数值微分公式的截断误差为

$$R_n(x_i)=f'(x_i)-p'_n(x_i)=\frac{f^{(n+1)}(\xi)}{(n+1)!}\omega'_{n+1}(x_i) \tag{6.5.4}$$

若函数$|f^{(n+1)}(\xi)|$在插值区间上有上界 M,即有

$$|f^{(n+1)}(\xi)| \leqslant M$$

则得到数值微分公式的误差估计

$$|R_n(x_i)| = |f'(x_i) - p'_n(x_i)| \leqslant \frac{M}{(n+1)!} |\omega'_{n+1}(x_i)|$$

可以看出,当插值节点之间的距离较为接近时,通过插值方法得到的数值微分公式有较高的精度.

常用的数值微分公式是 $n=1, n=2$ 时的插值型微分公式.

1. 一阶两点公式

设已给出两个节点 x_0, x_1 上的函数值 $f(x_0)$, $f(x_1)$,做线性插值公式

$$P_1(x) = \frac{x - x_1}{x_0 - x_1} f(x_0) + \frac{x - x_0}{x_1 - x_0} f(x_1)$$

对上式两端求导,记 $x_1 - x_0 = h$,有

$$P'_1(x) = \frac{1}{h}[-f(x_0) + f(x_1)]$$

于是有下列求导公式:

$$f'(x_0) = f'(x_1) \approx \frac{1}{h}[f(x_1) - f(x_0)] \tag{6.5.5}$$

$$R_1(x_0) = -\frac{h}{2} f''(\xi_0), \qquad \xi_0 \in (x_0, x_1)$$

$$R_1(x_1) = \frac{h}{2} f''(\xi_1), \qquad \xi_1 \in (x_0, x_1) \tag{6.5.6}$$

2. 一阶三点公式

设已给出三个节点 x_0, $x_1 = x_0 + h$, $x_2 = x_0 + 2h$ 上的函数值 $f(x_0)$, $f(x_1)$, $f(x_2)$,做二次插值公式

$$P_2(x) = \frac{(x - x_1)(x - x_2)}{(x_0 - x_1)(x_0 - x_2)} f(x_0) + \frac{(x - x_0)(x - x_2)}{(x_1 - x_0)(x_1 - x_2)} f(x_1) + \frac{(x - x_0)(x - x_1)}{(x_2 - x_0)(x_2 - x_1)} f(x_2)$$

令 $x = x_0 + th$,上式可表示为

$$P_2(x_0 + th) = \frac{1}{2}(t-1)(t-2) f(x_0) - t(t-2) f(x_1) + \frac{1}{2} t(t-1) f(x_2)$$

上式两端对 t 求导,有

$$P'_2(x_0 + th) = \frac{1}{2h}[(2t-3) f(x_0) - (4t-4) f(x_1) + (2t-1) f(x_2)] \tag{6.5.7}$$

上式左端的导数表示对 x 求导数, 上式分别取 $t=0,1,2$,得到三种三点公式为

$$\begin{cases} f'(x_0) \approx \dfrac{1}{2h}[-3f(x_0) + 4f(x_0) - f(x_2)] \\ f'(x_1) \approx \dfrac{1}{2h}[f(x_2) - f(x_0)] \\ f'(x_2) \approx \dfrac{1}{2h}[f(x_0) - 4f(x_1) + 3f(x_2)] \end{cases} \tag{6.5.8}$$

$$\begin{cases} R_2(x_0)=\dfrac{1}{3}h^2 f'''(\xi_0), & \xi_0 \in (x_0,x_2) \\ R_2(x_1)=-\dfrac{1}{6}h^2 f'''(\xi_1), & \xi_1 \in (x_0,x_2) \\ R_2(x_2)=\dfrac{1}{3}h^2 f'''(\xi_2), & \xi_2 \in (x_0,x_2) \end{cases} \tag{6.5.9}$$

利用类似的思路,还可以建立高阶导数的数值微分公式如下:

$$f^{(k)}(x) \approx P_n^{(k)}(x), \qquad k=2,3,\cdots$$

例如,将式(6.5.7)再对 t 求导一次,有

$$P''_2(x_0+th)=\frac{1}{h^2}[f(x_0)-2f(x_1)+f(x_2)]$$

令 $t=1$,于是有

$$P''_2(x_1)=\frac{1}{h^2}[f(x_0)-2f(x_1)+f(x_2)]$$

于是可以得到如下二阶三点公式:

$$f''(x_1)=\frac{1}{h^2}[f(x_0)-2f(x_1)+f(x_2)]-\frac{h^2}{12}f^{(4)}(\xi) \tag{6.5.10}$$

例 6.5.2 根据表 6.5.1 中的数据

① 试分别用一阶两点公式和一阶三点公式计算 $t=0.52$ 时速度 $\mathrm{d}x/\mathrm{d}t$;

② 用二阶三点公式计算 $t=0.52$ 时的加速度 $\mathrm{d}v/\mathrm{d}t$.

解 ① 根据式(6.5.5),$h=0.52$, $f(0)=153$, $f(0.52)=185$, 故

$$\left.\frac{\mathrm{d}x}{\mathrm{d}t}\right|_{t=0.52}=f'(0.52)=\frac{1}{h}[f(0.52)-f(0)]\approx 61.538\ 5$$

根据式(6.5.8),$f(1.04)=230$, 故

$$\left.\frac{\mathrm{d}x}{\mathrm{d}t}\right|_{t=0.52}=f'(0.52)\approx\frac{1}{2h}[f(1.04)-f(0)]\approx 74.038\ 5$$

② 由式(6.5.10),有

$$\left.\frac{\mathrm{d}v}{\mathrm{d}t}\right|_{t=0.52}=\frac{1}{h^2}[f(0)-2f(0.52)+f(1.04)]\approx 48.076\ 9$$

众所周知,因为龙格现象,一些问题并不能通过构造高次多项式来得到好的逼近函数. 由前面可知,三次样条函数 $S(x)$作为 $f(x)$的好的逼近函数.

三次样条函数 $S(x)$作为 $f(x)$的近似,不但函数值很接近,导数值也很接近,并有

$$\| f^{(k)}(x)-S^{(k)}(x)\|_\infty \leqslant C_k \| f^{(4)}\|_\infty h^{4-k}, \qquad k=0,1,2$$

把离散点按大小排列成 $a=x_0<x_1<\cdots<x_n=b$,用 M 关系式构造插值点$(x_i,f(x_i))$, $i=0,1,2,\cdots,n$ 的样条函数 $S_i(x)$,有

$$S_i(x)=M_{i-1}\frac{(x_i-x)^3}{6h_i}+M_i\frac{(x-x_{i-1})^3}{6h_i}+\left(y_{i-1}-\frac{M_{i-1}}{6}h_i^2\right)\frac{x_i-x}{h_i}+\left(y_i-\frac{M_i}{6}h_i^2\right)\frac{x-x_{i-1}}{h_i}$$

于是

$$f'(x_i) \approx S'(x_i) = \frac{h_i}{3}M_i + \frac{h_i}{6}M_{i-1} - \frac{y_i - y_{i-1}}{h_i}$$

$$f''(x_i) = M_i$$

相应的误差估计式为

$$\|f'(x) - S'(x)\|_\infty \leqslant \frac{1}{24}\|f^{(4)}\|_\infty h^3$$

$$\|f''(x) - S''(x)\|_\infty \leqslant \frac{3}{8}\|f^{(4)}\|_\infty h^2$$

6.5.2　数值微分的外推算法

设函数 $f(x)$ 充分光滑，对于步长 h，由泰勒展开式有

$$f(x+h) = f(x) + f'(x)h + \frac{f''(x)}{2!}h^2 + \frac{f'''(x)}{3!}h^3 + \cdots \tag{6.5.11}$$

$$f(x-h) = f(x) - f'(x)h + \frac{f''(x)}{2!}h^2 - \frac{f'''(x)}{3!}h^3 + \cdots \tag{6.5.12}$$

将两式相加，并令 $G(h) = \frac{1}{2h}[f(x+h) - f(x-h)]$，则有

$$G(h) = f'(x) + \frac{h^2}{3!}f'''(x) + \frac{h^4}{5!}f^{(5)}(x) + \cdots$$

又

$$G(h/2) = f'(x) + \frac{(h/2)^2}{3!}f'''(x) + \frac{(h/2)^4}{5!}f^{(5)}(x) + \cdots$$

于是

$$G_1(h) = \frac{4G\left(\frac{h}{2}\right) - G(h)}{4-1} = f'(x) + O(h^4)$$

这实际是 Richardson 外推算法的第一步. 若记 $G_0(h) = G(h)$，则有如下 Richardson 外推公式

$$G_m(h) = \frac{4^m G_m\left(\frac{h}{2}\right) - G_{m-1}(h)}{4^m - 1}, \qquad m = 1, 2, \cdots \tag{6.5.13}$$

其误差为 $f'(x) - G_m(h) = O(h^{2(m+1)})$. 外推过程见表 6.5.2.

表 6.5.2　外推过程

$G(h)$				
$G\left(\frac{h}{2}\right)$ ↓ ① →	$G_1(h)$			
$G\left(\frac{h}{2^2}\right)$ ↓ ② →	$G_1\left(\frac{h}{2}\right)$ ↓ ③ →	$G_2(h)$		
$G\left(\frac{h}{2^3}\right)$ ↓ ④ →	$G_1\left(\frac{h}{2^2}\right)$ ↓ ⑤ →	$G_2\left(\frac{h}{2}\right)$ ↓ ⑥ →	$G_3(h)$	
⋮	⋮	⋮	⋮	⋮

由计算误差,当 m 较大时,计算是很准确的. 但考虑到舍入误差,一般 m 不能取太大.

例 6.5.3 设 $f(x)=x^2\cos x$,试用 Richardson 外推数值公式(6.5.13)计算 $f'(1.0)$ 的近似值,初始步长取 $h=0.1$.计算结果精确到小数点后7位.

解 计算结果见表 6.5.3.

表 6.5.3 外推值

h	$G(h)$	第一次外推	第二次外推
0.1	0.226 736 16		
0.05	0.236 030 92	0.239 129 17	
0.025	0.238 357 74	0.239 133 35	0.239 133 63

$f'(1.0)$ 的16位准确值为 0.239 133 626 928 383. 当 $h=0.025$ 时,用中点数值微分公式计算只有两位有效数字相同,第一次外推结果就有6位有效数字相同,外推两次有7位有效数字相同.

6.6 综 述

本章介绍积分和微分的数值计算方法,着重论述了牛顿-科茨求积公式、龙贝格求积公式和高斯求积公式. 我们知道,积分和微分是两种分析运算,它们都是用极限来定义的. 数值积分和数值微分则归结为函数值的四则运算,从而使计算过程可以在计算机上完成. 处理数值积分和数值微分的基本方法是逼近法. 本章基于插值原理推导了数值积分和数值微分的基本公式.

牛顿-科茨求积公式和高斯求积公式都是插值型求积公式. 前者取等距节点,算法简单而容易编制程序. 高斯求积公式采用正交多项式的零点作为节点,从而具有较高的精度,但节点没有规律. 运用带权的高斯公式,能把复杂的求积公式化简,还可以直接计算奇异积分. 由于高阶牛顿-科茨公式的不稳定性,所以实际计算采用复化求积公式为宜. 高斯求积公式是稳定的,但高阶求积方法的准备工作较为繁杂,因此,复化高斯求积方法也是一个较好的方法.

龙贝格求积方法,由于程序简单,精度较高,因而是一个可选取的方法. 当节点加密提高积分近似程度时,前面计算的结果可以为后面的计算使用,因此,对减少计算量很有好处. 该方法有比较简单的误差估计方法,能同时得到若干积分序列. 如果在作收敛控制时,同时检验主对角线序列、梯形求积序列和抛物线求积序列,那么对不同性态的函数,可以用其中最快的收敛序列来逼近积分值.

外推原理是提高计算精度的一种重要技巧,应用很广泛,特别适用于数值微分、数值积分、常微分方程和偏微分方程数值解等问题.

本章讨论了数值微积分方法,其理论基础是函数的泰勒展开、插值及正交多项式的有关性质. 利用泰勒展开、插值与样条方法给出了建立数值微分的基本方法及几个常用的数值微分公式,并介绍了外推原理及方法. 本章重点介绍了各种数值积分方法,如等距节点的牛顿-科茨公式、复化牛顿-科茨公式、龙贝格积分方法及高斯型求积公式.

在等距节点的牛顿-科茨公式中,最常用的是梯形公式、辛普森公式及科茨公式. 虽然梯形公式、辛普森公式是低精度公式,但对被积函数的光滑性要求不高,因此它们对被积函数光滑性较差的积分很有效，特别是梯形公式对被积函数为周期函数时，效果更突出．高阶牛顿-科茨公式稳定性较差，收敛较慢．为了提高收敛速度而建立的复化梯形公式、复化辛普森公式是目前人们广泛使用的方法．龙贝格积分法有时也称逐次分半加速法，其特点是算法简单、计算量不大（当节点加密时，前面计算的结果可为后面的计算使用），并有简单的误差估计方法．高斯型求积公式是非等距节点的求积公式，其特点是精度高，并能解决无穷积分的计算问题，但由于节点分布不规则，当增加节点时，前面计算出的函数值不能再利用，必须重算函数值，计算过程比较麻烦．

习　题

1．利用梯形公式和辛普森公式计算积分 $\int_0^1 e^{-x}dx$，并估计误差．

2．取 $n=6$，利用复化梯形公式计算积分 $\int_0^{0.6}\sqrt{1-[f'(x)]^2}dx$，其中

(1) $f(x)=x^2-x^3$；　　(2) $f(x)=x\sin x$．

3．取 $n=6$，利用复化辛普森公式计算积分 $\int_0^{0.6}f(x)\sqrt{1+[f'(x)]^2}dx$，其中

(1) $f(x)=\sin x$；　　(2) $f(x)=1+x^2$．

4．已知积分 $\int_1^3 e^x\sin x dx$，若规定误差小于 10^{-6}，则当分别利用复化梯形公式和复化辛普森公式计算时，所需节点数及步长分别为多少？

5．设 $f(x)$ 在 $[a,b]$ 上可积，证明当 $n\to\infty$ 时，复化辛普森公式趋于所计算的积分值．

6．分别用复化梯形公式和变步长复化辛普森公式计算积分 $\int_0^1 \frac{\sin x}{x}dx$．要求利用事后估计误差，误差限不超过 $\frac{1}{2}\times10^{-3}$ 和 $\frac{1}{2}\times10^{-6}$．

7．利用龙贝格积分计算下列积分，要求绝对误差限不超过 10^{-6}．

(1) $\int_1^2\frac{1}{x}dx$；　　(2) $\int_0^1\frac{4}{1+x^2}dx$．

8．设 $h=\frac{b-a}{3}$，$x_0=a$，$x_1=a+h$，$x_2=b$，确定以下求积公式的代数精度．

$$\int_a^b f(x)dx\approx\frac{9}{4}hf(x_1)+\frac{3}{4}hf(x_2)$$

9．证明求积公式

$$\int_a^b f(x)dx\approx\frac{h}{2}[f(x_0)+f(x_1)]-\frac{h^2}{2}[f'(x_1)+f'(x_0)]$$

具有 6 次代数精度，其中 $h=x_1-x_0$．

10．确定下列求积公式中的待定系数，使得求积公式的代数精度尽可能高，并指明所确定的求积公式具有的代数精度．

(1) $\int_{-h}^{h}f(x)dx\approx A_{-1}f(-h)+A_0f(0)+A_1f(h)$；

(2) $\int_{-1}^{1} f(x)\mathrm{d}x \approx \frac{1}{3}[f(-1)+2f(x_1)+3f(x_2)]$;

(3) $\int_{0}^{1} f(x)\mathrm{d}x \approx \alpha_0 f(0)+\alpha_1 f(1)+\beta_1 f'(1)$;

(4) $\int_{-1}^{1} f(x)\mathrm{d}x \approx c[f(x_0)+f(x_1)+f(x_2)]$.

11. 确定 x_1, x_2, c_1, c_2,构造高斯公式 $\int_{0}^{1}\sqrt{1-x}f(x)\mathrm{d}x \approx c_1 f(x_1)+c_2 f(x_2)$.

12. 三次勒让德多项式的根为 $x_1=-\sqrt{3/5}$, $x_2=0$, $x_3=\sqrt{3/5}$,确定常数 $\alpha_1, \alpha_2, \alpha_3$ 使以下积分公式代数精度尽可能高,并且验证是否为高斯公式.

$$\int_{-1}^{1} f(x)\mathrm{d}x = \alpha_1 f(x_1)+\alpha_2 f(x_2)+\alpha_3 f(x_3)$$

13. 分别利用梯形公式和两点高斯-勒让德公式计算积分 $\int_{-1}^{1}\left[0.5+\frac{1}{(x+2)^2}\right]\mathrm{d}x$.

14. 取 $n=2$,利用高斯公式计算 $\int_{-\frac{\pi}{2}}^{\frac{\pi}{2}}\cos x\mathrm{d}x$.

15. 用两点高斯-切比雪夫求积公式计算积分 $\int_{-1}^{1}\frac{1-x^2}{\sqrt{1-x^2}}\mathrm{d}x$ 的近似值.

16. 用三点公式求 $f(x)=\frac{1}{(1+x)^2}$ 在 $x=1.0, 1.1$ 和 1.2 处的导数值,并估计误差. $f(x)$的值由习题表6.1给出.

习题表6.1　$f(x)$的值

x	1.0	1.1	1.2
$f(x)$	0.250 0	0.226 8	0.206 6

17. 给定 $f(x)=\sqrt{x}$ 在节点 $x_k=100+kh$, $h=1$, $k=0,1,2,3$ 上的函数值和两个端点的导数值 $f'(100)$ 和 $f'(103)$. 用三次样条求导法,计算 $f'(101)$, $f'(101.5)$, $f'(102)$, $f''(101.5)$ 的近似值.

18. 运输工程学的一项研究中须计算某十字路口在24 h的周期内所通过的车辆数. 在一天的不同时刻,某人记录了该十字路口1 min内所通过的车辆数,如习题表6.2所列. 试根据这些数据估计每天通过该十字路口的车辆总数(请注意单位).

习题表6.2　十字路口1 min内所通过的车辆数

时　间	车辆通过数	时　间	车辆通过数	时　间	车辆通过数
24:00	2	9:00	11	18:00	20
2:00	2	10:30	4	19:00	10
4:00	0	11:30	11	20:00	8
5:00	2	12:30	12	21:00	10
6:00	6	14:00	8	22:00	8
7:00	7	16:00	7	23:00	7
8:00	23	17:00	26	24:00	3

19. 火箭向上的速度由以下公式计算：

$$v = u\ln\left(\frac{m_0}{m_0 - qt}\right) - gt$$

其中，v 为向上的速度，u 为燃料相对于火箭喷出的速度，m_0 为火箭在 $t=0$ 时的初始质量，q 为燃料消耗的速度，g 为向下的重力加速度（$g=9.8\ \mathrm{m/s^2}$）．若 $u=1\ 800\ \mathrm{m/s}$，$m_0=160\ 000\ \mathrm{kg}$，$q=2\ 500\ \mathrm{kg/s}$．利用 6 个子区间上的梯形和辛普森、六点高斯求积公式以及 $O(h^8)$ 的龙贝格方法确定火箭在 30 s 内能上升多高．另外，使用数值微分法绘制加速度与时间的关系图．

20. 习题表 6.3 所列数据是从某条河的横截面上收集的，其中，y 是与河岸的距离，H 是深度，U 是速度．

习题表 6.3 横截面上的数据

Y/m	0	1	3	5	7	8	9	10
H/m	0	1	1.5	3	3.5	3.2	2	0
$U/(\mathrm{m\cdot s^{-1}})$	0	0.1	0.12	0.2	0.25	0.3	0.15	0

使用数值积分方法计算平均深度、横截面面积、平均速度和流率．注意：横截面面积 A_c 与流率 Q 的计算公式如下：

$$A_c = \int_0^y H(y)\mathrm{d}y, \qquad Q = \int_0^x H(y)U(y)\mathrm{d}y$$

第 7 章　非线性方程和方程组的数值解法

7.0　引　言

在科学与工程应用中，很多数学模型最终转化为方程问题，这类方程常为非线性方程和非线性方程组.

例 7.0.1　电缆线问题.

不同高度的两点之间悬挂一条电缆线，如图 7.0.1(a)所示. 由于在电缆线上没有任何负载，其重量就是作用于电缆单位长度上的均匀负载. 设 T_A 和 T_B 表示在端点 A 和 B 处的张力，y 表示电缆在 x 处的高度，如图 7.0.1(b)所示. 根据力的平衡关系，有

$$y=\frac{T_A}{\omega}\cosh\left(\frac{\omega}{T_A}x\right)+y_0-\frac{T_A}{\omega}$$

问题　已知 x，y，y_0 和 ω，如何求 T_A？

例 7.0.2　GPS 定位问题.

全球定位系统(GPS)是美国研制的导航定位授时系统，如图 7.0.2 所示，其由 24 颗等间隔分布在 6 个轨道面上的高度为 20 200 km 的卫星组成. GPS 用户从接收的 GPS 信号可以得到足够的信息进行精密定位和定时. 若同时收集到至少四颗卫星的数据，就可以解算出三维坐标、速度和时间. 假设 t 时刻在地面待测点上安置 GPS 接收机，可以测定 GPS 信号到达接收机的时间，再加上接收机所接收到的卫星星历等其他数据可以确定四个方程式：

$$\begin{cases}(x-x_1)^2+(y-y_1)^2+(z-z_1)^2=[c(t-t_1)]^2\\(x-x_2)^2+(y-y_2)^2+(z-z_2)^2=[c(t-t_2)]^2\\(x-x_3)^2+(y-y_3)^2+(z-z_3)^2=[c(t-t_3)]^2\\(x-x_4)^2+(y-y_4)^2+(z-z_4)^2=[c(t-t_4)]^2\end{cases}$$

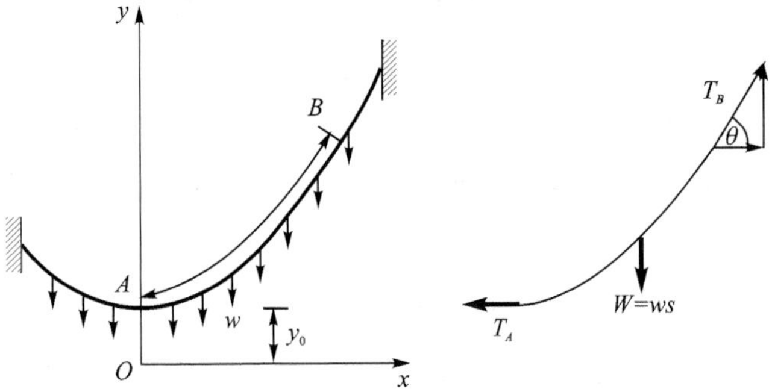

(a) 电缆线AB段　　(b) 受力情况

图 7.0.1　电缆线 AB 段受力情况

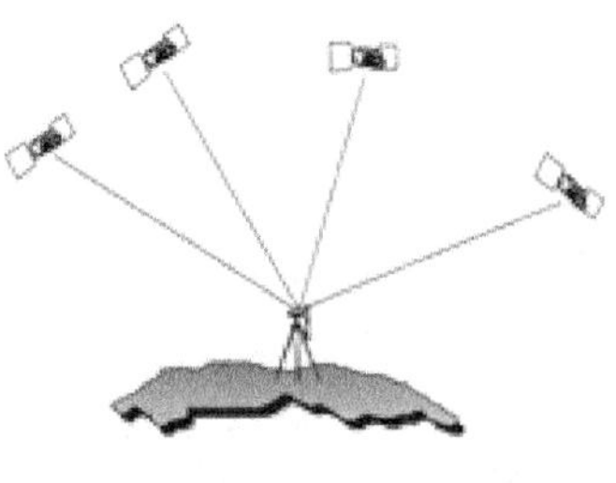

图 7.0.2　GPS 定位系统

本章主要讨论非线性方程 $f(x)=0$ 的数值求解方法，同时也将介绍非线性方程组的一般

求解方法.

非线性方程有以下形式：

① 高次代数方程，如 $x^4-8.6x^3-3.55x^2+464.4x-998.46=0$；

② 超越方程，如 $e^{-x}=\sin\dfrac{\pi x}{2}=0$.

一般的非线性方程组可写成 $F(x)=0$，其中 F 和 x 都是 n 维向量，或写成

$$f_i(x_1,x_2,\cdots,x_n)=0,\qquad i=1,2,\cdots,n$$

其中，$f_1,f_2,\cdots,f_n$ 中至少有一个是 $x_1,x_2,\cdots,x_n$ 的非线性函数. 当 $n=1$ 时，就是单个的方程 $f(x)=0$.

与线性方程组不同，除特殊情况外，非线性方程不能用直接法来求数值解，而要用迭代法.

对于线性方程组，如前所述，若某迭代法收敛，则取任何初值都收敛. 但是，对于非线性方程，不同的初值可能有不同的收敛性态，有的初值使迭代收敛，有的则不收敛. 一般来说，为使迭代法收敛，初值应取在解的附近.

在本章主要详细讨论单个方程的情形，比如形如

$$a_nx^n+a_{n-1}x^{n-1}+\cdots+a_1x+a_0=0$$

的代数方程. 当 $n\geqslant 5$ 时，其根是不能用加、减、乘、除和开方的有限次运算公式表示的，所以代数方程的解法也主要是迭代法.

方程的数值解法的收敛性，也与方程根的重数有关. 对于一般的函数 $f(x)\in C[a,b]$，若有

$$f(x)=(x-x^*)^m g(x),\qquad g(x^*)\neq 0$$

其中，m 为正整数，称 x^* 是 $f(x)$的 m 重零点，或称 x^* 是方程 $f(x)=0$ 的 m 重根. 显然，若 x^* 是 $f(x)$的 m 重零点，且 $g(x)$充分光滑，则有

$$f(x^*)=f'(x^*)=\cdots=f^{(m-1)}(x^*)=0,\qquad f^{(m)}(x^*)\neq 0$$

当 m 为奇数时，$f(x)$在 x^* 点处变号；当 m 为偶数时，$f(x)$在 x^* 点处不变号.

7.1　方程求根的二分法

方程求根的二分法
微视频

本节讨论求解非线性方程 $f(x)=0$ 的二分法.

设 $f(x)\in C[a,b]$，若 $f(a)f(b)<0$，则方程 $f(x)=0$ 在 $[a,b]$ 内至少有一个实根，称 $[a,b]$ 为方程的有根区间. 通过逐步缩小有根区间，可以形成方程求根的数值解法.

在各种求根方法中，最简单又直观的要属有根区间的二分法. 下面给出方程求根的二分方法.

设 $[a_0,b_0]=[a,b]$ 为有限区间，$[a_n,b_n]$ 的中点是 x_n，$n=1,2,\cdots$. 若 $f(x_n)=0$，则 x_n 为其根. 若有 $f(a_n)f(x_n)<0$，则令新的有根区间 $[a_{n+1},b_{n+1}]=[a_n,x_n]$；若 $f(a_n)f(x_n)>0$，则令 $[a_{n+1},b_{n+1}]=[x_n,b_n]$. 这样，若反复二分下去，即可得出一系列有根区间.

$$[a,b]\supset[a_1,b_1]\supset[a_2,b_2]\supset\cdots\supset[a_n,b_n]$$

其中，每个区间都是前一个区间的一半. 因此，$[a_k,b_k]$ 的长度

$$b_k - a_k = \frac{b-a}{2^k} \to 0, \qquad k \to \infty$$

由此可见,如果二分过程能无限地继续下去,由区间套定理可知,这些区间最终必收敛于一点 x^*,该点显然就是所求的根.

每次二分之后,设有限区间 $[a_k, b_k]$ 的中点 $x_k = \frac{a_k + b_k}{2}$ 作为根的近似值,则在二分过程中可以获得一个近似根的序列 $\{x_k\}$,该序列必以根 x^* 为极限. 在实际计算时,不可能完成这个无限过程,其实也没有这个必要,因为数值分析的结果允许带有一定的误差. 由于

$$|x^* - x_k| \leqslant \frac{b_k - a_k}{2} = \frac{b-a}{2^{k+1}}$$

只要二分足够多次(即 k 充分大),则有 $|x^* - x_k| < \varepsilon$,这里 ε 是预先给定的精度.

例 7.1.1 求方程 $f(x) = x^3 - x - 1 = 0$ 在区间 $[1, 1.5]$ 内的一个实根,要求准确到小数点后的第 2 位.

解 这里 $a=1, b=1.5, f(a)<0, f(b)>0$. 取 $[a,b]$ 的中点 $x_0 = 1.25$,将区间 $[a,b]$ 二等分,由于 $f(x_0)<0$,即 $f(a)$ 与 $f(x_0)$ 同号,故在 x_0 的右侧有方程的一个实根,这时,令 $a_1 = x_0 = 1.25, b_1 = b = 1.5$,而新的有限区间为 $[a_1, b_1]$. 二分过程可如此反复下去,计算结果如表 7.1.1 所列.

表 7.1.1 例 7.1.1 计算结果

k	0	1	2	3	4	5	6
a_k	1	1.25	1.25	1.312 5	1.312 5	1.312 5	1.320 3
b_k	1.5	1.5	1.375	1.375	1.343 8	1.328 1	1.328 1
x_k	1.25	1.375	1.312 5	1.343 8	1.328 1	1.320 3	1.324 2
$f(x_k)$	−	+	−	+	−	+	−

现在预估所要二分的次数. 令 $\frac{b-a}{2^{k+1}} \leqslant 0.005$ 可得 $k \geqslant 6$,即二分 6 次就能达到预定的精度 $|x^* - x_6| \leqslant 0.005$,与实际计算结果相符.

上述二分法的优点是算法简单,而且在有限区间内,收敛性总能得到保证. 值得注意的是,为了求出足够精确的近似解,往往需要计算很多次函数值,是一种收敛较慢的方法,并且它只能用于求实函数的奇数重零点. 该方法通常用于求根的粗略近似值,把它作为后面章节要讨论的迭代法的初始值. 另一方面,二分法只适用于求一元方程的奇数重实根.

在二分法中,是逐次将有根区间折半. 更一般的是,从有限区间的左端点出发,按预定的步长 h 一步一步地向右跨,每跨一步进行一次根的"搜索",即检查所在节点上函数值的符号,一旦发现其与左端的函数值异号,便可确定一个缩小了的有限区间,其宽度等于预定的步长 h. 然后,再对新的有限区间,取新的更小的预定步长,继续"搜索",直到有限区间的宽度足够小,这种方法称为逐步搜索法.

7.2 一元方程的不动点迭代法

迭代法是求方程 $f(x)=0$ 近似根的基本而又重要的方法. 它的基本思想是,利用某种递

推算式，使某个预知的近似根(简称初值)逐次精确化，直到得到满足精度要求的近似根为止. 下面讨论常见的不动点迭代法.

7.2.1　不动点迭代法及其收敛性

不动点迭代法及其收敛性微视频

设一元函数 $f(x)$ 是连续的，为了求一元非线性方程

$$f(x)=0 \tag{7.2.1}$$

的实根，先将它转化成等价形式

$$x=\varphi(x) \tag{7.2.2}$$

其中，$\varphi(x)$ 是一个连续函数.

然后构造迭代公式

$$x_{k+1}=\varphi(x_k),\qquad k=0,1,\cdots \tag{7.2.3}$$

对于给定的初值 x_0，若由此迭代生成的序列 $\{x_k\}$ 有极限 $\lim\limits_{k\to\infty}x_k=x^*$，则有 $x^*=\varphi(x^*)$，即满足式(7.2.2)，从而按等价性，x^* 也是式(7.2.1)的根.

迭代公式(7.2.3)称为基本迭代法，$\varphi(x)$ 称为迭代函数，x^* 称为 $\varphi(x)$ 的不动点，式(7.2.3)也称为不动点迭代法. 在迭代过程中，x_{k+1} 仅由 x_k 决定，因此这是一种单步法.

把式(7.2.1)转换成等价形式(7.2.2)的方法很多，迭代函数的不同选择对应不同的迭代法，但它们的收敛性可能有很大的差异. 当方程有多个解时，同一迭代法的不同初值，也可能收敛到不同的根，举例说明如下.

例 7.2.1　求 $f(x)=x^3-x-1=0$ 的一个实根.

解　把 $f(x)=0$ 转换成两种等价形式

$$x=\varphi_1(x)=\sqrt[3]{x+1}$$

$$x=\varphi_2(x)=x^3-1,\qquad k=0,1,\cdots$$

对应的迭代法分别为

$$x_{k+1}=\sqrt[3]{x_k+1}$$

$$x_{k+1}=x_k^3-1,\qquad k=0,1,\cdots$$

由于 $f(1)=-1$，$f(2)=5$，即连续函数 $f(x)$ 在区间 $[1,2]$ 内变号，从而 $[1,2]$ 为有根区间. 取它的中点为初值，即令 $x_0=1.5$，迭代结果列于表 7.2.1 中. 此方程有唯一的实根 $x^*=1.324\ 747\ 957\ 244\ 75$. 显然第一个迭代法收敛，第二个迭代法发散.

表 7.2.1　例 7.2.1 迭代结果

k	0	1	2	…	11
$\sqrt[3]{x_k+1}$	1.500 000	1.357 208 81	1.330 860 96	…	1.324 717 96
x_k^3-1	1.500 000	2.375 000 00	12.396 484 4	…	$\to+\infty$

例 7.2.2　求 $f(x)=x^2-2=0$ 的根.

解　把 $f(x)=0$ 转换成等价形式

$$x=\varphi(x)=\frac{1}{2}\left(x+\frac{2}{x}\right)$$

对应的迭代法为 $x_{k+1}=\dfrac{1}{2}\left(x_k+\dfrac{2}{x_k}\right)$，$k=0,1,\cdots$. 取初值 $x_0=\pm1$，迭代结果分别收敛到

$x^* = \pm\sqrt{2}$,计算结果如表7.2.2所列.

表7.2.2 例7.2.2计算结果

k	0	1	2	3	4	5
x_k	1	1.5	1.416 666 67	1.414 215 69	1.414 213 56	1.414 213 56
x_k	−1	−1.5	−1.416 666 67	−1.414 215 69	−1.414 213 56	−1.414 213 56

由此可见,基本迭代法的收敛与否取决于迭代函数 $\varphi(x)$ 和初值 x_0 的选取. 同时也了解到,迭代序列的收敛性依赖于迭代函数 $\varphi(x)$ 的构造. 因此,构造什么样的迭代函数才能保证迭代序列收敛以及收敛速度的估计,需要着重讨论. 下面给出迭代公式(7.2.3)的收敛性基本定理.

定理7.2.1 设函数 $\varphi(x)$ 在闭区间 $[a,b]$ 上连续,并且满足

(1)(映内性)对任意 $x\in[a,b]$,有 $\varphi(x)\in[a,b]$;

(2)(压缩性)存在正数 $L<1$,使对任意 $x,y\in[a,b]$,有

$$|\varphi(x)-\varphi(y)|\leqslant L|x-y| \tag{7.2.4}$$

则对式(7.2.2)有

(1) 函数 $\varphi(x)$ 在闭区间 $[a,b]$ 上存在唯一的不动点 x^*.

(2) 对于任何初值 $x_0\in[a,b]$,由迭代公式(7.2.3)生成的序列 $\{x_k\}$ 收敛到不动点 x^*.

(3) 有误差估计式

$$|x_k-x^*|\leqslant\frac{L}{1-L}|x_k-x_{k-1}| \tag{7.2.5}$$

证 (1) 令 $\psi(x)=x-\varphi(x)$,则由 $\varphi(x)\in[a,b]$ 知,$\psi(a)\leqslant0$,$\psi(b)\geqslant0$. 因为 $\psi(x)$ 是连续函数,故它在 $[a,b]$ 上有零点,即 $\varphi(x)$ 在 $[a,b]$ 上有不动点 x^*,若 $\varphi(x)$ 在 $[a,b]$ 上有两个相异的不动点 x_1^*,x_2^*,则有

$$|x_1^*-x_2^*|=|\varphi(x_1^*)-\varphi(x_2^*)|\leqslant L|x_1^*-x_2^*|<|x_1^*-x_2^*|$$

这是一个矛盾的式子,因此 $\varphi(x)$ 在 $[a,b]$ 上只有一个不动点.

(2) 显然有 $x_k\in[a,b]$,$k=0,1,\cdots$,进而

$$|x_k-x^*|=|\varphi(x_{k-1})-\varphi(x^*)|\leqslant L|x_{k-1}-x^*|\leqslant\cdots\leqslant L^k|x_0-x^*|$$

由于 $\lim\limits_{k\to\infty}L^k=0$,从而 $\lim\limits_{k\to\infty}|x_0-x^*|=0$,即 $\lim\limits_{k\to\infty}x_k=x^*$.

(3) 显然有

$$|x_{k+1}-x_k|=|\varphi(x_k)-\varphi(x_{k-1})|\leqslant L|x_k-x_{k-1}|$$

进而,对任意的正整数 p,同理可得

$$|x_{k+p}-x_k|\leqslant|x_{k+p}-x_{k+p-1}|+\cdots+|x_{k+2}-x_{k+1}|+|x_{k+1}-x_k|\leqslant (L^{p-1}+\cdots+L+1)|x_{k+1}-x_k|$$

因为 $0<L<1$,从而

$$(1-L)^{-1}=\sum_{k=0}^{\infty}L^k>1+L+\cdots+L^{p-1}$$

$$|x_{k+p}-x_k|\leqslant\frac{1}{1-L}|x_{k+1}-x_k|\leqslant\frac{L}{1-L}|x_k-x_{k-1}|$$

令 $p\to+\infty$,由收敛性可得式(7.2.5),定理得证.

如果函数 $\varphi(x)$ 在区间 (a,b) 内可导，那么定理 7.2.1 中的条件(2)可用更强的条件

$$|\varphi'(x)| \leqslant L < 1, \qquad \forall x \in (a,b) \tag{7.2.6}$$

代替. 事实上，若上式成立，则由微分中值定理，对任何 $x,y \in [a,b]$ 都有

$$|\varphi(x)-\varphi(y)| = |\varphi'(\xi)(x-y)| \leqslant L\,|x-y|$$

其中，ξ 在 x 与 y 之间，从而条件式(7.2.4)成立.

由估计式(7.2.5)可知，只要相邻两次计算结果的偏差 $|x_k - x_{k-1}|$ 足够小，且 L 不是非常接近 1，即可保证近似值 x_k 具有足够的精度. 因此，可以通过检查 $|x_k - x_{k-1}|$ 的大小来判断迭代过程是否终止. 并且，由式(7.2.5)有

$$|x_k - x^*| \leqslant \frac{L^k}{1-L}|x_1 - x_0| \tag{7.2.7}$$

如果能恰当计算出 L 的值，则由式(7.2.7)可对给定的精度确定需要迭代的次数. 函数 $\varphi(x)$ 的不动点 x^*，在几何上是直线 $y=x$ 与曲线 $y=\varphi(x)$ 的交点的横坐标. 因此，定理 7.2.1 的几何解释如图 7.2.1 所示，其中图(a)是收敛的情形，图(b)是发散的情形.

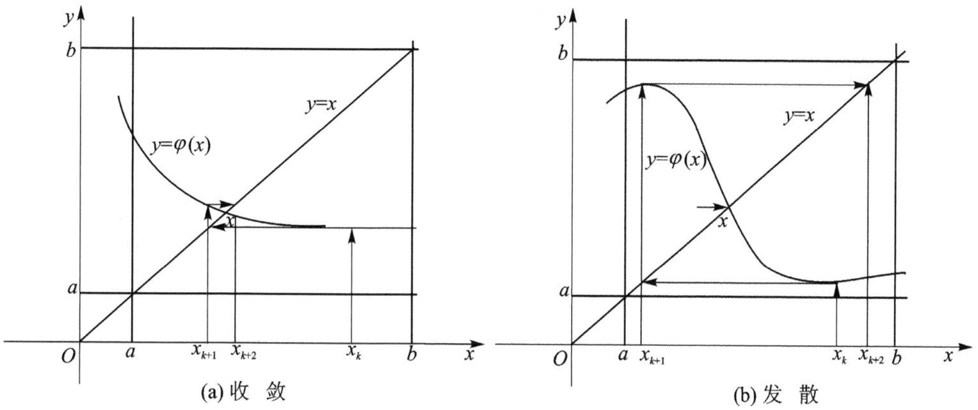

图 7.2.1　收敛与发散情形

例 7.2.3　对于例 7.2.1 的两种迭代法，讨论它们的收敛性.

分析　对于迭代函数 $\varphi_1(x)=\sqrt[3]{x+1}$，其导数 $\varphi'_1(x)=\dfrac{1}{3}(x+1)^{-\frac{2}{3}}$.

容易验证，对任意 $x\in[1,2]$ 有

$$\varphi_1(x) \in [1.26, 1.45] \subset [1,2], \qquad \varphi'_1(x) \leqslant 0.21 < 1$$

因此，对于任何初值 $x_0 \in [1,2]$，由 $\varphi_1(x)$ 给出的迭代法都收敛到区间 $[1,2]$ 上的唯一不动点 x^*.

对于迭代函数 $\varphi_2(x)=x^3-1$，其导数 $\varphi'_2(x)=3x^2$. 显然，对 $x\in[1,2]$ 有 $\varphi_2(x)\in[0,7]$，$\varphi'_2(x)>1$，不满足定理 7.2.1 的条件. 从几何上可以说明，只要初值 $x_0 \neq x^*$，该迭代法发散.

有时，对于一些不满足定理 7.2.1 的条件问题，可以通过转化，化为适合于迭代的形式. 这要针对具体情况进行讨论.

例 7.2.4　已知 $x=\varphi(x)$ 的 $\varphi'(x)$ 满足 $|\varphi'(x)-3|<1$，试问如何利用 $\varphi(x)$ 构造一个收敛的简单迭代函数？

解 由 $x=\varphi(x)$,可得

$$x-3x=\varphi(x)-3x$$

可得到等价方程

$$x=\frac{1}{2}[3x-\varphi(x)]$$

因此,令 $\psi(x)=\frac{1}{2}[3x-\varphi(x)]$,则有 $|\psi'(x)|=\frac{1}{2}|3-\varphi'(x)|<\frac{1}{2}$,因此,迭代法 $x_{k+1}=\psi(x_k)$,$k=0,1,\cdots$收敛.

7.2.2 局部收敛性和加速收敛法

由于定理7.2.1讨论的是迭代法在区间 $[a,b]$ 上的收敛性,因此可以称之为全局收敛性定理. 全局收敛性也包括在无穷区间上收敛的情形. 但一般说来,全局收敛性的情形不易检验. 所以常常讨论在根 x^* 附近的收敛性. 为此,给出如下定义.

定义7.2.1 设 x^* 是 $\varphi(x)$ 的不动点,若存在 x^* 的一个闭邻域 $S(x^*,\delta)=[x^*-\delta,x^*+\delta]$,$\delta>0$,使得对任何初值 $x_0\in S(x^*,\delta)$,由迭代公式(7.2.3)生成的序列满足 $\{x_k\}\subset S(x^*,\delta)$,且收敛到 x^*,则称迭代公式(7.2.3)是局部收敛的.

定理7.2.2 设 x^* 是 $\varphi(x)$ 的一个不动点,$\varphi'(x)$ 在 x^* 的某个邻域上连续,并且有 $|\varphi'(x^*)|<1$,则迭代公式(7.2.3)局部收敛.

证 因为 $\varphi'(x)$ 在 x^* 处连续,且 $|\varphi'(x^*)|<1$,所以存在 x^* 的一个闭邻域 $[x^*-\delta,x^*+\delta]$,在其上 $|\varphi'(x)|\leqslant L<1$,并且有

$$|\varphi(x)-x^*|=|\varphi(x)-\varphi(x^*)|\leqslant L|x-x^*|<\delta$$

即对一切 $x\in[x^*-\delta,x^*+\delta]$,有 $\varphi(x)\in[x^*-\delta,x^*+\delta]$. 根据定理7.2.1,对任意 $x_0\in[x^*-\delta,x^*+\delta]$,迭代公式(7.2.3)收敛,定理得证.

上述定理称为局部收敛定理,它给出了局部收敛的一个充分条件. 当迭代收敛时,收敛的快慢用下述收敛阶段来衡量.

定义7.2.2 设序列 $\{x_k\}$ 收敛到 x^*,记误差 $e_k=x_k-x^*$. 若存在实数 $p\geqslant 1$ 和 $c\neq 0$,使得

$$\lim_{k\to\infty}\frac{e_{k+1}}{e_k^p}=c \tag{7.2.8}$$

则称序列 $\{x_k\}$ 是 p 阶收敛的. 当 $p=1$ 时,称为线性收敛;当 $p>1$ 时,称为超线性收敛;当 $p=2$ 时,称为平方收敛.

式(7.2.8)表明,当 $k\to\infty$ 时,e_{k+1} 是 e_k 的 p 阶无穷小量. 因此阶数 p 越大,收敛越快. 如果是线性收敛的,则式(7.2.8)中的常数满足 $0<|c|\leqslant 1$. 如果在定理7.2.2中还有 $\varphi'(x^*)\neq 0$,即 $\varphi'(x^*)$ 满足 $0<|\varphi'(x^*)|<1$,则对 $x_0\neq x^*$ 必有 $x_k\neq x^*$,$k=1,2,\cdots$, 而且

$$e_{k+1}=x_{k+1}-x^*=\varphi(x_k)-\varphi(x^*)=\varphi'(\xi_k)e_k \tag{7.2.9}$$

其中,ξ_k 在 x_k 与 x^* 之间. 于是

$$\lim_{k\to\infty}\frac{e_{k+1}}{e_k}=\lim_{k\to\infty}\varphi'(\xi_k)=\varphi'(x^*)\neq 0$$

从而,在这种情况下,$\{x_k\}$ 是线性收敛的. 可见,提高收敛阶的一个途径是选择迭代函数

$\varphi(x)$，使它满足 $\varphi'(x^*)=0$. 下面给出整数阶超线性收敛的一个充分条件.

定理 7.2.3　设 x^* 是 $\varphi(x)$ 的一个不动点，若有正整数 $p\geqslant 2$，使得 $\varphi^{(p)}(x)$ 在 x^* 的闭邻域上连续，并且满足 $\varphi'(x^*)=\varphi''(x^*)=\cdots=\varphi^{(p-1)}(x^*)=0$，$\varphi^{(p)}(x^*)\neq 0$，则由迭代法生成的序列在 x^* 的邻域上是 p 阶收敛的，且有

$$\lim_{k\to\infty}\frac{e_{k+1}}{e_k^p}=\frac{\varphi^{(p)}(x^*)}{p!} \tag{7.2.10}$$

证　因 $\varphi'(x^*)=0$，由定理 7.2.2 知迭代公式(7.2.3)是局部收敛的. 取充分接近 x^* 的 x_0，设 $x_0\neq x^*$，有 $x_k\neq x^*$，$k=1,2,\cdots$. 由泰勒展开式有

$$x_{k+1}=\varphi(x_k)=\varphi(x^*)+\varphi'(x^*)(x_k-x^*)+\cdots+$$
$$\frac{\varphi^{(p-1)}(x^*)}{(p-1)!}(x_k-x^*)^{(p-1)}+\frac{\varphi^{(p)}(\xi_k)}{p!}(x_k-x^*)^p$$

其中，ξ_k 在 x_k 与 x^* 之间. 由式(7.2.9)有

$$x_{k+1}-x^*=\frac{\varphi^{(p)}(\xi_k)}{p!}(x_k-x^*)^p$$

由 $\varphi^{(p)}(x)$ 的连续性可得式(7.2.10)，定理得证.

线性收敛的迭代法常常收敛得很慢，所以要在这些迭代法的基础上考虑加速收敛的方法. 设 $\{x_k\}$ 线性收敛到 x^*，则迭代法误差 $e_k=x_k-x^*$ 满足

$$\lim_{k\to\infty}\frac{e_{k+1}}{e_k}=\lim_{k\to\infty}\frac{x_{k+1}-x^*}{x_k-x^*}=c\neq 0$$

因此，当 k 充分大时有

$$\frac{x_{k+1}-x^*}{x_k-x^*}\approx\frac{x_{k+2}-x^*}{x_{k+1}-x^*}$$

从中解出 x^* 得

$$x^*\approx x_{k+2}-\frac{(x_{k+2}-x_{k+1})^2}{x_{k+2}-2x_{k+1}+x_k}$$

所以，在计算了 x_k，x_{k+1} 和 x_{k+2} 之后，x_{k+2} 可以用上式右端作为的一个修正值. 这样，可将迭代法改造成下述过程，该过程称为 Steffensen 迭代法.

$$\begin{cases} y_k=\varphi(x_k), & z_k=\varphi(y_k) \\ x_{k+1}=z_k-\dfrac{(z_k-y_k)^2}{z_k-2y_k+x_k}, & k=0,1,\cdots \end{cases} \tag{7.2.11}$$

它的不动点形式为

$$x_{k+1}=\psi(x_k),\qquad k=0,1,\cdots \tag{7.2.12}$$

其中的迭代函数为

$$\psi(x)=\frac{x\varphi[\varphi(x)]-\varphi^2(x)}{\varphi[\varphi(x)]-2\varphi(x)+x}=x-\frac{[\varphi(x)-x]^2}{\varphi[\varphi(x)]-2\varphi(x)+x} \tag{7.2.13}$$

例 7.2.5　求方程 $f(x)=x\mathrm{e}^x-1=0$ 的根.

解　此方程等价于 $x=\varphi(x)=\mathrm{e}^{-x}$. 由 $y=x$ 和 $y=\mathrm{e}^{-x}$ 可以看出，$\varphi(x)$ 只有一个不动点 $x^*>0$，对于 $\forall x\in[0,1]$，都有 $0<|\varphi'(x)|=\mathrm{e}^{-x}<1$，所以迭代法 $x_{k+1}=\mathrm{e}^{-x_k}$ 线性收敛. 取初始值 $x_0=0.5$，迭代结果列于表 7.2.3 中. 准确解是 0.567 143 290 409 78…，可见 Steffensen

迭代法是较快的.

表 7.2.3 例 7.2.5 迭代结果

k	0	1	2	3	4
x_k	0.5	0.567 623 876	0.567 143 314	0.567 143 290	0.567 143 290

定理 7.2.4 设函数按式(7.2.13)定义,有

(1) 若 x^* 是 $\varphi(x)$ 的不动点,$\varphi'(x)$ 在 x^* 处连续,且 $\varphi'(x^*)\neq 1$,则 x^* 也是 $\psi(x)$ 的不动点;反之,若 x^* 是 $\psi(x)$ 的不动点,则 x^* 也是 $\varphi(x)$ 的不动点.

(2) 若 x^* 是 $\varphi(x)$ 的不动点,$\varphi''(x)$ 在 x^* 处连续,且 $\varphi'(x)\neq 1$,则 Steffensen 迭代公式(7.2.11)至少具有二阶局部收敛性.

证 (1) 若 $x^*=\varphi(x^*)$,则当 $x=x^*$ 时,式(7.2.13)的分子分母都为零. 对它的极限用 L'Hospitale 法则,由于 $\varphi'(x^*)\neq 1$,可知

$$\lim_{x\to x^*}\psi(x)=\lim_{x\to x^*}\frac{\varphi[\varphi(x)]+x\varphi'[\varphi(x)]\varphi'(x)-2\varphi(x)\varphi'(x)}{\varphi'[\varphi(x)]\varphi'(x)-2\varphi'(x)+1}=\frac{x^*\,[\varphi'(x^*)-1]^2}{[\varphi'(x^*)-1]^2}=x^*$$

从而 $x^*=\psi(x^*)$. 反之,若 $x^*=\psi(x^*)$,则由式(7.2.13)可知 $x^*=\varphi(x^*)$.

(2) 由(1)可知 x^* 是 $\psi(x)$ 的不动点,于是,由定理 7.2.3,只要证明 $\psi'(x^*)=0$. 将式(7.2.13)两边对 x 求导得

$$1-\psi'(x)=\frac{p(x)}{q(x)} \tag{7.2.14}$$

其中

$$p(x)=2\,[\varphi(x)-x]\,[\varphi'(x)-1]\,\{\varphi[\varphi(x)]-2\varphi(x)+x\}-[\varphi(x)-x]^2\{\varphi'[\varphi(x)]\varphi'(x)-2\varphi'(x)+1\}$$

$$q(x)=\{\varphi[\varphi(x)]-2\varphi(x)+x\}^2$$

并且容易算出

$$p''(x^*)=q''(x^*)=2\,[\varphi'(x^*)-1]^4$$

于是,由 $\varphi'(x^*)\neq 1$,可知 $p''(x^*)=q''(x^*)\neq 0$. 对式(7.2.14)的两边求极限,因为 x^* 至少是 $p(x)$ 和 $q(x)$ 二重根,所以使用两次 L'Hospitale 法则得

$$1-\psi'(x^*)=\lim_{x\to x^*}[1-\psi'(x)]=\lim_{x\to x^*}\frac{p''(x)}{q''(x)}=1$$

从而 $\psi'(x^*)=0$,定理得证.

可见,在定理 7.2.4 的条件下,不管原迭代法 $x_{k+1}=\varphi(x_k)$ 收敛还是不收敛,由它构成的 Steffensen 加速迭代式(7.2.11)至少平方收敛. 因此,Steffensen 迭代法是对原迭代法的一种改善. 关于原迭代法不收敛的情形,这种加速的方法是否有效呢? 举例如下.

例 7.2.6 用 Steffensen 迭代法求方程 $f(x)=x^3-x-1=0$ 的实根.

解 由例 7.2.3 可知,迭代法 $x_{k+1}=x_k^3-1$ 发散. 现用 $\varphi_2(x)=x^3-1$ 构造 Steffensen 迭代法.

$$y_k=x_k^3-1,\qquad z_k=y_k^3-1$$

$$x_{k+1}=z_k-\frac{(z_k-y_k)^2}{z_k-2y_k+x_k}$$

仍取初值 $x_0=1.5$，计算结果如表 7.2.4 所列. 可见，Steffensen 迭代法对这种不收敛的情形同样有效. 当然，这并不代表对所有的不收敛的情形都有效.

表 7.2.4　例 7.2.6 计算结果

k	0	1	…	5	6
x_k	1.5	1.416 292 97	…	1.324 717 99	1.324 717 96

7.3　一元方程的常用迭代法

牛顿迭代法是解代数方程(多项式方程)和超越方程的有效方法之一，当满足一定条件时，其收敛阶至少是二阶的. 牛顿法不仅可用来求方程 $f(x)=0$ 的实根，还可以用来求代数方程的重根、复根，同时还可以拓展用来解非线性方程组.

7.3.1　牛顿迭代法

牛顿迭代法
微视频

设 x^* 是方程 $f(x)=0$ 的实根，$x_k(x_k\approx x^*)$ 是一个近似根，由泰勒展开式有

$$0=f(x^*)=f(x)+f'(x_k)(x^*-x_k)+\frac{f''(\xi)}{2}(x^*-x_k)^2$$

这里假设 $f''(x)$ 存在并连续. 若 $f'(x_k)\neq 0$，可得

$$x^*=x_k-\frac{f(x_k)}{f'(x_k)}-\frac{f''(\xi)}{2f'(x_k)}(x^*-x_k)^2 \tag{7.3.1}$$

其中，ξ 位于 x^* 与 x_k 之间. 若式(7.3.1)的右端最后一项忽略不计，作为 x^* 一个新的近似值，就有

$$x_{k+1}=x_k-\frac{f(x_k)}{f'(x_k)},\qquad k=0,1,\cdots \tag{7.3.2}$$

这就是牛顿迭代法公式.

对式(7.3.2)可作如下的几何解释：x_{k+1} 为函数 $f(x)$ 在点 x_k 处的切线与横坐标轴的交点，见图 7.3.1，因此牛顿迭代法也称为切线法.

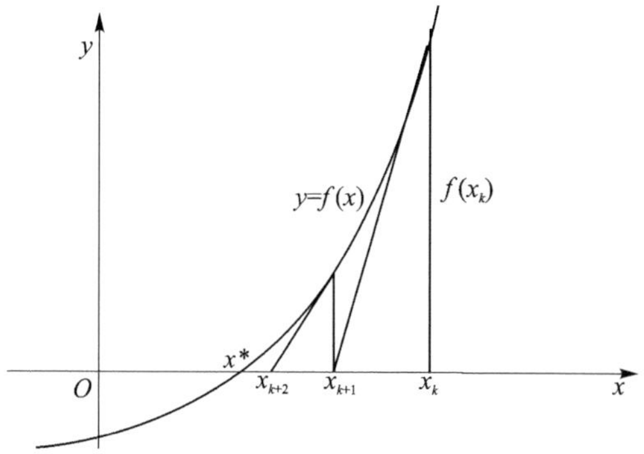

图 7.3.1　牛顿迭代法示意图

将式(7.3.2)写成一般的不动点迭代式(7.2.3)的形式,有

$$\varphi(x)=x-\frac{f(x)}{f'(x)},\qquad \varphi'(x)=\frac{f(x)f''(x)}{[f'(x)]^2}$$

所以有 $\varphi'(x^*)=0(f'(x^*)\neq 0)$,牛顿迭代法是超线性收敛的. 更准确地,从式(7.3.1)和式(7.3.2)可得下面的定理.

定理 7.3.1 设 $f(x^*)=0,f'(x^*)\neq 0$,且 $f(x)$在包含 x^* 的一个区间上有二阶连续导数,则牛顿迭代公式(7.3.2)至少二阶收敛,并且

$$\lim_{k\to\infty}\frac{x_{k+1}-x^*}{(x_k-x^*)^2}=\frac{f''(x^*)}{2f'(x^*)}$$

以上讨论的是牛顿法的局部收敛性. 对于某些非线性方程,牛顿法具有全局收敛性.

例 7.3.1 设 $a>0$,对方程 $x^2-a=0$,试证:取任何初值 $x_0>0$,牛顿迭代法都收敛到算术根 $\sqrt{a}$.

证 对 $f(x)=x^2-a$,牛顿迭代法为

$$x_{k+1}=\frac{1}{2}\left(x_k+\frac{a}{x_k}\right),\qquad k=0,1,\cdots \tag{7.3.3}$$

由此可知

$$x_{k+1}-\sqrt{a}=\frac{1}{2x_k}(x_k^2-2x_k\sqrt{a}+a)=\frac{1}{2x_k}(x_k-\sqrt{a})^2$$

$$x_k-x_{k+1}=\frac{1}{2x_k}(x_k^2-a)$$

可见,对于任何 $x_0>0$,都有 $x_k\geqslant\sqrt{a}$,$k=1,2,\cdots$,并且$\{x_k\}$非增. 因此$\{x_k\}$是有下界的非增序列,从而有极限 x^*. 对式(7.3.3)的等号两边取极限,得到$(x^*)^2-a=0$,因为 $x_k>0$,故有 $x^*=\sqrt{a}$.

设 x^* 是 $f(x)=0$ 的 m 重根,$m\geqslant 2$,即

$$f(x)=(x-x^*)^m g(x),\qquad g(x^*)\neq 0$$

由牛顿迭代函数 $\varphi(x)$的导数表达式,容易求出

$$\varphi'(x^*)=1-\frac{1}{m}$$

从而,$0<\varphi'(x^*)<1$. 因此只要 $f'(x_k)\neq 0$,这时的牛顿迭代法线性收敛.

为了改善重根时牛顿法的收敛性,有如下两种方法:

① 若改为取

$$\varphi(x)=x-\frac{mf(x)}{f'(x)} \tag{7.3.4}$$

容易验证 $\varphi'(x^*)=0$. 迭代至少二阶收敛.

② 若令 $\mu(x)=\dfrac{f(x)}{f'(x)}$,由 x^* 是 $f(x)$的 m 重零点,则有

$$\mu(x)=\frac{(x-x^*)g(x)}{mg(x)+(x-x^*)g'(x)}$$

所以,x^* 同时是 $\mu(x)$的单零点. 可将牛顿法的迭代函数修改为

$$\varphi(x)=x-\frac{\mu(x)}{\mu'(x)}=x-\frac{f(x)f'(x)}{[f'(x)]^2-f(x)f''(x)} \tag{7.3.5}$$

这种方法也是至少二阶收敛的.

例 7.3.2　方程 $x^4-4x^2+4=0$ 的根 $x^*=\sqrt{2}$ 是二重根，用三种方法求解.

解　(1) 用牛顿法有

$$x_{k+1}=x_k-\frac{x_k^2-2}{4x_k}$$

(2) 由式(7.3.4)，$m=2$，迭代公式为

$$x_{k+1}=x_k-\frac{x_k^2-2}{2x_k}$$

(3) 由式(7.3.5)确定的修改方法，迭代公式化简为

$$x_{k+1}=x_k-\frac{x_k(x_k^2-2)}{x_k^2+2}$$

三种方法均取 $x_0=1.5$，计算结果列于表 7.3.1，方法(2)和方法(3)都是二阶方法，x_3 都达到了误差限为 10^{-9} 的精确度，而普通的牛顿法是一阶的，要近 30 次迭代才有相同精度的结果.

表 7.3.1　例 7.3.2 计算结果

x_k	x_0	x_1	x_2	x_3
方法(1)	1.5	1.458 333 333	1.436 607 143	1.425 497 619
方法(2)	1.5	1.416 666 667	1.414 215 686	1.414 213 562
方法(3)	1.5	1.411 764 706	1.414 211 438	1.414 213 562

牛顿法的每步计算都要求提供函数的导数值，当函数 $f(x)$ 比较复杂时，提供它的导数值往往是有困难的. 此时，在牛顿迭代公式(7.3.2)中，可用 $f'(x_0)$ 或常数 D 取代 $f'(x_k)$，迭代式变为

$$x_{k+1}=x_k-\frac{f(x_k)}{f'(x_0)} \qquad \text{或} \qquad x_{k+1}=x_k-\frac{f(x_k)}{D}$$

这称为简化牛顿法. 其迭代函数为

$$\varphi(x)=x-\frac{f(x)}{f'(x_0)} \qquad \text{或} \qquad \varphi(x)=x-\frac{f(x)}{D}$$

通常，若 $\varphi(x^*)\neq 0$，则简化牛顿法一般为线性收敛.

7.3.2　割线法与抛物线法

割线法与抛物线法

微视频

为了回避导数值 $f'(x_k)$ 的计算，除了前面的简化牛顿法之外，也可用点 x_k, x_{k-1} 上的差商代替 $f'(x_k)$，得到迭代公式

$$x_{k+1}=x_k-\frac{x_k-x_{k-1}}{f(x_k)-f(x_{k-1})}f(x_k) \tag{7.3.6}$$

这就是割线法的计算公式. 其几何解释为通过 $(x_k, f(x_k))$ 和 $(x_{k-1}, f(x_{k-1}))$ 作 $y=f(x)$ 的割线，不能直接用单步迭代法收敛性分析的结果. 下面给出割线法收敛性的定理.

定理 7.3.2　设 $f(x^*)=0$，在区间 $\Delta=[x^*-\delta, x^*+\delta]$ 上的二阶导数连续，且 $f'(x)\neq$

0. 又设 $M\delta<1$,其中

$$M=\frac{\max\limits_{x\in\Delta}|f''(x)|}{2\min\limits_{x\in\Delta}|f'(x)|} \tag{7.3.7}$$

则当 $x_0,x_1\in\Delta$ 时,由式(7.3.6)产生的序列 $\{x_k\}\subset\Delta$,并且按 $p=(1+\sqrt{5})/2\approx1.618$ 阶收敛到根 x^*.

证 由式(7.3.6)等号两边减去 x^*,利用均差的记号有

$$\begin{aligned}x_{k+1}-x^*=x_k-x^*-\frac{f(x_k)-f(x^*)}{f[x_{k-1},x_k]}=\\(x_k-x^*)\left[1-\frac{f[x_k,x^*]}{f[x_{k-1},x_k]}\right]=\\(x_k-x^*)(x_{k-1}-x^*)\frac{f[x_{k-1},x_k,x^*]}{f[x_{k-1},x_k]}\end{aligned} \tag{7.3.8}$$

因 $f(x)$ 有二阶导数,所以有

$$f[x_{k-1},x_k]=f'(\eta_k)$$

$$f[x_{k-1},x_k,x^*]=\frac{1}{2}f''(\zeta_k)$$

其中,η_k 在 x_{k-1},x_k 之间,ζ_k 在包含 x_{k-1},x_k,x^* 的最小区间上. 仍记 $e_k=x_k-x^*$,由式(7.3.8)有

$$e_{k+1}=\frac{f''(\zeta_k)}{2f'(\eta_k)}e_ke_{k-1} \tag{7.3.9}$$

若 $|e_{k-1}|<\delta$,$|e_k|<\delta$,则利用式(7.3.7)和 $M\delta<1$ 得

$$|e_{k+1}|\leqslant M|e_k||e_{k-1}|\leqslant M\delta^2<\delta$$

这说明 $x_0,x_1\in\Delta$ 时,序列 $\{x_k\}\subset\Delta$. 又由于

$$|e_k|\leqslant M|e_{k-1}||e_{k-2}|\leqslant M\delta|e_{k-1}|\leqslant\cdots\leqslant(M\delta)^k|e_0|$$

所以,当 $k\to\infty$ 时,$e_k\to0$,即 $\{x_k\}$ 收敛到 x^*. 从式(7.3.9)也可知割线法至少是一阶收敛的.

进一步确定收敛的阶,这里给出一个不严格的证明. 由式(7.3.9)有

$$|e_{k+1}|\approx M^*|e_k||e_{k-1}| \tag{7.3.10}$$

这里 $M^*=\frac{1}{2}|f''(x^*)||f'(x^*)|^{-1}$. 令 $d^{m_k}=M^*|e_k|$,代入式(7.3.10)得

$$m_{k+1}\approx m_k+m_{k-1}$$

我们知道,差分方程 $z_{k+1}=z_k+z_{k-1}$ 的通解为 $z_k=c_1\lambda_1^k+c_2\lambda_2^k$,这里,$c_1,c_2$ 为任意常数.

$$\lambda_1=\frac{1+\sqrt{5}}{2}\approx1.618$$

$$\lambda_2=\frac{1-\sqrt{5}}{2}\approx-0.618$$

λ_1 和 λ_2 是方程 $\lambda^2-\lambda-1=0$ 的两个根. 当 k 充分大时,设 $m_k\approx c\lambda_1^k$,c 为常数,则有

$$\frac{|e_{k+1}|}{e_k^{\lambda_1}}=(M^*)^{\lambda_1-1}d^{m_{k+1}-\lambda_1m_k}\approx(M^*)^{\lambda_1-1}$$

这说明割线法的收敛阶为 $\lambda_1\approx1.618$,定理证毕.

类似于简单牛顿法，有如下的单点割线法：

$$x_{k+1}=x_k-\frac{x_k-x_0}{f(x_k)-f(x_0)}f(x_k),\qquad k=1,2,\cdots$$

其迭代函数为 $\varphi(x)=x-\dfrac{f(x)(x-x_0)}{f(x)-f(x_0)}$. 于是 $\varphi'(x^*)=1-\dfrac{f'(x^*)}{f''(\zeta)}$，其中，$\zeta$ 在 x_0 和 x^* 之间. 由此可见，单点割线法一般为线形收敛. 但当 $f'(x)$ 变化不大时，$\varphi'(x^*)\approx 0$，其收敛仍可能很快.

例 7.3.3 分别用单点割线法、割线法和牛顿法求解 Leonardo 方程 $f(x)=x^3+2x^2+10x-20=0$.

解 $f'(x)=3x^2+4x+10$，$f''(x)=3x+4$，由于 $f'(x)>0$，$f(1)=-7<0$，$f(2)=12>0$，故 $f(x)$ 在 $(1,\ 2)$ 内仅有一个根. 对于单点割线法和割线法，取 $x_0=1$，$x_1=2$ 计算. 对于牛顿法，由于在 $(0,\ 2)$ 内 $f''(x)>0$，$f(2)>0$，故取 $x_0=2$，二者计算结果如表 7.3.2 所列.

表 7.3.2 例 7.3.3 计算结果

x_k	单点割线法	割线法	牛顿法
x_2	1.368 421 053	1.368 421 053	1.383 388 704
x_3	1.368 851 263	1.368 850 469	1.368 869 419
x_4	1.368 803 298	1.368 808 104	1.368 808 109
x_5	1.368 808 644	1.368 808 108	1.368 808 108

由计算结果知，对单点割线法有 $|x_5-x_4|\approx 0.5\times 10^{-5}$，对割线法有 $|x_5-x_4|\approx 0.4\times 10^{-8}$，对牛顿法有 $|x_5-x_4|\approx 0.1\times 10^{-8}$，故取 $x^*\approx 1.368\ 808\ 108$.

割线法的收敛阶虽然低于牛顿法，但迭代一次只须计算一次 $f(x_k)$ 函数值，不需要计算导数值 $f'(x_k)$，所以效率高，实际问题中经常使用. 与割线法类似，可通过三点 $(x_i,f(x_i))$，$i=k-2,k-1,k$ 作一条抛物线，适当选取它与 x 轴交点的横坐标作为 x_{k+1}. 这种产生迭代序列的方法称为抛物线法，亦称穆勒(Muller)方法.

下面给出抛物线法的计算公式. 过三点 $(x_i,f(x_i))$，$i=k-2,k-1,k$ 的插值多项式为

$$\begin{aligned}p_2(x)=&f(x_k)+f[x_k,x_{k+1}](x-x_k)+f[x_k,x_{k-1},x_{k-2}](x-x_k)(x-x_{k-1})=\\&f(x_k)+\omega_k(x-x_k)+f[x_k,x_{k-1},x_{k-2}](x-x_k)\end{aligned}$$

其中，$\omega_k=f[x_k,x_{k-1}]+(x_k-x_{k-1})f[x_k,x_{k-1},x_{k-2}]$. 二次方程 $p_2(x)=0$ 有两个根，选择接近 x_k 的一个根作 x_{k+1}，即得迭代公式

$$x_{k+1}=x_k-\frac{2f(x_k)}{\omega_k+\operatorname{sgn}(\omega_k)\sqrt{\omega_k^2-4f(x_k)f[x_k,x_{k-1},x_{k-2}]}}\tag{7.3.11}$$

把根式写到分母中是为了避免有效数字的损失.

可以证明式(7.3.11)产生的序列局部收敛到 $f(x)$ 的零点 x^*，即有类似于定理 7.3.2 的结论. 这里要假设 $f(x)$ 在 x^* 的邻域内三阶导数连续，$f''(x^*)\neq 0$. 它的收敛阶是 $p\approx 1.839$，是方程

$$\lambda^3-\lambda^2-\lambda-1=0$$

的根. 穆勒法收敛速度比割线法更接近于牛顿法.

7.4 非线性方程组的数值解法

7.4.1 非线性方程组的不动点迭代法

设含有 n 个未知数的 n 个方程的非线性方程组为

$$\boldsymbol{F}(\boldsymbol{x})=0 \tag{7.4.1}$$

其中,$\boldsymbol{x}=(x_1,x_2,\cdots,x_n)^{\mathrm{T}}$ 为 n 维列向量,且

$$\boldsymbol{F}(\boldsymbol{x})=(f_1(\boldsymbol{x}),f_2(\boldsymbol{x}),\cdots,f_n(\boldsymbol{x}))^{\mathrm{T}}$$

$f_i(\boldsymbol{x}),i=1,2,\cdots,n$ 中至少有一个是 x 的非线性函数,并假设自变量和函数值都是实数. 多元非线性方程组(7.4.1)与一元非线性方程 $f(\boldsymbol{x})=0$ 具有相同的形式,可以与一元非线性方程并行地讨论它的迭代解法,例如不动点迭代法和牛顿型迭代法. 但是,这里某些定理的证明较为复杂,将略去其证明.

把方程组(7.4.1)改写成下面便于迭代的等价形式:

$$\boldsymbol{x}=\boldsymbol{\Phi}(\boldsymbol{x})=(\varphi_1(\boldsymbol{x}),\varphi_2(\boldsymbol{x}),\cdots,\varphi_n(\boldsymbol{x}))^{\mathrm{T}} \tag{7.4.2}$$

并构造不动点迭代法

$$\boldsymbol{x}^{(k+1)}=\boldsymbol{\Phi}(\boldsymbol{x}^{(k)}),\qquad k=0,1,\cdots \tag{7.4.3}$$

对于给定的初始点 $\boldsymbol{x}^{(0)}$,若由此生成的序列 $\{\boldsymbol{x}^{(k)}\}$ 收敛,$\lim\limits_{k\to\infty}\boldsymbol{x}^{(k)}=\boldsymbol{x}^*$,且 $\varphi(\boldsymbol{x})$ 是连续的,即 $(\varphi_1(\boldsymbol{x}),\varphi_2(\boldsymbol{x}),\cdots,\varphi_n(\boldsymbol{x}))$ 是自变量 $x_1,x_2,\cdots,x_n$ 的连续函数,则 $\boldsymbol{x}^*$ 满足 $\boldsymbol{x}^*=\varphi(\boldsymbol{x}^*)$,即 $\boldsymbol{x}^*$ 是迭代函数 $\varphi(\boldsymbol{x})$ 的不动点,从而 $\boldsymbol{x}^*$ 是方程组(7.4.1)的解.

例 7.4.1 用不动点迭代法解非线性方程组

$$\begin{cases}x_1^2-10x_1+x_2^2+8=0\\ x_1x_2^2+x_1-10x_2+8=0\end{cases} \tag{7.4.4}$$

解 把它写成等价形式

$$\begin{cases}x_1=\varphi_1(x_1,x_2)=\dfrac{1}{10}(x_1^2+x_2^2+8)\\[2ex] x_1=\varphi_1(x_1,x_2)=\dfrac{1}{10}(x_1x_2^2+x_1^2+8)\end{cases}$$

并由此构造不动点迭代法

$$\begin{cases}x_1^{(k+1)}=\varphi_1(x_1^{(k)},x_2^{(k)})=\dfrac{1}{10}\left[(x_1^{(k)})^2+(x_2^{(k)})^2+8\right]\\[2ex] x_2^{(k+1)}=\varphi_2(x_1^{(k)},x_2^{(k)})=\dfrac{1}{10}\left[x_1^{(k)}(x_2^{(k)})^2+x_1^{(k)}+8\right]\\[1ex] k=0,1,\cdots\end{cases} \tag{7.4.5}$$

取初始点 $\boldsymbol{x}^{(0)}=(0,0)^{\mathrm{T}}$. 计算结果列于表 7.4.1,可见迭代收敛到方程的解 $\boldsymbol{x}^*=(1,1)^{\mathrm{T}}$.

表 7.4.1 例 7.4.1 计算结果

k	0	1	3	…	18	19
$x_1^{(k)}$	0	0.8	0.928	…	0.999 999 972	0.999 999 989
$x_2^{(k)}$	0	0.8	0.931	…	0.999 999 972	0.999 999 989

函数也称映射,若函数 $\boldsymbol{\Phi}(x)$ 的定义域为 $\boldsymbol{D}\subset\boldsymbol{R}^n$,则可用映射符号"→"简便地表示为 $\boldsymbol{\Phi}$:

$\boldsymbol{D}\subset\boldsymbol{R}^n\to\boldsymbol{R}^n$. 为了讨论不动点迭代式(7.4.3)的收敛性,先定义向量值函数的映内性和压缩性.

定义 7.3.1　设有函数 $\boldsymbol{\Phi}:\boldsymbol{D}\subset\boldsymbol{R}^n\to\boldsymbol{R}^n$,若 $\boldsymbol{\Phi}(\boldsymbol{x})\in\boldsymbol{D}$, $\forall\,\boldsymbol{x}\in\boldsymbol{D}$,则称 $\boldsymbol{\Phi}(\boldsymbol{x})$在 D 上是映内的,记做 $\boldsymbol{\Phi}(\boldsymbol{D})\subset\boldsymbol{D}$,又若存在常数 $L\in(0,1)$,使得

$$\|\boldsymbol{\Phi}(\boldsymbol{x})-\boldsymbol{\Phi}(\boldsymbol{y})\|\leqslant L\|\boldsymbol{x}-\boldsymbol{y}\|,\qquad \forall\,\boldsymbol{x},\boldsymbol{y}\in\boldsymbol{D}$$

则称 $\boldsymbol{\Phi}(\boldsymbol{x})$在 $\boldsymbol{D}$ 上是压缩的,L 称为压缩系数.

压缩性与所用的向量范数有关,函数 $\boldsymbol{\Phi}(\boldsymbol{x})$对某种范数是压缩的,对另一种范数可能不是压缩的.

定理 7.4.1(Brouwer 不动点定理)　若 $\boldsymbol{\Phi}$ 在有界凸集 $\boldsymbol{D}_0\subset\boldsymbol{D}$ 上连续并且映内,则 $\boldsymbol{\Phi}$ 在 $\boldsymbol{D}_0$ 内存在不动点.

定理 7.4.2(压缩映射定理)　设函数 $\boldsymbol{\Phi}:\boldsymbol{D}\subset\boldsymbol{R}^n\to\boldsymbol{R}^n$ 在闭集 $\boldsymbol{D}_0\subset\boldsymbol{D}$ 上是映内的,并且对某一种范数是压缩的,压缩系数为 L,则

(1) $\boldsymbol{\Phi}(\boldsymbol{x})$在 $\boldsymbol{D}_0$ 上存在唯一的不动点 $\boldsymbol{x}^*$.

(2) 对任何初值 $\boldsymbol{x}^{(0)}\in\boldsymbol{D}_0$,迭代公式(7.4.3)生成的序列$\{\boldsymbol{x}^{(k)}\}\subset\boldsymbol{D}_0$ 收敛到 $\boldsymbol{x}^*$,并且有误差估计式:

$$\|\boldsymbol{x}^{(k)}-\boldsymbol{x}^*\|\leqslant\frac{L}{1-L}\|\boldsymbol{x}^{(k)}-\boldsymbol{x}^{(k-1)}\|$$

例 7.4.2　对于例 7.4.1,设 $\boldsymbol{D}_0=\{(x_1,x_2)^{\mathrm T}:-1.5\leqslant x_1,x_2\leqslant 1.5\}$. 试证:对任何初始点 $\boldsymbol{x}^{(0)}\in\boldsymbol{D}_0$,由迭代公式(7.4.5)生成的序列都收敛到式(7.4.4)在 $\boldsymbol{D}_0$ 中的唯一解 $\boldsymbol{x}^*=(1,1)^{\mathrm T}$.

证　首先容易算出,对于任何 $\boldsymbol{x}=(x_1,x_2)^{\mathrm T}\in\boldsymbol{D}_0$,都有

$$0.8\leqslant\varphi_1(x_1,x_2)\leqslant 1.25,\qquad 0.3125\leqslant\varphi_2(x_1,x_2)\leqslant 1.2875$$

因此,迭代函数 $\boldsymbol{\Phi}$ 在 $\boldsymbol{D}_0$ 上是映内的. 进而,对于任何

$$\boldsymbol{x}=(x_1,x_2)^{\mathrm T}\in\boldsymbol{D}_0,\qquad \boldsymbol{y}=(y_1,y_2)^{\mathrm T}\in\boldsymbol{D}_0$$

都有

$$\begin{aligned}|\varphi_1(\boldsymbol{x})-\varphi_1(\boldsymbol{y})|=&\frac{1}{10}|(x_1+y_1)(x_1-y_1)+(x_2+y_2)(x_2-y_2)|\leqslant\\&\frac{3}{10}(|x_1-y_1|+|x_2-y_2|)=\\&0.3\|x-y\|_1\end{aligned}$$

$$\begin{aligned}|\varphi_2(\boldsymbol{x})-\varphi_2(\boldsymbol{y})|=&\frac{1}{10}|x_1-y_1+x_1x_2^2-y_2y_2^2|=\\&\frac{1}{10}|x_1-y_1+x_1x_2^2-y_1x_2^2+y_1x_2^2-y_1y_2^2|=\\&\frac{1}{10}|(1+x_2^2)(x_1-y_1)+y_1(x_2+y_2)(x_2-y_2)|\leqslant\\&\frac{1}{10}\Big(3.25|x_1-y_1|+4.5|x_2-y_2|\Big)\end{aligned}$$

从而

$$\|\boldsymbol{\Phi}(\boldsymbol{x})-\boldsymbol{\Phi}(\boldsymbol{y})\|_1=|\varphi_1(x)-\varphi_2(y)|+|\varphi_2(x)-\varphi_2(y)|\leqslant 0.75\|x-y\|_1$$

可见,函数 $\boldsymbol{\Phi}$ 在 $\boldsymbol{D}_0$ 上是压缩的. 因此,由定理 7.4.2 得知结论成立.

以上讨论了迭代法在 $\boldsymbol{D}_0$ 的收敛性,下面讨论局部收敛性.

定义 7.4.1 设 $\boldsymbol{x}^*$ 为 $\boldsymbol{\Phi}$ 的不动点,若存在 $\boldsymbol{x}^*$ 的一个邻域 $\boldsymbol{S}\subset\boldsymbol{D}$,对一切 $\boldsymbol{x}^{(0)}\in\boldsymbol{S}$,由式(7.4.3)产生的序列 $\{\boldsymbol{x}_{(k)}\}\subset\boldsymbol{S}$,且 $\lim\limits_{k\to\infty}\boldsymbol{x}_{(k)}=\boldsymbol{x}^*$,则称 $\{\boldsymbol{x}^{(k)}\}$ 具有局部收敛性.

定义 7.4.2 设 $\{\boldsymbol{x}^{(k)}\}$ 收敛于 $\boldsymbol{x}^*$,存在常数 $p\geqslant 1$ 及常数 $c>0$,使 $\lim\limits_{x\to\infty}\dfrac{\|\boldsymbol{x}^{(k+1)}-\boldsymbol{x}^*\|}{\|\boldsymbol{x}^{(k)}-\boldsymbol{x}^*\|^p}=c$,则称 $\{\boldsymbol{x}^{(k)}\}$ 为 p 阶收敛.

定理 7.4.3 设 $\boldsymbol{\Phi}:\boldsymbol{D}\subset\boldsymbol{R}^n\to\boldsymbol{R}^n$,$\boldsymbol{x}^*\in\boldsymbol{D}_0$ 为 $\boldsymbol{\Phi}$ 的不动点,若存在开球 $\boldsymbol{S}=\boldsymbol{S}(\boldsymbol{x}^*,\delta)=\{\boldsymbol{x}:\|\boldsymbol{x}-\boldsymbol{x}^*\|<\delta\}\subset\boldsymbol{D}$,存在常数 $L\in(0,1)$,使 $\|\boldsymbol{\Phi}(\boldsymbol{x})-\boldsymbol{\Phi}(\boldsymbol{x}^*)\|\leqslant L\|\boldsymbol{x}-\boldsymbol{x}^*\|$,$\forall\,\boldsymbol{x}\in\boldsymbol{S}$,则由式(7.4.3)产生的序列 $\{\boldsymbol{x}^{(k)}\}$ 局部收敛至 $\boldsymbol{x}^*$.

证 任给 $\boldsymbol{x}^{(0)}\in\boldsymbol{S}$,一般地,设 $\boldsymbol{x}^{(k)}\in\boldsymbol{S}$,即 $\|\boldsymbol{x}-\boldsymbol{x}^*\|<\delta$,则

$$\|\boldsymbol{x}^{(k+1)}-\boldsymbol{x}^*\|=\|\boldsymbol{\Phi}(\boldsymbol{x}^{(k)})-\boldsymbol{\Phi}(\boldsymbol{x}^*)\|\leqslant L\|\boldsymbol{x}^{(k)}-\boldsymbol{x}^*\|<L\delta<\delta$$

得知 $\lim\limits_{k\to\infty}\|\boldsymbol{x}^{(k)}-\boldsymbol{x}^*\|=0$,从而有 $\lim\limits_{k\to\infty}\boldsymbol{x}^{(k)}=\boldsymbol{x}^*$. 于是,由定义 7.4.1 知迭代公式(7.4.3)在点 $\boldsymbol{x}^*$ 处局部收敛. 定理得证.

与单个方程的情形类似,有时可以用关于导数的条件代替压缩条件来判别收敛性.

定理 7.4.4 设 $\boldsymbol{\Phi}:\boldsymbol{D}\subset\boldsymbol{R}^n\to\boldsymbol{R}^n$,$\boldsymbol{\Phi}$ 在 $\boldsymbol{D}$ 内有一不动点 $\boldsymbol{x}^*$,且 $\boldsymbol{\Phi}$ 在 $\boldsymbol{x}^*$ 处可导,且谱半径 $\rho(\boldsymbol{\Phi}'(\boldsymbol{x}^*))=\sigma<1$,则迭代公式(7.4.3)在点 $\boldsymbol{x}^*$ 处局部收敛,其中,函数 $\boldsymbol{\Phi}(\boldsymbol{x})$ 的导数为雅可比矩阵(见式(7.4.6)),利用谱半径与范数的关系 $\rho(\boldsymbol{A})\leqslant\|\boldsymbol{A}\|$,可用 $\|\boldsymbol{\Phi}'(\boldsymbol{x}^*)\|<1$ 代替定理 7.4.4 中的条件 $\rho(\boldsymbol{\Phi}'(\boldsymbol{x}^*))<1$. 其中

$$\boldsymbol{\Phi}'(\boldsymbol{x}^*)=\begin{pmatrix}(\nabla\varphi_1(\boldsymbol{x}))^{\mathrm{T}}\\(\nabla\varphi_2(\boldsymbol{x}))^{\mathrm{T}}\\\vdots\\(\nabla\varphi_n(\boldsymbol{x}))^{\mathrm{T}}\end{pmatrix}=\begin{pmatrix}\dfrac{\partial\varphi_1(\boldsymbol{x})}{\partial x_1}&\dfrac{\partial\varphi_1(\boldsymbol{x})}{\partial x_2}&\cdots&\dfrac{\partial\varphi_1(\boldsymbol{x})}{\partial x_n}\\\dfrac{\partial\varphi_2(\boldsymbol{x})}{\partial x_1}&\dfrac{\partial\varphi_2(\boldsymbol{x})}{\partial x_2}&\cdots&\dfrac{\partial\varphi_2(\boldsymbol{x})}{\partial x_n}\\\vdots&\vdots&&\vdots\\\dfrac{\partial\varphi_n(\boldsymbol{x})}{\partial x_1}&\dfrac{\partial\varphi_n(\boldsymbol{x})}{\partial x_2}&\cdots&\dfrac{\partial\varphi_n(\boldsymbol{x})}{\partial x_n}\end{pmatrix}\tag{7.4.6}$$

例如,对于例 7.4.1 有

$$\boldsymbol{\Phi}'(\boldsymbol{x})=\frac{1}{10}\begin{pmatrix}2x_1&2x_2\\x_1^2+1&2x_1x_2\end{pmatrix}$$

对于例 7.4.2 所取的区域 $\boldsymbol{D}_0$,$\boldsymbol{\Phi}$ 的不动点 $\boldsymbol{x}^*$ 在它的内部. 容易验证,在 $\boldsymbol{D}_0$ 上有 $\|\boldsymbol{\Phi}'(\boldsymbol{x}^*)\|\leqslant 0.75$,因此,迭代公式(7.4.3)在点 $\boldsymbol{x}^*$ 处局部收敛.

7.4.2 非线性方程组的牛顿法

对于非线性方程组,也可以构造类似于一元方程的牛顿迭代法. 设 $\boldsymbol{x}^*$ 是方程组(7.4.1)的解,$\boldsymbol{x}^{(k)}$ 是方程组的一个近似解. 用点 $\boldsymbol{x}^{(k)}$ 处的一阶泰勒展开式近似每一个分量函数值 $f_i(\boldsymbol{x}^*)=0$,有

$$f_i(\boldsymbol{x}^*)\approx f_i(\boldsymbol{x}^{(k)})+\sum_{j=1}^{n}\frac{\partial f_i(\boldsymbol{x}^{(k)})}{\partial x_j}(\boldsymbol{x}_j^*-\boldsymbol{x}_j^{(k)}),\qquad i=1,2,\cdots,n\tag{7.4.7}$$

写成向量形式有 $\boldsymbol{F}(\boldsymbol{x}^*)\approx\boldsymbol{F}(\boldsymbol{x}^{(k)})+\boldsymbol{F}'(\boldsymbol{x}^{(k)})(x_j^*-\boldsymbol{x}^{(k)})$,其中,$\boldsymbol{F}'(\boldsymbol{x}^{(k)})$ 为 $\boldsymbol{F}(\boldsymbol{x})$ 的雅可比矩

阵 $\boldsymbol{F}'(\boldsymbol{x})$在 $\boldsymbol{x}^{(k)}$ 的值,而

$$\boldsymbol{F}'(\boldsymbol{x})=\begin{pmatrix}(\nabla f_1(\boldsymbol{x}))^{\mathrm{T}}\\(\nabla f_2(\boldsymbol{x}))^{\mathrm{T}}\\\vdots\\(\nabla f_n(\boldsymbol{x}))^{\mathrm{T}}\end{pmatrix}=\begin{pmatrix}\dfrac{\partial f_1(\boldsymbol{x})}{\partial x_1}&\dfrac{\partial f_1(\boldsymbol{x})}{\partial x_2}&\cdots&\dfrac{\partial f_1(\boldsymbol{x})}{\partial x_n}\\\dfrac{\partial f_2(\boldsymbol{x})}{\partial x_1}&\dfrac{\partial f_2(\boldsymbol{x})}{\partial x_2}&\cdots&\dfrac{\partial f_2(\boldsymbol{x})}{\partial x_n}\\\vdots&\vdots&&\vdots\\\dfrac{\partial f_n(\boldsymbol{x})}{\partial x_1}&\dfrac{\partial f_n(\boldsymbol{x})}{\partial x_2}&\cdots&\dfrac{\partial f_n(\boldsymbol{x})}{\partial x_n}\end{pmatrix}$$

若矩阵 $\boldsymbol{F}'(\boldsymbol{x}^{(k)})$非奇异,则可以用式(7.4.7)右端为零的向量作为 $\boldsymbol{x}^*$ 一个新的近似值,记为 $\boldsymbol{x}^{(k+1)}$,于是得到牛顿迭代法

$$\boldsymbol{x}^{(k+1)}=\boldsymbol{x}^{(k)}-[\boldsymbol{F}'(\boldsymbol{x}^{(k)})]^{-1}\boldsymbol{F}(\boldsymbol{x}^{(k)}),\qquad k=1,2,\cdots \tag{7.4.8}$$

其中,$\boldsymbol{x}^{(0)}$是给定的初值向量. 如果写成一般不动点迭代 $\boldsymbol{x}^{(k+1)}=\boldsymbol{\Phi}(\boldsymbol{x}^{(k)})$的形式,则牛顿迭代函数为

$$\boldsymbol{\Phi}(\boldsymbol{x})=\boldsymbol{x}-(\boldsymbol{F}'(\boldsymbol{x}))^{-1}\boldsymbol{F}(\boldsymbol{x}) \tag{7.4.9}$$

在牛顿法实际计算过程中,第 k 步是先解线性方程组

$$\boldsymbol{F}'(\boldsymbol{x}^{(k)})\Delta\boldsymbol{x}^{(k)}=-F(\boldsymbol{x}^{(k)}) \tag{7.4.10}$$

解出 $\Delta\boldsymbol{x}^{(k)}$后,再令 $\boldsymbol{x}^{(k+1)}=\boldsymbol{x}^{(k)}+\Delta\boldsymbol{x}^{(k)}$,其中包括了计算向量 $\boldsymbol{F}(\boldsymbol{x}^{(k)})$和矩阵 $\boldsymbol{F}'(\boldsymbol{x}^{(k)})$.

例 7.4.3 用牛顿法解例 7.4.1 的方程组(7.4.4).

解 对该方程组有

$$\boldsymbol{F}(\boldsymbol{x})=\begin{pmatrix}x_1^2-10x_1+x_2^2+8\\x_1x_2^2+x_1-10x_2+8\end{pmatrix},\qquad \boldsymbol{F}'(\boldsymbol{x})=\begin{pmatrix}2x_1-10&2x_2\\x^2+1&2x_1x_2-10\end{pmatrix}$$

取初始向量 $\boldsymbol{x}^{(0)}=(0,0)^{\mathrm{T}}$,解方程组 $\boldsymbol{F}'(\boldsymbol{x}^{(0)})\Delta\boldsymbol{x}^{(0)}=-\boldsymbol{F}(\boldsymbol{x}^{(0)})$,即

$$\begin{pmatrix}-10&0\\1&-10\end{pmatrix}\Delta\boldsymbol{x}^{(0)}=-\begin{pmatrix}8\\8\end{pmatrix}$$

求出 $\Delta\boldsymbol{x}^{(0)}$后,$\Delta\boldsymbol{x}^{(1)}=\boldsymbol{x}^{(0)}+\Delta\boldsymbol{x}^{(0)}=(0.8,0.88)^{\mathrm{T}}$. 同理计算 $\boldsymbol{x}^{(2)}$,…,结果列于表 7.4.2. 可见,牛顿法的收敛速度比例 7.4.1 中的迭代公式(7.4.5)要快得多.

表 7.4.2 例 7.4.3 迭代结果

k	0	1	2	3	4
$x_1^{(k)}$	0.000 000 000	0.800 000 000	0.991 787 221	0.999 975 229	1.000 000 00
$x_2^{(k)}$	0.000 000 000	0.880 000 000	0.991 711 737	0.999 968 524	1.000 000 00

关于牛顿法的收敛性,有下面的局部收敛性定理.

定理 7.4.5 设 $\boldsymbol{F}:\boldsymbol{D}\subset\boldsymbol{R}^n\to\boldsymbol{R}^n$,$\boldsymbol{x}^*$ 满足 $\boldsymbol{F}(\boldsymbol{x}^*)=0$. 若有 $\boldsymbol{x}^*$ 的开邻域 $\boldsymbol{S}_0\subset\boldsymbol{D}$,$\boldsymbol{F}'(\boldsymbol{x})$在其上连续,$\boldsymbol{F}'(\boldsymbol{x}^*)$可逆,则

(1) 存在以 $\boldsymbol{x}^*$ 为中心,$\sigma>0$ 为半径的闭球 $\boldsymbol{S}=\boldsymbol{S}(\boldsymbol{x}^*,\sigma)\subset\boldsymbol{S}_0$,使式(7.4.9)中的 $\boldsymbol{\Phi}(\boldsymbol{x})$对所有 $\boldsymbol{x}\in\boldsymbol{S}$ 都有意义,并且 $\boldsymbol{\Phi}(\boldsymbol{x})\in\boldsymbol{S}$.

(2) 牛顿迭代序列$\{\boldsymbol{x}^{(k)}\}$在 $\boldsymbol{S}$ 上收敛于 $\boldsymbol{x}^*$,且是超线性收敛.

(3) 若还有常数 $\alpha>0$,使

$$\|\boldsymbol{F}'(\boldsymbol{x})-\boldsymbol{F}'(\boldsymbol{x}^*)\|\leqslant\alpha\|\boldsymbol{x}-\boldsymbol{x}^*\|,\qquad\forall\,\boldsymbol{x}\in\boldsymbol{S}$$

则牛顿迭代序列$\{\boldsymbol{x}^{(k)}\}$至少二阶收敛于$\boldsymbol{x}^*$.

虽然牛顿法具有二阶局部收敛性,但它要求$\boldsymbol{F}'(\boldsymbol{x}^*)$非奇异. 如果矩阵$\boldsymbol{F}'(\boldsymbol{x}^*)$奇异或病态,那么$\boldsymbol{F}'(\boldsymbol{x}^{(k)})$也可能奇异或病态,从而可能导致数值计算失败或产生数值不稳定. 这时可采用"阻尼牛顿法",即把式(7.4.10)改成

$$[\boldsymbol{F}'(\boldsymbol{x}^{(k)})+\mu_k\boldsymbol{I}]\Delta\boldsymbol{x}^{(k)}=-\boldsymbol{F}(\boldsymbol{x}^{(k)}),\qquad k=0,1,\cdots$$

其中,参数μ_k称为阻尼因子,$\mu_k\boldsymbol{I}$称为阻尼项,解出$\Delta\boldsymbol{x}^{(k)}$后,令$\boldsymbol{x}^{(k+1)}=\boldsymbol{x}^{(k)}+\Delta\boldsymbol{x}^{(k)}$. 加进阻尼项的目的是使线性方程的系数矩阵非奇异并良态. 当μ_k选得合适时,阻尼牛顿法是线性收敛的.

例 7.4.4 用牛顿法和阻尼牛顿法求解方程$\boldsymbol{F}(\boldsymbol{x})=0$,其中

$$\boldsymbol{F}(\boldsymbol{x})=\begin{pmatrix}x_1^2-10x_1+x_2^2+23\\x_1x_2^2+x_1-10x_2+2\end{pmatrix}$$

解 易知该方程有一个解是$\boldsymbol{x}^*=(4,1)^{\mathrm{T}}$. 由于

$$\boldsymbol{F}'(\boldsymbol{x}^*)\begin{pmatrix}-2&2\\2&-2\end{pmatrix}$$

是奇异的,取阻尼因子$\mu_k=10^{-5}$,若取$\boldsymbol{x}^{(0)}=(2.5,2.5)^{\mathrm{T}}$,按牛顿法有

$$\boldsymbol{x}^{(1)}=(3.538\,461\,538,1.438\,461\,538)^{\mathrm{T}},\cdots,\boldsymbol{x}^{(25)}=(4.000\,000\,025,1.000\,000\,025)^{\mathrm{T}}$$

按阻尼牛顿法计算有

$$\boldsymbol{x}^{(1)}=(3.538\,463\,160,1.438\,461\,083)^{\mathrm{T}},\cdots,\boldsymbol{x}^{(29)}=(4.000\,000\,286,1.000\,000\,286)^{\mathrm{T}}$$

可见,即使矩阵$\boldsymbol{F}'(\boldsymbol{x}^*)$奇异,只要$\boldsymbol{F}'(\boldsymbol{x}^{(k)})$非奇异,牛顿法仍收敛,但收敛速度是线性的,由于该例题的维数太小,牛顿法并没有出现奇异和数值不稳定的情况,从而阻尼牛顿法没有显示它的作用,反而迭代次数增加了. 但可以看出,阻尼牛顿法是线性收敛的.

用迭代法求解非线性方程组时,初值的选取至关重要,初值不仅影响迭代法是否收敛,而当方程组有解时,不同的初值收敛到不同的解.

例 7.4.5 用牛顿法求解$\boldsymbol{F}(\boldsymbol{x})=0$,其中

$$\boldsymbol{F}(\boldsymbol{x})=\begin{pmatrix}x_1^2-x_2-1\\(x_1-2)^2+(x_2-0.5)^2-1\end{pmatrix}$$

解 该方程组的实数解是抛物线$x_1^2-x_2-1=0$与圆$(x_1-2)^2+(x_2-0.5)^2-1=0$的交点,这两个实根是

$$\boldsymbol{x}^*\approx(1.067\,346\,086,0.139\,227\,667)^{\mathrm{T}}$$
$$\boldsymbol{x}^{**}\approx(1.546\,342\,883,1.391\,176\,313)^{\mathrm{T}}$$

如果取初始向量$\boldsymbol{x}^{(0)}=(0,0)^{\mathrm{T}}$,那么有

$$\boldsymbol{x}^{(1)}=(1.062\,5,-1.000\,0)^{\mathrm{T}},\cdots,\boldsymbol{x}^{(5)}=(1.067\,343\,609,0.139\,221\,092)^{\mathrm{T}}$$

计算结果收敛到$\boldsymbol{x}^*$. 若取初值$\boldsymbol{x}^{(0)}=(2,2)^{\mathrm{T}}$,则有

$$\boldsymbol{x}^{(1)}=(1.645\,833\,333,1.583\,333\,333)^{\mathrm{T}},\cdots,\boldsymbol{x}^{(5)}=(1.546\,342\,883,1.391\,176\,313)^{\mathrm{T}}$$

计算结果收敛到$\boldsymbol{x}^{**}$.

一般来说,为了保证迭代的收敛性,初始值应当取在所求解的足够小的邻域内. 有的实际问题可以凭经验取初值,有的则可以用某些方法预估一个近似解. 从数学的角度讲,这是个相当困难的问题.

7.4.3　非线性方程组的拟牛顿法

牛顿法有较好的收敛性，但是每步都要计算 $\boldsymbol{F}'(\boldsymbol{x}^{(k)})$ 是不方便的，特别是当 $\boldsymbol{F}(\boldsymbol{x})$ 的分量函数 $f_i(\boldsymbol{x})$ 比较复杂时，求导数值是困难的. 所以，用较简单的矩阵 $\boldsymbol{A}_k$ 代替牛顿法的 $\boldsymbol{F}'(\boldsymbol{x}^{(k)})$，迭代公式是

$$\boldsymbol{x}^{(k+1)}=\boldsymbol{x}^{(k)}-\boldsymbol{A}_k^{-1}\boldsymbol{F}\boldsymbol{x}^{(k)},\qquad k=0,1,\cdots \tag{7.4.11}$$

下一步是要确定 $\boldsymbol{A}_{k+1}$. 若是单个方程，则割线法中 $f'(x_{k+1})$ 可用差商 $[f(x_{k+1})-f(x_k)]\cdot(x_{k+1}-x_k)^{-1}$ 代替. 方程组的情形，$\boldsymbol{x}^{(k+1)}-\boldsymbol{x}^{(k)}$ 是向量，于是具有性质

$$\boldsymbol{A}_{k+1}(\boldsymbol{x}^{(k+1)}-\boldsymbol{x}^{(k)})=\boldsymbol{F}(\boldsymbol{x}^{(k+1)})-\boldsymbol{F}(\boldsymbol{x}^{(k)}) \tag{7.4.12}$$

的矩阵 $\boldsymbol{A}_{k+1}$ 代替牛顿法中的 $\boldsymbol{F}'(\boldsymbol{x}^{(k+1)})$. 在多元情形下，当 $\boldsymbol{x}^{(k)}$ 和 $\boldsymbol{x}^{(k+1)}$ 已知时，由方程(7.4.12)不能确定矩阵 $\boldsymbol{A}_{k+1}$（$n>1$ 个方程中含有 $n^2>n$ 个未知量）. 因此，为了确定矩阵 $\boldsymbol{A}_{k+1}$，需要附加其他条件. 一个可行的途径是令

$$\boldsymbol{A}_{k+1}=\boldsymbol{A}_k+\Delta\boldsymbol{A}_k,\qquad \operatorname{rank}(\Delta\boldsymbol{A}_k)=m\geqslant 1 \tag{7.4.13}$$

称 $\Delta\boldsymbol{A}_k$ 为增量矩阵，由此得到的迭代公式(7.4.11)称为拟牛顿法，式(7.4.12)称为拟牛顿方程. 通常取 $m=1$ 或 $m=2$. 当 $m=1$ 时，称为秩 1 方法；当 $m=2$ 时，称为秩 2 方法.

下面以秩 1 的情形为例，说明确定增量矩阵 $\Delta\boldsymbol{A}_k$ 的方法. 秩为 1 的矩阵 $\Delta\boldsymbol{A}_k$ 总可以表示为 $\Delta\boldsymbol{A}_k=\boldsymbol{u}_k\boldsymbol{v}_k^{\mathrm{T}}$，其中 $\boldsymbol{u}_k\boldsymbol{v}_k^{\mathrm{T}}\in\boldsymbol{R}^n$ 为列向量. 记

$$\boldsymbol{s}_k=\boldsymbol{x}^{(k+1)}-\boldsymbol{x}^{(k)},\qquad \boldsymbol{y}_k=\boldsymbol{F}(\boldsymbol{x}^{(k+1)})-\boldsymbol{F}(\boldsymbol{x}^{(k)})$$

选择 $\boldsymbol{u}_k$ 和 $\boldsymbol{v}_k$，使得矩阵 $\boldsymbol{A}_{k+1}=\boldsymbol{A}_k+\Delta\boldsymbol{A}_k$ 满足拟牛顿方程(7.4.12)，即 $(\boldsymbol{A}_k+\boldsymbol{u}_k\boldsymbol{v}_k^{\mathrm{T}})\boldsymbol{s}_k=\boldsymbol{y}_k$.

若 $\boldsymbol{v}_k^{\mathrm{T}}\boldsymbol{s}_k\neq 0$，则由此可解出

$$\boldsymbol{u}_k=\frac{1}{\boldsymbol{v}_k^{\mathrm{T}}\boldsymbol{s}_k}(\boldsymbol{y}_k-\boldsymbol{A}_k\boldsymbol{s}_k)$$

即 $\boldsymbol{u}_k$ 由 $\boldsymbol{v}_k$ 唯一确定. 向量 $\boldsymbol{v}_k$ 的一个自然取法是令 $\boldsymbol{v}_k=\boldsymbol{s}_k$，因为只要 $\boldsymbol{x}^{(k+1)}\neq\boldsymbol{x}^{(k)}$（即迭代法尚未终止），这时总有 $\boldsymbol{v}_k^{\mathrm{T}}\boldsymbol{s}_k=\|\boldsymbol{s}_k\|_2^2\neq 0$. 把上述 $\boldsymbol{v}_k$ 和 $\boldsymbol{u}_k$ 代入 $\Delta\boldsymbol{A}_k$，有

$$\Delta\boldsymbol{A}_k=\frac{1}{\|\boldsymbol{s}_k\|_2^2}(\boldsymbol{y}_k-\boldsymbol{A}_k\boldsymbol{s}_k)\boldsymbol{s}_k^{\mathrm{T}}$$

于是得到求解方程 $\boldsymbol{F}(\boldsymbol{x})=0$ 的迭代法

$$\begin{cases}\boldsymbol{x}^{(k+1)}=\boldsymbol{x}^{(k)}-\boldsymbol{A}_k^{-1}\boldsymbol{F}(\boldsymbol{x}^{(k)})\\ \boldsymbol{s}_k=\boldsymbol{x}^{(k+1)}-\boldsymbol{x}^{(k)},\qquad \boldsymbol{y}_k=\boldsymbol{F}(\boldsymbol{x}^{(k+1)})-\boldsymbol{F}(\boldsymbol{x}^{(k)})\\ \boldsymbol{A}_{k+1}=\boldsymbol{A}_k+\dfrac{1}{\|\boldsymbol{s}_k\|_2^2}(\boldsymbol{y}_k-\boldsymbol{A}_k\boldsymbol{s}_k)\boldsymbol{s}_k^{\mathrm{T}},\qquad k=0,1,\cdots\end{cases} \tag{7.4.14}$$

称之为 Broyden 秩 1 方法，其中的初始值 $\boldsymbol{x}^{(0)}$ 给定，$\boldsymbol{A}^{(0)}$ 可取为 $\boldsymbol{F}'(\boldsymbol{x}^{(0)})$ 或单位阵.

利用下面的引理，可以避免公式(7.4.14)中的矩阵求逆，从而可将解方程组的直接法运算量 $O(n^3)$ 降为 $O(n^2)$，引理的结论只要直接做矩阵的运算即可证明.

引理　若矩阵 $\boldsymbol{A}\in\boldsymbol{R}^{n\times n}$ 非奇异，$\boldsymbol{u},\boldsymbol{v}\in\boldsymbol{R}^{\mathrm{T}}$，则 $\boldsymbol{A}+\boldsymbol{u}\boldsymbol{v}^{\mathrm{T}}$ 非奇异的充分必要条件是 $1+\boldsymbol{v}^{\mathrm{T}}\boldsymbol{A}\boldsymbol{u}\neq 0$，并且有

$$(\boldsymbol{A}+\boldsymbol{u}\boldsymbol{v}^{\mathrm{T}})^{-1}=\boldsymbol{A}^{-1}-\frac{\boldsymbol{A}^{-1}\boldsymbol{u}\boldsymbol{v}^{\mathrm{T}}\boldsymbol{A}^{-1}}{1+\boldsymbol{v}^{\mathrm{T}}\boldsymbol{A}^{-1}\boldsymbol{u}} \tag{7.4.15}$$

在式(7.4.13)中,令 $\boldsymbol{B}_k=\boldsymbol{A}_k^{-1}$,有

$$\boldsymbol{A}_k^{-1}\boldsymbol{u}_k=\frac{1}{\|\boldsymbol{s}_k\|_2^2}\boldsymbol{B}_k(\boldsymbol{y}_k-\boldsymbol{A}_k\boldsymbol{s}_k)=\frac{1}{\|\boldsymbol{s}_k\|_2^2}(\boldsymbol{B}_k\boldsymbol{y}_k-\boldsymbol{s}_k)$$

$$1+\boldsymbol{v}_k^{\mathrm{T}}\boldsymbol{A}_k^{-1}\boldsymbol{u}_k=1+\frac{1}{\|\boldsymbol{s}_k\|_2^2}(\boldsymbol{v}_k^{\mathrm{T}}\boldsymbol{B}_k\boldsymbol{y}_k-\boldsymbol{v}_k^{\mathrm{T}}\boldsymbol{s}_k)=\frac{1}{\|\boldsymbol{s}_k\|_2^2}\boldsymbol{s}_k^{\mathrm{T}}\boldsymbol{B}_k\boldsymbol{y}_k$$

如果 $\boldsymbol{s}_k^{\mathrm{T}}\boldsymbol{B}_k\boldsymbol{y}_k\neq 0$,那么利用式(7.4.15)有

$$\boldsymbol{B}_{k+1}=(\boldsymbol{A}_k+\boldsymbol{u}_k\boldsymbol{v}_k^{\mathrm{T}})^{-1}=\boldsymbol{B}_k-\frac{1}{\boldsymbol{s}_k^{\mathrm{T}}\boldsymbol{B}_k\boldsymbol{y}_k}(\boldsymbol{B}_k\boldsymbol{y}_k-\boldsymbol{s}_k)\boldsymbol{s}_k^{\mathrm{T}}\boldsymbol{B}_k$$

于是式(7.4.14)可改写为

$$\begin{cases}\boldsymbol{x}^{(k+1)}=\boldsymbol{x}^{(k)}-\boldsymbol{B}_k\boldsymbol{F}(\boldsymbol{x}^{(k)})\\ \boldsymbol{s}_k=\boldsymbol{x}^{(k+1)}-\boldsymbol{x}^{(k)},\qquad \boldsymbol{y}_k=\boldsymbol{F}(\boldsymbol{x}^{(k+1)})-\boldsymbol{F}(\boldsymbol{x}^{(k)})\\ \boldsymbol{B}_{k+1}=\boldsymbol{B}_k+\dfrac{1}{\boldsymbol{s}_k^{\mathrm{T}}\boldsymbol{B}_k\boldsymbol{y}_k}(\boldsymbol{s}_k-\boldsymbol{B}_k\boldsymbol{y}_k)\boldsymbol{s}_k^{\mathrm{T}}\boldsymbol{B}_k,\qquad k=0,1,\cdots\end{cases}\tag{7.4.16}$$

称之为逆 Broyden 秩 1 方法,其中的初始值 $\boldsymbol{x}^{(0)}$ 给定,$\boldsymbol{B}_0$ 取为 $\boldsymbol{F}'(\boldsymbol{x}^{(0)})^{-1}$ 或单位阵,逆 Broyden 秩 1 方法是一种能有效求解非线性方程组的拟牛顿方法. 可以证明,在一定条件下,它是超线性收敛的.

例 7.4.6 用逆 Broyden 公式(7.4.16)解例 7.4.5 中的方程组.

解 对所给的 $\boldsymbol{F}(\boldsymbol{x})$ 有

$$\boldsymbol{F}'(\boldsymbol{x})=\begin{pmatrix}2x_1 & -1\\ 2x_1-4 & 2x_2-1\end{pmatrix}$$

取 $\boldsymbol{x}^{(0)}=(0,0)^{\mathrm{T}}$,有 $\boldsymbol{F}(\boldsymbol{x}^{(0)})=(-1,3.25)^{\mathrm{T}}$ 及

$$\boldsymbol{F}'(\boldsymbol{x}^{(0)})=\begin{pmatrix}0 & -1\\ -4 & -1\end{pmatrix},\qquad \boldsymbol{B}_0=(\boldsymbol{F}'(\boldsymbol{x}^{(0)}))^{-1}=\begin{pmatrix}0.25 & -0.25\\ -1 & 0\end{pmatrix}$$

$$\boldsymbol{x}^{(1)}=\boldsymbol{x}^{(0)}-\boldsymbol{B}_0\boldsymbol{F}(\boldsymbol{x}^{(0)})=(1.062\,5,-1)^{\mathrm{T}},\qquad \boldsymbol{s}_0=\boldsymbol{x}^{(1)}-\boldsymbol{x}^{(0)}=\boldsymbol{x}^{(1)}$$

$$\boldsymbol{F}(\boldsymbol{x}^{(1)})=(1.128\,906\,25,2.128\,906\,25)^{\mathrm{T}}$$

$$\boldsymbol{y}_0=\boldsymbol{F}(\boldsymbol{x}^{(1)})-\boldsymbol{F}(\boldsymbol{x}^{(0)})=(2.128\,906\,25,-1.121\,093\,75)^{\mathrm{T}}$$

$$\boldsymbol{B}_1=\begin{pmatrix}0.355\,744\,1 & -0.272\,193\,2\\ -0.522\,499\,1 & 0.100\,216\,2\end{pmatrix}$$

接着再进行第 $k=1$ 步的计算,如此迭代 11 次之后有

$$\boldsymbol{x}^{(11)}=(1.546\,342\,883\,32,1.391\,176\,312\,79)^{\mathrm{T}}$$

这是具有 12 位有效数字的近似解,如果用牛顿法求解,迭代到 $\boldsymbol{x}^{(7)}$ 便可得到同样精度的结果,比逆 Broyden 方法少迭代 4 次,但每步计算量要多得多.

7.5 综述

本章介绍了非线性方程和非线性方程组的数值解法,主要有二分法、不动点迭代法、单个方程求根的牛顿法以及割线法与抛物线法、非线性方程组求解的牛顿法和拟牛顿法等.

二分法算法简单,但收敛的速度慢,仅为线性收敛. 不动点迭代法需要构造迭代函数,同时要检验迭代收敛的条件. 而经典的牛顿法具有至少 2 阶的收敛性,但是牛顿法每次迭代都需要

计算函数的导数值，计算量比较大，而且牛顿法对初值得要求比较高，必须在所求根的邻域内，也就是说牛顿法只具有局部收敛性．应用牛顿法之前可以利用计算机的图形功能得到函数的零点的隔离区间，帮助确定迭代的初值．为了改善牛顿法的不足，有简化的牛顿法和改进的牛顿法．

割线法与抛物线法无须计算导数，只需要知道两个或三个点的函数值就可以产生新的近似根，但收敛速度比牛顿法要低．

非线性方程组求解的理论和方法是数值分析研究的重点之一，单个方程的牛顿法根据泰勒展开式截取线性部分的思想容易推广到非线性方程组的情况．在一定的条件下能具有二阶收敛性．对非线性方程组，牛顿法每次迭代要计算雅可比矩阵，为了防止矩阵非奇异或病态，加一个阻尼项有时是必要的．关于拟牛顿法，本章只介绍了秩 1 方法和秩 2 拟牛顿方法．

有兴趣的读者可以参看有关的文献．

习　题

1．判断下列方程有几个实根，并求出其含根区间．

(1) $x^3-5x-3=0$；　(2) $e^{-x}+x-2=0$.

2．证明方程 $e^{-x}+x-2=0$ 在(0,1)存在唯一实根．用二分法求出此根，要求误差不超过 0.5×10^{-2}.

3．使用二分法求 $2x^3-4x^2+x-2=0$ 的实根，精确到两位小数．

4．用不动点迭代法求方程 $e^{-x}-4x=0$ 的所有根，精确到 3 位有效数字．

5．已知方程 $x^3-x^2-0.8=0$ 在 $x_0=1.5$ 附近有一个根，构造两个迭代格式：

(1) $x_{k+1}=\sqrt[3]{0.8+x_k^2}$；　(2) $x_{k+1}=\sqrt{x_k^3-0.8}$.

判断这两个迭代格式是否收敛，选择一种收敛的格式求出有 4 位有效数字的近似根．

6．试构造收敛的迭代格式，用不动点迭代法求方程 $x-e^{-x}=0$ 在 $x=0.5$ 附近的根，精确到 4 位有效数字．

7．证明：对任意初值 x_0，由迭代公式 $x_{n+1}=\cos x_n$，$n=0,1,2,\cdots$ 所生成序列 $\{x_n\}$ 都收敛于方程 $x=\cos x$ 的解．

8．利用适当的迭代格式证明 $\lim\limits_{k\to\infty}\underbrace{\sqrt{2+\sqrt{2+\cdots+\sqrt{2}}}}_{k}=2$.

9．给定函数 $f(x)$，设对于一切 x，$f'(x)$ 存在且 $0<m\leqslant f'(x)\leqslant M$，试证明对于 $0<\lambda<\dfrac{2}{M}$ 的任意 λ，迭代格式 $x_{k+1}=x_k-\lambda f(x_k)$ 均收敛于 $f(x)=0$ 的根 x^*.

10．已知在区间 $[a,b]$ 内方程 $x=\varphi(x)$ 只有一根，且 $|\varphi'(x)|\geqslant k>1$，试问如何将 $\varphi(x)$ 化为适合迭代的形式？并求 $x=\tan x$ 在 $x_0=4.5$ 附近的根，准确到 4 位有效数字．

11．对于 $\varphi(x)=x+x^3$，$x^*=0$ 为 $\varphi(x)$ 的不动点，验证 $x_{k+1}=\varphi(x_k)$ 迭代公式对 $x_0\neq0$ 不收敛，但改用 Steffenson 方法却是收敛的．

12．用牛顿迭代法求方程 $f(x)=2e^{-x}-\sin x=0$ 的最小根和次小根，精确到 6 位有效数字．

13. 分别用牛顿迭代法和弦割法计算 $\sqrt[3]{6}$，使 $|x_{k+1}-x_k|\leqslant\frac{1}{2}\times 10^{-5}$.

14. 设 x^* 是 $f(x)=0$ 的单根，证明牛顿迭代法是 2 阶收敛的.

15. 设 x^* 是 $f(x)=0$ 的 m 重根($m\geqslant 2$)，证明：

(1) 牛顿迭代法仅为线性收敛；

(2) 若将牛顿迭代法修改为 $x_{k+1}=x_k-m\dfrac{f(x_k)}{f'(x_k)}$. 证明改后的迭代格式至少具有二阶收敛速度.

16. 讨论用牛顿迭代法解方程 $f(x)=0$ 的收敛性，其中

(1) $f(x)=\begin{cases}\sqrt{x}, & x\geqslant 0\\ -\sqrt{-x}, & x<0\end{cases}$；　(2) $f(x)=\begin{cases}\sqrt[3]{x^2}, & x\geqslant 0\\ -\sqrt[3]{x^2}, & x<0\end{cases}$.

17. 用下列方法求 $f(x)=x^3-3x-1=0$ 在 $x_0=2$ 附近的根，根的准确值为 $x^*=1.879\,385\,24\cdots$，要求计算准确到 4 位有效数字.

(1) 用牛顿迭代法，取初值 $x_0=2$；

(2) 用割线法，取初始值 $x_0=2, x_1=1.9$；

(3) 用抛物线法，取初始值 $x_0=1, x_1=3, x_2=2$.

18. 假设初值 x_0 充分接近于 x^*，证明迭代格式 $x_{k+1}=\dfrac{x_k(x_k^2+3a)}{3x_k^2+a}$ 是计算 $x^*=\sqrt{a}$ 的三阶方法，并求 $\lim\limits_{k\to\infty}\dfrac{\sqrt{a}-x_{k+1}}{(\sqrt{a}-x_k)^3}$.

19. 设 x^* 是方程 $f(x)=0$ 的根，且 $f'(x)\neq 0$，$f''(x^*)$ 在 $\boldsymbol{x}^*$ 的某个邻域内连续，试证：牛顿迭代序列 $\{x_k\}$ 满足 $\lim\limits_{k\to\infty}\dfrac{x_k-x_{k-1}}{(x_{k-1}-x_{k-2})^2}=\dfrac{f''(x^*)}{2f'(x^*)}$.

20. 已知非线性方程组 $\begin{cases}3x_1^2-x_2^2=0\\ 3x_1x_2^2-x_1^2-1=0\end{cases}$ 在点 $\left(\frac{1}{2},\frac{3}{4}\right)$ 附近有解，用不动点迭代法求在 $\|\cdot\|_\infty$ 意义下的近似解，精确到 10^{-3}.

21. 用牛顿迭代法求解非线性方程组 $\begin{cases}x=\dfrac{1}{2}\cos y,\\ y=\dfrac{1}{2}\sin x\end{cases}$，取初值 $(x_1^0, x_2^0)=(0,0)$ 迭代 3 次.

22. 取 $\boldsymbol{x}^{(0)}=(1.6, 1.2)^{\mathrm{T}}$，分别用 Broyden 秩 1 方法和牛顿迭代法求解方程组 $\begin{cases}x^2+y^2=4\\ x^2-y^2=1\end{cases}$.

23. 航天飞机从发射台发射升空时，受到习题图 7.1 所示的 4 个力. 两个固体火箭推进器和附加燃料罐的总质量为 $W_B=7.577\times 10^5$ kg. 满负荷的轨道飞行器质量为 $W_S=1.135\times 10^5$ kg. 两个固体火箭的推力和为 $T_B=2.497\times 10^6$ kg. 三个液体燃料轨道飞行器发动机的推力和为 $T_S=5.108\times 10^5$ kg.

起飞时，轨道飞行器发动机推力方向为 6 角度，使作用于整个飞行器组合（附加燃料罐、固体火箭推进器和轨道飞行器）的合成力矩为 0. 这样，飞行器在起飞时就不会绕重心 G 偏转. 在这些力的作用下，垂直方向的合力使飞行器从发射台垂直起飞，水平方向的合力使飞行器水平飞行. 当 θ 调整为一个合适的值时，作用于飞行器上的合力矩为 0. 如果这个角度没有调整合适，则有合力矩作用于飞行器上，使飞行器绕重心偏转.

(1) 分解轨道飞行器推力 T_S 为水平和垂直分量，然后求 G 点（飞行器重心点）的力矩和的表达式. 将结果力矩设置为 0，则这个方程可以求解起飞时要求的角度值 θ.

(2) 推导作用于飞行器上的合成力矩关于角度 θ 的方程.

(3) 使用牛顿法求解合力矩方程的根，也就是角度 θ 值.

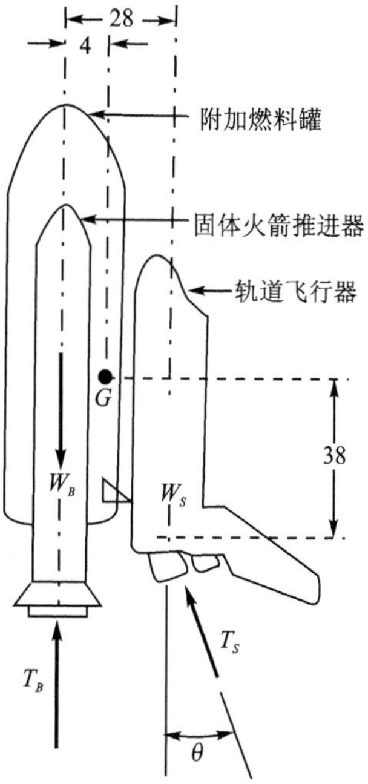

习题图 7.1　航天飞机发射升空时的受力图

24. 在一个半径为 r 的球形容器中，液体体积与高度的关系为

$$V=\frac{\pi h^2(3r-h)}{3}$$

给定 $r=1.5\ \mathrm{m}$，$V=1.5\ \mathrm{m}^3$，求解 h.

25. 湖中有害细菌浓度 c 按照下面的方程减少：

$$c=150\mathrm{e}^{-1.5t}+40\mathrm{e}^{-0.075t}$$

分别用下面的方法求解细菌浓度减少为 15 所需的时间：

(1) 二分法；

(2) 初始估计为 $t=6$，终止条件为 0.5%，使用牛顿迭代法求解.

26. 下面多项式是干空气的零压强比热容 c_p (kJ/(kg·K)) 和温度 (T) 的关系：

$$c_p=0.004\,03+1.671\times10^{-4}T+9.721\,5\times10^{-8}T^2-9.583\,8\times10^{-11}T^3+1.952\,0\times10^{-14}T^4$$

试通过适当的求根公式求当比热容是 1.2 kJ/(kg·K) 时的温度.

第 8 章　矩阵特征值问题的数值解法

8.0　引　言

对于 $\boldsymbol{A}\in\boldsymbol{R}^{n\times n}$，矩阵特征值问题就是求 $\lambda\in\boldsymbol{C}$ 及非零向量 $\boldsymbol{x}$，使得

$$\boldsymbol{A}\boldsymbol{x}=\lambda\boldsymbol{x}$$

这样的 λ 称为矩阵 $\boldsymbol{A}$ 的特征值，向量 $\boldsymbol{x}$ 称对应特征值 λ 的特征向量. 在工程技术中许多实际问题最终都要归结为矩阵特征值和特征向量的计算问题. 例如，结构的振动波形和频率可分别由适当矩阵的特征向量和特征值来决定，结构的稳定性由特征值决定；又如机械和机件的振动问题、无线电及光学系统的电磁振荡问题以及物理学中各种临界值都涉及特征值的计算.

例 8.0.1　弹簧-重物系统.

问题　考虑图 8.0.1 所示的弹簧-重物系统，其中包括 5 个质量分别为 m_1,m_2,m_3,m_4,m_5 的重物，它们的垂直位置分别为 x_1,x_2,x_3,x_4,x_5，由 5 个弹性系数分别为 k_1,k_2,k_3,k_4,k_5 的弹簧相连. 根据牛顿第二定律，系统运动满足下面的常微分方程

$$\boldsymbol{M}\boldsymbol{x}''+\boldsymbol{K}\boldsymbol{x}=\boldsymbol{0}$$

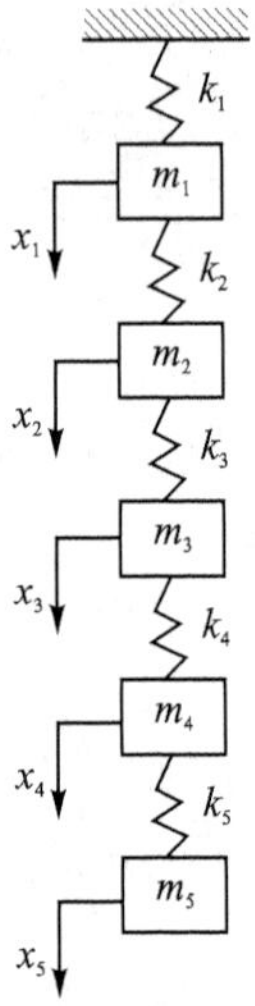

图 8.0.1　弹簧-重物系统

其中

$$\boldsymbol{M}=\begin{pmatrix} m_1 & 0 & 0 & 0 & 0\\ 0 & m_2 & 0 & 0 & 0\\ 0 & 0 & m_3 & 0 & 0\\ 0 & 0 & 0 & m_4 & 0\\ 0 & 0 & 0 & 0 & m_5 \end{pmatrix}$$

称为质量矩阵，而

$$\boldsymbol{K}=\begin{pmatrix} k_1+k_2 & -k_2 & 0 & 0 & 0\\ -k_2 & k_2+k_3 & -k_3 & 0 & 0\\ 0 & -k_3 & k_3+k_4 & -k_4 & 0\\ 0 & 0 & -k_4 & k_4+k_5 & -k_5\\ 0 & 0 & 0 & -k_5 & k_5 \end{pmatrix}$$

称为刚性矩阵. 这个系统以自然频率 ω 作谐波运动，解的分量由

$$x_k(t)=y_k\mathrm{e}^{\mathrm{i}\omega t}$$

给出，其中，x_k 是振幅，$k=1,2,3$，$i=\sqrt{-1}$，为确定频率 ω 及振动的波形(即振幅 x_k)，注意到对解的每个分量，有

$$x''_k(t)=-\omega^2y_k\,\mathrm{e}^{\mathrm{i}\omega t}$$

将这个关系代入微分方程，得代数方程

$$\boldsymbol{K y}=\omega^2 \boldsymbol{M y}$$

或

$$\boldsymbol{A y}=\lambda \boldsymbol{y}$$

其中 $\boldsymbol{A}=\boldsymbol{M}^{-1}\boldsymbol{K}$，$\lambda=\omega^2$. 这样，弹簧-重物系统的自然频率和振幅可由特征值问题的解得到.

在线性代数中，矩阵 $\boldsymbol{A}$ 的特征值的求解可通过矩阵 $\boldsymbol{A}$ 的特征多项式

$$f(\lambda)=\det(\lambda \boldsymbol{I}-\boldsymbol{A})=\begin{vmatrix} \lambda-a_{11} & -a_{12} & \cdots & -a_{1n} \\ -a_{21} & \lambda-a_{22} & \cdots & -a_{12} \\ \vdots & \vdots & & \vdots \\ -a_{n1} & -a_{n2} & \cdots & \lambda-a_{nn} \end{vmatrix}$$

的根来得到. 上式中 $\boldsymbol{I}$ 是 n 阶单位阵，$\det(\lambda \boldsymbol{I}-\boldsymbol{A})$ 表示 $\lambda \boldsymbol{I}-\boldsymbol{A}$ 的行列式，它是 λ 的 n 次代数多项式. 众所周知，5 次以上的代数多项式是没有求根公式的，它们的求解大部分是相当困难的. 同时高次多项式重根的计算往往精度较低. 因此，从数值计算的观点来看，用特征多项式来求矩阵特征值的方法并不可取，必须建立有效的数值方法.

在实际应用中，求矩阵的特征值和特征向量通常分为变换法和迭代法两种. 变换法是从原矩阵出发，用有限个正交相似变换将其化为便于求出特征值的形式，如对角矩阵、三角形矩阵等. 这类方法有工作量小和应用范围广的优点，但由于舍入误差的影响，其精度往往不高. 迭代法的基本思想是将特征值及特征向量作为一个无限序列的极限来求得. 这类方法对舍入误差的影响有较强的稳定性，但通常工作量较大.

实际问题中，有些只要求计算绝对值最大或最小的特征值，但更多的则要求计算全部特征值和特征向量. 必须针对问题特点进行具体分析，选择适当的方法. 下面介绍几种目前在计算机上比较常用的矩阵特征值问题的数值方法.

8.1　矩阵特征值问题的有关理论

本节叙述一些与特征值有关的概念与结论.

命题 8.1.1　设 $\boldsymbol{A}=(a_{ij})\in \boldsymbol{R}^{n\times n}$，$\lambda_i$，$i=1,2,\cdots,n$ 是 $\boldsymbol{A}$ 的特征值，则有

$$\prod_{i=1}^{n}\lambda_i=\det \boldsymbol{A},\qquad \sum_{i=1}^{n}\lambda_i=\operatorname{tr}\boldsymbol{A}=\sum_{i=1}^{n}a_{ii}$$

式中，$\operatorname{tr}\boldsymbol{A}$ 为矩阵 $\boldsymbol{A}$ 的迹.

矩阵特征值问题的有关理论微视频

在计算矩阵的特征值时，如果能够给出特征值大小的一个范围，在很多情况下是非常有用的. 除可以用范数粗略估计特征值外，还可以利用著名的 Gerschgorin 圆盘定理来估计特征值.

定理 8.1.1(Gerschgorin(格什戈林)圆盘定理)　设 $\boldsymbol{A}=(a_{ij})\in \boldsymbol{C}^{n\times n}$，则设 $\boldsymbol{A}$ 的每一个特征值

$$\lambda \in \bigcup_{i=1}^{n} D_i$$

其中

$$D_i=\left\{z\,\middle|\,|z-a_{ii}|\leqslant\sum_{j=1,j\neq i}^{n}|a_{ij}|\right\},\qquad i=1,2,\cdots,n$$

为第 i 个圆盘.

定理 8.1.2 如果 $\boldsymbol{A}$ 的 n 个圆盘中的 m 个圆盘形成一个连通集 S，且 S 与其他 $n-m$ 个圆盘是分离的，则在连通集 S 中恰好有 $\boldsymbol{A}$ 的 m 个特征值. 特别地，当 $m=1$ 时，即每个孤立圆盘中恰好有一个特征值.

例 8.1.1 估计特征值.

问题 估计矩阵 $\boldsymbol{A}$ 的特征值范围，其中

$$\boldsymbol{A}=\begin{pmatrix}4&1&0\\1&0&-1\\1&1&-4\end{pmatrix}$$

解 矩阵 $\boldsymbol{A}$ 的 3 个圆盘为

$$D_1:|\lambda-4|\leqslant 1,\qquad D_2:|\lambda|\leqslant 2,\qquad D_3:|\lambda+4|\leqslant 2$$

由定理 8.1.1 可知，$\boldsymbol{A}$ 的 3 个特征值位于 3 个圆盘的并集中. 由于 D_1 是孤立圆盘，所以 D_1 内恰好包含 $\boldsymbol{A}$ 的一个特征值 λ_1(为实特征值)，即

$$3\leqslant\lambda_1\leqslant 5$$

$\boldsymbol{A}$ 的其他两个特征值 λ_2 和 λ_3 包含在 D_2，D_3 的并集中. 实际上 $\boldsymbol{A}$ 的 3 个特征值分别约为 4.203 0，−3.760 1 和−0.442 9.

定义 8.1.1 设 $\boldsymbol{A}$ 为 n 阶实对称矩阵，对任意非零向量 $\boldsymbol{x}$，称

$$R(\boldsymbol{x})=\frac{(\boldsymbol{Ax},\boldsymbol{x})}{(\boldsymbol{x},\boldsymbol{x})}$$

为对应于向量 $\boldsymbol{x}$ 的瑞利(Rayleigh)商，其中 $(\boldsymbol{x},\boldsymbol{y})=\sum_{i=1}^{n}x_iy_i$ 为向量 $\boldsymbol{x}$ 和 $\boldsymbol{y}$ 的内积.

定理 8.1.3 设 $\boldsymbol{A}$ 为 n 阶实对称矩阵，其特征值都为实数，排列为

$$\lambda_1\geqslant\lambda_2\geqslant\cdots\geqslant\lambda_n$$

对应的特征向量 $x_1,x_2,\cdots,x_n$ 组成正交向量组，则有

① 对任何非零向量 $\boldsymbol{x}\in\boldsymbol{R}^n$，有 $\lambda_n\leqslant R(\boldsymbol{x})\leqslant\lambda_1$；

② $\lambda_1=\max\limits_{0\neq\boldsymbol{x}\in\boldsymbol{R}^n}R(\boldsymbol{x})=R(\boldsymbol{x}_1)$；

③ $\lambda_n=\min\limits_{0\neq\boldsymbol{x}\in\boldsymbol{R}^n}R(\boldsymbol{x})=R(\boldsymbol{x}_n)$.

证明 设 $\boldsymbol{x}\neq\boldsymbol{0}$，则有表达式

$$\boldsymbol{x}=\sum_{i=1}^{n}\alpha_i\boldsymbol{x}_i,\qquad(\boldsymbol{x},\boldsymbol{x})=\sum_{i=1}^{n}\alpha_i^2>0$$

$$\lambda_n\sum_{i=1}^{n}\alpha_i^2\leqslant\sum_{i=1}^{n}\alpha_i^2\lambda_i=(\boldsymbol{Ax},\boldsymbol{x})\leqslant\lambda_1\sum_{i=1}^{n}\alpha_i^2$$

由此可见，①成立. 在瑞利商中分别取 $\boldsymbol{x}=\boldsymbol{x}_1$ 和 $\boldsymbol{x}=\boldsymbol{x}_n$，可得到瑞利商的最大值和最小值，即②和③成立.

8.2　乘幂法和反幂法

8.2.1　乘幂法和加速方法

乘幂法是通过求矩阵的特征向量来求出特征值的一种迭代法. 它主要用来求矩阵按模最大的特征值及其对应的特征向量. 其优点是算法简单，容易用计算机实现；缺点是收敛速度慢，其有效性依赖于矩阵特征值的分布情况.

乘幂法和加速方法
微视频

设矩阵 $\boldsymbol{A}\in\boldsymbol{R}^{n\times n}$ 的 n 个特征值满足

$$|\lambda_1|>|\lambda_2|\geqslant\cdots\geqslant|\lambda_n| \tag{8.2.1}$$

对应的 n 个特征向量 $\boldsymbol{x}_1,\boldsymbol{x}_2,\cdots,\boldsymbol{x}_n$ 线性无关. 称模最大的特征值 λ_1 为主特征值，对应的特征向量 $\boldsymbol{x}_1$ 为主特征向量.

乘幂法用于求主特征值和特征向量. 它的基本思想是任取非零的初始向量 $\boldsymbol{v}_0$，由矩阵 $\boldsymbol{A}$ 构造一个向量序列

$$\boldsymbol{v}_k=\boldsymbol{A}\boldsymbol{v}_{k-1}=\boldsymbol{A}^k\boldsymbol{v}_0,\qquad n=1,2,\cdots$$

由假设 $\boldsymbol{v}_0$ 可表示为

$$\boldsymbol{v}_0=\alpha_1\boldsymbol{x}_1+\alpha_2\boldsymbol{x}_2+\cdots+\alpha_n\boldsymbol{x}_n \tag{8.2.2}$$

若记$(\boldsymbol{v}_k)_i$ 为向量 $\boldsymbol{v}_k$ 的第 i 个分量，则有

$$\boldsymbol{v}_k=\boldsymbol{A}^k\boldsymbol{v}_0=\sum_{i=1}^{n}\alpha_i\lambda_i^k\boldsymbol{x}_i=\lambda_1^k\left[\alpha_1\boldsymbol{x}_1+\sum_{i=2}^{n}\alpha_i\left(\frac{\lambda_i}{\lambda_1}\right)^k\boldsymbol{x}_i\right]=\lambda_1^k(\alpha_1\boldsymbol{x}_1+\boldsymbol{\varepsilon}_k)$$

$$\frac{(\boldsymbol{v}_{k+1})_i}{(\boldsymbol{v}_k)_i}=\frac{\lambda_1(\alpha_1\boldsymbol{x}_1+\boldsymbol{\varepsilon}_{k+1})_i}{(\alpha_1\boldsymbol{x}_1+\boldsymbol{\varepsilon}_k)_i}$$

其中，$\boldsymbol{\varepsilon}_k=\sum\limits_{i=2}^{n}\alpha_i\left(\frac{\lambda_i}{\lambda_1}\right)^k\boldsymbol{x}_i$. 若 $\alpha_1\neq0$，$(\boldsymbol{x}_1)_i\neq0$，则由$\lim\limits_{k\to\infty}\boldsymbol{\varepsilon}_k=0$ 知

$$\lim_{k\to\infty}\frac{\boldsymbol{v}_k}{\lambda_1^k}=\alpha_1\boldsymbol{x}_1,\qquad\lim_{k\to\infty}\frac{(\boldsymbol{v}_{k+1})_i}{(\boldsymbol{v}_k)_i}=\lambda_1$$

可见，当 k 充分大时，$\boldsymbol{v}_k$ 近似于主特征向量(相差一个常数倍)，$\boldsymbol{v}_{k+1}$ 与 $\boldsymbol{v}_k$ 的对应非零分量的比值近似于主特征值.

在实际计算中，需要对计算结果进行规范化. 因为当 $|\lambda_1|<1$ 时，$\boldsymbol{v}_k$ 趋于零；当 $|\lambda_1|>1$ 时，$\boldsymbol{v}_k$ 的非零分量趋于无穷，从而计算时会出现下溢或上溢. 为此，对向量 $\boldsymbol{Z}=(z_1,z_2,\cdots,z_n)^{\mathrm{T}}\in\boldsymbol{R}^n$，记 $\max(\boldsymbol{Z})=z_i$，其中，$|z_i|=\|\boldsymbol{Z}\|_\infty$，这样，有如下乘幂法的实用的计算公式：

任取 $\boldsymbol{v}_0=\boldsymbol{u}_0\neq0$，对于 $k=1,2,\cdots$分别计算

$$\left.\begin{aligned}\boldsymbol{v}_k&=\boldsymbol{A}\boldsymbol{u}_{k-1}\\ \boldsymbol{u}_k&=\boldsymbol{v}_k/\max(\boldsymbol{v}_k)\end{aligned}\right\} \tag{8.2.3}$$

求出对应矩阵的主特征向量和特征值的近似值，有下面的定理.

定理 8.2.1　设 $\boldsymbol{A}\in\boldsymbol{R}^{n\times n}$ 的特征值λ_i，$i=1,2,\cdots,n$ 满足式(8.2.1)，$\boldsymbol{x}_i$，$i=1,2,\cdots,n$ 是对应的 n 个线性无关的特征向量. 给定初始向量 $\boldsymbol{v}_0=\sum\limits_{i=1}^{n}\alpha_i\boldsymbol{x}_i$，$\alpha_i\neq0$，则由式(8.2.3)生成的

向量序列有

$$\lim_{k\to\infty}\boldsymbol{u}_k=\frac{\boldsymbol{x}_1}{\max(\boldsymbol{x}_1)},\qquad \lim_{k\to\infty}\max(\boldsymbol{v}_k)=\lambda_1$$

证明 若记 $m_k=\max(\boldsymbol{v}_k)$,由式(8.2.3)有

$$\boldsymbol{u}_k=\frac{\boldsymbol{A}\boldsymbol{u}_{k-1}}{m_k}=\frac{\boldsymbol{A}^2\boldsymbol{u}_{k-2}}{m_km_{k-1}}=\cdots=\frac{\boldsymbol{A}^k\boldsymbol{u}_0}{m_km_{k-1}\cdots m_1}$$

由于 $\boldsymbol{u}_k$ 的最大分量为 1,即 $\max(\boldsymbol{u}_k)=1$,故

$$m_km_{k-1}\cdots m_1=\max(\boldsymbol{A}^k\boldsymbol{u}_0)$$

又注意到假定 $\boldsymbol{u}_0=\boldsymbol{v}_0$,从而

$$\boldsymbol{v}_k=\frac{\boldsymbol{A}^k\boldsymbol{v}_0}{\max(\boldsymbol{A}^{k-1}\boldsymbol{v}_0)},\qquad \boldsymbol{u}_k=\frac{\boldsymbol{A}^k\boldsymbol{v}_0}{\max(\boldsymbol{A}^k\boldsymbol{v}_0)}$$

由式(8.2.2)有

$$\boldsymbol{A}^k\boldsymbol{v}_0=\lambda_1^k\left[\alpha_1\boldsymbol{x}_1+\sum_{i=2}^{n}\alpha_i\left(\frac{\lambda_i}{\lambda_1}\right)^k\boldsymbol{x}_i\right]=\lambda_1^k(\alpha_1\boldsymbol{x}_1+\boldsymbol{\varepsilon}_k)$$

$$\boldsymbol{u}_k=\frac{\boldsymbol{A}^k\boldsymbol{v}_0}{\max(\boldsymbol{A}^k\boldsymbol{v}_0)}=\frac{\lambda_1^k(\alpha_1\boldsymbol{x}_1+\boldsymbol{\varepsilon}_k)}{\max[\lambda_1^k(\alpha_1\boldsymbol{x}_1+\boldsymbol{\varepsilon}_k)]}=$$

$$\frac{\alpha_1\boldsymbol{x}_1+\boldsymbol{\varepsilon}_k}{\max(\alpha_1\boldsymbol{x}_1+\boldsymbol{\varepsilon}_k)}\to\frac{\boldsymbol{x}_1}{\max(\boldsymbol{x}_1)},\qquad k\to\infty$$

同理,可得

$$\boldsymbol{v}_k=\frac{\lambda_1^k(\alpha_1\boldsymbol{x}_1+\boldsymbol{\varepsilon}_k)}{\max[\lambda_1^{k-1}(\alpha_1\boldsymbol{x}_1+\boldsymbol{\varepsilon}_k)]}=\frac{\lambda_1(\alpha_1\boldsymbol{x}_1+\boldsymbol{\varepsilon}_k)}{\max(\alpha_1\boldsymbol{x}_1+\boldsymbol{\varepsilon}_{k-1})}$$

$$\max(\boldsymbol{v}_k)=\lambda_1\frac{\max(\alpha_1\boldsymbol{x}_1+\boldsymbol{\varepsilon}_k)}{\max(\alpha_1\boldsymbol{x}_1+\boldsymbol{\varepsilon}_{k-1})}\to\lambda_1,\qquad k\to\infty$$

定理得证.

由定理的证明可见,乘幂法的收敛速度由 $|\lambda_2/\lambda_1|$ 的大小决定. 若 $\boldsymbol{A}$ 的特征值不满足式(8.2.1),将有不同的情况. 如果 $\lambda_1=\lambda_2=\cdots=\lambda_r$,且 $|\lambda_r|>|\lambda_{r+1}|$. 可以进行类似的分析,对初始向量公式(8.2.2)和计算公式(8.2.3)有

$$\lim_{k\to\infty}\boldsymbol{u}_k=\frac{\sum\limits_{i=1}^{r}\alpha_i\boldsymbol{x}_i}{\max\left(\sum\limits_{i=1}^{r}\alpha_i\boldsymbol{x}_i\right)},\qquad \lim_{k\to\infty}\max(\boldsymbol{v}_k)=\lambda_1$$

可见,$\boldsymbol{u}_k$ 仍收敛于一个主特征向量. 对特征值的其他情况,讨论较为复杂,完整的乘幂法程序要加上各种情况的判断.

例 8.2.1 乘幂法.

问题 用乘幂法求矩阵

$$\boldsymbol{A}=\begin{pmatrix}1 & 1 & 0.5\\ 1 & 1 & 0.25\\ 0.5 & 0.25 & 2\end{pmatrix}$$

的主特征值和主特征向量.

解 取初始向量 $\boldsymbol{u}_0=(1,1,1)^{\mathrm{T}}$,按式(8.2.3)的计算结果如表 8.2.1 所列.

表 8.2.1　例 8.2.1 计算结果

k	u_k^T	$\max(v_k)$
0	(1.000 0,1.000 0,1)	
1	(0.909 1,0.818 2,1)	2.750 000 0
5	(0.765 1,0.667 4,1)	2.588 791 8
10	(0.749 4,0.650 8,1)	2.538 002 9
15	(0.748 3,0.649 7,1)	2.536 625 6
20	(0.748 2,0.649 7,1)	2.536 532 3

矩阵 $\boldsymbol{A}$ 的主特征值和特征向量的准确值(8 位有效数字)分别为 $\lambda_1=2.536\ 525\ 8$,$x_1^*=(0.748\ 221\ 16,0.649\ 661\ 16,1)^T$,可见迭代 20 次后,所得的主特征值有 5 位有效数字. 从定理 8.2.1 的证明中可见,当 k 充分大时,有 $|\max(\boldsymbol{v}_k)-\lambda_1|\approx c\left|\frac{\lambda_2}{\lambda_1}\right|^k$. 因此,乘幂法是线性收敛的方法. 当 λ_2 接近于 λ_1 时,收敛将很慢. 这时,可考虑采取适当的加速措施.

1. 原点平移法

最简单的加速方法是以 $\boldsymbol{B}=\boldsymbol{A}-q\boldsymbol{I}$ 来代替矩阵 $\boldsymbol{A}$ 进行迭代,此时适当选取平移量 q 可使过程得以加速. 易知 $\boldsymbol{B}$ 的特征值为 $\lambda_i-q,i=1,2,\cdots,n$,$\boldsymbol{B}$ 的特征向量与矩阵 $\boldsymbol{A}$ 相同. 假设原点位移后,$\boldsymbol{B}$ 的特征值 λ_1-q 仍为绝对值最大的特征值,选择 q 的目的是使

$$\max_{2\leqslant i\leqslant n}\frac{|\lambda_i-q|}{|\lambda_1-q|}<\left|\frac{\lambda_2}{\lambda_1}\right|$$

适当选取可使乘幂法的收敛速度得到加速. 此时 $\max(\boldsymbol{v}_k)\to\lambda_1-q$,$\max(\boldsymbol{v}_k)+q\to\lambda_1$,而 $\boldsymbol{u}_k$ 仍然收敛于 $\boldsymbol{A}$ 的特征向量 $\dfrac{\boldsymbol{x}_1}{\max(\boldsymbol{x}_1)}$. 这种加速收敛的方法称为原点位移法.

在实际计算中,由于事先矩阵特征分布情况一般是不知道的,参数 q 的选取存在困难. 而用 Gerschgorin 圆盘定理得到的特征值分布范围往往太大,实际使用时一般是通过多次实验找到合适的 q 值使迭代过程有明显加速为止. 但是,在 8.2.2 小节讲到的反幂法中,原点位移参数 q 是非常容易选取的. 因此,带原点位移的反幂法已成为改进特征值和特征向量精度的标准算法.

2. Aithen(艾特肯)外推法

记 $m_k=\max(\boldsymbol{v}_k)$,对乘幂法的计算结果进行外推加速:

$$\tilde{m}_k=m_k-\frac{(m_k-m_{k-1})^2}{m_k-2m_{k-1}+m_{k-2}},\qquad k\geqslant 3$$

$$(\tilde{\boldsymbol{u}}_k)_j=(\boldsymbol{u}_k)_j-\frac{[(\boldsymbol{u}_k)_j-(\boldsymbol{u}_{k-1})_j]^2}{(\boldsymbol{u}_k)_j-2(\boldsymbol{u}_{k-1})_j+(\boldsymbol{u}_{k-2})_j},\qquad (\boldsymbol{u}_k)_j\neq 1$$

3. Rayleigh 商加速

若 $\boldsymbol{A}\in\boldsymbol{R}^{n\times n}$ 为对称矩阵,则乘幂法所得的规范化向量 $\boldsymbol{u}_k$ 的瑞利商给出特征值 λ_1 较好的近似值

$$\frac{(\boldsymbol{A}\boldsymbol{u}_k,\boldsymbol{u}_k)}{(\boldsymbol{u}_k,\boldsymbol{u}_k)}=\lambda_1+O\left[\left(\frac{\lambda_2}{\lambda_1}\right)^{2k}\right]$$

8.2.2 反幂法和原点位移

反幂法和原点位移
微视频

反幂法用来计算按模最小的特征值及其特征向量.设 $\boldsymbol{A}\in\boldsymbol{R}^{n\times n}$ 为非奇异矩阵,它的特征值满足

$$|\lambda_1|\geqslant|\lambda_2|\geqslant\cdots\geqslant|\lambda_{n-1}|>|\lambda_n|>0 \tag{8.2.4}$$

则 $\boldsymbol{A}^{-1}$ 的特征值 $\lambda_1^{-1},\lambda_2^{-1},\cdots,\lambda_n^{-1}$ 满足

$$|\lambda_n^{-1}|>|\lambda_{n-1}^{-1}|\geqslant\cdots\geqslant|\lambda_1^{-1}|$$

即是 $\boldsymbol{A}^{-1}$ 的主特征值.因此,对 $\boldsymbol{A}^{-1}$ 应用乘幂法可得到矩阵 $\boldsymbol{A}$ 的按模最小的特征值及其特征向量,称为反幂法,计算公式如下:

任取 $\boldsymbol{v}_0=\boldsymbol{u}_0\neq 0$,对于 $k=1,2,\cdots$ 计算

$$\begin{cases}\boldsymbol{v}_k=\boldsymbol{A}^{-1}\boldsymbol{u}_{k-1}\\ \boldsymbol{u}_k=\boldsymbol{v}_k/\max(\boldsymbol{v}_k), \qquad k=1,2,\cdots\end{cases} \tag{8.2.5}$$

在式(8.2.5)中,向量 $\boldsymbol{v}_k$ 可以通过解方程组 $\boldsymbol{A}\boldsymbol{v}_k=\boldsymbol{u}_{k-1}$ 得到.

定理 8.2.2 设非奇异矩阵 $\boldsymbol{A}\in\boldsymbol{R}^{n\times n}$ 的特征值 $\lambda_i(i=1,2,\cdots,n)$ 满足式(8.2.4),并且有对应的 n 个线性无关的特征向量 $\boldsymbol{x}_i,i=1,2,\cdots,n$.给定初始向量 $\boldsymbol{v}_0=\sum\limits_{i=1}^{n}\alpha_i\boldsymbol{x}_i(\alpha_n\neq 0)$,则由式(8.2.5)生成的向量序列有

$$\lim_{k\to\infty}\boldsymbol{u}_k=\frac{\boldsymbol{x}_n}{\max(\boldsymbol{x}_n)},\qquad \lim_{k\to\infty}\max(\boldsymbol{v}_k)=\frac{1}{\lambda_n}$$

反幂法的一个重要应用是利用"原点位移",求指定点附近的某个特征值和对应的特征向量.如果矩阵 $(\boldsymbol{A}-p\boldsymbol{I})^{-1}$ 存在,显然,其特征值为$(\lambda_i-p)^{-1},i=1,2,\cdots,n$,对应的特征向量仍然是 $x_i,i=1,2,\cdots,n$.如果 p 是$\boldsymbol{A}$ 的特征值λ_j 的一个近似值,且

$$|\lambda_j-p|<|\lambda_i-p|,\qquad i\neq j \tag{8.2.6}$$

即$(\lambda_j-p)^{-1}$ 是 $(\boldsymbol{A}-p\boldsymbol{I})^{-1}$ 的主特征值,可用反幂法计算相应的特征值和特征向量,计算公式如下:

任取 $\boldsymbol{v}_0=\boldsymbol{u}_0\neq 0$,对于 $k=1,2,\cdots$ 计算

$$\begin{cases}\boldsymbol{v}_k=(\boldsymbol{A}-p\boldsymbol{I})^{-1}u_{k-1}\\ \boldsymbol{u}_k=\boldsymbol{v}_k/\max(\boldsymbol{v}_k), \qquad k=1,2,\cdots\end{cases} \tag{8.2.7}$$

定理 8.2.3 设 $\boldsymbol{A}\in\boldsymbol{R}^{n\times n}$ 的特征值 $\lambda_i,i=1,2,\cdots,n$ 对应的特征向量 $\boldsymbol{x}_i,i=1,2,\cdots,n$ 线性无关,p 为 λ_j 的近似值,满足式(8.2.6),$(\boldsymbol{A}-p\boldsymbol{I})^{-1}$ 存在.给定初始向量 $\boldsymbol{v}_0=\sum\limits_{i=1}^{n}\alpha_i\boldsymbol{x}_i,\alpha_j\neq 0$,则由式(8.2.7)生成的向量序列有

$$\lim_{k\to\infty}\boldsymbol{u}_k=\frac{\boldsymbol{x}_j}{\max(\boldsymbol{x}_j)},\qquad \lim_{k\to\infty}\max(\boldsymbol{v}_k)=\frac{1}{\lambda_j-p}$$

注 (1)由定理 8.2.3 可知,$p+[\max(\boldsymbol{v}_k)]^{-1}$ 是特征值 λ_j 的近似值,对应的近似特征向量为 $\boldsymbol{u}_k$.迭代收敛速度由比值 $\sigma=\max\limits_{i\neq j}\left|\dfrac{\lambda_j-p}{\lambda_i-p}\right|$ 来确定.只要选择的 p 是 λ_i 的一个较好的近

似且特征值分离情况较好，一般 σ 很小，收敛较快.

(2) 实际计算时，由于求矩阵的逆非常耗费时间，因此一般采用求解方程组

$$(\boldsymbol{A}-p\boldsymbol{I})\boldsymbol{v}_k=\boldsymbol{u}_{k-1}$$

求得 $\boldsymbol{v}_k$. 为了减少计算工作量，通常先将 $\boldsymbol{A}-p\boldsymbol{I}$ 进行三角分解(为得到较好的数值稳定性，通常采用选主元 $\boldsymbol{LU}$ 分解)

$$\boldsymbol{P}(\boldsymbol{A}-p\boldsymbol{I})=\boldsymbol{LU}$$

其中，$\boldsymbol{P}$ 为排列阵，$\boldsymbol{L}$ 和 $\boldsymbol{U}$ 分别为下、上三角阵. 这样在迭代过程每一步，只需要解两个三角形方程组即可，且这种三角分解只需要作一次，以后每次迭代时可以继续应用.

(3) 关于初始向量 $\boldsymbol{u}_0$ 的选取. 在第一步迭代中，$\boldsymbol{u}_0$ 是任意给定的. 由于

$$\boldsymbol{U}\boldsymbol{v}_1=\boldsymbol{L}^{-1}\boldsymbol{P}\boldsymbol{u}_0$$

因此 $\boldsymbol{L}^{-1}\boldsymbol{P}\boldsymbol{u}_0$ 同样是任意的. 这样在第一步迭代时，不必先选取 $\boldsymbol{u}_0$，而是直接选定右端向量 $\boldsymbol{L}^{-1}\boldsymbol{P}\boldsymbol{u}_0$. 在实践中，常取

$$\boldsymbol{L}^{-1}\boldsymbol{P}\boldsymbol{u}_0=(1,1,\cdots,1)^{\mathrm{T}}\in\boldsymbol{R}^n$$

再由回代法求出 $\boldsymbol{v}_1$.

例 8.2.2　反幂法.

问题　用反幂法求下列矩阵接近于 $p=1.2679$ 的特征值(精确特征值 $\lambda_3=3-\sqrt{3}$)及其特征向量(用 5 位浮点数进行计算)，其中

$$\boldsymbol{A}=\begin{pmatrix}2&1&0\\1&3&1\\0&1&4\end{pmatrix}$$

解　用列选主元的三角分解将 $\boldsymbol{A}-p\boldsymbol{I}$ 分解为

$$\boldsymbol{P}(\boldsymbol{A}-p\boldsymbol{I})=\boldsymbol{LU}$$

其中

$$\boldsymbol{P}=\begin{pmatrix}0&1&0\\0&0&1\\1&0&0\end{pmatrix},\quad \boldsymbol{L}=\begin{pmatrix}1&0&0\\0&1&0\\0.7321&-0.26807&1\end{pmatrix},\quad \boldsymbol{U}=\begin{pmatrix}1&1.7321&1\\0&1&2.7321\\0&0&0.29405\times10^{-3}\end{pmatrix}$$

由 $\boldsymbol{U}\boldsymbol{v}_1=(1,1,1)^{\mathrm{T}}$ 得

$$\boldsymbol{v}_1=(12\,692,-9\,290.3,3\,400.8)^{\mathrm{T}}$$

$$\boldsymbol{u}_1=(1,-0.731\,98,0.267\,95)^{\mathrm{T}}$$

由 $\boldsymbol{LU}\boldsymbol{v}_2=\boldsymbol{P}\boldsymbol{u}_1$ 得

$$\boldsymbol{v}_2=(20\,404,-14\,937,5\,467.4)^{\mathrm{T}}$$

$$\boldsymbol{u}_2=(1,-0.732\,06,0.267\,96)^{\mathrm{T}}$$

由此可得特征值 λ_3($\lambda_3=1.267\,949\,2$)的近似值为

$$1.267\,9+\frac{1}{20\,404}=1.267\,949$$

λ_3 对应的特征向量是

$$\boldsymbol{x}_3=(1,1-\sqrt{3},2-\sqrt{3})^{\mathrm{T}}\approx(1,-0.732\,05,0.267\,95)^{\mathrm{T}}$$

由此可见，$\boldsymbol{u}_2$ 是 $\boldsymbol{x}_3$ 相当好的近似.

8.3 QR 算法

近代发展起来的 *QR* 算法是用来计算任意矩阵的全部特征值和特征向量的最有效的方法之一,对它的研究和应用日益扩大. 这里仅对这一算法的基本思想和实现算法进行简要的介绍.

8.3.1 Householder 变换和 Givens 变换

1. Householder 变换

定义 8.3.1 设向量 $w\in \boldsymbol{R}^n$, $\|w\|_2=1$,则称

$$\boldsymbol{H}(w)=\boldsymbol{I}-2ww^{\mathrm{T}} \tag{8.3.1}$$

为 Householder(豪斯荷尔德)矩阵或 Householder 变换,有时也称为镜面反射矩阵.

例如 $w=\left(\frac{1}{3},\frac{2}{3},\frac{2}{3}\right)^{\mathrm{T}}$,则 $\|w\|_2=1$,于是

$$\boldsymbol{H}=\boldsymbol{I}-2ww^{\mathrm{T}}=\frac{1}{9}\begin{pmatrix} 7 & -4 & -4 \\ -4 & 1 & -8 \\ -4 & -8 & 1 \end{pmatrix}$$

为 Householder 矩阵.

Householder 矩阵 $\boldsymbol{H}=\boldsymbol{H}(w)$ 有如下性质:

① $\boldsymbol{H}$ 是对称正交阵,即 $\boldsymbol{H}=\boldsymbol{H}^{\mathrm{T}}\boldsymbol{H}^{-1}$. 事实上,显然有 $\boldsymbol{H}^{\mathrm{T}}=\boldsymbol{H}$,又由 $w^{\mathrm{T}}w=\|w\|_2=1$ 得知

$$\boldsymbol{H}^{\mathrm{T}}\boldsymbol{H}=\boldsymbol{H}^2=\boldsymbol{I}-4ww^{\mathrm{T}}+4w(w^{\mathrm{T}}w)w^{\mathrm{T}}=\boldsymbol{I}$$

② 对任何 $\boldsymbol{x}\in \boldsymbol{R}^n$,记 $\boldsymbol{y}=\boldsymbol{H}\boldsymbol{x}$,有 $\|\boldsymbol{y}\|_2=\|\boldsymbol{x}\|_2$.

③ 记 S 为与 w 垂直的超平面,则几何上 $\boldsymbol{x}$ 与 $\boldsymbol{y}=\boldsymbol{H}\boldsymbol{x}$ 关于平面 S 对称. 事实上,由 $\boldsymbol{y}=\boldsymbol{H}\boldsymbol{x}=(\boldsymbol{I}-2ww^{\mathrm{T}})\boldsymbol{x}$ 得知

$$\boldsymbol{x}-\boldsymbol{y}=2(w^{\mathrm{T}}\boldsymbol{x})w$$

上式表明向量 $\boldsymbol{x}-\boldsymbol{y}$ 与 w 平行,注意到 $\boldsymbol{y}$ 与 $\boldsymbol{x}$ 的长度相等. 它的几何解释是向量 $\boldsymbol{x}$ 经变换后的像 $\boldsymbol{y}=\boldsymbol{H}\boldsymbol{x}$ 是 $\boldsymbol{x}$ 关于 S 对称的向量,如图 8.3.1 所示.

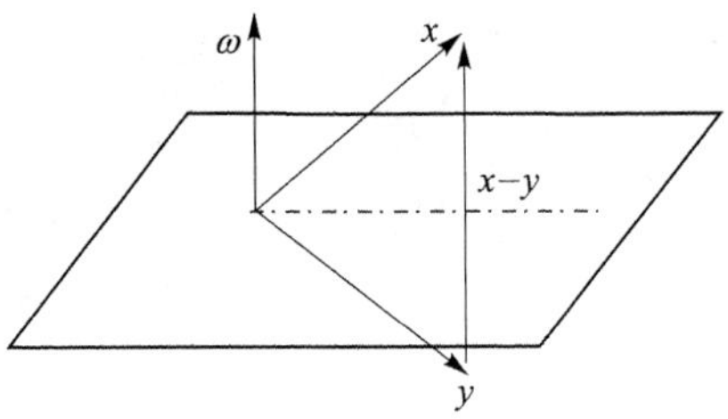

图 8.3.1 Householder 变换

对应于性质②,有下面的定理.

定理 8.3.1 设 $\boldsymbol{x},\boldsymbol{y}\in \boldsymbol{R}^n$, $\boldsymbol{x}\neq \boldsymbol{y}$ 且 $\|\boldsymbol{x}\|_2=\|\boldsymbol{y}\|_2$,则有 Householder 矩阵 $\boldsymbol{H}$,使得 $\boldsymbol{H}\boldsymbol{x}=\boldsymbol{y}$.

证明 令 $w=\dfrac{\boldsymbol{x}-\boldsymbol{y}}{\|\boldsymbol{x}-\boldsymbol{y}\|_2}$, $\boldsymbol{H}=\boldsymbol{I}-2ww^{\mathrm{T}}$,则有 $\|w\|_2=1$. 由 $\boldsymbol{x}^{\mathrm{T}}\boldsymbol{x}=\boldsymbol{y}^{\mathrm{T}}\boldsymbol{y}$ 可知

$$2(\boldsymbol{x}-\boldsymbol{y})^{\mathrm{T}}\boldsymbol{x}=\boldsymbol{x}^{\mathrm{T}}\boldsymbol{x}-2\boldsymbol{x}^{\mathrm{T}}\boldsymbol{y}+\boldsymbol{y}^{\mathrm{T}}\boldsymbol{y}=(\boldsymbol{x}-\boldsymbol{y})^{\mathrm{T}}(\boldsymbol{x}-\boldsymbol{y})=\|\boldsymbol{x}-\boldsymbol{y}\|_2^2$$

从而可得

$$\boldsymbol{H}\boldsymbol{x}=\boldsymbol{x}-2ww^{\mathrm{T}}\boldsymbol{x}=\boldsymbol{x}-\frac{2(\boldsymbol{x}-\boldsymbol{y})(\boldsymbol{x}-\boldsymbol{y})^{\mathrm{T}}\boldsymbol{x}}{\|\boldsymbol{x}-\boldsymbol{y}\|_2^2}=\boldsymbol{x}-(\boldsymbol{x}-\boldsymbol{y})=\boldsymbol{y}$$

定理得证.

该定理的一个重要应用是对 $\boldsymbol{x}=(x_1,x_2,\cdots,x_n)^{\mathrm{T}}\neq\boldsymbol{0}$ 有 Householder 矩阵 $\boldsymbol{H}$,使得

$$\boldsymbol{Hx}=\sigma\boldsymbol{e}_1 \tag{8.3.2}$$

其中,$\sigma=-\operatorname{sign}(x_1)\|\boldsymbol{x}\|_2$,$\boldsymbol{e}_1=(1,0,\cdots,0)^{\mathrm{T}}$. 矩阵 $\boldsymbol{H}$ 的计算公式为

$$\begin{cases}\boldsymbol{u}=\boldsymbol{x}-\sigma\boldsymbol{e}_1\\ \rho=\sigma(\sigma-x_1)\\ \boldsymbol{H}=\boldsymbol{I}-\rho^{-1}\boldsymbol{u}\boldsymbol{u}^{\mathrm{T}}\end{cases} \tag{8.3.3}$$

关于符号 σ 的选取,是为了使分母的 ρ 尽量大,从而有利于数值计算的稳定性. 式(8.3.2)的意义是对向量做消元运算,即使向量的第 2 个分量到第 n 个分量全都化为零. 当然,也可以构造相应的 Householder 矩阵,使向量的连续若干个分量为零.

例 8.3.1　Householder 变换.

问题　对于向量 $\boldsymbol{x}=(3,5,1,1)^{\mathrm{T}}$,构造 Householder 矩阵 $\boldsymbol{H}$,使

$$\boldsymbol{Hx}=-\operatorname{sign}(x_1)\|\boldsymbol{x}\|_2(1,0,0,0)^{\mathrm{T}}$$

解　$\|\boldsymbol{x}\|_2=6$,$\sigma=-\operatorname{sign}(x_1)\|\boldsymbol{x}\|_2=-6$,$\boldsymbol{u}=\boldsymbol{x}-\sigma\boldsymbol{e}_1=(9,5,1,1)^{\mathrm{T}}$,从而$\|\boldsymbol{u}\|_2=108$,$\rho=54$,按式(8.4.3)得

$$\boldsymbol{H}=\boldsymbol{I}-\rho^{-1}\boldsymbol{u}\boldsymbol{u}^{\mathrm{T}}=\frac{1}{54}\begin{pmatrix}-27&-45&-9&-9\\-45&29&-5&-5\\-9&-5&53&-1\\-9&-5&-1&53\end{pmatrix}$$

2. 吉文斯变换

Householder 变换可视一个向量的连续若干个分量化为零,有时希望把指定的一个分量化为零,此时可以使用吉文斯变换.

定义 8.3.2　将 n 阶单位矩阵 $\boldsymbol{I}_n$ 改变第 i,j 行和第 i,j 列的四个元素得到的矩阵.

$$\boldsymbol{J}=\boldsymbol{J}(i,j,\theta)=\begin{pmatrix}1&&&&&&\\&\ddots&&&&&\\&&\cos\theta&&\sin\theta&&\\&&&\ddots&&&\\&&-\sin\theta&&\cos\theta&&\\&&&&&\ddots&\\&&&&&&1\end{pmatrix}\begin{matrix}\\\\i\\\\j\\\\\\\end{matrix}$$
$$\qquad\qquad i\qquad\qquad j$$

称为吉文斯(Givens)矩阵或吉文斯变换.

容易验证,$\boldsymbol{J}(i,j,\theta)$ 为正交矩阵,表示在 n 维空间中将互相正交的两个坐标轴在其所决定的平面上旋转一个角度 θ,并保持正交坐标系的其他轴不动. 所以 $\boldsymbol{J}(i,j,\theta)$ 也称为平面旋转矩阵,θ 为旋转角.

设 $\boldsymbol{x}\in\boldsymbol{R}^n$,对 $\boldsymbol{x}$ 进行吉文斯变换得到的向量记为 $\boldsymbol{y}$,即 $\boldsymbol{y}=\boldsymbol{J}(i,j,\theta)\boldsymbol{x}$,则 $\boldsymbol{y}$ 可以看作为对向量 $\boldsymbol{x}$ 旋转 θ 角后所得的向量. 若令

$$\boldsymbol{x}=(x_1,x_2,\cdots,x_n)^{\mathrm{T}},\qquad \boldsymbol{y}=(y_1,y_2,\cdots,y_n)^{\mathrm{T}}$$

则向量 $\boldsymbol{x}$ 和 $\boldsymbol{y}$ 的分量关系为

$$\begin{cases} y_i = x_i\cos\theta + x_j\sin\theta \\ y_j = -x_i\sin\theta + x_j\cos\theta \\ y_k = x_k, \qquad k \neq i,j \end{cases}$$

可以看出向量 $\boldsymbol{x}$ 和 $\boldsymbol{y}$ 仅有第 i,j 两个分量不同,且不难验证 $\|\boldsymbol{x}\|_2^2 = \|\boldsymbol{y}\|_2^2$. 从上式也可以看出,适当地选择角度 θ,便可以使向量 $\boldsymbol{x}$ 的第 j 个分量 $x_j = 0$. 为此,只须令

$$\cos\theta = \frac{x_i}{\sqrt{x_i^2 + x_j^2}}, \qquad \sin\theta = \frac{x_j}{\sqrt{x_i^2 + x_j^2}}, \qquad x_i^2 + x_j^2 \neq 0$$

设 $\boldsymbol{A} \in \boldsymbol{R}^{n\times n}$,将矩阵 $\boldsymbol{A}$ 左乘以矩阵 $\boldsymbol{J}(i,j,\theta)$,则矩阵 $\boldsymbol{A}$ 仅有 i,j 两行元素发生改变,其余元素不变. 事实上,设 $\boldsymbol{A} = (a_{pq})$,$\boldsymbol{B} = \boldsymbol{J}(i,j,\theta)\boldsymbol{A} = (b_{pq})$,便有

$$\begin{cases} b_{pq} = a_{pq}, & p \neq i,j \\ b_{iq} = a_{iq}\cos\theta + a_{jq}\sin\theta, & 1 \leqslant q \leqslant n \\ b_{jq} = -a_{iq}\sin\theta + a_{jq}\cos\theta \end{cases}$$

类似地,$\boldsymbol{AJ}(i,j,\theta)^{\mathrm{T}}$ 只改变 $\boldsymbol{A}$ 的第 i 列和第 j 列的元素,$\boldsymbol{J}(i,j,\theta)\boldsymbol{AJ}(i,j,\theta)^{\mathrm{T}}$ 只改变矩阵 $\boldsymbol{A}$ 的第 i 行、第 j 行、第 i 列和第 j 列的元素.

设 $\boldsymbol{A} = (a_{ij}) \in \boldsymbol{R}^{n\times n}$ 为对称矩阵,$\boldsymbol{J}(i,j,\theta)$ 为一平面旋转矩阵,则

$$\boldsymbol{B} = \boldsymbol{J}(i,j,\theta)\boldsymbol{AJ}(i,j,\theta)^{\mathrm{T}} = (b_{ij})$$

的元素的计算公式为

$$\begin{aligned} & b_{ii} = a_{ii}\cos^2\theta + a_{jj}\sin^2\theta + 2a_{ij}\sin^2\theta\cos\theta \\ & b_{jj} = a_{ii}\sin^2\theta + a_{jj}\cos^2\theta - 2a_{ij}\sin^2\theta\cos\theta \\ & b_{ij} = b_{ji} = \frac{1}{2}(a_{jj} - a_{ii})\sin 2\theta + 2a_{ij}\cos 2\theta \\ & b_{ik} = b_{ki} = a_{ik}\cos\theta + a_{jk}\sin\theta, \qquad k \neq i,j \\ & b_{jk} = b_{kj} = a_{jk}\cos\theta - a_{ik}\sin\theta, \qquad k \neq i,j \\ & b_{lm} = b_{ml} = a_{lm}, \qquad l \neq i,j, \qquad m \neq i,j \end{aligned}$$

而且,不难验证

$$b_{ii}^2 + b_{jj}^2 + 2b_{ij}^2 = a_{ii}^2 + a_{jj}^2 + 2a_{ij}^2 \tag{8.3.4}$$

8.3.2 矩阵正交相似于上 Hessenberg 阵

定义 8.3.3 若矩阵 $\boldsymbol{B} = (b_{ij}) \in \boldsymbol{R}^{n\times n}$ 的次对角线以下的元素 $b_{ij} = 0(i > j+1)$,则称 $\boldsymbol{B}$ 为上海森伯格(Hessenberg)型矩阵,或简称为上海森伯格阵. 上海森伯格阵 $\boldsymbol{B}$ 的形状为

$$\boldsymbol{B} = \begin{pmatrix} * & * & \cdots & \cdots & * \\ * & * & \cdots & \cdots & * \\ & \ddots & \ddots & & \vdots \\ & & \ddots & \ddots & \vdots \\ & & & * & * \end{pmatrix}$$

若上海森伯格阵 $\boldsymbol{B}$ 有一个次对角元,如 $b_{k+1,k} = 0, 1 \leqslant k \leqslant n-1$,则它是可约的,否则称为不可约的. 对于可约的上海森伯格阵的特征值计算,可以约简为阶数较小的矩阵的特征值问题.

定理 8.3.2 对于任何矩阵 $\boldsymbol{A}\in\boldsymbol{R}^{n\times n}$，存在正交阵 $\boldsymbol{Q}$，使得

$$\boldsymbol{B}=\boldsymbol{Q}^{\mathrm{T}}\boldsymbol{A}\boldsymbol{Q} \tag{8.3.5}$$

为上海森伯格阵.

证明 设 $\boldsymbol{A}_1=\boldsymbol{A}$，$a_1$ 为 $\boldsymbol{A}_1$ 的第一列对角线以下(不含对角线)的 $n-1$ 维向量. 根据式(8.4.2)可构造 $n-1$ 阶 Householder 矩阵 $\boldsymbol{H}_1$，使得 $\boldsymbol{H}_1a_1=\sigma_1\boldsymbol{e}_1$，其中 $\boldsymbol{e}_1=(1,0,\cdots,0)^{\mathrm{T}}\in\boldsymbol{R}^{n-1}$. 记 $\boldsymbol{P}_1=\mathrm{diag}(1,\boldsymbol{H})$，显然 $\boldsymbol{P}_1$ 是对称正交阵，且 $\boldsymbol{P}_1^{-1}=\boldsymbol{P}_1$. 用 $\boldsymbol{P}_1$ 对 $\boldsymbol{A}_1$ 作相似变换，易知

$$\boldsymbol{A}_2=\boldsymbol{P}_1\boldsymbol{A}_1\boldsymbol{P}_1=\begin{pmatrix} * & * & \cdots & * \\ \sigma_1 & * & \cdots & * \\ & * & \cdots & * \\ & \vdots & & \vdots \\ & * & \cdots & * \end{pmatrix}$$

记 a_2 为 $\boldsymbol{A}_2$ 的第二列对角线以下(不含对角线) $n-2$ 维向量，那么同理可构造 $n-2$ 阶 Householder 矩阵 $\boldsymbol{H}_2$，使得 $\boldsymbol{H}_2a_2=\sigma_2\boldsymbol{e}_1$，其中 $\boldsymbol{e}_1=(1,0,\cdots,0)^{\mathrm{T}}\in\boldsymbol{R}^{n-2}$，记 $\boldsymbol{I}_2$ 为二阶单位向量，$\boldsymbol{P}_2=\mathrm{diag}(\boldsymbol{I}_2,\boldsymbol{H}_2)$，显然 $\boldsymbol{P}_2$ 为对称正交矩阵. 同样，用 $\boldsymbol{P}_2$ 对 $\boldsymbol{A}_2$ 作相似变换，有

$$\boldsymbol{A}_3=\boldsymbol{P}_2\boldsymbol{A}_2\boldsymbol{P}_2=\begin{pmatrix} * & * & * & \cdots & * \\ \sigma_1 & * & * & \cdots & * \\ & \sigma_2 & * & \cdots & * \\ & & * & \cdots & * \\ & & \vdots & & \vdots \\ & & * & \cdots & * \end{pmatrix}$$

以此类推，经 $n-2$ 步对称正交相似变换，得到上海森伯格阵为

$$\boldsymbol{A}_{n-1}=\boldsymbol{P}_{n-2}\boldsymbol{A}_{n-2}\boldsymbol{P}_{n-2}=\boldsymbol{P}_{n-2}\cdots\boldsymbol{P}_2\boldsymbol{P}_1\boldsymbol{A}\boldsymbol{P}_1\boldsymbol{P}_2\cdots\boldsymbol{P}_{n-2}$$

若记 $\boldsymbol{B}=\boldsymbol{A}_{n-1}$，$\boldsymbol{Q}=\boldsymbol{P}_1\boldsymbol{P}_2\cdots\boldsymbol{P}_{n-2}$，则有式(8.4.4). 定理得证.

上述定理的证明是构造矩阵推得，即可以用 Householder 变换化矩阵为上海森伯格阵. 该定理可用吉文斯变换来证明，即也可用吉文斯变换化矩阵为上海森伯格阵，对于阶数大于 3 的矩阵，第一列被消元的向量 $\boldsymbol{a}_1$ 的维数大于 2. 这时，可以连续使用吉文斯变换，把 $\boldsymbol{a}_1$ 的从第二个分量开始的非零逐个化为零. 以此类推，最后得到的正交矩阵 $\boldsymbol{Q}$ 是吉文斯矩阵的乘积.

特别地，若 $\boldsymbol{A}$ 为对称矩阵，则 $\boldsymbol{A}_{n-1}$ 亦为对称矩阵，因而，其上三角部分应仅有第一次对角线元素非零，所以此时 $\boldsymbol{A}$ 将化为对称三对角型矩阵. 即有如下推论：

推论 8.3.1 对于任何对称矩阵 $\boldsymbol{A}\in\boldsymbol{R}^{n\times n}$，存在正交阵 $\boldsymbol{Q}$，使得 $\boldsymbol{B}=\boldsymbol{Q}^{\mathrm{T}}\boldsymbol{A}\boldsymbol{Q}$ 为对称三对角矩阵.

显然，$\boldsymbol{A}_{n-1}$ 和 $\boldsymbol{A}$ 相似，从而有相同的特征值. 上海森伯格阵和三对角矩阵对于求矩阵的全部特征值很有帮助，在 ***QR*** 算法中有重要应用.

8.3.3 *QR* 算法及其收敛性

QR 算法可以用来求任意的非奇异矩阵的全部特征值，是目前计算这类问题最有效的方法之一. 下面首先简要介绍 ***QR*** 分解定理和实舒尔(Schur)分解定理.

1. *QR* 分解定理

定理 8.3.3(QR 分解定理) 设 $\boldsymbol{A}\in\boldsymbol{R}^{n\times n}$ 为非奇异矩阵，则存在正交矩阵与上三角矩阵

$\boldsymbol{R}$,使得 $\boldsymbol{A}=\boldsymbol{QR}$,且当 $\boldsymbol{R}$ 的对角元素均取正时,分解是唯一的.

证明 类似地可证明,对矩阵 $\boldsymbol{A}$ 左乘一系列 Householder 矩阵,可以将 $\boldsymbol{A}$ 化为上三角形矩阵,因此,可得 $\boldsymbol{A}$ 的 $\boldsymbol{QR}$ 分解.

下面证明分解的唯一性.设有两种分解 $\boldsymbol{A}=\boldsymbol{Q}_1\boldsymbol{R}_1=\boldsymbol{Q}_2\boldsymbol{R}_2$,而且 $\boldsymbol{R}_1,\boldsymbol{R}_2$ 的对角元均为正数.由此可得 $\boldsymbol{Q}_2^{\mathrm{T}}\boldsymbol{Q}_1=\boldsymbol{R}_2\boldsymbol{R}_1^{-1}$.该式左边为正交矩阵,即 $(\boldsymbol{R}_2\boldsymbol{R}_1^{-1})^{\mathrm{T}}=(\boldsymbol{R}_2\boldsymbol{R}_1^{-1})^{-1}$.这个式子左边是下三角矩阵,则右边是上三角矩阵,所以只能是对角矩阵.设

$$\boldsymbol{D}=\boldsymbol{R}_2\boldsymbol{R}_1^{-1}=\operatorname{diag}(d_1,d_2,\cdots,d_n)$$

则有 $\boldsymbol{DD}^{\mathrm{T}}=\boldsymbol{D}^2=\boldsymbol{I}$,且 $d_i>0,i=1,2,\cdots,n$,故有 $\boldsymbol{D}=\boldsymbol{I}$,从而 $\boldsymbol{R}_2=\boldsymbol{R}_1$,进而 $\boldsymbol{Q}_1=\boldsymbol{Q}_2$ 定理得证.

当矩阵 $\boldsymbol{A}$ 为上海森伯格阵时,可利用吉文斯变换对矩阵 $\boldsymbol{A}$ 实现 $\boldsymbol{QR}$ 分解.

注 一般按 Householder 变换或吉文斯变换做出分解 $\boldsymbol{A}=\boldsymbol{QR}$,$\boldsymbol{R}$ 的对角元不一定是正的.设 $\boldsymbol{R}=(r_{ij})$,只要令

$$\boldsymbol{D}=\operatorname{diag}\left(\frac{r_{11}}{|r_{11}|},\frac{r_{22}}{|r_{22}|},\cdots,\frac{r_{nn}}{|r_{nn}|}\right)$$

$\overline{\boldsymbol{Q}}\boldsymbol{QD}$ 为正交阵,$\overline{\boldsymbol{R}}\boldsymbol{D}^{-1}\boldsymbol{R}$ 为对角元 $|r_{ij}|$ 是的上三角矩阵,这样,$\boldsymbol{A}=\overline{\boldsymbol{Q}}\,\overline{\boldsymbol{R}}$ 就是符合定理 8.3.3 的唯一 $\boldsymbol{QR}$ 分解.

2. 实舒尔分解定理

对于实对称矩阵,可通过正交相似变换约化为对角矩阵.那么,对于一般的实矩阵,通过正交相似变换可约化到什么程度呢?矩阵理论中有如下结论.

定理 8.3.4(实舒尔分解定理) 对于任何矩阵 $\boldsymbol{A}\in\boldsymbol{R}^{n\times n}$,存在正交矩阵 $\boldsymbol{Q}$,使得

$$\boldsymbol{Q}^{\mathrm{T}}\boldsymbol{AQ}=\begin{pmatrix} R_{11} & R_{12} & \cdots & R_{1m} \\ & R_{22} & \cdots & R_{2m} \\ & & \ddots & \vdots \\ & & & R_{mm} \end{pmatrix}$$

其中,对角块 $R_{ii},i=1,2,\cdots,m$ 为一阶或二阶方阵,每一个一阶对角块即为 $\boldsymbol{A}$ 的实特征值,每一个二阶对角块的两个特征值是 $\boldsymbol{A}$ 的一对共轭复特征值.称这种分块上三角矩阵为矩阵 $\boldsymbol{A}$ 的舒尔分块上三角矩阵,上三角矩阵和对角矩阵是它的特殊情形.

设有 $\boldsymbol{A}$ 的 $\boldsymbol{QR}$ 分解,即 $\boldsymbol{A}=\boldsymbol{QR}$,那么令 $\boldsymbol{B}=\boldsymbol{RQ}$,则有 $\boldsymbol{B}=\boldsymbol{Q}^{\mathrm{T}}\boldsymbol{AQ}$,这说明 $\boldsymbol{B}$ 与 $\boldsymbol{A}$ 有相同的特征值.对 $\boldsymbol{B}$ 继续作 $\boldsymbol{QR}$ 分解,又可得一新的矩阵.令 $\boldsymbol{A}_1=\boldsymbol{A}$,得如下的算法:

$$\begin{cases}\boldsymbol{A}_k=\boldsymbol{Q}_k\boldsymbol{R}_k \\ \boldsymbol{A}_{k+1}=\boldsymbol{R}_k\boldsymbol{Q}_k, \qquad k=1,2,\cdots\end{cases} \tag{8.3.6}$$

由式(8.3.5)得到矩阵序列$\{\boldsymbol{A}_k\}$的方法称为 $\boldsymbol{QR}$ 算法(或称为基本 $\boldsymbol{QR}$ 算法).

定理 8.3.5 $\boldsymbol{QR}$ 算法产生的序列$\{\boldsymbol{A}_k\}$满足:

① $\boldsymbol{A}_{k+1}=\boldsymbol{Q}_k^{\mathrm{T}}\boldsymbol{A}_k\boldsymbol{Q}_k$;

② $\boldsymbol{A}_k=\overline{\boldsymbol{Q}}_k\overline{\boldsymbol{R}}_k$,其中$\overline{\boldsymbol{Q}}_k=\boldsymbol{Q}_1\boldsymbol{Q}_2\cdots\boldsymbol{Q}_k$,$\overline{\boldsymbol{R}}_k=\boldsymbol{R}_k\cdots\boldsymbol{R}_2\boldsymbol{R}_1$.

证明 容易证①从它递推得

$$\boldsymbol{A}_k=\boldsymbol{Q}_{k-1}^{\mathrm{T}}\boldsymbol{A}_{k-1}\boldsymbol{Q}_{k-1}=(\boldsymbol{Q}_1\boldsymbol{Q}_2\cdots\boldsymbol{Q}_{k-1})^{\mathrm{T}}\boldsymbol{A}(\boldsymbol{Q}_1\boldsymbol{Q}_2\cdots\boldsymbol{Q}_{k-1})=\overline{\boldsymbol{Q}}_{k-1}^{\mathrm{T}}\boldsymbol{A}_k\overline{\boldsymbol{Q}}_{k-1}$$

$$\overline{\boldsymbol{Q}}_k\overline{\boldsymbol{R}}_k=\boldsymbol{Q}_1\boldsymbol{Q}_2\cdots\boldsymbol{Q}_k\boldsymbol{R}_k\cdots\boldsymbol{R}_2\boldsymbol{R}_1=\overline{\boldsymbol{Q}}_{k-1}\boldsymbol{A}_k\overline{\boldsymbol{R}}_{k-1}=\overline{\boldsymbol{Q}}_{k-1}\overline{\boldsymbol{Q}}_{k-1}\boldsymbol{A}\overline{\boldsymbol{Q}}_{k-1}\overline{\boldsymbol{R}}_{k-1}=\boldsymbol{A}\overline{\boldsymbol{Q}}_{k-1}\overline{\boldsymbol{R}}_{k-1}$$

由此推得 $\overline{\boldsymbol{Q}}_1\overline{\boldsymbol{R}}_1=\boldsymbol{Q}_1\boldsymbol{R}_1=\boldsymbol{A}_1=\boldsymbol{A}$，即证得②. 定理得证.

一般情形下，**QR** 算法的收敛性比较复杂. 若矩阵序列 $\{\boldsymbol{A}_k\}$ 对角元均收敛，且严格下三角部分元素均收敛到零，则对求 **A** 的特征值而言已经足够了. 此时，称 $\{\boldsymbol{A}_k\}$ 基本收敛到上三角矩阵. 下面对最简单的情形给出收敛性定理.

定理 8.3.6　设矩阵 $\boldsymbol{A}\in\boldsymbol{R}^{n\times n}$ 的特征值满足 λ_i 对应特征向量 $\boldsymbol{x}_i, i=1,2,\cdots,n$. 若矩阵 $\boldsymbol{X}(x_1,x_2,\cdots x_n)$ 的逆可分解为 $\boldsymbol{X}^{-1}=\boldsymbol{LU}$，其中 **L** 为单位下三角矩阵，**U** 为上三角矩阵，则 **QR** 算法产生的序列 $\{\boldsymbol{A}_k\}$ 基本收敛到上三角矩阵，其对角极限为

$$\lim_{k\to\infty} a_{ii}^{(k)}=\lambda_i,\qquad i=1,2,\cdots,n$$

更一般地，在一定条件下，由 **QR** 算法生成的序列 $\{\boldsymbol{A}_k\}$ 收敛为舒尔分块上三角形，对角块按特征值的模从大到小排列，上述定理是它的特殊情形. 当收敛结果为舒尔分块上三角形时，序列 $\{\boldsymbol{A}_k\}$ 的对角块以上的元素以及 2 阶块的元素不一定收敛，但不影响求全部特征值.

例 8.3.2　**QR** 方法.

问题　用 **QR** 方法求下列矩阵的全部特征值.

$$(1)=\begin{pmatrix}-3 & -5 & -1\\ 13 & 13 & 1\\ 13 & -5 & -1\end{pmatrix};\qquad (2)\begin{pmatrix}4 & 1 & -3\\ -2 & 1 & 1\\ 2 & 1 & 1\end{pmatrix}.$$

解　先用 Householder 变换化矩阵 **A** 为上海森伯格阵 $\boldsymbol{A}_1$，然后用吉文斯变换作 **QR** 分解进行迭代，生成序列 $\{\boldsymbol{A}_k\}$.

(1)的计算结果为

$$\boldsymbol{A}_1=\begin{pmatrix}-3.0000 & 4.3077 & -2.7282\\ -13.9284 & 12.9738 & -5.5361\\ & 0.4639 & 1.2062\end{pmatrix}$$

$$\boldsymbol{A}_2=\begin{pmatrix}10.1133 & 17.7711 & 0.8265\\ -1.5511 & -0.6362 & -0.9381\\ & 0.4656 & 1.5229\end{pmatrix}$$

$$\vdots$$

$$\boldsymbol{A}_{16}=\begin{pmatrix}6.0001 & 16.9820 & -9.2165\\ 0.0000 & 3.0019 & -1.6317\\ & 0.0012 & 1.9980\end{pmatrix}$$

$$\boldsymbol{A}_{23}=\begin{pmatrix}6.0000 & 16.9712 & -9.2364\\ 0.0000 & 3.00001 & -1.6329\\ & 0.0000 & 1.9999\end{pmatrix}$$

该矩阵 **A** 非对称，从计算结果看，收敛于上三角矩阵.

(2)的计算结果为

$$\boldsymbol{A}_1=\begin{pmatrix}4.0000 & -2.8284 & -1.4142\\ 2.8284 & -1.0000 & -1.0000\\ & -1.0000 & 1.0000\end{pmatrix}$$

$$A_2=\begin{pmatrix}2.3333 & -1.9379 & -5.1121\\ 0.7454 & 1.2667 & 0.3266\\ & -0.4899 & 0.4000\end{pmatrix}$$

$$\vdots$$

$$A_{25}=\begin{pmatrix}2.0003 & -0.8171 & 3.6516\\ 0.0002 & -0.3336 & 3.7263\\ & -0.7456 & 2.3333\end{pmatrix}$$

$$A_{26}=\begin{pmatrix}2.0002 & -2.9999 & -2.2374\\ 0.0001 & 2.9996 & 2.2366\\ & -2.2349 & -0.9998\end{pmatrix}$$

从计算结果来看,迭代收敛于舒尔分块上三角形,对角块分别是 1 阶和 2 阶子矩阵.事实上,矩阵 A_{25} 和 A_{26} 右下角的 2 阶子矩阵的特征值都是 $0.9999\pm1.0000\mathrm{i}$,迭代已接近收敛.

一般在实际使用 **QR** 方法之前,先用 Householder 变换将 A 化为上海森伯格阵 H,然后对 H 作 **QR** 迭代,这样可以大大节省运算工作量.因为上海森伯格阵 H 的次对角线以下元素均为零,所以用吉文斯变换作 **QR** 分解较为方便.

对 $i=1,2,\cdots,n-1$,依次用吉文斯变换矩阵 $J(i,i+1)$左乘 H,使 $J(i,i+1)H$ 的第 $i+1$ 行第 i 列元素为零.左乘 $J(i,i+1)$后,矩阵 H 的第 i 行与第 $i+1$ 行零元素位置上仍为零,其他行不变.这样,共 $n-1$ 次左乘正交矩阵后得到上三角矩阵 R.即 $U^{\mathrm{T}}H=R$,$U^{\mathrm{T}}=J(n-1,n)=J(n-1,n)J(n-2,n-1)\cdots J(1,2)$.可以验证 U^{T} 是一个下海森伯格阵,即 U 是一个上海森伯格阵.这样,得到 H 的 **QR** 分解 $H=UR$.在作 **QR** 迭代时,下一步计算 RU,容易验证 RU 是一个上海森伯格阵.以上说明了 **QR** 算法保持了 H 的上海森伯格结构形式.

例 8.3.3 **QR** 方法.

问题 对于例 8.0.1 中的弹簧-重物系统,若已知 $m_1=1,m_2=2,m_3=3,m_4=4,m_5=5$,$k_1=1,k_2=2,k_3=3,k_4=4,k_5=5$,确定该弹簧-重物系统的自然频率 ω .

解 由例 8.0.1 的分析可知,求弹簧-重物系统的自然频率 ω ,只须先求出 A 的全部特征值 λ ,再由 $\omega=\sqrt{\lambda}$ 即可确定.由已知假设得矩阵 A 的具体形式为

$$A=\begin{pmatrix}\dfrac{k_1+k_2}{m_1} & \dfrac{-k_2}{m_1} & 0 & 0 & 0\\ \dfrac{-k_2}{m_2} & \dfrac{k_2+k_3}{m_2} & \dfrac{-k_3}{m_2} & 0 & 0\\ 0 & \dfrac{-k_3}{m_3} & \dfrac{k_3+k_4}{m_3} & \dfrac{-k_4}{m_3} & 0\\ 0 & 0 & \dfrac{-k_4}{m_4} & \dfrac{k_4+k_5}{m_4} & \dfrac{-k_5}{m_4}\\ 0 & 0 & 0 & \dfrac{-k_5}{m_5} & \dfrac{k_5}{m_5}\end{pmatrix}=\begin{pmatrix}3 & -2 & 0 & 0 & 0\\ -1 & \dfrac{5}{2} & -\dfrac{3}{2} & 0 & 0\\ 0 & -1 & \dfrac{7}{3} & -\dfrac{4}{3} & 0\\ 0 & 0 & -1 & \dfrac{9}{4} & -\dfrac{5}{4}\\ 0 & 0 & 0 & -1 & 1\end{pmatrix}$$

矩阵 A 为上海森伯格阵,故可由吉文斯变换实现 A 的 **QR** 分解.令 $A_1=A$,根据 A_1 的次对角线非零元素,构造平面旋转矩阵 $J(1,2)$,$J(2,3)$,$J(3,4)$,$J(4,5)$,使得

$$A_1=U_1R_1=$$

$$\begin{pmatrix} -0.948\,683 & 0.316\,228 & 0 & 0 & 0 \\ -0.274\,145 & -0.822\,434 & 0.498\,445 & 0 & 0 \\ -0.125\,413 & -0.376\,24 & -0.689\,773 & 0.605\,746 & 0.605\,746 \\ -0.070\,357\,4 & -0.211\,072 & -0.386\,966 & -0.586\,312 & 0.676\,013 \\ 0.064\,545\,1 & 0.193\,635 & 0.354\,998 & 0.537\,875 & 0.736\,889 \end{pmatrix}.$$

$$\begin{pmatrix} -3.162\,28 & 2.687\,94 & -0.474\,342 & 0 & 0 \\ 0 & -2.006\,24 & 2.396\,69 & -0.664\,593 & 0 \\ 0 & 0 & -1.650\,86 & 2.282\,63 & -0.757\,183 \\ 0 & 0 & 0 & -1.479\,26 & 1.408\,9 \\ 0 & 0 & 0 & 0 & 0.064\,545\,1 \end{pmatrix}$$

其中，$\boldsymbol{U}_1^{\mathrm{T}}=\boldsymbol{J}(4,5)\boldsymbol{J}(3,4)\boldsymbol{J}(2,3)\boldsymbol{J}(1,2)$. 然后将求得的 $\boldsymbol{U}_1$ 和 $\boldsymbol{R}_1$ 逆序相乘，求出 $\boldsymbol{H}_2$.

$$\boldsymbol{A}_2=\boldsymbol{R}_1\boldsymbol{U}_1=\begin{pmatrix} 3.85 & -1.580\,16 & -0.287\,529 & -0.161\,305 & 0.147\,979 \\ -0.634\,429 & 2.844\,62 & 1.300\,92 & -0.114\,316 & 0.104\,872 \\ 0 & -0.822\,861 & 2.521\,41 & -1.211\,37 & 0.083\,758\,2 \\ 0 & 0 & -0.896\,056 & 1.819\,75 & 0.242\,548 \\ 0 & 0 & 0 & 0.043\,633\,3 & 0.047\,562\,6 \end{pmatrix}$$

重复上面的过程，计算 53 次得

$$\boldsymbol{A}_{53}=\begin{pmatrix} 4.634\,28 & * & * & * & * \\ 0 & 3.521\,01 & * & * & * \\ 0 & 0 & 2.104\,75 & * & * \\ 0 & 0 & 0 & 0.786\,258 & * \\ 0 & 0 & 0 & 0 & 0.037\,032\,6 \end{pmatrix}$$

用 * 表示严格上三角位置处的非零元，并不影响求 $\boldsymbol{A}_{53}$ 的特征值. 由此可得该弹簧-重物系统的自然频率分别为 2.152 74，1.876 44，1.450 78，0.886 712，0.192 439.

8.3.4　带原点位移的 *QR* 算法

前面介绍了在反幂法中应用原点位移的策略，这种思想方法也可用于 *QR* 算法. 一般针对上海森伯格阵讨论 *QR* 算法，并且假设每次 *QR* 迭代中产生的 $\boldsymbol{A}_k$ 都是不可约的，否则，可以将问题分解为较小型的问题. 这样，带原点位移的 *QR* 算法对 $k=1,2,\cdots$ 粗略可以描述为三大步：

第一步(初始化)：取 $\boldsymbol{A}_1$ 为 $\boldsymbol{A}$ 的上海森伯格阵形.

第二步(*QR* 分界)：$\boldsymbol{A}_k=s_k\boldsymbol{I}=\boldsymbol{Q}_k\boldsymbol{R}_k$.

第三步(正交相似变换)：$\boldsymbol{A}_{k+1}=\boldsymbol{R}_k\boldsymbol{Q}_k+s_k\boldsymbol{I}$.

这里，$\boldsymbol{A}_k$ 到 $\boldsymbol{A}_{k+1}$ 的变换称为原点位移的 *QR* 变换. 由于

$$\boldsymbol{R}_k\boldsymbol{Q}_k+s_k\boldsymbol{I}=\boldsymbol{Q}_k^{\mathrm{T}}\boldsymbol{Q}_k\boldsymbol{R}_k\boldsymbol{Q}_k+s_k\boldsymbol{Q}_k^{\mathrm{T}}\boldsymbol{Q}_k=\boldsymbol{Q}_k^{\mathrm{T}}(\boldsymbol{Q}_k\boldsymbol{R}_k+s_k\boldsymbol{I})\boldsymbol{Q}_k$$

所以 $\boldsymbol{A}_{k+1}=\boldsymbol{Q}_k^{\mathrm{T}}\boldsymbol{A}_k\boldsymbol{Q}_k$. 即每个 $\boldsymbol{A}_k$ 都与 $\boldsymbol{A}_1$ 相似，从而与原矩阵相似. 实际计算时，用不同的位移 $s_1,s_2,\cdots s_k,\cdots$，反复应用上述变换就产生一正交相似与上海森伯格阵的序列 $\{\boldsymbol{A}_k\}$. 设 $\boldsymbol{A}_k=(a_{ij}^{(k)})_{n\times n}$，$\boldsymbol{B}_k$ 是 $\boldsymbol{A}_k$ 的 $n-1$ 阶顺序主子式矩阵，若选取 $s_k=a_{n,n}^{(n)}$，则在一定的条件下，$\boldsymbol{A}_k$ 基本收敛于三角矩阵，并且 $s_k=a_{n,n}^{(n)}$ 作为 $\boldsymbol{A}$ 的近似特征值. 采用收缩方法，即对

$B_k \in R^{(n-1)\times(n-1)}$ 应用 QR 算法,就可逐步求出 A 的其余近似特征值.

判定 $a_{n,n-1}^{(k)}$ 充分小的准则可以是 $|a_{n,n-1}^{(k)}| \leqslant \varepsilon \|A_1\|_\infty$,或者将 $a_{n,n-1}^{(k)}$ 与相邻元素进行比较,取准则 $|a_{n,n-1}^{(k)}| \leqslant \varepsilon \left(|a_{n-1,n-1}^{(k)}| + |a_{n,n}^{(k)}| \right)$,其中,$\varepsilon$ 为给定的精度要求. 满足上述准则时,可认为 $a_{n,n-1}^{(k)} = 0$,$a_{n,n}^{(k)}$ 就作为 A 的一个近似特征值.

根据 QR 算法的收敛性质,位移量有下列两种取法:

(1) $s_k = a_{n,n}^{(k)}$;

(2) s_k 取为矩阵 $\begin{pmatrix} a_{n-1,n-1}^{(k)} & a_{n-1,n}^{(k)} \\ a_{n,n-1}^{(k)} & a_{n,n}^{(k)} \end{pmatrix}$ 的特征值与 $a_{n,n}^{(k)}$ 最接近的一个.

具体计算时,用吉文斯变换对海森伯格矩阵 A_1 进行原点位移的 QR 变换可表达为

$$P_{n-1,n} \cdots P_{2,3} P_{1,2} (A_1 - s_1 I) = R_1$$

$$A_2 = R_1 P_{1,2}^{\mathrm{T}} P_{2,3}^{\mathrm{T}} \cdots P_{n-1,n}^{\mathrm{T}} + s_1 I$$

容易验证,A_2 仍为上海森伯格阵.

例 8.3.4 带原点位移的 QR 方法.

问题 用带原点位移的 QR 算法求下列矩阵的特征值:

$$A = \begin{pmatrix} -1 & 2 & 1 \\ 2 & -4 & 1 \\ 1 & 1 & -6 \end{pmatrix}$$

解 先用 Householder 变换把 A 化为上海森伯格阵. 按式(8.4.3)有

$$H = I = 2ww^{\mathrm{T}} = \begin{pmatrix} 1 & 0 & 0 \\ 0 & -2/\sqrt{5} & -1/\sqrt{5} \\ 0 & -1/\sqrt{5} & 2/\sqrt{5} \end{pmatrix}$$

$$A_1 = H^{\mathrm{T}} A H = \begin{pmatrix} -1 & -\sqrt{5} & 0 \\ -\sqrt{5} & -3.6 & 0.2 \\ 0 & 0.2 & -6.4 \end{pmatrix}$$

若按第一种方法取位移量,即取位移量为右下角元素,则有

$$s_1 = -6.5, \quad \theta_1 = -0.392\,590\,761, \quad \theta_2 = -0.114\,997\,409$$

$$P_1 = \begin{pmatrix} \cos\theta_1 & \sin\theta_1 & 0 \\ -\sin\theta_1 & \cos\theta_1 & 0 \\ 0 & 0 & 1 \end{pmatrix}, \quad P_2 = \begin{pmatrix} 1 & 0 & 0 \\ 0 & \cos\theta_2 & -\sin\theta_2 \\ 0 & -\sin\theta_2 & \cos\theta_2 \end{pmatrix}$$

$$R_1 = P_2 P_1 (A_1 + 6.4I) = \begin{pmatrix} 5.844\,655\,679 & -3.137\,183\,510 & -0.076\,516\,671 \\ & 1.743\,000\,879 & 0.183\,563\,711 \\ & & -0.021\,202\,899 \end{pmatrix}$$

$$A_2 = R_1 P_1^{\mathrm{T}} P_2^{\mathrm{T}} - 6.4I = \begin{pmatrix} 0.200\,234\,192 & -0.666\,846\,149 & 0 \\ -0.666\,846\,149 & -4.779\,171\,336 & -0.002\,432\,908 \\ 0 & -0.002\,432\,908 & -6.421\,062\,856 \end{pmatrix}$$

同理可得

$$A_3=\begin{pmatrix}0.283\,205\,888 & -0.157\,002\,612 & 0\\ -0.157\,002\,612 & -4.862\,139\,274 & 0.000\,000\,006\\ 0 & 0.000\,000\,006 & -6.421\,066\,615\end{pmatrix}$$

$$A_4=\begin{pmatrix}0.287\,735\,078 & -0.036\,401\,350 & 0\\ -0.036\,401\,350 & -4.866\,668\,465 & 0\\ 0 & 0 & -6.421\,066\,615\end{pmatrix}$$

故有特征值 $\lambda_3=-6.421\,066\,615$. 求左上角 2×2 矩阵的特征值，得 $\lambda_1=0.287\,992\,138$，$\lambda_2=-4.866\,925\,525$. 若按第二种方法取位移量，即取右下角 2×2 矩阵的特征值，则有 $s_1=-6.469\,693\,846$，类似于上面的计算可得

$$A_2=\begin{pmatrix}0.194\,154\,158 & -0.689\,146\,437 & 0\\ -0.689\,146\,437 & -4.773\,105\,873 & 0.005\,374\,767\\ 0 & 0.005\,374\,767 & -6.421\,048\,287\end{pmatrix}$$

$$A_3=\begin{pmatrix}0.282\,852\,106 & -0.162\,696\,110 & 0\\ -0.162\,696\,110 & -4.861\,785\,493 & 0.000\,011\,074\\ 0 & 0.000\,011\,074 & -6.421\,066\,615\end{pmatrix}$$

$$A_4=\begin{pmatrix}0.287\,716\,058 & -0.037\,723\,983 & 0\\ -0.037\,723\,983 & -4.866\,649\,445 & 0\\ 0 & 0 & -6.421\,066\,615\end{pmatrix}$$

由此可得特征值 $\lambda_1=0.287\,992\,139$，$\lambda_2=-4.866\,925\,525$，$\lambda_3=-6.421\,066\,615$.

若该问题不用带原点位移的 **QR** 算法，而是用基本 **QR** 算法，则收敛速度很慢，计算结果为

$$A_2=\begin{pmatrix}-4.838\,383\,838 & 0.552\,770\,798 & 0\\ 0.552\,770\,798 & -0.439\,393\,939 & -2.004\,127\,972\\ 0 & -2.004\,127\,972 & -5.727\,272\,727\end{pmatrix}$$

$$A_7=\begin{pmatrix}-5.282\,161\,439 & 0.687\,687\,671 & 0\\ 0.687\,687\,671 & -6.005\,830\,703 & -0.000\,000\,190\\ 0 & -0.000\,000\,190 & 0.287\,992\,139\end{pmatrix}$$

$$\vdots$$

$$A_{30}=\begin{pmatrix}-6.421\,105\,217 & 0.004\,390\,120 & 0\\ 0.004\,390\,120 & -4.866\,937\,928 & 0\\ 0 & 0 & 0.287\,992\,139\end{pmatrix}$$

不过，在上述计算结果中，A_7 的第三个对角元已稳定，可以认为 $\lambda_3\approx0.287\,992\,139$，$\lambda_1$ 和 λ_2 可认为是 A_7 的左上角 2×2 矩阵的特征值，可解得 $\lambda_1\approx-6.421\,066\,617$，$\lambda_2\approx4.866\,925\,525$.

8.4　雅可比方法

实际问题中，遇到较多的是实对称矩阵，其特征值问题的计算比一般情况简单些. 已知若矩阵 $A\in R^{n\times n}$ 为对称矩阵，则存在一正交阵 P，使

$$PAP^{\mathrm{T}}=\mathrm{diag}(\lambda_1,\lambda_2,\cdots,\lambda_n)=D$$

的对角元 $\lambda_i, i=1,2,\cdots,n$ 就是 $\boldsymbol{A}$ 的特征值, $\boldsymbol{P}^{\mathrm{T}}$ 的列向量就是对应于特征值的特征向量. 于是求实对称矩阵 $\boldsymbol{A}$ 的特征值问题转为寻找正交矩阵 $\boldsymbol{P}$, 使 $\boldsymbol{PAP}^{\mathrm{T}}=\boldsymbol{D}$ 为对角阵, 而这个问题的关键是如何构造 $\boldsymbol{P}$.

卡尔·雅可比(Carl Gustav Jacobi), 德国数学家. 1804 年 12 月 10 日生于普鲁士的波茨坦; 1851 年 2 月 18 日卒于柏林. 雅可比是数学史上最勤奋的学者之一, 与欧拉一样也是一位在数学上多产的数学家, 是被广泛承认的历史上最伟大的数学家之一. 雅可比善于处理各种繁复的代数问题, 在纯粹数学和应用数学上都有非凡的贡献, 他所理解的数学有一种强烈的柏拉图式的格调, 其数学成就对后人影响颇为深远. 在他逝世后, 狄利克雷称他为拉格朗日以来德国科学院成员中最卓越的数学家.

雅可比(Jacobi)方法是用来计算实对称矩阵的全部特征值及其对应的特征向量的一种变换方法. 雅可比方法的基本思想是对矩阵作一系列正交相似变换, 使其非对角线元素收敛到零. 所用的正交相似变换即为吉文斯变换.

定理 8.4.1 设 $\boldsymbol{A}\in\boldsymbol{R}^{n\times n}$ 为对称矩阵, 若 $\boldsymbol{B}=\boldsymbol{PAP}^{\mathrm{T}}$, $\boldsymbol{P}$ 为正交阵, 则有 $\|\boldsymbol{B}\|_F=\|\boldsymbol{A}\|_F$. 其中, $\|\cdot\|_F$ 表示 Frobenius 范数, 即 $\forall \boldsymbol{M}=(a_{ij})\in\boldsymbol{R}^{m\times n}$, $\|\boldsymbol{M}\|_F=\sqrt{\sum_{i=1}^{m}\sum_{j=1}^{n}a_{ij}^2}$.

证明 设 $\lambda_i, i=1,2,\cdots,n$ 为 $\boldsymbol{A}$ 的特征值, 则

$$\|\boldsymbol{A}\|_F^2=\sum_{i=1}^{n}\sum_{j=1}^{n}a_{ij}^2=\mathrm{tr}(\boldsymbol{A}^{\mathrm{T}}\boldsymbol{A})=\mathrm{tr}(\boldsymbol{A}^2)=\sum_{i=1}^{n}\lambda_i^2$$

另一方面, 矩阵 $\boldsymbol{B}$ 的特征值也为 $\lambda_i, i=1,2,\cdots,n$, 于是

$$\|\boldsymbol{B}\|_F^2=\mathrm{tr}(\boldsymbol{B}^2)=\sum_{i=1}^{n}\lambda_i^2$$

因此, $\|\boldsymbol{B}\|_F=\|\boldsymbol{A}\|_F$. 定理得证.

设 $\boldsymbol{A}$ 的非对角线元素 $a_{ij}\neq 0$, 可选择矩阵 $\boldsymbol{J}=\boldsymbol{J}(i,j,\theta)$, 使 $\boldsymbol{B}=\boldsymbol{JAJ}^{\mathrm{T}}$ 的非对角线元素 $b_{ij}=b_{ji}=0$. 为此, 由矩阵 $\boldsymbol{B}$ 元素的计算公式可知, 可选择 θ, 使

$$\tan 2\theta=\frac{2a_{ij}}{a_{ii}-a_{jj}},\qquad |\theta|\leqslant\frac{\pi}{4}\tag{8.4.1}$$

如果用 $D(\boldsymbol{A})$ 表示 $\boldsymbol{A}$ 的对角线元素的平方和, 用 $S(\boldsymbol{A})$ 表示 $\boldsymbol{A}$ 的非对角线元素的平方和, 这时 $\boldsymbol{B}=\boldsymbol{JAJ}^{\mathrm{T}}$, 由式(8.3.1)和式(8.4.1)及定理 8.3.1 可知

$$D(\boldsymbol{B})=D(\boldsymbol{A})+2a_{ij}^2$$

$$S(\boldsymbol{B})=S(\boldsymbol{A})-2a_{ij}^2$$

这说明 $\boldsymbol{B}$ 的对角线元素的平方和比 $\boldsymbol{A}$ 的对角线元素的平方和增加了 $2a_{ij}^2$, 而 $\boldsymbol{B}$ 的非对角线元素的平方和减少了 $2a_{ij}^2$. 这就是雅可比方法求矩阵特征值和特征向量的出发点. 下面说明雅可比方法的计算过程.

先在 $\boldsymbol{A}=\boldsymbol{A}_0=(a_{ij}^{(0)})$ 中选择非对角元中绝对值最大的 $a_{ij}^{(0)}$. 可设 $a_{ij}^{(0)}\neq 0$, 否则已经对角化了. 由式(8.4.1)选择平面 (i,j) 和矩阵 $\boldsymbol{J}_1$, 使 $\boldsymbol{J}_1\boldsymbol{A}_0\boldsymbol{J}_1^{\mathrm{T}}=\boldsymbol{A}_1$ 的元素 $a_{ij}^{(1)}=0$. 计算出 $\boldsymbol{A}_1$, 再类似地选择 $\boldsymbol{J}_2$, 计算 $\boldsymbol{A}_2=\boldsymbol{J}_2\boldsymbol{A}_1\boldsymbol{J}_2^{\mathrm{T}}$, 继续这个过程, 连续对 $\boldsymbol{A}$ 进行一系列平面旋转变换, 消除非对角线绝对值最大的元素, 直到将所有的非对角线元素全化为充分小为止.

定理 8.4.2　设 $\boldsymbol{A}\in\boldsymbol{R}^{n\times n}$ 为对称矩阵,对 $\boldsymbol{A}$ 实行上述一系列平面旋转变换

$$\boldsymbol{A}_m=\boldsymbol{J}_m\boldsymbol{A}_{m-1}\boldsymbol{J}_m^{\mathrm{T}},\qquad m=1,2,\cdots$$

则有 $\lim\limits_{m\to\infty}S(\boldsymbol{A}_m)=0$.

证明　设 $|a_{ij}^{(m)}|=\max\limits_{l\neq k}|a_{lk}^{(m)}|$, $m=0,1,2,\cdots$,由于

$$S(\boldsymbol{A}_{m+1})=S(\boldsymbol{A}_m)-2(a_{ij}^{(m)})^2$$

$$S(\boldsymbol{A}_m)=\sum_{l\neq k}(a_{lk}^{(m)})^2\leqslant n(n-1)(a_{ij}^{(m)})^2$$

则有

$$S(\boldsymbol{A}_{m+1})\leqslant S(\boldsymbol{A}_m)\left[1-\frac{2}{n(n-1)}\right]$$

反复利用上式,即得 $S(\boldsymbol{A}_{m+1})\leqslant S(\boldsymbol{A}_0)\left[1-\dfrac{2}{n(n-1)}\right]^{n+1}$, $n>2$. 故 $\lim\limits_{m\to\infty}S(\boldsymbol{A}_m)=0$,定理得证.

我们指出,可以证明 $\boldsymbol{A}_m$ 的对角线元素一定有极限.

设 m 充分大时,有

$$\boldsymbol{A}_m=\boldsymbol{J}_m\cdots\boldsymbol{J}_2\boldsymbol{J}_1\boldsymbol{A}\boldsymbol{J}_1^{\mathrm{T}}\boldsymbol{J}_2^{\mathrm{T}}\cdots\boldsymbol{J}_m^{\mathrm{T}}\approx\boldsymbol{D}$$

$\boldsymbol{D}$ 为对角阵,则 $\boldsymbol{A}_m$ 的对角线元素就是 $\boldsymbol{A}$ 的近似特征值, $\boldsymbol{Q}_m=\boldsymbol{J}_1^{\mathrm{T}}\boldsymbol{J}_2^{\mathrm{T}}\cdots\boldsymbol{J}_m^{\mathrm{T}}$ 的列向量就是对应的近似特征向量. 可用 $S(\boldsymbol{A}_m)<\varepsilon$ 控制迭代终止,其中, ε 是所要求的精度.

例 8.4.1　雅可比方法.

问题　用雅可比方法计算矩阵

$$\boldsymbol{A}=\begin{pmatrix}2&-1&0\\-1&2&-1\\0&-1&2\end{pmatrix}$$

的特征值和特征向量.

解　先取 $(i,j)=(1,2)$,按式(8.3.2)有 $\cot 2\theta=0$, $\sin\theta=\cos\theta=\dfrac{1}{\sqrt{2}}$,所以

$$\boldsymbol{J}_1=\begin{pmatrix}\frac{1}{\sqrt{2}}&\frac{1}{\sqrt{2}}&0\\-\frac{1}{\sqrt{2}}&\frac{1}{\sqrt{2}}&0\\0&0&1\end{pmatrix},\qquad \boldsymbol{A}_1=\boldsymbol{J}_1\boldsymbol{A}\boldsymbol{J}_1^{\mathrm{T}}=\begin{pmatrix}1&0&-\frac{1}{\sqrt{2}}\\0&3&-\frac{1}{\sqrt{2}}\\-\frac{1}{\sqrt{2}}&-\frac{1}{\sqrt{2}}&2\end{pmatrix}$$

再取 $(i,j)=(1,2)$,有

$$\cot 2\theta=\frac{1}{\sqrt{2}},\quad \cos\theta=0.888\,08,\quad \sin\theta=0.459\,70$$

$$\boldsymbol{J}_2=\begin{pmatrix}0.888\,08&0&0.459\,70\\0&1&0\\-0.459\,70&0&0.888\,08\end{pmatrix}$$

$$\boldsymbol{A}_2=\boldsymbol{J}_2\boldsymbol{A}_1\boldsymbol{J}_2^{\mathrm{T}}=\begin{pmatrix}0.633\,98&-0.325\,05&0\\-0.325\,05&3&-0.627\,97\\0&-0.627\,97&2.366\,03\end{pmatrix}$$

这里看到经变换后所得的非对角线元素的最大绝对值逐次变小.继续做下去,可以得到

$$\boldsymbol{A}_9=\begin{pmatrix}0.585\,78 & 0.000\,00 & 0.000\,00\\ 0.000\,00 & 2.000\,00 & 0.000\,00\\ 0.000\,00 & 0.000\,00 & 3.414\,21\end{pmatrix}$$

$$\boldsymbol{Q}_9=\boldsymbol{J}_1^{\mathrm{T}}\boldsymbol{J}_2^{\mathrm{T}}\cdots\boldsymbol{J}_9^{\mathrm{T}}=\begin{pmatrix}0.500\,00 & 0.707\,10 & 0.500\,00\\ 0.707\,10 & 0.000\,00 & -0.707\,10\\ 0.500\,00 & -0.707\,10 & 0.500\,00\end{pmatrix}$$

矩阵 $\boldsymbol{A}$ 的近似特征值和特征向量均已求出.

例 8.4.2 对于例 8.0.1 中的弹簧-重物系统,若已知 $m_1=m_2=m_3=m_4=m_5=0.82$,$k_1=787.76$,$k_2=251.93$,$k_3=330.47$,$k_4=429.84$,$k_5=201.62$,单位任取.求在稳定情况下弹簧-重物系统的自然频率 ω_k 和振幅 x_k .

解 由已知假设求得矩阵 $\boldsymbol{A}$ 的具体形式为

$$\boldsymbol{A}=\begin{pmatrix}\dfrac{k_1+k_2}{m_1} & \dfrac{-k_2}{m_1} & 0 & 0 & 0\\ \dfrac{-k_2}{m_2} & \dfrac{k_2+k_3}{m_2} & \dfrac{-k_3}{m_2} & 0 & 0\\ 0 & \dfrac{-k_3}{m_3} & \dfrac{k_3+k_4}{m_3} & \dfrac{-k_4}{m_3} & 0\\ 0 & 0 & \dfrac{-k_4}{m_4} & \dfrac{k_4+k_5}{m_4} & \dfrac{-k_5}{m_4}\\ 0 & 0 & 0 & \dfrac{-k_5}{m_5} & \dfrac{k_5}{m_5}\end{pmatrix}=$$

$$\begin{pmatrix}1\,267.9 & -307.23 & 0 & 0 & 0\\ -307.23 & 710.24 & -403.01 & 0 & 0\\ 0 & -403.01 & 927.21 & -524.2 & 0\\ 0 & 0 & -524.2 & 770.07 & -245.88\\ 0 & 0 & 0 & -245.88 & 245.88\end{pmatrix}$$

求该系统的自然频率 ω_k 和振幅 x_k ,只须先求矩阵 $\boldsymbol{A}$ 的全部特征值 λ_k 和特征向量 $\boldsymbol{y}_k$,再由 $\omega_k=\sqrt{\lambda_k}$ 和 $x_k(t)=y_k\mathrm{e}^{\mathrm{i}\omega t}$ 即可确定.因为 $\boldsymbol{A}$ 为三对角对称矩阵,故利用雅可比方法编程计算得最后的迭代矩阵为

$$\begin{pmatrix}1\,324.48 & 0 & 0 & 5.423\,98\times10^{-7} & -1.593\,76\times10^{-6}\\ 0 & 695.433 & 5.974\,82\times10^{-9} & 1.252\,46\times10^{-7} & 0\\ 0 & 5.974\,89\times10^{-9} & 1\,577.15 & -2.439\,53\times10^{-5} & 1.911\,15\times10^{-6}\\ 5.423\,98\times10^{-7} & 1.252\,46\times10^{-7} & -2.439\,53\times10^{-5} & 36.7 & 0\\ -1.593\,76\times10^{-6} & 0 & 1.911\,15\times10^{-6} & 0 & 287.539\end{pmatrix}$$

故 $\boldsymbol{A}$ 的全部特征值为 1 324.48,695.433,1 577.15,36.7,287.539,对应的特征向量矩阵为

$$\begin{pmatrix} 0.806\,903 & 0.335\,508 & 0.449\,689 & 0.076\,913 & -0.167\,949 \\ -0.148\,608 & 0.625\,158 & -0.452\,639 & 0.308\,223 & -0.535\,92 \\ -0.388\,634 & -0.232\,801 & 0.630\,845 & 0.456\,491 & -0.434\,071 \\ 0.408\,783 & -0.583\,561 & -0.434\,168 & 0.538\,522 & -0.117\,667 \\ -0.093\,186\,9 & 0.319\,175 & 0.080\,189\,3 & 0.633\,003 & 0.694\,492 \end{pmatrix}$$

故求得自然频率(从小到大)为 $\omega_1=6.058\,3$, $\omega_2=16.957$, $\omega_3=26.371$, $\omega_4=36.394$, $\omega_5=39.713$. 最后得弹簧-重物系统振幅 x_k 五个基本解为

$$x_j(t)=\mathrm{e}^{\mathrm{i}\omega_j t}\begin{pmatrix} y_1^{(j)} \\ y_2^{(j)} \\ y_3^{(j)} \\ y_4^{(j)} \\ y_5^{(j)} \end{pmatrix},\qquad j=1,2,3,4,5$$

其中

$$\begin{pmatrix} y_1^{(1)} \\ y_2^{(1)} \\ y_3^{(1)} \\ y_4^{(1)} \\ y_5^{(1)} \end{pmatrix}=\begin{pmatrix} -0.076\,913 \\ -0.308\,22 \\ -0.456\,49 \\ -0.538\,52 \\ -0.633\,01 \end{pmatrix},\quad \begin{pmatrix} y_1^{(2)} \\ y_2^{(2)} \\ y_3^{(2)} \\ y_4^{(2)} \\ y_5^{(2)} \end{pmatrix}=\begin{pmatrix} 0.167\,95 \\ 0.535\,92 \\ 0.434\,07 \\ 0.117\,67 \\ -0.694\,49 \end{pmatrix},\quad \begin{pmatrix} y_1^{(3)} \\ y_2^{(3)} \\ y_3^{(3)} \\ y_4^{(3)} \\ y_5^{(3)} \end{pmatrix}=\begin{pmatrix} -0.335\,5 \\ -0.625\,16 \\ 0.232\,8 \\ 0.583\,57 \\ -0.31\,17 \end{pmatrix}$$

$$\begin{pmatrix} y_1^{(4)} \\ y_2^{(4)} \\ y_3^{(4)} \\ y_4^{(4)} \\ y_5^{(4)} \end{pmatrix}=\begin{pmatrix} -0.806\,89 \\ 0.148\,59 \\ 0.388\,65 \\ -0.408\,8 \\ 0.093\,188 \end{pmatrix},\quad \begin{pmatrix} y_1^{(5)} \\ y_2^{(5)} \\ y_3^{(5)} \\ y_4^{(5)} \\ y_5^{(5)} \end{pmatrix}=\begin{pmatrix} -0.449\,72 \\ 0.452\,65 \\ -0.630\,83 \\ 0.434\,15 \\ -0.080\,186 \end{pmatrix}$$

用雅可比方法求得的结果精度一般都比较高,特别是求得的特征向量正交性很好. 所以雅可比方法是求实对称矩阵全部特征值和特征向量的一个较好的方法. 它的弱点是计算量大,对原矩阵是稀疏矩阵,旋转变换后不能保持其稀疏的性质,所以雅可比方法只能应用于阶数不高的"满矩阵".

8.5 综　述

特征值的概念是在 1855 年由凯莱提出的,它先于矩阵的提法,但直到 20 世纪中期特征值(Eigenvalues)的名称才得到统一. 本章介绍了几种常用的计算矩阵特征值和特征向量的数值方法,既有古典的幂法、反幂法及其位移技巧,也有较新的一些方法,如相似变换法(Householder 变换、吉文斯变换、***QR*** 方法、对称矩阵的雅可比方法)等. 幂法的实际使用是在 20 世纪早期开始的,但在此之前它已被反复提到过,如 1931 年 Krylov(克里洛夫)利用幂法产生的序列(现称为 Krylov 序列)求出了矩阵的特征多项式. 反幂法是 1944 年由 Wielandt 提出的. 而用雅可比方法计算对称矩阵特征值要追溯到 1845 年. ***QR*** 迭代方法是在 1961 年由 Francis(弗

朗斯西)和 Kublanovskaya 分别独立提出的. 随着计算机技术的快速发展,矩阵的特征值与特征向量的数值计算也在不断地改进或更新.

在纯数学角度来看,特征值和特征向量是将二次型化为标准型的一个重要的工具,在科学研究和工程技术中的许多问题,如信息系统设计、非线性最优化、数量经济分析、微小振动研究等,都涉及矩阵的特征值与特征向量的计算. 例如,飞机制造业中设计师必须考虑飞机的结构强度与稳定性,一般是用有限元来分析的,而机翼的振动情况则须解特征值问题. 信息系统设计中一个专家系统各因素的加权系数需要用层次分析法分析,其中就需要求解出最大特征值和对应的特征向量.

乘幂法用来求矩阵的主特征值和主特征向量. 乘幂法的收敛速度依赖于比值 $|\lambda_2/\lambda_1|$,其中 λ_1 和 λ_2 分别为按模最大和第二大的特征值: 比值越小,收敛越快. 乘幂法是线性收敛的方法,当 $|\lambda_2|$ 接近于 $|\lambda_1|$ 时,收敛很慢. 为了加快收敛可以选择一个位移 p,使位移矩阵 $\boldsymbol{A}-p\boldsymbol{I}$ 的这个比值

$$\max_{2\leqslant i\leqslant n}\frac{|\lambda_i-q|}{|\lambda_1-q|}<\left|\frac{\lambda_2}{\lambda_1}\right|$$

更小一些,从而大大加快收敛速度. 当然,位移的选取与原始矩阵的特征值有关. 本章 8.2 节还介绍了 Aithen 外推法和 Rayleigh 商两种加速方法. 反幂法是用来计算矩阵的按模最小的特征值,利用 $\boldsymbol{A}^{-1}$ 的特征值为 $\boldsymbol{A}$ 的特征值的倒数的事实. 反幂法的一个重要应用是利用原点位移求指定点附近的某个特征值和对应的特征向量. 将乘幂法和反幂法结合使用有时能够取得较好的效果. 其具体做法是,先选择一个适当的 q 次值用乘幂法迭代,求得特征值的近似值 r 及相应的特征向量 $\boldsymbol{x}$,然后,以此近似特征向量为初始向量,取位移为 r 进行反幂法迭代,这样就能够较快地求得一个较准确的特征向量及特征值.

QR 算法是最新发展起来的一种计算矩阵全部特征值及其对应的特征向量的一种方法,具有精度高、收敛快的优点,对于中小型稠密矩阵的特征值问题,目前仍是最有效的算法. 先用镜面反射变换将 $\boldsymbol{A}$ 化为海森伯格矩阵 $\boldsymbol{H}$,然后对 $\boldsymbol{H}$ 作 $\boldsymbol{QR}$ 迭代,这样可以大大减少运算工作量.

雅可比法是用来计算实对称矩阵的全部特征值及其对应的特征向量的一种古典方法. 它的基本思想是对矩阵作一系列正交相似变换,将矩阵化为近似对角型. 当矩阵几乎接近对角型时,雅可比法是非常有效的算法.

习　题

1. 用乘幂法求矩阵 $\boldsymbol{A}=\begin{pmatrix}1 & -1\\ 2 & -6\end{pmatrix}$ 的主特征值和主特征向量.

2. 用乘幂法求矩阵 $\boldsymbol{A}=\begin{pmatrix}3 & -2 & -4\\ -2 & 6 & -2\\ -4 & -2 & 3\end{pmatrix}$ 的主特征值和主特征向量,当特征值有 3 位小数稳定时迭代终止,再对计算结果用 Aitken 外推加速.

3. 用反幂法求下列矩阵的按模最小的特征值和对应的特征向量.

(1) $\boldsymbol{A}=\begin{pmatrix}3 & 2\\4 & 5\end{pmatrix}$；　(2) $\boldsymbol{A}=\begin{pmatrix}3 & 2 & 1\\-1 & 8 & 2\\1 & 4 & 16\end{pmatrix}$.

4. 用反幂法求矩阵 $\boldsymbol{A}=\begin{pmatrix}6 & 2 & 1\\2 & 3 & 1\\1 & 1 & 1\end{pmatrix}$的最接近于 6 的特征值和特征向量.

5. 用雅可比方法计算下列矩阵的全部特征值和特征向量.

(1) $\boldsymbol{A}=\begin{pmatrix}2 & 1 & 1\\1 & 2 & 1\\1 & 1 & 2\end{pmatrix}$；　(2) $\boldsymbol{A}=\begin{pmatrix}4 & 0 & 0\\0 & 3 & 1\\0 & 1 & 3\end{pmatrix}$.

6. 设 $\boldsymbol{x}=(2,3,0,5)^{\mathrm{T}}$，用下列两种方法分别求正交矩阵 $\boldsymbol{P}$，使得 $\boldsymbol{Px}=\pm\|\boldsymbol{x}\|_2\boldsymbol{e}_1$.

(1) $\boldsymbol{P}$ 为平面旋转矩阵的乘积；

(2) $\boldsymbol{P}$ 为镜面反射矩阵.

7. 证明对矩阵 $\boldsymbol{A}=\begin{pmatrix}a_{11} & 0 & a_{13}\\0 & a_{22} & 0\\a_{13} & 0 & a_{33}\end{pmatrix}$用雅可比法经过一次旋转变换后，可将 $\boldsymbol{A}$ 对角化.

8. (1) 设矩阵 $\boldsymbol{A}\in\boldsymbol{R}^{n\times n}$ 对称，λ 和 $\boldsymbol{x}$($\|\boldsymbol{x}\|_2=1$)是 $\boldsymbol{A}$ 的一个特征值及对应的特征向量. 试证：若有正交阵 $\boldsymbol{P}$ 使得 $\boldsymbol{Px}=\boldsymbol{e}_1$，则有 $\boldsymbol{PAP}^{\mathrm{T}}=\begin{pmatrix}\lambda & 0\\0 & B\end{pmatrix}$

(2) 已知矩阵 $\boldsymbol{A}=\begin{pmatrix}2 & 10 & 2\\10 & 5 & -8\\2 & -8 & 11\end{pmatrix}$的一个特征值 $\lambda=9$ 和对应的特征向量 $\boldsymbol{x}=\left(\frac{2}{3},\frac{1}{3},\frac{2}{3}\right)^{\mathrm{T}}$，试求镜面反射矩阵 $\boldsymbol{P}$ 使得 $\boldsymbol{Px}=\boldsymbol{e}_1$，并计算 $\boldsymbol{PAP}^{\mathrm{T}}$.

9. 用正交相似变换将矩阵 $\boldsymbol{A}=\begin{pmatrix}1 & 4 & 3\\4 & 5 & 5\\3 & 5 & 10\end{pmatrix}$化为对称三角矩阵.

10. 用镜面反射变换求下列矩阵的 $\boldsymbol{QR}$ 分解.

(1) $\boldsymbol{A}=\begin{pmatrix}2 & 2 & 1\\0 & 2 & 2\\2 & 1 & 2\end{pmatrix}$；　(2) $\boldsymbol{A}=\begin{pmatrix}1 & 1 & 1\\2 & -1 & -1\\2 & -4 & 5\end{pmatrix}$.

11. 用 $\boldsymbol{QR}$ 法求下列矩阵的全部特征值.

(1) $\boldsymbol{A}=\begin{pmatrix}3 & 2\\4 & 5\end{pmatrix}$；　(2) $\boldsymbol{A}=\begin{pmatrix}5 & -3 & 2\\6 & -4 & 4\\4 & -4 & 5\end{pmatrix}$.

第 9 章　常微分方程初值问题的数值解法

9.0　引　言

在现实生活中,许多现象和问题往往可以归结为求某个微分问题的定解.

例 9.0.1　战争预测问题.

能用数量关系来预测战争的胜负吗?兰彻斯特(F. W. Lanchester)首先提出了一些预测战争结局的数学模型,后来人们对这些模型做了进一步的改进,用来分析历史上一些著名的战争,如第二次世界大战中的美日硫黄岛之战和越南战争.

问题　两军对垒,设甲方兵力为 $x(t)$,乙方兵力为 $y(t)$,用 $f(x, y)$表示甲方的战斗减员率,$g(x, y)$表示乙方的战斗减员率. 先分析甲方的战斗减员率 $f(x, y)$. 由于甲方士兵的活动是公开的,当一个甲方士兵被杀伤时,乙方的火力立即集中到其余士兵身上,所以甲方的战斗减员率只与乙方兵力有关,假设 f 与 y 成正比:$f = ay$,a 表示乙方每个士兵对甲方士兵的杀伤率(单位时间的杀伤数),称为乙方的战斗有效系数. a 可进一步分解为 $a = r_y p_y$,其中 r_y 是乙方的射击率(每个士兵单位时间内的射击次数),p_y 是每次射击的命中率. 类似地,乙方的战斗减员率为 $g(x,y) = bx$, $b = r_x p_x$. 还设每方非战斗减员率(由疾病、逃跑等因素引起)与本方兵力成正比,甲乙双方的增援率为 $u(t)$, $v(t)$,则模型为

$$\begin{cases} \dfrac{\mathrm{d}x}{\mathrm{d}t} = -f(x,y) - \alpha x + u(t), & \alpha > 0 \\ \dfrac{\mathrm{d}y}{\mathrm{d}t} = -g(x,y) - \beta y + v(t), & \beta > 0 \end{cases}$$

忽略非战斗减员,并假设没有增援,则模型简化为

$$\begin{cases} \dfrac{\mathrm{d}x}{\mathrm{d}t} = -ay \\ \dfrac{\mathrm{d}y}{\mathrm{d}t} = -bx \end{cases}$$

$$x(0) = x_0, \qquad y(0) = y_0$$

由上述模型,在平面上 x 与 y 的关系为

$$ay^2 - bx^2 = k \tag{9.0.1}$$

代入初始条件,有

$$k = ay_0^2 - bx_0^2 \tag{9.0.2}$$

如果 $k > 0$,则当 $x=0$ 时,由式(9.0.1),$y > 0$,即乙方胜. 进而由式(9.0.2)知乙方获胜的条件是 $(y_0/x_0)^2 > b/a = r_x p_x/(r_y p_y)$.

这说明双方初始兵力之比以平方关系影响战争结局. 例如,若甲方兵力不变,乙方的兵力增加到原来的 2 倍,则乙方影响战争结局的能力增加到原来的 4 倍. 或者说,若甲方的战斗力比如射击率 r_x 增加到原来的 4 倍,(p_x, r_y, p_y)均不变,则为了与此抗衡,乙方须将初始兵力增加到原来的 2 倍.

J. H. Engel 用第二次世界大战末期美日硫黄岛战役(见图 9.0.1)中美军的战地记录，对正规战争模型进行了验证，发现模型结果与实际数据吻合得很好.

图 9.0.1　硫黄岛战役

例 9.0.2　温度问题.

在调查意外死亡事件或者杀人事件的时候，估计死亡时间十分重要. 由试验知道，物体表面的温度变化率跟物体与外界或周围环境的温度差成正比，即著名的牛顿冷却定律. 设时刻 t 时物体的温度为 $T(t)$，周围环境的温度为常数 T_a，则

$$\frac{\mathrm{d}T}{\mathrm{d}t}=-K(T-T_a)$$

其中，$K>0$ 为比例常数. 假设时刻 $t=0$ 时发现了一具尸体，测得其温度为 t_0. 假定死亡时身体的温度正常，即 37 ℃. 如果尸体被发现时的温度为 28 ℃，两个小时后为 22 ℃，周围环境的温度是 18 ℃，试确定 K 和死亡时间.

根据微分方程的理论，很多微分方程的定解尽管存在，却不能用简单的初等函数表示，有的甚至不能给出解的表达式，因此经常需要求其能满足精度要求的近似解，即求微分方程的数值解.

微分方程数值解法的基本方法是：① 剖分求解区域；② 离散微分方程，得到节点上的近似方程(组)；③ 结合定解条件求出近似解. 这里涉及方法的问题(怎样剖分，怎样离散)，也有理论的问题(方法的稳定性、收敛性等). 本章讨论常微分方程数值解的基本方法和理论.

9.1　欧拉方法

9.1.1　欧拉方法及有关的方法

欧拉法
微视频

考虑一阶常微分方程初值的问题：

$$\begin{cases} y'=f(x,y) \\ y(x_0)=y_0 \end{cases} \tag{9.1.1}$$

设 $f(x,y)$ 是连续函数，对 y 满足利普希茨(Lipschitz)条件，这样初值问题的解是存在且唯一的，而且定解依赖于初始条件.

为了求得离散点上的函数值，将微分方程的连续问题即式(9.1.1)进行离散化. 一般是引入节点序列 $\{x_n\}$，这里的 $x_n=x_{n-1}+h_n$，$n=1,2,\cdots,n$，h_n 称为步长，在实际应用中，经常考虑定步长的情形，即 $h_n=h$，$x_n=x_0+nh$，$n=0,1,\cdots,n$. 记 $y(x_n)$ 为式(9.1.1)的准确解 $y(x)$ 在 x_n 处的值，用均差近似代替式(9.1.1)的导数得

$$\frac{y(x_n+h)-y(x_n)}{h}\approx f(x_n,y(x_n))$$

$$\frac{y(x_n+h)-y(x_n)}{h}\approx f(x_{n+1},y(x_{n+1}))$$

记 y_n 为 $y(x_n)$ 的近似值,将上面两个近似写成等式,整理后得

$$y_{n+1}=y_n+hf(x_n,y_n),\qquad n=0,1,\cdots \tag{9.1.2}$$

$$y_{n+1}=y_n+hf(x_{n+1},y_{n+1}),\qquad n=0,1,\cdots \tag{9.1.3}$$

从 x_0 处的初值 y_0 开始,按式(9.1.2)可逐步计算以后各等距节点上的值. 称式(9.1.2)为显式欧拉公式或前进欧拉公式. 由于式(9.1.3)的右端隐含有待求函数值 y_{n+1},不能逐步显式计算,称式(9.1.3)为隐式欧拉公式或后退欧拉公式. 如果将式(9.1.2)和式(9.1.3)两式作算术平均,就得梯形公式

$$y_{n+1}=y_n+\frac{h}{2}[f(x_n,y_n)+f(x_{n+1},y_{n+1})],\qquad n=0,1,\cdots \tag{9.1.4}$$

梯形公式也是隐式公式. 在以上公式中,都是由 y_n 去计算 y_{n+1},故称它们为单步法.

欧拉方法有明显的几何意义. 如图 9.1.1 所示,在点 (x_0,y_0) 作积分曲线的切线,它与直线 $x=x_1$ 交于 (x_1,y_1). 在点 (x_1,y_1) 作积分曲线的切线,它与直线 $x=x_2$ 交于 (x_2,y_2),如此做下去,就得到一条在节点上同准确解(积分曲线)有近似相同的斜率的折线.

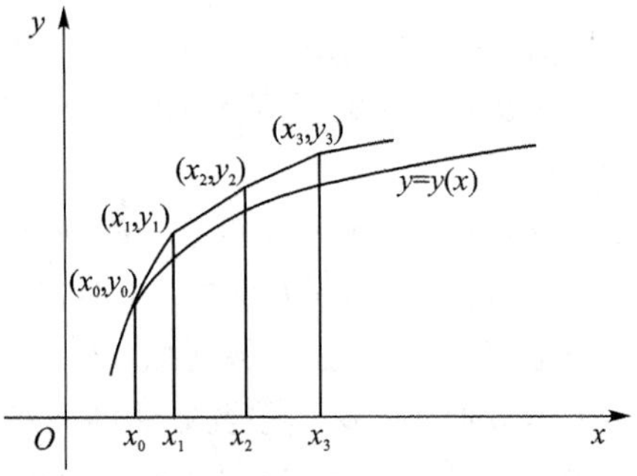

图 9.1.1 欧拉法

例 9.1.1 取 $h=0.1$,用欧拉方法、隐式欧拉方法和梯形方法解

$$\begin{cases}y'=x-y+1\\y(0)=1\end{cases}$$

解 本题有 $f(x,y)=x-y+1$,$y_0=1$. 如果用欧拉方法,由式(9.1.2)并代入 $h=0.1$ 得

$$y_{n+1}=0.1x_n+0.9y_n+0.1$$

同理,用隐式欧拉方法有

$$y_{n+1}=\frac{1}{1.1}(0.1x_{n+1}+y_n+0.1)$$

用梯形公式有

$$y_{n+1}=\frac{1}{1.05}(0.1x_n+0.95y_n+0.105)$$

三种方法及准确解 $y(x)=x+e^{-x}$ 的数值结果如表 9.1.1 所列. 从表中看到,在 $x_n=0.5$ 处,欧拉方法和隐式欧拉方法的误差 $|y(x_n)-y_n|$ 分别是 1.4×10^{-2} 和 1.6×10^{-2},而梯形方法的误差为 2.5×10^{-4}.

表 9.1.1　三种方法及准确解的数值结果

x_n	欧拉方法	隐式欧拉方法	梯形法	准确解
0.0	1.000 000	1.000 000	1.000 000	1.000 000
0.1	1.000 000	1.009 091	1.004 762	1.004 837
0.2	1.010 000	1.026 446	1.018 549	1.018 731
0.3	1.029 000	1.051 315	1.040 633	1.040 818
0.4	1.056 100	1.083 013	1.070 096	1.070 320
0.5	1.090 490	1.120 921	1.106 278	1.106 531

在例 9.1.1 中，由于 $f(x,y)$对 y 是线性的，所以对隐式公式也可以方便地计算 y_{n+1}. 但 $f(x,y)$是 y 的非线性函数时，如 $y'=5x+\sqrt[3]{y}$，其隐式欧拉公式为 $y_{n+1}+y_n+h(5x_{n+1}+\sqrt[3]{y_{n+1}})$，显然，它是 y_{n+1} 的非线性方程，可以选择非线性方程求根的迭代求解 y_{n+1}. 以梯形公式为例，可用显式欧拉公式提供迭代初值 $y_{n+1}^{(0)}$，用公式

$$\begin{cases} y_{n+1}^{(0)}=y_n+hf(x_n,y_n) \\ y_{n+1}^{(k+1)}=y_n+\dfrac{h}{2}[f(x_n,y_n)+f(x_{n+1},y_{n+1}^{(k)})], \qquad k=0,1,\cdots \end{cases}$$

反复迭式，直到$|y_{n+1}^{(k+1)}-y_{n+1}^{(k)}|<\varepsilon$. 其中，步长 h 称为迭代参数，它需要满足一定的条件，才能收敛. 若将式(9.1.4)减去该迭代公式，得 $y_{n+1}-y_{n+1}^{(k+1)}=\dfrac{h}{2}[f(x_{n+1},y_{n+1})+f(x_{n+1},y_{n+1}^{(k)})]$，假设 $f(x,y)$关于 y 满足利普希茨(Lipschiz)条件，则有 $|y_{n+1}-y_{n+1}^{(k+1)}|\leqslant\dfrac{hL}{2}|y_{n+1}-y_{n+1}^{(k)}|$，这里，$L$ 是利普希茨常数. 当 $\dfrac{hL}{2}<1$，即 $h<\dfrac{2}{L}$ 时，迭代序列$\{y_{n+1}^{(k)}\}$收敛于 y_{n+1}.

由于隐式公式需通过求解方程的形式求解，为了避免这个问题，通常采用估计-校正技术，即先用显式公式计算，得到预估值，然后以预估值作为隐式公式的迭代初值，用隐式公式迭代一次得到校正值，称为预估-校正技术.

例如，用显式欧拉公式作预估，用梯形公式作校正，即

$$\begin{cases} \bar{y}_{n+1}=y_n+hf(x_n,y_n) \\ y_{n+1}=y_n+\dfrac{h}{2}[f(x_n,y_n)+f(x_{n+1},\bar{y}_{n+1})], \qquad n=0,1,\cdots \end{cases}$$

改进欧拉法
微视频

称该公式为改进的欧拉公式. 它显然等价于显式公式

$$y_{n+1}=y_n+\frac{h}{2}[f(x_n,y_n)+f(x_{n+1},y_n+hf(x_n,y_n))] \tag{9.1.5}$$

也可以表示为下列平均的形式：

$$\left.\begin{aligned} y_p&=y_n+hf(x_n,y_n) \\ y_q&=y_n+hf(x_n,y_p) \\ y_{n+1}&=\frac{y_p+y_q}{2} \end{aligned}\right\} \tag{9.1.6}$$

例 9.1.2 取 $h=0.1$,用改进的欧拉方法解

$$\begin{cases} y'=x-y+1 \\ y(0)=1 \end{cases}$$

解 按式(9.1.5),改进的欧拉方法解

$$\begin{cases} \bar{y}_{n+1}=y_n+h(x_n-y_n+1) \\ y_{n+1}=y_n+\dfrac{h}{2}[(x_n-y_n+1)+(x_{n+1}-\bar{y}_{n+1}+1)], \qquad n=0,1,\cdots \end{cases}$$

由 $y_0=1,h=0.1$ 得计算结果如表 9.1.2 所列.

表 9.1.2 例 9.1.2 计算结果

x_n	0.1	0.2	0.3	0.4	0.5
y_n	1.005 000	1.019 025	1.041 218	1.070 802	1.107 076
$y(x_n)$	1.004 837	1.018 731	1.040 818	1.070 320	1.106 531

9.1.2 局部误差和方法的阶

初值问题即式(9.1.1)的单步法可以写成如下统一形式:

$$y_{n+1}=y_n+h\varphi(x_n,x_{n+1},y_n,y_{n+1},h) \tag{9.1.7}$$

其中,φ 与 f 有关. 若 φ 不含 y_{n+1},则方法是显式的,否则为隐式的,所以一般显式单步法可表示为如下形式:

$$y_{n+1}=y_n+h\varphi(x_n,y_n,h) \tag{9.1.8}$$

例如,欧拉方法中,有 $\varphi(x,y,h)=f(x,y)$.

对于不同的方法,计算值 y_n 与准确解 $y(x_n)$ 的误差各不相同. 所以有必要讨论方法的截断误差. 称 $e_n=y(x_n)-y_n$ 为某一方法在 x_n 点的整体截断误差. 显然,e_n 不仅与这步的计算有关,它与前面各步的计算也有关,所以误差被称为整体误差. 分析和估计整体截断误差 e_n 是复杂的. 为此,先不妨假设 x_n 处的 y_n 没有误差,也就是 $y_n=y(x_n)$,考虑从 x_n 到 x_{n+1} 这一步的误差,这就是局部误差的概念.

定义 9.1.1 设 $y(x)$ 是初值问题即式(9.1.1)的准确解,则称

$$T_{n+1}=y(x_{n+1})-y(x_n)-h\varphi(x_n,x_{n+1},y(x_n),y(x_{n+1}),h)$$

为单步法即式(9.1.7)的局部截断误差.

定义 9.1.2 如果给定方法的局部截断误差 $T_{n+1}=O(h^{p+1})$,其中 $p\geqslant 1$ 为整数,则称该方法是 p 阶的,或具有 p 阶精度. 若一个 p 阶单步法的局部截断误差为

$$T_{n+1}=g(x_n,y(x_n))h^{p+1}+O(h^{p+2})$$

则称其第一个非零项 $g(x_n,y(x_n))h^{p+1}$ 为该方法的局部截断误差的主项.

对于欧拉方法,由泰勒(Talyer)展开有

$$\begin{aligned} T_{n+1}&=y(x_{n+1})-y(x_n)-hf(x_n,y(x_n))= \\ &y(x_{n+1})-y(x_n)-hy'(x_n)= \\ &\frac{h^2}{2}y''(x_n)+\frac{h^3}{6}y'''(x_n)+O(h^4)=O(h^2) \end{aligned}$$

所以欧拉方法是一种一阶方法，其局部截断误差的主项为$\frac{h^2}{2}y''(x_n)$.

对于隐式欧拉方法，其局部阶段误差为

$$T_{n+1}=y(x_{n+1})-y(x_n)-hf(x_{n+1},y(x_{n+1}))=$$
$$y(x_{n+1})-y(x_n)-hy'(x_{n+1})=$$
$$-\frac{h^2}{2}y''(x_n)+O(h^3)=O(h^3)$$

所以隐式欧拉方法也是一种一阶方法，该方法的局部截断误差的主项为$-\frac{h^2}{2}y''(x_n)$，仅与显式欧拉方法的局部截断误差的主项反一个符号.

梯形方法也是一种隐式单步法，类似地可得其局部截断误差

$$T_{n+1}=y(x_{n+1})-y(x_n)-\frac{h}{2}[f(x_n,y(x_n))+f(x_{n+1},y(x_{n+1}))]=$$
$$-\frac{h^3}{12}y'''(x_n)+O(h^4)=O(h^3)$$

由此可见，梯形方法是二阶精度的方法.

9.2　龙格-库塔方法

龙格-库塔方法
微视频

由上节可知，收敛阶的局部误差阶是$O(h^{p+1})$的单步法，其收敛阶是$O(h^p)$，当步长相同时，一般阶数越高的方法越好. 因此，如何构造一些高阶的单步法，是本节讨论的重要内容.

9.2.1　龙格-库塔方法的基本思想

显式欧拉方法是最简单的单步法，它是一阶的，可以看作泰勒展开后取前两项. 因此，要得到高阶方法的一个直接想法是利用泰勒展开，如果能计算 $y(x)$的高阶导数，则可写出 p 阶方法的计算方法

$$y_{n+1}=y_n+hy'_n+\frac{h^2}{2}y''_n+\cdots+\frac{h^p}{p!}y_n^{(p)}$$

其中，$y_n^{(j)}$ 是 $y^{(j)}(x_n)$，$j=0,1,2,\cdots,p$ 的近似值. 若将 $f(x,y)$，$\frac{\partial f}{\partial x}$，$\frac{\partial f}{\partial y}$，$\cdots$分别记成 f，f_x，f_y，$\cdots$，则对于二阶和三阶导数可表示为

$$y''=f_x+f_yf$$
$$y'''=f_{xx}+2f_{xy}f+f_xf_y+f_{yy}f^2+f_y^2f$$

这个方法并不实用，因为一般情况下，求 $f(x,y)$的导数相当麻烦. 从计算高阶导数的公式知道，方法的截断误差提高一阶，需要增加的计算量很大，只有 $f(x,y)$比较简单时，才可以算出高阶导数. 但是由此启发我们用区间上若干个点的导数，而不是高阶导数，将它们作线性组合得到平均斜率，将其与解的泰勒展开相比较，使前面若干项吻合，从而得到具有一定阶的方法. 这就是龙格-库塔(Runge-Kutta)方法的基本思想，其一般形式为

$$
\begin{aligned}
&y_{n+1}=y_n+h\sum_{i=1}^{L}\lambda_i K_i\\
&K_1=f(x_n,y_n) \qquad\qquad (9.2.1)\\
&K_i=f\left(x_n+c_ih,y_n+c_ih\sum_{j=1}^{i-1}a_{ij}K_j\right),\qquad i=1,2,3,\cdots,L
\end{aligned}
$$

其中，$\sum_{i=1}^{L}\lambda_i=1,c_i\leqslant 1,\sum_{j=1}^{i-1}a_{ij}=1$，这些要确定的系数有(不包含$\lambda_i$)

$$
\begin{array}{c|cccc}
0 & & & & \\
c_2 & a_{12} & & & \\
c_3 & a_{13} & a_{23} & & \\
\vdots & \vdots & \vdots & \ddots & \\
c_L & a_{1,L} & a_{2,L} & \cdots & a_{L-1,L} \\
\hline
\end{array}
$$

它的局部截断误差是

$$
T_{n+1}=y(x_{n+1})-y(x_n)-h\sum_{i=1}^{L}\lambda_i K_i^* \qquad (9.2.2)
$$

其中,K_i^* 与 K_i 的区别在于：用微分方程准确解 $y(x_n)$代替 K_i 中的 y_n 就得到K_i^*. 参数λ_i, c_i 和 a_{ij} 待定,确定它们的原则和方法是：将式(9.2.2)中的 $y(x_{n+1})$在 x_n 处作泰勒展开,将 K_i^* 在$(x_n,y(x_n))$处作二元泰勒展开,将展开式按 h 的幂次整理后,令 T_{n+1} 中 h 的低次幂的系数为零,使 T_{n+1} 首项中 h 的幂次尽量高,例如使 $T_{n+1}=O(h^{p+1})$,则称式(9.2.1)为 L 级 p 阶龙格-库塔方法(简称龙格-库塔法).

类似于显式龙格-库塔公式(9.2.1),稍加改变,就得到隐式龙格-库塔公式

$$
y_{n+1}=y_n+h\sum_{i=1}^{L}\lambda_i K_i
$$

其中,$K_i=f(x_n+c_ih,y_n+c_ih\sum_{j=1}^{L}a_{ij}K_j)$,$i=1,2,3,\cdots,L$. 要确定的系数有(不包含$\lambda_i$)

$$
\begin{array}{c|cccc}
c_1 & a_{11} & a_{21} & \cdots & a_{L,2} \\
c_2 & a_{12} & a_{22} & \cdots & a_{L,2} \\
\vdots & \vdots & \vdots & \vdots & \vdots \\
c_L & a_{1,L} & a_{2,L} & \cdots & a_{L,L} \\
\hline
\end{array}
$$

它与显式龙格-库塔公式的区别在于：显式公式中,对系数 a_{ij} 求和的上限是 $i-1$,从而 a_{ij} 构成的矩阵是一个严格下三角矩阵. 而在隐式公式中,对系数 a_{ij} 求和的上限是 L,从而 a_{ij} 构成的矩阵是方阵,需要用迭代法求出近似斜率 K_i,$i=1,2,\cdots,L$,推导隐式公式的思路和方法与显式公式法类似. 但隐式需确定的系数几乎增加了一倍,从而计算量比显式的成倍地增加,因为涉及方程组的求解,并且在一般情况下还是非线性方程组的求解,在前面的章节中可以了解到其计算量.

9.2.2 几类显式龙格-库塔方法

现在推导显式的二阶龙格-库塔方法. 对于 $L=2$,则

$$
y_{n+1}=y_n+h(\lambda_1K_1+\lambda_2K_2)
$$

$$K_1=f(x_n,y_n)$$
$$K_2=f(x_n+c_2h,y_n+c_2hK_1)$$

其局部截断误差是

$$T_{n+1}=y(x_{n+1})-y(x_n)-h(\lambda_1K_1^*+\lambda_2K_2^*) \tag{9.2.3}$$

将 T_{n+1} 中的各项作泰勒展开，并利用 $y'(x_n)=f(x_n,y(x_n))$，$y''=f_x+f_yf$，则有

$$y(x_{n+1})=y(x_n)+hy'(x_n)+\frac{h^2}{2}y''(x_n)+\frac{h^3}{6}y'''(x_n)+O(h^4)$$
$$K_1^*=f(x_n,y(x_n))=y'(x_n)$$
$$K_2^*=f(x_n+c_2h,y(x_n)+c_2hy'(x_n))=$$
$$y'(x_n)+c_2hy'''(x_n)+\frac{c_2^2h^2}{2}(f_{xx}+2f_{xy}f+f_{yy}f^2)+O(h^4)$$

将它们代入式(9.2.3)，整理后得

$$T_{n+1}=(1-\lambda_1-\lambda_2)hy'(x_n)+\left(\frac{1}{2}-\lambda_2c_2\right)h^2y''(x_n)+$$
$$h_3\left[\frac{1}{6}y'''(x_n)-\frac{\lambda_2c_2^2}{2}(f_{xx}+2f_{xy}f+f_{yy}f^2)\right]+O(h^4)$$

选取 λ_1，λ_2 和 c_2，使方法的阶尽可能高，就是使 h 和 h^2 的系数为零，因为 h^3 的系数一般不为零. 于是得到方程组

$$\begin{cases}\lambda_1+\lambda_2=1\\ \lambda_2c_2=\dfrac{1}{2}\end{cases}$$

显然，该方程组有无穷多组解，从而得到一族二级二阶龙格-库塔方法.

若以 c_2 为自由参数，取 $c_2=\frac{1}{2}$ 得中点公式

$$y_{n+1}=y_n+hf\left(x_n+\frac{h}{2},y_n+\frac{h}{2}f(x_n,y_n)\right) \tag{9.2.4}$$

取 $c_2=\frac{2}{3}$ 得海伦(Heun)公式

$$y_{n+1}=y_n+\frac{h}{4}\left[f(x_n,y_n)+3f\left(x_n+\frac{2}{3}h,y_n+\frac{2}{3}hf(x_n,y_n)\right)\right] \tag{9.2.5}$$

取 $c_2=1$ 得改进的欧拉公式(9.1.6).

对于 $L=3$ 的情形，要计算三个斜率的近似值：

$$K_1=f(x_n,y_n)$$
$$K_2=f(x_n+c_2h,y_n+c_2hK_1)$$
$$K_3=f(x_n+c_3h,y_n+c_3h(a_{31}K_1+a_{32}K_2))$$

类似于二阶方法的推导，可以得三阶的方法，所得系数应满足的方程组是

$$\begin{cases}\lambda_1+\lambda_2+\lambda_3=1, & a_{21}=1\\ \lambda_2c_2+\lambda_3c_3=\dfrac{1}{2}, & \lambda_2c_2^2+\lambda_3c_3^3=\dfrac{1}{3}\\ \lambda_3c_2c_3a_{32}=\dfrac{1}{6}, & a_{31}+a_{32}=1\end{cases}$$

该方程组的解也是不唯一的. 常用的一种三级三阶方法是

$$\begin{cases} y_{n+1}=y_n+\dfrac{h}{6}(K_1+4K_2+K_3) \\ K_1=f(x_n,y_n) \\ K_2=f\left(x_n+\dfrac{h}{2},y_2+\dfrac{h}{2}K_1\right) \\ K_3=f(x_n+h,y_n-hK_1+2hK_2) \end{cases}$$

对于 $L=4$ 的情形,可进行类似的推导. 最常用的四级四阶方法是如下经典龙格-库塔方法:

$$\begin{cases} y_{n+1}=y_n+\dfrac{h}{6}(K_1+2K_2+2K_3+K_4) \\ K_1=f(x_n,y_n) \\ K_2=f\left(x_n+\dfrac{h}{2},y_n+\dfrac{h}{2}K_1\right) \\ K_3=f\left(x_n+\dfrac{h}{2},y_n+\dfrac{h}{2}K_2\right) \\ K_4=f(x_n+h,y_n+hK_3) \end{cases} \tag{9.2.6}$$

为了分析经典龙格-库塔公式的计算量和计算精度,将四阶经典龙格-库塔公式(9.2.6)与一阶显式欧拉公式(9.1.2)及二阶改进的欧拉公式相比较. 一般说来,公式的级数越大,计算右端项函数 f 的次数越多,计算量也就越大. 在相同步长的情况下,欧拉方法每步只计算一个函数值,而经典方法需要计算 4 个函数值. 四阶龙格-库塔法的计算量差不多是改进的欧拉公式的 2 倍,是显式欧拉公式的 4 倍. 下面的例子中欧拉方法用步长 h_1,二阶改进的欧拉法用步长 $2h_1$,而四阶经典公式用步长 $4h_1$. 这样,从 x_n 到 x_n+4h_1 三种方法都计算了 4 个函数值,其计算量大体相当,同时比较其计算精度.

例 9.2.1 考虑初值问题

$$\begin{cases} y'=-y+1 \\ y(0)=0 \end{cases}$$

其解析解为 $y(x)=1-e^{-x}$. 分别用 $h=0.025$ 的显式欧拉方法,$h=0.05$ 的改进欧拉法和 $h=0.1$ 的经典龙格-库塔方法计算到 $x=0.5$. 三种方法在 x 方向每前进 0.1 都要计算 4 个右端函数值,计算量大致相当. 计算结果列于表 9.2.1. 从计算结果看,在计算量大致相同的情况下,还是经典方法比其他两种方法的结果好得多. 在 $x=0.5$ 处,三种方法的误差分别是 3.8×10^{-3},1.3×10^{-4},2.8×10^{-7}. 经典龙格-库塔法对多数合适的条件问题($f_x<0$,参见 9.3.2 小节"单步法的稳定性"内容),能获得好的效果.

表 9.2.1 例 9.2.1 计算结果

x_n	欧拉法	改进欧拉法	经典龙格-库塔法	准确解
0.1	0.096 312	0.095 123	0.095 162 50	0.095 162 58
0.2	0.183 348	0.181 193	0.181 269 10	0.181 269 25
0.3	0.262 001	0.259 085	0.259 181 58	0.259 181 78
0.4	0.333 079	0.329 563	0.329 679 71	0.329 679 95
0.5	0.397 312	0.393 337	0.393 469 06	0.393 469 34

在微分方程数值解法的实际计算中，有如何选择步长的问题．因为单从每一步看，步长越小，截断误差越小．但随着步长的缩小，在一定求解范围内所要完成的步数就增加了．步数的增加不但引起计算量的增大，而且可能导致舍入误差的严重积累．

在选择步长时，需要衡量和检验计算结果的精度，并依据所获得的精度处理步长．下面以经典龙格-库塔方法为例进行说明．

从节点 x_n 出发，先以 h 为步长求出一个近似值 $y_{n+1}^{(h)}$，由于公式的局部截断误差为 $O(h^5)$，故有

$$y(x_{n+1})-y_{n+1}^{(h)}\approx ch^5$$

然后将步长折半，即以 $\frac{h}{2}$ 为步长，从 x_n 跨两步到 x_{n+1}，再求得一个近似值 $y_{n+1}^{(h/2)}$，每跨一步的截断误差约为 $c\left(\frac{h}{2}\right)^5$，计算了两步，因此有

$$y(x_{n+1})-y_{n+1}^{(h)}\approx 2c\left(\frac{h}{2}\right)^5$$

比较上述二式，有

$$\frac{y(x_{n+1})-y_{n+1}^{(h/2)}}{y(x_{n+1})-y_{n+1}^{(h)}}\approx\frac{1}{16}$$

由此易得下列事后估计式 $y(x_{n+1})-y_{n+1}^{(h/2)}\approx\frac{1}{15}(y_{n+1}^{(h/2)}-y_{n+1}^{(h)})$．这样，可以通过检查步长折半前后两次计算结果的偏差 $\Delta=|(y_{n+1}^{(h/2)}-y_{n+1}^{(h)})|$ 来判定所选的步长是否合适．

具体地说，对于给定的精度 ε，将按两种情况处理．如果 $\Delta>\varepsilon$，则反复将步长折半进行计算，直到 $\Delta<\varepsilon$ 为止，这时取最终得到的 $y_{n+1}^{(h/2)}$ 作为结果，这也是一种事后误差估计的方法．如果 $\Delta<\varepsilon$，则反复将步长加倍，直到 $\Delta>\varepsilon$ 为止，这时再将前一次步长折半的结果作为所要的结果．这种通过加倍或减半处理步长的方法称作变步长方法．虽然为了选择合适的步长使每一步的计算量有所增加，但总体考虑是值得的．

9.3　单步法的收敛性和稳定性

9.3.1　单步法的收敛性

单步法的收敛性和稳定性微视频

数值解法的基本思想就是要通过某种离散化方法，将微分方程转化为某种差分方程(例如式(9.1.8))来求解．这种转化是否合理，还要看差分方程的解 y_n 是否收敛到微分方程的准确解 $y(x_n)$．

定义 9.3.1　对于任意固定的 $x_n=x_0+nh$，若对于初值问题即式(9.1.1)的显式单步法公式(9.1.8)产生的近似解 y_n，均有 $y_n\to y(x_n)(h\to 0,n\to\infty)$，则称该方法是收敛的．

在定义中，x_n 是固定的点，当 $h\to 0$ 时有 $n\to\infty$，n 不是固定的．显然，若方法是收敛的，则在固定点 x_n 处的整体截断误差 $e_n=y(x_n)-y_n$ 趋于零．下面给出方法收敛的条件．

定理 9.3.1　设初值问题即式(9.1.1)的单步法公式(9.1.8)是 p 阶的($p\geqslant 1$)，且函数满足对 y 的利普希茨条件，即存在常数 $L>0$，使

$$|\varphi(x,y_1,h)-\varphi(x,y_2,h)|\leqslant L|y_1-y_2|$$

对一切 $y_1,y_2\in\boldsymbol{R}$ 成立,则式(9.1.8)收敛,且 $y(x_n)-y_n=O(h^p)$.

证 仍记 $e_n=y(x_n)-y_n$,根据局部截断误差的定义,由此式与式(9.1.8)可得

$$e_{n+1}=e_n+h[\varphi(x_n,y(x_n),h)-\varphi(x_n,y_n,h)]+T_{n+1}$$

因为式(9.1.8)是 p 阶的,所以存在 h_0,当 $0<h\leqslant h_0$ 时有 $|T_{n+1}|\leqslant ch^{p+1}$. 再用 φ 的利普希茨条件有

$$|e_{n+1}|\leqslant|e_n|+hL|e_n|+ch^{p+1}$$

为了方便,记 $\alpha=1+hL,\beta=ch^{p+1}$,即有 $|e_{n+1}|\leqslant\alpha|e_n|+\beta$. 由此可推得

$$|e_n|\leqslant\alpha|e_{n-1}|+\beta\leqslant\alpha^2|e_{n-2}|+\alpha\beta+\beta+\cdots\leqslant$$
$$\alpha^n|e_0|+\beta(\alpha^{n-1}+\alpha^{n-2}+\cdots+\alpha+1)$$

利用关系式

$$e^{Lh}=1+Lh+\frac{(Lh)^2}{2}+\cdots+\geqslant 1+Lh$$

$$\alpha^n=(1+Lh)^n\leqslant e^{nLh}=e^{L(x_n-x_0)}$$

可以得到

$$|e_n|\leqslant|e_0|e^{L(x_n-x_0)}+[e^{L(x_n-x_0)}-1]ch^pL^{-1}$$

现在取 $y_0=y(x_0)$,有 $e_0=0$,于是有 $e_n=O(h^p)$. 定理得证.

容易证明,如果式(9.1.1)的 $f(x,y)$ 满足利普希茨条件是单步收敛的充分条件,而且还说明一个方法的整体截断误差比局部截断误差低一阶. 所以,求解常微分问题常常通过求出局部截断误差去了解整体截断误差的大小.

单步法的显式形即式(9.1.8)可写成

$$\varphi(x_n,y_n,h)=\frac{y_{n+1}-y_n}{h} \tag{9.3.1}$$

这里称 $\varphi(x_n,y_n,h)$ 为增量函数. 对于收敛的方法,固定 $x=x_0$,有 $y_n\to y(x_n)(h\to 0)$,从而 $\frac{y_{n+1}-y_n}{h}\to y'(x_n)(h\to 0)$. 对于式(9.3.1),自然要考虑

$$\varphi(x_n,y_n,h)\to f(x_n,y(x_n)),\qquad h\to 0$$

是否成立. 这就是常微分问题的相容性.

定义 9.3.2 若式(9.1.8)的增量函数 φ 满足

$$\varphi(x,y,0)=f(x,y)$$

则称式(9.1.8)与初值问题式(9.1.1)是相容的.

相容性说明数值计算的差分方程(9.3.1)趋于式(9.1.1)中微分方程. 本章讨论的数值方法都是与原初值问题相容的.

9.3.2 单步法的稳定性

对于一种收敛的相容的差分方程,由于计算过程中舍入误差总会存在,因此需要讨论其数值稳定性. 一个不稳定的差分方程会使计算解失真或计算失败.

为了讨论方便起见. 将式(9.1.1)中的 $f(x,y)$ 在解域内某一点 (a,b) 作泰勒展开并局部线性化,即

$$y'=f(x,y)\approx f(a,b)+(x-a)f_x(a,b)+(y-b)f_y(a,b)=f_y(a,b)y+c_1x+c_2$$

令 $\lambda=f_y(a,b)$，$u=y+\frac{c_1}{\lambda}x+\frac{c_1}{\lambda_2}+\frac{c_2}{\lambda}$，利用线性化的关系，可得 $u'\approx\lambda u$. 故通过试验方程

$$y'=\lambda y \tag{9.3.2}$$

来讨论数值方法的稳定性. 根据计算稳定性的概念，当某一步 y_n 有舍入误差时，若以后的计算中不会逐步扩大，则称这种稳定性为绝对稳定性.

现在讨论显式欧拉法的稳定性. 将显式欧拉法用于试验方程(9.3.2)，有 $y_{n+1}=(1+\lambda h)y_n$. 当 y_n 有舍入误差时，其近似值为 $\tilde{y}_n$，从而有 $\tilde{y}_{n+1}=(1+\lambda h)\tilde{y}_n$. 令 $\varepsilon_n=y_n-\tilde{y}_n$，得到误差传播方程为

$$\varepsilon_{n+1}=(1+\lambda h)\varepsilon_n$$

令 $E(\lambda h)=1+\lambda h$，只要 $|E(\lambda h)|\leqslant 1$，则显式欧拉方法的解和误差都不会恶性发展，即 $-2\leqslant\lambda h\leqslant 0$ 时，显式欧拉方法是稳定的，并且是条件稳定的.

对于梯形方法，应用于试验方程后，相应地有

$$y_{n+1}=\frac{1+\frac{\lambda h}{2}}{1-\frac{\lambda h}{2}}$$

同理，有误差方程 $\varepsilon_{n+1}=E(\lambda h)\varepsilon_n$，其中，$E(\lambda h)=\frac{1+\frac{\lambda h}{2}}{1-\frac{\lambda h}{2}}$. 故当 $\lambda\leqslant 0$ 时，梯形方法是稳定的.

一般地，在试验方程(9.3.2)中，只考虑 $\lambda<0$ 的情形，而对 $\lambda=f_y>0$ 的情形，认为微分方程是不稳定的. 譬如，将显式欧拉方法用于式(9.1.1)中的方程，有

$$\varepsilon_{n+1}=\varepsilon_n+h\left[f(x_n,y_n)-f(x_n,\tilde{y}_n)\right]=\left[1+hf_y(x_n\eta)\right]\varepsilon_n$$

当 $f_y(x_n,y)>0$ 时，有 $1+hf_y(x_n,\lambda\eta)>1$.

对于每一种单步法应用于试验方程(9.3.2)，可得

$$y_{n+1}=E(\lambda h)y_n \tag{9.3.3}$$

然而，对于不同的单步法，$E(\lambda h)$有不同的表达式.

定义 9.3.3　若式(9.3.3)中的 $|E(\lambda h)|\leqslant 1$，则称对应的单步法是绝对稳定的. 在复平面上，$\lambda h$ 满足 $|E(\lambda h)|\leqslant 1$ 的区域称为方法的绝对稳定区域，它与实轴的交称为绝对稳定区间.

一些单步法的 $E(\lambda h)$表达式及其绝对稳定区间列于表 9.3.1. 从表中可见，隐式方法比显式方法的绝对稳定性要好.

例 9.3.1　分别取 $h=1,\ 2,\ 4$，用经典龙格-库塔方法计算

$$\begin{cases}y'=-y+x-e^{-1}\\ y(1)=0\end{cases}$$

其准确解为 $y(x)=e^{-x}+x-1-e^{-1}$.

解　本题 $\lambda=-1$，λh 分别为 $-1,-2,-4$. 由表 9.3.1 可知，当 $h\leqslant 2.785$ 时，该方法才稳定，计算结果列于表 9.3.2.

表 9.3.1 单步法的 $E(\lambda h)$ 表达式及其绝对稳定区间

方法	$E(\lambda h)$	绝对稳定区间
欧拉法	$1+\lambda h$	$-2\leqslant\lambda h\leqslant 0$
改进的欧拉法	$1+\lambda h+\frac{(\lambda h)^2}{2}$	$-2\leqslant\lambda h\leqslant 0$
三阶龙格-库塔法	$1+\lambda h+\frac{(\lambda h)^2}{2}+\frac{(\lambda h)^3}{6}$	$-2.51\leqslant\lambda h\leqslant 0$
四阶龙格-库塔法	$1+\lambda h+\frac{(\lambda h)^2}{2}+\frac{(\lambda h)^3}{6}+\frac{(\lambda h)^4}{24}$	$-2.785\leqslant\lambda h\leqslant 0$
隐式欧拉法	$\frac{1}{1-\lambda h}$	$-\infty\leqslant\lambda h\leqslant 0$
梯形法	$\frac{1+\frac{\lambda h}{2}}{1-\frac{\lambda h}{2}}$	$-\infty\leqslant\lambda h\leqslant 0$

表 9.3.2 例 9.3.1 计算结果

x_n	$h=1$ 的解	$h=2$ 的解	$h=3$ 的解	准确解
5	3.639 4	3.673 0	5.471 5	3.638 9
9	7.632 3	7.636 7	16.829 1	7.632 2
13	11.632 1	11.632 6	57.617 1	11.632 1

由表 9.3.2 可见，当 $h=1$ 和 $h=2$ 时，计算结果确实稳定；当 $h=4$ 时，结果是发散的. 此外，取 $h=1$ 的计算精度比 $h=2$ 的计算精度高. 因为 h 越小，方法的截断误差越小. 但若 h 过分小，则计算步数就非常多，其累积误差会增加. 所以，实际计算时，应选取合适的步长，常常采用自动变步长的龙格-库塔方法.

9.4 一阶微分方程组的数值解法

9.4.1 一阶微分方程组和高阶方程

考虑一阶常微分方程组的初值问题：

$$\begin{cases} y'_i=f_i(x,y_1,y_2,\cdots,y_N) \\ y_i(x_0)=y_{i0}, \quad i=0,1,2,\cdots,N \end{cases} \tag{9.4.1}$$

若将其中的 f_i 未知函数、方程的右端项都表示成向量形式：

$$\boldsymbol{y}=(y_1,y_2,\cdots,y_N)^{\mathrm{T}}, \qquad \boldsymbol{f}=(f_1,f_2,\cdots,f_N)^{\mathrm{T}}$$

初始条件表示成 $\boldsymbol{y}(x_0)=\boldsymbol{y}_0=(y_{01},y_{02},\cdots,y_{0N})^{\mathrm{T}}$，那么式(9.4.1)可以写成

$$\begin{cases} \boldsymbol{y}'=\boldsymbol{f}_i(x,\boldsymbol{y}) \\ \boldsymbol{y}(x_0)=\boldsymbol{y}_0 \end{cases} \tag{9.4.2}$$

可见，式(9.4.2)在形式上与一个方程的初值问题一样. 关于一个方程的初值问题的数值方法均适用于方程组，相应的理论问题也可类似地讨论. 下面仅写出两种数值方法作说明.

梯形方法：

$$y_{n+1}=y_n+\frac{h}{2}[f(x_n,y_n)+f(x_{n+1},y_{n+1})]$$

或表达为 $y_{n+1,i}=y_{ni}+\frac{h}{2}[f(x_n,y_n)+f(x_{n+1},y_{n+1})]$, $i=1,2,\cdots,N$ 其中 y_{ni} 是第 i 个因变量 $y_i(x)$ 在节点 x_n 处的近似值，相应地有 $f_i(x_n,y_n)=f_i(x_n,y_{n1},y_{n2},\cdots,y_{nN})$.

经典龙格-库塔方法：

$$y_{n+1}=y_n+\frac{h}{6}(K_1+2K_2+2K_3+K_4)$$

其中

$$K_1=f(x_n,y_n),\qquad K_2=f\left(x_n+\frac{h}{2},y_n+\frac{h}{2}K_1\right)$$

$$K_3=f\left(x_n+\frac{h}{2},y_n+\frac{h}{2}K_2\right),\qquad K_4=f(x_n+h,y_n+hK_3)$$

或表达为 $y_{n+1,i}=y_{ni}+\frac{h}{6}(K_{1i}+2K_{2i}+2K_{3i}+K_{4i})$, $i=1,2,\cdots,N$，其中

$$\begin{cases}K_{1i}=f_i(x_n,y_{n1},y_{n2},\cdots,y_{nN})\\ K_{2i}=f_i\left(x_n+\frac{h}{2},y_{n1}+\frac{h}{2}K_{11},y_{n2}+\frac{h}{2}K_{12},\cdots,y_{nN}+\frac{h}{2}K_{1N}\right)\\ K_{3i}=f_i\left(x_n+\frac{h}{2},y_{n1}+\frac{h}{2}K_{21},y_{n2}+\frac{h}{2}K_{22},\cdots,y_{nN}+\frac{h}{2}K_{2N}\right)\\ K_{4i}=f_i(x_n+h,y_{n1}+hK_{31},y_{n2}+hK_{32},\cdots,y_{nN}+hK_{3N})\end{cases}$$

对于高阶方程，可把它转化为一阶方程组．例如，考察下列 m 阶微分方程：

$$\begin{cases}y^{(m)}=f(x,y,y',\cdots,y^{(m-1)})\\ y^{(k)}(x_0)=y_0^{(k)},\qquad k=0,1,\cdots,m-1\end{cases}\tag{9.4.3}$$

只要引进新的变量 $y_1=y,y_2=y',y_3=y'',\cdots y_m=y^{(m-1)}$，则可将 m 阶方程(9.4.3)化为如下的一阶方程组：

$$\begin{cases}y'_i=y_{i+1},\qquad i=1,2,\cdots,m-1\\ y'_m=f(x,y_1,y_2,\cdots,y_m)\\ y_k(x_0)=y_0^{(k-1)},\qquad k=1,2,\cdots,m\end{cases}\tag{9.4.4}$$

因此，可用求解方程组形式的方法来求解式(9.4.4).

9.4.2　刚性方程组

先考虑两个简单的初值问题.

问题 1：

$$\begin{pmatrix}u'\\ v'\end{pmatrix}=\begin{pmatrix}-2 & 1\\ 1 & -2\end{pmatrix}\begin{pmatrix}u\\ v\end{pmatrix}+\begin{pmatrix}2\sin x\\ 2(\cos x-\sin x)\end{pmatrix},\qquad \begin{pmatrix}u(0)\\ v(0)\end{pmatrix}=\begin{pmatrix}2\\ 3\end{pmatrix}$$

问题 2 ：

$$\begin{pmatrix}u'\\ v'\end{pmatrix}=\begin{pmatrix}-2 & 1\\ 998 & -999\end{pmatrix}\begin{pmatrix}u\\ v\end{pmatrix}+\begin{pmatrix}2\sin x\\ 999(\cos x-\sin x)\end{pmatrix},\qquad \begin{pmatrix}u(0)\\ v(0)\end{pmatrix}=\begin{pmatrix}2\\ 3\end{pmatrix}$$

这两个问题有同样的解

$$\begin{pmatrix}u(x)\\v(x)\end{pmatrix}=2e^{-x}\begin{pmatrix}1\\1\end{pmatrix}+\begin{pmatrix}\sin x\\\cos x\end{pmatrix}$$

采用四阶经典龙格-库塔方法来计算上面的两个问题，以相同的误差要求来自动选取步长，计算从 $x=0$ 到 $x=10$. 第一个问题可用相当大的步长，而第二个问题能使用的步长小到难以接受. 如果改用某种低阶隐式公式，那么这两个问题均可用较大的步长计算出大致符合要求的解来. 上述显示出来的现象称刚性. 问题 2 是刚性的，问题 1 是非刚性的. 由于这两个问题的解是相同的，因此这种现象不是问题的解的原因，而是方程组的一种特性所引起的. 基于这个事实，较为正确的应称之为刚性方程组而不是刚性问题.

考虑方程组的通解. 对于问题 1，方程组的系数矩阵特征值为 $\lambda_1=-1$ 和 $\lambda_2=-3$，其通解为

$$\begin{pmatrix}u(x)\\v(x)\end{pmatrix}=\alpha_1 e^{-x}\begin{pmatrix}1\\1\end{pmatrix}+\alpha_2 e^{-3x}\begin{pmatrix}1\\1\end{pmatrix}+\begin{pmatrix}\sin x\\\cos x\end{pmatrix}\tag{9.4.5}$$

其中，α_1,α_2 为任意常数.

对于问题 2，方程组的系数矩阵的特征值为 $\lambda_1=-1$ 和 $\lambda_2=-3$，其通解为

$$\begin{pmatrix}u(x)\\v(x)\end{pmatrix}=\beta_1 e^{-x}\begin{pmatrix}1\\1\end{pmatrix}+\beta_2 e^{-1\,000x}\begin{pmatrix}1\\-998\end{pmatrix}+\begin{pmatrix}\sin x\\\cos x\end{pmatrix}\tag{9.4.6}$$

其中，β_1,β_2 为任意常数.

数值计算中出现的现象可以用稳定性来解释. 两个问题的特征值都是实的，因此可只考虑稳定区间. 经典龙格-库塔方法的绝对稳定区间近似为$(-2.785,0)$. 对于问题 1，当 $-3h\in(-2.785,0)$或 $h<0.928$ 时，可以是稳定的. 对于问题 2，要求 $-1\,000h\in(-2.785,0)$或 $h<0.002\,785$，才能保证稳定. 由上可以看出，一定精度范围内，h 完全由绝对稳定性决定.

由通解公式(9.4.6)可见，当 $x\to\infty$时，式(9.4.6)右边的第一项和第二项都趋于零这两项瞬态解. 趋于零的快慢取决于特征值的大小. 显然，第二项很快趋于零，此项称为快瞬态解，而第一项称为慢瞬态解. 式(9.4.6)右边的第三项称为稳态解. 实际计算表明，当第二项很快趋于零以后，要使整个方程组的解趋于稳态解，必须由第一项来决定计算终止与否. 因此计算中，要在一个很长的区间上处处用小步长来计算，这就是刚性现象. 由式(9.4.5)和式(9.4.6)可见，计算的步数与量 $\left|\dfrac{\lambda_1}{\lambda_2}\right|$ 有关.

一般地，考虑非齐次常系数方程组

$$y'=Ay+\varphi(x)\tag{9.4.7}$$

其中，$y,\varphi\in\boldsymbol{R}^m$，$\boldsymbol{A}\in\boldsymbol{R}^{m\times m}$ 为常系数矩阵. 设 $\boldsymbol{A}$ 有不同的特征值 $\lambda_k\in\boldsymbol{C}$，$k=1,2,\cdots,m$，它们对应的特征向量 $\boldsymbol{u}_k\in\boldsymbol{C}^m$，$k=1,2,\cdots,m$，则方程组(9.5.7)的通解为

$$y(x)=\sum_{k=1}^{m}\alpha_k e^{\lambda_k x}+\psi(x)$$

其中，α_k，$k=1,2,\cdots,m$ 为任意常数，ψ 为式(9.5.7)的特解.

假定特征值 λ_k 的实部为负，即 $\mathrm{Re}(\lambda_k)<0$，$k=1,2,\cdots,m$. 当 $k\to\infty$时，有

$$\sum_{k=1}^{m}\alpha_k e^{\lambda_k x}\boldsymbol{u}_k$$

趋向于零，此项称为瞬态解，而 ψ 则称为稳态解. 如果 $|\mathrm{Re}(\lambda_k)|$ 大，那么对应项 $\alpha_k e^{\lambda_k x}\boldsymbol{u}_k$ 在 x

增加时快速衰减，此项称为快瞬态解. 如果 $|\mathrm{Re}(\lambda_k)|$ 小，那么对应的项 $\alpha_k e^{\lambda_k x}\boldsymbol{u}_k$ 在 x 增加时衰减慢，称其为慢瞬态解.

现设 $\boldsymbol{A}$ 的特征值按其实部的绝对值大小排列如下：

$$|\mathrm{Re}(\lambda_1)| \leqslant |\mathrm{Re}(\lambda_2)| \leqslant \cdots \leqslant |\mathrm{Re}(\lambda_m)|$$

当计算稳态解时，必须求到 $\alpha_1 e^{\lambda_1 x}\boldsymbol{u}_1$ 可以忽略为止，所以 $|\mathrm{Re}(\lambda_1)|$ 越小，计算的区间越长. 另一方面，为使 $\lambda_k h, k=1,2,\cdots,m$ 均在绝对稳定性区域内，显然，$|\mathrm{Re}(\lambda_m)|$ 的值大时，必须采用很小的步长 h. 因此，引入微分方程组(9.4.7)的刚性比为

$$S=\frac{|\mathrm{Re}(\lambda_m)|}{|\mathrm{Re}(\lambda_1)|} \tag{9.4.8}$$

那么，似乎可以用刚性比来描述刚性方程组，即方程组(9.4.7)中 $\boldsymbol{A}$ 的全部特征值有负的实部并且刚性比 S 是大的，那么式(9.4.7)是刚性的.

上述描述性定义有时也会发生一些不妥，比如，该定义为能包含实际问题中常常出现的特征值实部为小的正数或等于零的情况. 因此，引入下面的定义.

定义 9.4.1　当具有有限的绝对稳定区域的数值方法应用到一个任意初始条件的方程组时，如果在求解区间上必须用非常小的步长，则称此方程组在该区间上是刚性的.

刚性方程组由于其自身的特点，一般显式方法难于应用. 梯形方法、隐式欧拉法对 h 限制较小，可适用于一定类型的刚性方程组的求解. 这里不详细讨论刚性方程的求解.

9.5　综　述

本章介绍了常微分方程的初值问题和边值问题的数值算法. 单步法包括欧拉法、梯形法和龙格-库塔法. 古典的欧拉法是基于泰勒展开、截取线性项的方法构造的，特点是计算简单，便于对截断误差作估计. 不足是精度差. 绝对稳定性区间小，从而计算所选的步长不能太大. 梯形法是基于数值积分的梯形公式构造的，梯形法比欧拉法精度高，而且是 **A** -稳定的，但是梯形法是隐式的，不能自开始，需要采用欧拉方法求出预估值，再加以校正的所谓预估-校正格式. 四阶龙格-库塔法是常用的单步算法，不但精度高，而且计算过程稳定，此方法对斜率函数要求有较高的光滑性，满足利普希茨条件，计算量比前两种方法要大许多.

习　题

1. 用欧拉法解初值问题 $\begin{cases} y'=1+x^3+y^3 \\ y(0)=0 \end{cases}$ 的解函数在 $x=0.4$ 处的函数值(取步长 $h=0.1$，计算结果保留 6 位小数).

2. 用欧拉法求 $y(x)=\int_0^x e^{-t^2}\,dt$ 在 $x=0.5, 1.0, 1.5, 2.0$ 处的近似值，计算结果保留 5 位小数.

3. 取步长 $h=0.2$，用梯形法求解初值问题 $\begin{cases} y'=-y+x+1,\ 1<x\leqslant 1.6 \\ y(1)=2 \end{cases}$，计算结果保留 6 位小数.

4. 用改进的欧拉方法解初值问题$\begin{cases}y'=x^2+x-y\\y(0)=0\end{cases}$,取步长 $h=0.1$,计算 $y(0.5)$,并与准确解 $y=x^2-x+1-e^{-x}$ 相比较.

5. 对初值问题$\begin{cases}y'+y=0\\y(0)=1\end{cases}$,证明欧拉公式和梯形公式求得的近似解分别为 $y_n=(1-h)^n$,$y_n=\left(\dfrac{2-h}{2+h}\right)^n$,且当 $h\to 0$ 时,它们都收敛于原问题的准确解 $y=e^{-x}$.

6. 已知初值问题$\begin{cases}y'=ax+b\\y(0)=0\end{cases}$,试用欧拉公式和改进欧拉公式导出解的表达,且与准确解 $y(x)=\dfrac{1}{2}ax^2+bx$ 进行比较.

7. 利用经典龙格-库塔法求解初值问题$\begin{cases}y'=\dfrac{2}{3}xy^{-2},\ 0<x\leqslant 1.2\\y(0)=1\end{cases}$,取步长 $h=0.4$,并且将得到的结果与准确解 $y=\sqrt[3]{1+x^2}$ 进行比较.

8. 用待定系数法确定下列求解公式的系数,使其阶数尽可能高,并且写出局部截断误差表达式.

(1) $y_{n+1}=a_0y_n+a_1y_{n-1}+bhf_{n+1}$;

(2) $y_{n+1}=ay_{n-1}+h(by_{n+1}+cf_n+dy_{n-1})$.

9. 证明后退欧拉法 $y_{n+1}=y_n+hf(x_{n+1},y_{n+1})$是一阶方法.

10. 证明求解初值问题 $y'=f(x,y)$,$y(x_0)=\alpha$ 的格式

$$\begin{cases}y_{n+1}=y_n+\dfrac{h}{4}(K_1+3K_2)\\K_1=f(x_n,y_n)\\K_2=f\left(x_n+\dfrac{2}{3}h,y_n+\dfrac{2}{3}hK_1\right)\end{cases}$$

是二阶方法.

11. 证明梯形公式求解初值问题$\begin{cases}y'=\lambda y\\y(0)=a\end{cases}$是无条件稳定的,其中 $\lambda>0$ 是实常数.

12. 对试验方程 $y'=\lambda y(\lambda<0)$,试证明如下方法给出的绝对稳定条件.

(1) 改进的欧拉公式:$\left|1+\lambda h+\dfrac{(\lambda h)^2}{2}\right|\leqslant 1$;

(2) 经典龙格-库塔公式:$\left|1+\lambda h+\dfrac{(\lambda h)^2}{2}+\dfrac{(\lambda h)^3}{6}+\dfrac{(\lambda h)^4}{24}\right|\leqslant 1$.

13. 利用实验方程 $y'=\lambda y(\lambda<0)$讨论公式 $y_{n+1}=y_n+hf\left(x_n+\dfrac{h}{2},y_n+\dfrac{h}{2}f(x_n,y_n)\right)$的稳定性.

14. 常微分方程初值问题$\begin{cases}y'=f(x,y)\\y(x_0)=y_0\end{cases}$的单步法

$$y_{n+1}=y_n+\frac{h}{3}[f(x_n,y_n)+2f(x_{n+1},y_{n+1})]$$

(1) 试求其局部截断误差并且回答它是几阶方法；

(2) 求此单步法的绝对稳定区间.

15. 某跳伞者在 $t=0$ 时刻从飞机上跳出，假设初始时刻的垂直速度为 0，且跳伞者垂直下落. 已知空气阻力为 $F=cv^2$，其中 c 为常数，v 为垂直速度，向下方向为正. 可求得跳伞者的速度满足微分方程方程 $v'=-\frac{c}{M}v^2+g$，g 为重力加速度. 若此跳伞者质量为 $M=70$ kg，且已知 $c=0.27$ kg/m，试编程利用欧拉公式画出 $t\leqslant 20$ s 的速度曲线(取 $h=0.1$ s).

16. 利用欧拉法($h=0.025$)、改进欧拉法($h=0.05$)和四阶龙格-库塔法($h=0.1$)分别求解

$$y'=-y+1,\qquad y(0)=0$$

在 $x=0.1,0.2,0.3,0.4,0.5$ 处的函数值，并且与准确解 $y=1-e^{-x}$ 进行比较.

17. 分别取 $h=0.1,0.2$ 用四阶龙格-库塔法求解

$$y'=-20y,\qquad y(0)=1$$

在 $x=0.2,0.4,0.6,0.8,1.0$ 处的函数值，与准确解 $y=e^{-20x}$ 进行比较，列出计算误差，从计算稳定性角度分析误差出现的原因.

18. 经过假设简化，透水的地下水蓄水层的地下水位稳态高度(见习题图 9.1)可以用下面的二阶常微分方程来描述：

$$K\bar{h}\frac{d^2h}{dx^2}+N=0$$

其中，x 表示距离(m)，K 表示水压传导率(m/d)，h 表示地下水位的高度(m)，$\bar{h}$ 表示地下水位的平均高度(m)，透水率为 N (m/d). 求解地下水位 $x=0\sim500$ m 的高度，其中，$h(0)=8$ m，$h(500)=4$ m.

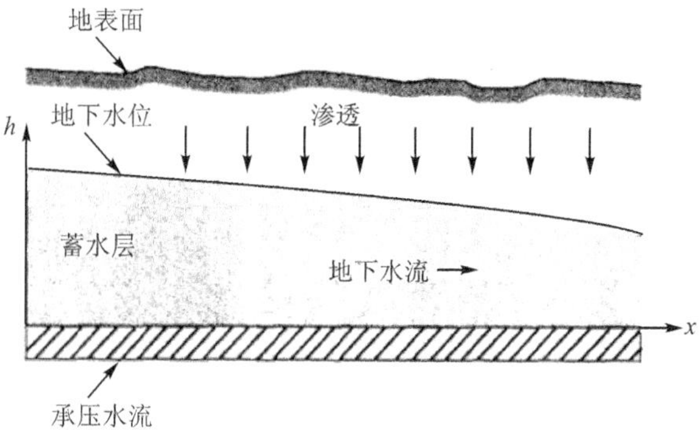

习题图 9.1　地下水位稳态高度

19. 如下的数学模型常用于模拟人口问题：

$$\frac{dp}{dt}=k_{gm}\left(1-\frac{p}{p_{max}}\right)p$$

其中，p 为人口，k_{gm} 为无约束条件下的最大增长率，p_{max} 为承载能力. 试用本章介绍的数值方法模拟 1950—2000 年间的全球人口变化. 其初始条件和参数值如下：p_0(1950 年时)=

2 555 000 000 人，$k_{gm}=0.026$/年，$p_{max}=12\ 000\ 000\ 000$ 人. 令函数输出对应于习题表 9.1 中的数据. 将模拟结果连同数据一起绘制在一张图中.

习题表 9.1　函数输出对应数据

t/年	1950	1960	1970	1980	1990	2000
p/人	2 555	3 040	3 708	4 454	5 276	6 079

20. 用某种导管从池塘抽水，经过假设简化，用以下微分方程描述池塘深度随时间的变化：

$$\frac{\mathrm{d}h}{\mathrm{d}t}=\frac{\pi d^2}{4A(h)}\sqrt{2g(h+e)}$$

其中，h 为深度(m)，t 为时间，d 是导管直径(m)，$A(h)$为池塘的表面积与深度的函数表达式(m^2)，g 为重力常数(9.81 $\mathrm{m/s^2}$)，e 为导管出水口低于池塘底部的距离(m). 已知 $h(0)=6$ m，$d=0.25$ m，$e=1$ m，试根据习题表 9.2 所列数据求解微分方程，并确定经过多长时间能够将池塘抽干.

习题表 9.2　深度与池塘表面积的对应关系

h/m	6	5	4	3	2	1	0
$A(h)/(10^4\ \mathrm{m}^2)$	1.17	0.97	0.67	0.45	0.32	0.18	0

实　验

1　基础性实验

1.1　线性方程组求解

【实验目的】

通过实验理解列选主元 LU 分解，理解线性方程组的雅可比迭代法、高斯-赛德尔迭代法和 SOR 迭代法的算法思想，掌握三个迭代法 MATLAB 程序的编写和使用.

【实验课时】

2 课时.

【实验准备】

1. MATLAB 中有三个内置函数可以提取矩阵中的部分元素

① >>$\boldsymbol{D}$=diag($\boldsymbol{A}$)

当 $\boldsymbol{A}$ 为方阵时，输出 $\boldsymbol{D}$ 为向量，它由 $\boldsymbol{A}$ 的对角线元素构成；当 $\boldsymbol{A}$ 为向量时，输出 $\boldsymbol{D}$ 为对角阵，它以 $\boldsymbol{A}$ 为对角线元素.

② >>$\boldsymbol{L}$=tril($\boldsymbol{A}$,k)

输入 $\boldsymbol{A}$ 为方阵，k 为对角线序号，主对角线 $k=0$，向右上移动依次 k 递增 1，向左下移动 k 依次递减 1，输出 $\boldsymbol{L}$ 为第 k 条对角线及其以下元素构成的三角矩阵.

③ >>$\boldsymbol{U}$=triu($\boldsymbol{A}$,k)

输入 $\boldsymbol{A}$ 为方阵，k 为对角线序号，输出 $\boldsymbol{U}$ 为第 k 条对角线及其以上元素构成的三角矩阵.

2. 矩阵的列选主元 LU 分解法

矩阵的三角分解法其实是高斯消元法的矩阵形式，它主要针对线性代数方程组的系数矩阵 $\boldsymbol{A}$，将其用杜里特尔分解的方法分解为一个上三角矩阵和一个下三角矩阵的乘积，即

$$\boldsymbol{P}\begin{pmatrix} a_{11} & a_{12} & \cdots & a_{1n} \\ a_{21} & a_{22} & \cdots & a_{2n} \\ \vdots & \vdots & & \vdots \\ a_{n1} & a_{n2} & \cdots & a_{nn} \end{pmatrix} = \begin{pmatrix} 1 & & & \\ l_{21} & 1 & & \\ \vdots & \vdots & \ddots & \\ l_{n1} & l_{n2} & \cdots & 1 \end{pmatrix} \begin{pmatrix} u_{11} & u_{12} & \cdots & u_{1n} \\ & u_{22} & \cdots & u_{2n} \\ & & \ddots & \vdots \\ & & & u_{nn} \end{pmatrix}$$

其中，$\boldsymbol{P}$ 为置换矩阵，满足 $\boldsymbol{PA}=\boldsymbol{LU}$. 置换的目的也是为了使得主对角线上的元素都为主元. 然后求解方程组.

$$\begin{cases} Ly = Pb \\ Ux = y \end{cases}$$

3. 三种迭代方法的迭代格式

(1) 雅可比迭代

设 $A = D - L - U$,其中

$$L = \begin{pmatrix} 0 & 0 & \cdots & 0 \\ -a_{21} & 0 & \cdots & 0 \\ \vdots & \vdots & & \vdots \\ -a_{n1} & -a_{n2} & \cdots & 0 \end{pmatrix}, \quad U = \begin{pmatrix} 0 & -a_{12} & \cdots & -a_{1n} \\ 0 & 0 & \cdots & -a_{2n} \\ \vdots & \vdots & & \vdots \\ 0 & 0 & \cdots & 0 \end{pmatrix}, \quad D = \begin{pmatrix} a_{11} & 0 & \cdots & 0 \\ 0 & a_{22} & \cdots & 0 \\ \vdots & \vdots & & \vdots \\ 0 & 0 & \cdots & a_{nn} \end{pmatrix}$$

则雅可比迭代格式可表示为

$$x^{(k+1)} = D^{-1}[b + (L + U)x^{(k)}] = D^{-1}(L + U)x^{(k)} + D^{-1}b$$

(2) 高斯-赛德尔迭代法

在雅可比迭代法的第 i 个公式中利用,已经算出来的 $x_1^{(k)}, \cdots, x_{i-1}^{(k)}$ 替换公式中的 $x_1^{(k)}, \cdots, x_{i-1}^{(k)}$,得到高斯-赛德尔迭代法的矩阵形式可表示为

$$x^{(k+1)} = D^{-1}[b + Lx^{(k+1)} + Ux^{(k)}] \qquad 或 \qquad x^{(k+1)} = (D - L)^{-1}(Ux^{(k)} + b)$$

(3) SOR 迭代法

为了达到更快的收敛速度,在高斯-赛德尔迭代法中引入松弛因子 ω ,其矩阵形式为

$$x^{(k+1)} = (D - \omega L)^{-1}[(1 - \omega)D + \omega U]x^{(k)} + \omega(D - \omega L)^{-1}b$$

SOR 迭代法的松弛因子 ω 应在区间 $(0,2)$ 内取值:当 $\omega = 1$ 时,称为完全松弛因子;当 $\omega > 1$ 时,称为超松弛因子;当 $\omega < 1$ 时,称为次松弛因子. 如何选取松弛因子使得收敛速度加快是讨论 SOR 迭代法的一个重要内容,目前只对少数模型问题,才有确定使得收敛速度达到最优的松弛因子的理论公式.

【实验算例】

1. 矩阵的列选主元 *LU* 分解

MATLAB 有内置库函数提供矩阵的 *LU* 分解. 调用格式如下:

$$[L, U, P] = \mathrm{lu}(A)$$

输入 A 必须为方阵,输出 L 为交换后的下三角矩阵,U 为上三角矩阵,P 为置换矩阵,满足 $PA = LU$. 置换的目的也是为了使得主对角线上的元素都为主元.

实验例 1.1 对矩阵 $A = \begin{pmatrix} 1 & 4 & 2 & 3 \\ 5 & 1 & 0 & 2 \\ 2 & 4 & 3 & 0 \\ 0 & 2 & 1 & 6 \end{pmatrix}$ 进行 *LU* 分解.

```
>>A = [1 4 2 3;5 1 0 2;2 4 3 0;0 2 1 6];
>>[L,U,P] = lu(A)
L =
```

```
      1.0000       0         0         0
      0.2000    1.0000       0         0
      0.4000    0.9474    1.0000       0
        0       0.5263   -0.0476    1.0000
U =
      5.0000    1.000        0      2.0000
        0       3.8000    2.0000    2.6000
        0         0       1.1053   -3.2632
        0         0         0       4.4762
P =
      0  1  0  0
      1  0  0  0
      0  0  1  0
      0  0  0  1
```

2. 线性方程组求解的迭代法

利用雅可比迭代法的矩阵形式,可编写程序如下:

```
function jacobi(A,b,x0,e,n)
%输入 A 为系数矩阵,b 为常数的列向量,x0 为迭代初始向量,e 为精度, n 为最大迭代次数
clc
format short;
D = diag(diag(A));
L = (-1).*tril(A,-1);
U = (-1).*triu(A,1);
k = 0;
x = D\(L+U)*x0+D\b;
disp('迭代次数    x_k 的分量元素      x_k 的范数      x_k 对应的剩余范数')
while norm(x-x0)>=e
    x0 = x;
    x = D\(L+U)*x0+D\b;
    k = k+1;
    if k>n
        break;
    end
    %%%%%%%%%%%%%%%%%%%%%%%%%%%%%%%%%%%%%%%%
    h1(k) = norm(x);            %计算 x 的 2 范数
    h2(k) = norm(b-A*x);        %计算剩余向量的 2 范数
    %%%%记录并输出每次迭代步的数据%%%%%%%%%%
    aa = sprintf('%3d',k);
    bb = sprintf('\t%4.4f',x);
    cc = sprintf('\t\t%3.4f',h1(k));
    dd = sprintf('\t\t%14.4e',h2(k));
    disp([aa,' ',bb,' ',cc,' ',dd]);
end
%%%%%%画出收敛曲线图%%%%%%%%%%%%%%%
i = 1:k;
figure(1)
plot(i,h1,'r.-','MarkerSize',20)
```

```
xlabel('迭代步')
ylabel('||x_k||_2')
title('向量范数||x_k||_2的收敛曲线图')
figure(2)
plot(i,h2,'k*--','MarkerSize',20)
xlabel('迭代步')
ylabel('||b-Ax_k||_2')
title('剩余范数||b-Ax_k||_2的收敛曲线图')
```

说明 上述程序中用向量范数和剩余范数说明Jacobi算法的收敛性,当向量序列{x_k}收敛时,范数序列{‖x_k‖}收敛于一个稳定的值,剩余范数序列{‖b−Ax_k‖}收敛于0(当线性方程组相容时).

实验例1.2 用雅可比迭代法求解方程组 $\begin{cases}20x_1+2x_2+3x_3=24\\x_1+8x_2+x_3=12\\2x_1-3x_2+15x_3=30\end{cases}$

```
>> A=[20 2 3;1 8 1;2 -3 15];
>> b=[24 12 30]';
>> x0=[0 0 0]';
>> [x,k]= jacobi(A,b,x0,10^(-8),100)
```

迭代次数	x_k的分量元素			x_k的范数	x_k对应的剩余范数
1	0.7500	1.1000	2.1400	2.5203	5.7489e-001
2	0.7690	1.1387	2.1200	2.5264	8.0189e-002
3	0.7681	1.1389	2.1252	2.5305	1.6619e-002
4	0.7673	1.1383	2.1254	2.5302	9.2976e-004
5	0.7674	1.1384	2.1254	2.5302	2.3917e-004
6	0.7674	1.1384	2.1254	2.5302	2.8775e-005
7	0.7674	1.1384	2.1254	2.5302	1.7089e-006
8	0.7674	1.1384	2.1254	2.5302	6.7752e-007
9	0.7674	1.1384	2.1254	2.5302	5.9929e-008
10	0.7674	1.1384	2.1254	2.5302	6.8995e-009

迭代解收敛情况如实验图1.1所示,迭代误差曲线如实验图1.2所示.

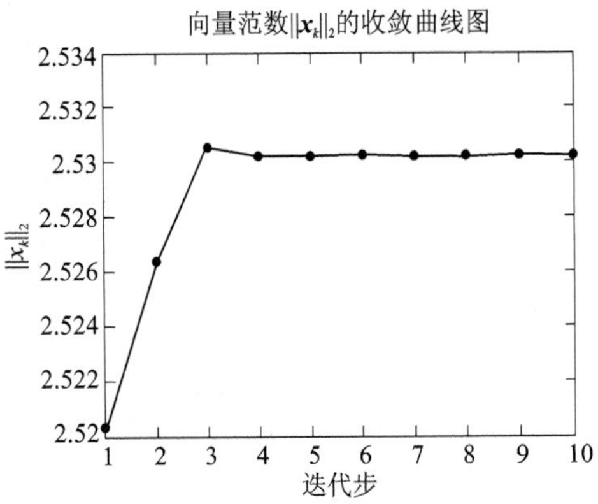

实验图1.1 迭代解收敛情况

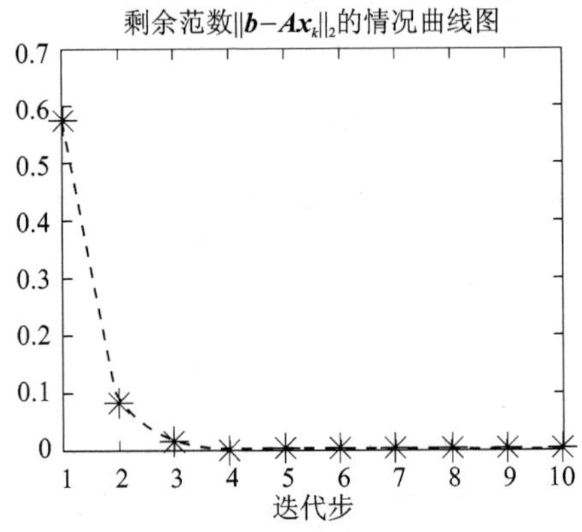

实验图1.2 迭代误差曲线

【实验习题】

1. 编写高斯-赛德尔迭代法和 SOR 迭代法的 MATLAB 程序.

2. 利用高斯-赛德尔迭代法的 MATLAB 程序计算线性方程组

(1) $\begin{cases} 20x_1+2x_2+3x_3=24 \\ x_1+8x_2+x_3=12 \\ 2x_1-3x_2+15x_3=30 \end{cases}$；　(2) $\begin{cases} 10x_1+5x_2=6 \\ 5x_1+10x_2-4x_3=25 \\ -4x_2+8x_3-x_4=-11 \\ -x_3+5x_4=-11 \end{cases}$

并且在同样误差条件下和算例的雅可比迭代法比较收敛速度.

3. 取误差 $\varepsilon=5\%$，利用高斯-赛德尔迭代法和 SOR 迭代法($\lambda=1.2$)求解线性方程组

$$\begin{cases} 2x_1-6x_2-x_3=-38 \\ -3x_1-x_2+7x_3=-34 \\ -8x_1+x_2-2x_3=-20 \end{cases}$$

若发散，将方程组重新编排，保证收敛.

4. 假设一个经济系统由煤炭、石油、电力、钢铁、机械制造、运输行业组成，每个行业的产出在各个行业中的分配如实验表 1.1 所列.

实验表 1.1　行业产出分配表

产出分配						购买者
煤　炭	石　油	电　力	钢　铁	制　造	运　输	
0	0	0.2	0.1	0.2	0.2	煤炭
0	0	0.1	0.1	0.2	0.1	石油
0.5	0.1	0.1	0.2	0.1	0.1	电力
0.4	0.1	0.2	0	0.1	0.4	钢铁
0	0.1	0.3	0.6	0	0.2	制造
0.1	0.7	0.1	0	0.4	0	运输

每一列中的元素表示占该行业总产出的比例. 用迭代法求使得每个行业的投入与产出都相等的平衡价格.

1.2　函数插值

【实验目的】

① 通过实验掌握利用 MATLAB 进行拉格朗日插值、三次样条插值、分段线性插值的操作方法. 深刻理解函数插值的龙格现象，并且掌握消除龙格现象的方法.

② 培养 MATLAB 数学软件的编程与上机调试能力.

【实验课时】

2 课时.

【实验准备】

① 熟悉拉格朗日插值、三次样条插值和分段线性插值的原理和公式的推导；

② 熟悉 MATLAB 程序编写规范以及要用到的循环、判断语句的语法；

③ 能够读懂 MATLAB 插值的程序，熟悉程序编程的思路.

④ 拉格朗日插值的 MATLAB 程序.

根据拉格朗日插值公式

$$L_n(x)=\sum_{i=0}^{n}\left(\prod_{j\neq i}\frac{x-x_j}{x_i-x_j}\right)y_i$$

可编写 MATLAB 程序如下：

```
function s = Lagrange(x,y,x0)
% 输入 x 为插值节点向量,y 为函数值向量,x0 为未知节点组成的向量.
% 输出 s 为利用拉格朗日插值求得的未知节点的函数值组成的向量.
% 注意 x,y 两个向量的长度必须一致.
for i = 1:length(x0)
    t = 0.0;
    for j = 1:length(x)
        u = 1.0;
        for k = 1:length(x)
            if k~ = j
                u = u * (x0(i) - x(k))/(x(j) - x(k));
            end
        end
        t = t + u * y(j);
    end
    s(i) = t;
end
```

5. 分段插值和三次样条插值的内置函数命令.

MATLAB 中，内置了以下几个分段插值的函数：

```
>> y0 = spline(x,y,x0)
```

这是三次样条插值的内置函数，输入 x，y 为已知数据，x0 为未知节点向量，输出 y0 为三次样条函数在 x0 处的取值.

```
>> y0 = interp1(x,y,x0,'method')
```

这个命令可以利用 'method' 选择不同插值方法. 'method' 换为 'linear' 是线性插值；'method' 换为 'spline' 是三次样条插值；'method' 换为 'pchip' 是分段三次埃尔米特插值；若缺省 'method' 参数，则默认为线性插值.

【实验算例】

实验例 1.3 已知函数 $y=\sin x$ 的数表如实验表 1.2 所列，计算 sin 0.578 91，sin 1.123 45 的值.

实验表 1.2 函数 $y=\sin x$ 的数表

x_i	0.4	0.5	0.6	0.7
$y_i=\sin x_i$	0.389 42	0.479 43	0.564 64	0.644 22

```
>> x=[0.4 0.5 0.6 0.7];
>> y=[0.38942 0.47943 0.56464 0.64422];
>> x0=[0.57981 1.12345];
>> s=Lagrange(x,y,x0)
s =
0.5479    0.8997
```

画图程序如下：

```
plot(x,y,'r*')    %标出已知节点，图中星号所示
hold on
x0=[0.4:0.02:2];
s=Lagrange(x,y,x0);
plot(x0,s,'b-')    % 画出由上述4个点生成的拉格拉日插值在区间[0.4,2]的图像,实线
x0=[0.57981 1.12345];
s=Lagrange(x,y,x0);
plot(x0,s,'kD')    %画出要求的两个节点,菱形所示
```

生成的图像如实验图1.3所示.

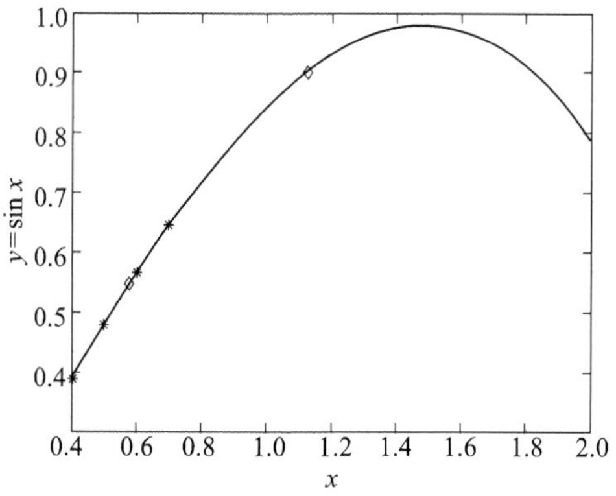

实验图1.3　生成的函数插值图像

实验例1.4　利用编写的拉格朗日函数重复龙格函数 $f(x)=\dfrac{1}{1+25x^2}$ 插值的龙格现象.相同节点条件下,利用三次样条插值和分段线性插值方法再做一遍观察插值效果.

① 先画出龙格函数图像如实验图1.4所示.

```
>> xx=-1:0.01:1;
>> yy=1./(1+25*xx.^2);
>> plot(xx,yy,'-','LineWidth',2)
```

② 取6个等距节点进行拉格朗日插值,在原龙格函数图像中画出插值函数图像进行比较,如实验图1.5所示.

```
>> x=-1:2/5:1;
>> y=1./(1+25*x.^2);
>> y0=Lagrange(x,y,xx);
>> hold on
```

```
>> plot(xx,y0,'- -','LineWidth',2)
```

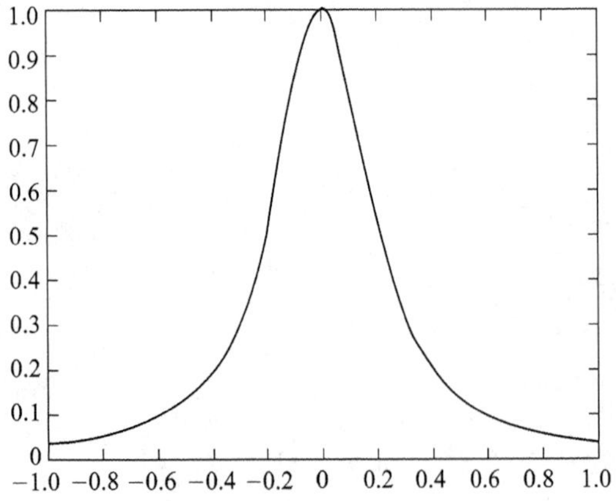

实验图 1.4　龙格函数图像

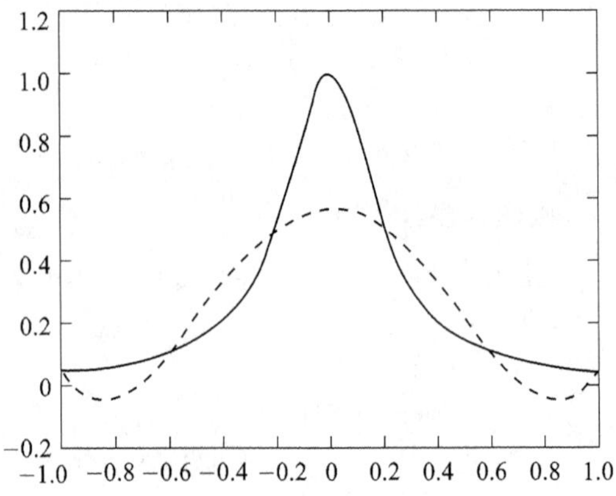

实验图 1.5　6 点等距插值的龙格现象

③ 取 11 个等距节点进行拉格朗日插值,在原龙格函数图像中画出插值函数图像进行比较,如实验图 1.6 所示.

```
>> x = -1:2/10:1;
>> y = 1./(1 + 25 * x.^2);
>> y0 = Lagrange(x,y,xx);
>> hold on
>> plot(xx,y0,'- -','LineWidth',2)
```

④ 取 11 个等距节点进行三次样条插值,边界条件取 1 和 −1,11 点三次样条插值图像如实验图 1.7 所示.

```
>> x = -1:2/10:1;
>> y = 1./(1 + 25 * x.^2);
>> yc = [1,y, -1];
>> y0 = spline(x,yc,xx);
>> xx = -1:0.01:1;
>> yy = 1./(1 + 25 * xx.^2);
>> plot(xx,yy,xx,y0,'- -','LineWidth',2)
```

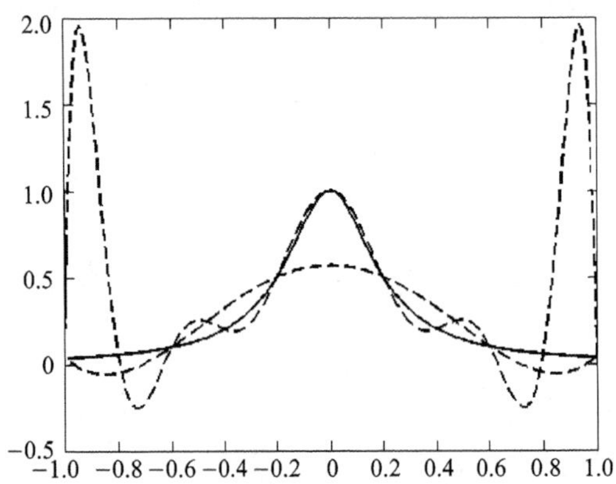

实验图 1.6　11 点等距插值的龙格现象

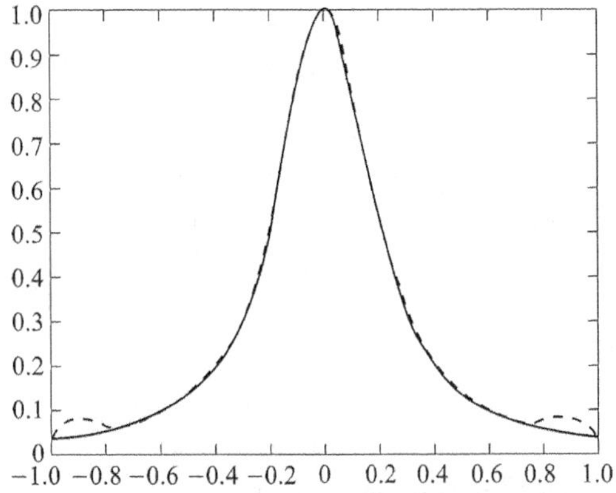

实验图 1.7　龙格函数 11 点三次样条插值

⑤ 取11个等距节点进行分段线性插值,其图像如实验图1.8所示.

```
>> x = -1:2/10:1;
>> y = 1./(1 + 25 * x.^2);
>> y0 = interp1(x,y,xx,'linear');
>> xx = -1:0.01:1;
>> yy = 1./(1 + 25 * xx.^2);
>> plot(xx,yy,xx,y0,'--','LineWidth',2)
```

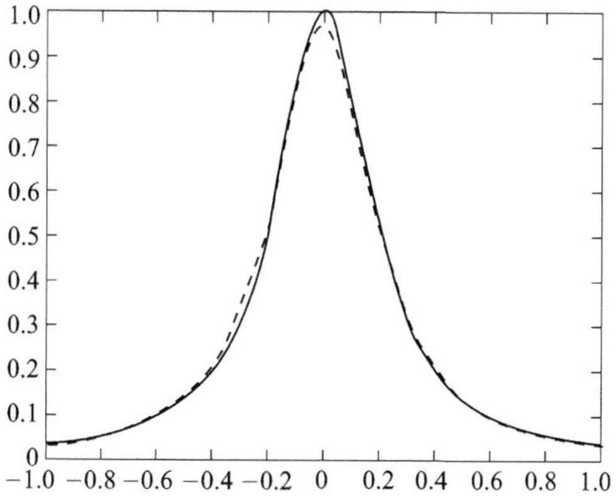

实验图1.8 龙格函数11点分段线性插值

【实验习题】

1. 区间[−1,1]上的切比雪夫正交多项式的零点是

$$x_k = \cos\left[\frac{(2k-1)\pi}{2(n+1)}\right], \qquad k = 1,2,\cdots,n+1$$

试利用切比雪夫点作插值节点构造龙格函数的拉格朗日插值多项式,画出插值图形,观察是否会出现龙格现象.

2. 实验表1.3所列是湖水的海平面溶氧浓度与温度的一组数据.

实验表1.3 湖水的海平面氧浓度与温度的关系

T/℃	0	8	16	24	32	40
氧浓度/(mg·L^{-1})	14.621	11.843	9.870	8.418	7.305	6.413

分别利用拉格朗日插值、分段线性插值、三次样条插值(无边界条件)绘制插值效果图形,并且估计 $T=27$ ℃时的溶氧浓度(真实值是7.986 mg/L).

1.3 函数拟合

【实验目的】

通过实验掌握MATLAB直线拟合、多项式拟合和非线性拟合的操作方法,进一步理解最小二乘拟合理论.

【实验课时】

2课时.

【实验准备】

下面给出离散拟合中多项式拟合的 MATLAB 程序，程序是根据下列正规方程组来编写的.

$$\begin{pmatrix} m & \sum_{k=1}^{m} x_k & \cdots & \sum_{k=1}^{m} x_k^n \\ \sum_{k=1}^{m} x_k & \sum_{k=1}^{m} x_k^2 & \cdots & \sum_{k=1}^{m} x_k^{n+1} \\ \vdots & \vdots & & \vdots \\ \sum_{k=1}^{m} x_k^n & \sum_{k=1}^{m} x_k^{n+1} & \cdots & \sum_{k=1}^{m} x_k^{2n} \end{pmatrix} \begin{pmatrix} a_0 \\ a_1 \\ \vdots \\ a_n \end{pmatrix} = \begin{pmatrix} \sum_{k=1}^{m} y_k \\ \sum_{k=1}^{m} y_k x_k \\ \vdots \\ \sum_{k=1}^{m} y_k x_k^n \end{pmatrix}$$

```
function p = polyfit(x,y,n)
% 输入 x,y 为已知数据,n 为多项式次数
% 返回的是拟合生成的多项式的系数,系数存储在 P 中,P 是长度为 n + 1 的向量
% 它是用最小二乘法对输入的参数 x 与 y 进行 n 阶多项式拟合而成的
A = zeros(m + 1,m + 1);
for i = 0:m
    for j = 0:m
A(i + 1,j + 1) = sum(x.^(i + j));
    end
b(i + 1) = sum(x.^i. * y);
end
a = A\b';
p = fliplr(a'); % 按降幂排列
```

可以利用以下命令进行多项式取值

```
>> y = polyval(P,x)
```

其中，输入 P 为多项式系数，x 为取值横坐标，输出 y 为纵坐标值.

【实验算例】

实验例 1.5 一个物体悬挂在风洞中，测量不同风速下物体受到的力，测量结果如实验表 1.4 所列.

实验表 1.4 不同风速下物体受到的力

$V/(\text{m}\cdot\text{s}^{-1})$	10	20	30	40	50	60	70	80
F/N	25	70	380	550	610	8 320	1 220	1 450

试使用直线、二次多项式、幂方程拟合以上数据，用图形表示拟合效果.

(1) 画出散点图

MATLAB 命令如下：

```
>> x = [ 10 20 30 40 50 60 70 80 ];
>> y = [ 25 70 380 550 610 1220 830 1450];
```

```
>> plot(x,y,'.','MarkerSize',20)
```

散点图如实验图 1.9 所示.

(2) 对数据进行线性拟合

输入数据后直接调用 polyfit 命令即可,参数 n 输入 1. 最后画出拟合效果图,如实验图 1.10 所示.

```
>> x = [ 10 20 30 40 50 60 70 80 ];
>> y = [ 25 70 380 550 610 830 1220 1450];
>> p = polyfit(x,y,1)
p =
    20.3988  -276.0714   %代表一次多项式 20.398 8 x－276.071 4
>> y1 = polyval(p,x);
>> hold on;
>> plot(x,y1,'-','LineWidth',2);
```

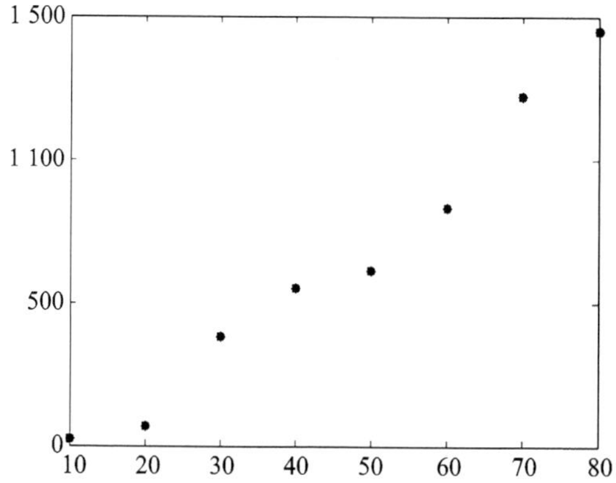

实验图 1.9　散点图

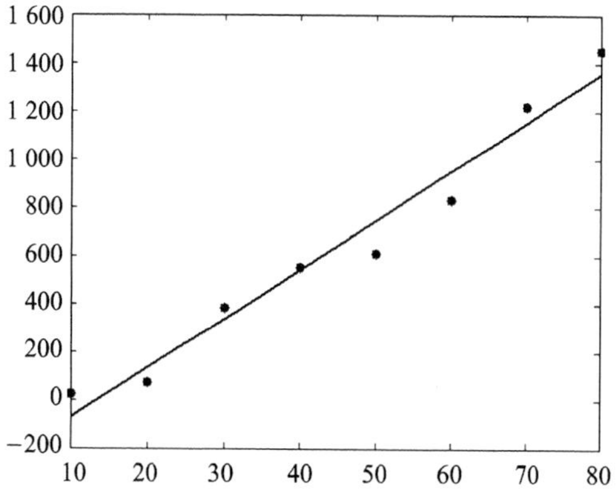

实验图 1.10　直线拟合效果图

(3) 对数据进行二次多项式拟合

输入数据后直接调用 polyfit 命令即可,参数 n 输入 2. 最后画出拟合效果图,如实验图 1.11 所示.

```
>> x = [ 10 20 30 40 50 60 70 80 ];
>> y = [ 25 70 380 550 610 830 1220 1450];
>> p = polyfit(x,y,2)
  p =
0.1301 8.6935   -80.9821 %代表二次多项式 0.1301x^2 + 8.6935x - 80.9821
>> y2 = polyval(p,x);
>> plot(x,y,'.','MarkerSize',20);
>> hold on;
>> plot(x,y2,'r-','LineWidth',2);
```

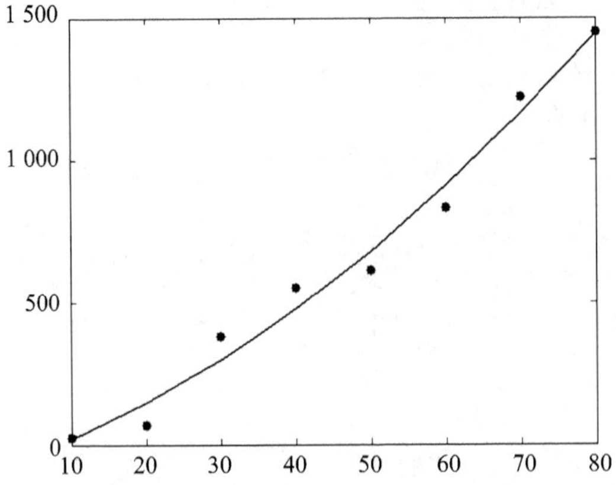

实验图 1.11　二次多项式拟合效果图

(4) 对数据进行幂函数拟合

步骤如下:

① 原函数为 $y=ax^b$,两边取对数得 $\ln y=\ln a+b\ln x$,所以先对 x,y 数据取对数;

② 利用 polyfit 命令对处理后的数据 $\ln x,\ln y$ 进行线性拟合,得到 $\ln a,b$;

③ 得到参数 $a=e^{\ln a},b$,构造幂函数 $y=ax^b$,最后画出拟合效果图,如实验图 1.12 所示,实验图 1.13 所示为不同拟合函数的效果比较图.

```
>> x = [ 10 20 30 40 50 60 70 80 ];
>> y = [ 25 70 380 550 610 830 1220 1450];
>> lx = log(x);
>> ly = log(y);
>> p = polyfit(lx,ly,1)
p =
    2.0013   - 1.3563
>> y3 = exp(p(2)) * x.^p(1); % 表示幂函数 y = 0.257 6x^2.001 3
>> plot(x,y,'.','MarkerSize',20);
>> hold on;
>> plot(x,y3,'-','LineWidth',2);
```

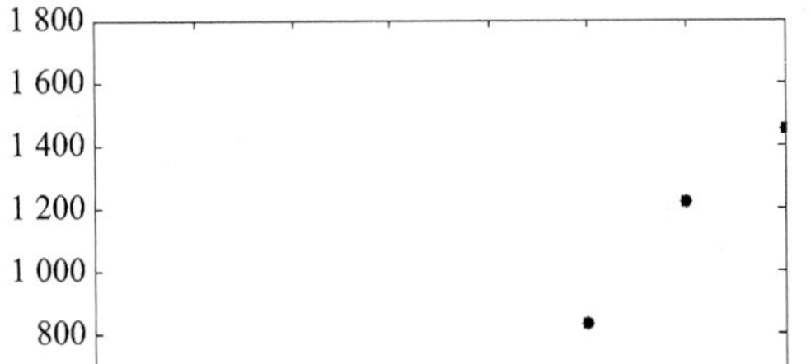

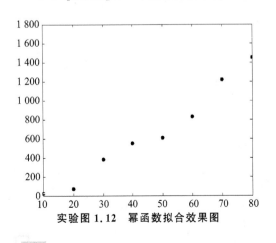

实验图 1.12　幂函数拟合效果图

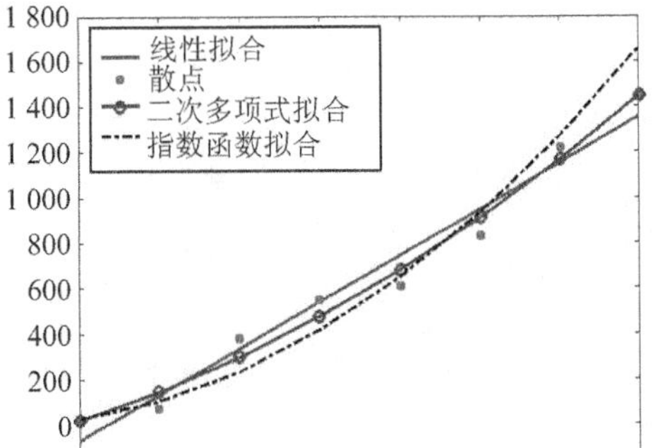

实验图 1.13　不同拟合函数的效果比较图

【实验习题】

1. 停车过程包含两个部分，即反应过程和刹车过程，每个过程行驶的距离都是速度的函数. 利用实验表 1.5 中的数据，分别建立针对这两个过程的最佳拟合方程，并且利用得到的拟合方程估计使一辆以 110 km/h 速度行驶的汽车停下来需要行驶的距离.

实验表 1.5　停车过程数据表

速度/($km \cdot h^{-1}$)	30	45	60	75	90	120
反应距离/km	5.6	8.5	11.1	14.5	16.7	22.4
刹车距离/km	5.0	12.3	21.0	32.9	47.6	84.7

2. 在某次实验中，观察水分的渗透速度，测得时间 t 与水的质量 m 的数据如实验表 1.6 所列.

实验表 1.6　水分渗透时间与质量的关系

t/s	1	2	4	8	16	32	64
m/g	4.22	4.02	3.85	4.59	3.44	3.02	2.59

设已知 t 与 m 之间的关系为 $m = At^s$，试用最小二乘法确定参数 A, s.

3. 在 20 年内，某个城市郊区中一个小社区的人口(p)的增长情况如实验表 1.7 所列.

实验表 1.7　某小社区人口的增长情况

时间 t/年	0	5	10	15	20
人口 p/人	100	200	450	950	2 000

请采用直线和指数方程拟合以上数据，并且预测未来 5 年的人口数量.（在不太长的时期内，人口增长接近于指数增长 $p = e^{a+bt}$.

1.4　数值积分

【实验目的】

通过实验掌握利用 MATLAB 进行数值积分的操作，掌握 MATLAB 中的几种内置求积分函数，进一步理解复化梯形、复化辛普森公式，并编程实现求数值积分.

【实验课时】

2 课时.

【实验准备】

1. MATLAB 中，求积分的符号运算命令 int(取自 integrate 前三个字母)，其调用格式如下：

```
>> s = int(fun,v,a,b)
```

其中，输入参量 fun 为被积函数的符号表达式，可以是函数向量或函数矩阵；输入变量 v 是积分变量. 如果被积函数中只有一个变量，则可以缺省；输入参数 a,b 为定积分的积分限；输出参量 s 为积分结果.

2. MATLAB中,用内置trapz函数实现复合梯形法求积计算如下:

```
>> z = trapz(x,y)
```

其中,输入x,y分别为已知数据的自变量和因变量构成的向量,输出为积分值.

3. 数值积分的基本思想:用多项式函数来近似被积函数,并用该多项式函数的积分来近似被积函数的积分.通过对节点横坐标做变换,可以导出许多不同的数值积分方法.

常用的数值积分法有牛顿-科茨(Newton-Cotes),它是由等距节点的拉格朗日插值多项式导出的积分方法.

$$I[f]=\int_a^b f(x)\mathrm{d}x \approx Q[f]=\int_a^b L_n(x)\mathrm{d}x=\sum_{i=0}^{n}A_i f(x_i)$$

其中,$L_n(x)$为等$f(x)$在距节点的拉格朗日插值函数,A_i可由科茨系数$C_i^{(n)}=\dfrac{A_i}{b-a}$求出.

常用的求积公式有以下几种:

(1) 梯形求积公式

利用拉格朗日线性插值函数导出.

$$I[f]\approx \frac{b-a}{2}[f(a)+f(b)]$$

(2) 抛物线求积公式(辛普森求积公式)

利用拉格朗日抛物插值函数导出.

$$I[f]\approx \frac{h}{2}\left[f(a)+4f\left(\frac{a+b}{2}\right)+f(b)\right],\qquad h=\frac{b-a}{2}$$

(3) 复化梯形公式

由于低阶的梯形和抛物线求积公式一般不能满足精度要求,但是高阶的求积公式由于拉格朗日插值函数的缺点,又可能发散,为了提高精度,在实际计算中,一般采用低阶求积公式的复化形式进行计算.首先将区间$[a,b]$分成n个等长的小区间,在每个小区间上应用梯形公式,然后相加便得到复化梯形公式

$$I[f]\approx T(h)=\frac{1}{2}h[f(a)+f(x_1)+f(x_2)+\cdots+f(x_{n-1})+f(b)],\qquad h=\frac{b-a}{n}$$

(4) 复化辛普森公式

将区间$[a,b]$分成$2n$个等长的小区间,在每两个相邻的小区间上应用辛普森公式,然后相加便得到复化辛普森公式.

$$I[f]\approx S(h)=\frac{h}{3}\left[f(a)+4\sum_{i=1}^{n}f(x_{2i-1})+2\sum_{i=1}^{n-1}f(x_{2i})+f(b)\right],\qquad h=\frac{b-a}{2n}$$

为了提高精度,实际运算中,一般采用复化求积公式.

编写复化梯形公式程序如下:

```
function s = tixing(a,b,n)
 % 输出 s 为积分的数值解,输入(a,b)为积分区间,n 为等分区间的个数
x = a:(b-a)/n:b;
s = (b-a)/n/2 * (f(x(1)) + f(x(n+1)));
for i = 2:n
    s = s + (b-a)/n * f(x(i));
```

```
end
```

说明　首先需要将定积分 $I=\int_a^b f(x)\mathrm{d}x$ 的被积函数 $f(x)$ 存储为 m 文件 f. m，方可使用以上复化梯形法的程序.

复化辛普森公式的程序留作习题.

【实验算例】

实验例 1.6　计算 $I=\int_0^1 \frac{4}{1+x^2}\mathrm{d}x$. 利用 MATLAB 内置函数计算出精确值，利用复化梯形法程序计算，并且观察随着等分区间数的增加时误差的变化情况.

① 利用积分的符号运算命令 int 计算

```
>> syms x;
>> f = 4/(1 + x^2);
>> a = int(f,0,1)
a =
pi
```

② 利用 MATLAB 内置函数 trapz 计算.

```
>> x = [0:0.01:1];
>> y = 4 * (1 + x.^2).^( - 1);
>> z = trapz(x,y)
z =
    3.1416
```

③ 利用复化梯形法程序计算.

编写 f. m 文件首先存储被积函数：

```
function y = f(x)
y = 4 * (1 + x.^2).^( - 1);
>> s = tixing(0,1,26)
s =
3.1413
```

④ 利用不同等分区间数的复化梯形公式计算，并且记录下计算结果随着 n 增加的变化情况.

```
function fuhua_tixing
% k 为等分区间个数,t 存储积分值.
clc
k = 1:1:40;
disp('等分区间数        积分值')
for i = 1:1:40
t(i) = tixing(0,1,k(i));
disp([sprintf('%3d',k(i)),'          ',sprintf('\t%3.6f',t(i))]);
end
plot(k,t,'. - ','MarkerSize',20)
```

```
xlabel('等分区间数')
ylabel('积分值')
title(['积分值收敛于' num2str(t(length(k)))])
```

运行后,在命令窗口可输出积分值的变化过程,并且以图形输出变化趋势,如实验图 1.14 所示.

等分区间数	积分值	等分区间数	积分值
1	3.000000	21	3.141215
2	3.100000	22	3.141248
3	3.123077	23	3.141278
4	3.131176	24	3.141303
5	3.134926	25	3.141326
6	3.136963	26	3.141346
7	3.138191	27	3.141364
8	3.138988	28	3.141380
9	3.139535	29	3.141394
10	3.139926	30	3.141407
11	3.140215	31	3.141419
12	3.140435	32	3.141430
13	3.140606	33	3.141440
14	3.140742	34	3.141448
15	3.140852	35	3.141457
16	3.140942	36	3.141464
17	3.141016	37	3.141471
18	3.141078	38	3.141477
19	3.141131	39	3.141483
20	3.141176	40	3.141488

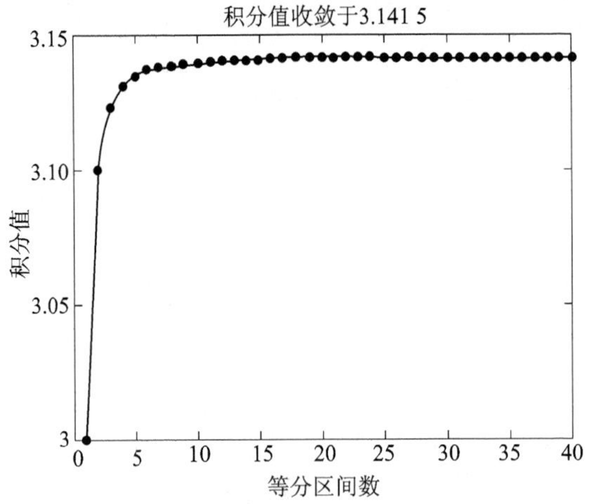

实验图 1.14　积分随等分区间个数增加的变化图

【实验习题】

1. 利用复化梯形公式计算如下积分. 画出等分次数与积分值的变化曲线图.

(1) $I=\int_1^2 3\ln x\,dx$；(2) $I=\int_{0.1}^1 \frac{\sin x}{x}dx$ ；(3) $I=\int_0^{1.5}\frac{1}{1+x}dx$ ；(4) $I=\int_0^1\sqrt{1+x^2}\,dx$.

2. 编写复化辛普森公式的 MATLAB 的程序.

3. 利用复化辛普森公式的 MATLAB 程序计算 $I=\int_0^1\frac{4}{1+x^2}dx$ ，记录下计算结果随着 n 增加的变化情况，画图与复化梯形公式的情况比较收敛速度.

4. 积分 $\int\frac{\sin x}{x}dx$ 的原函数无法用初等函数表达，结合 MATLAB 复化梯形程序，用描点法绘制其原函数 $\int_1^x\frac{\sin t}{t}dt$ 在区间 [1,50] 的图形.

1.5　非线性方程的数值解法

【实验目的】

通过实验加深理解非线性方程求根的各个方法，掌握 MATLAB 内置求根函数的使用方法；掌握非线性方程求根的二分法、不动点迭代法和牛顿迭代法的基本原理和算法.

【实验课时】

2 课时.

【实验准备】

① MATLAB 有内置函数直接求解方程的数值解. 多项式求根命令

```
>> roots(p)
```

其中，输入 p 为多项式系数组成的向量，输出为多项式所有实数和复数根.

② MATLAB 中还有求一般非线性方程 $f(x)=0$ 的实数根的命令

```
>> x = fzero('fun',x0)
```

其中，输入 fun 为非线性函数 $f(x)$ ，x0 为根的估计值，x0 也可以用含根区间 $[a,b]$ 代替(注意 $[a,b]$ 两端点处的函数值要求异号).

③ 根据二分法原理，可以编写 MATLAB 程序如下：

```
function erfen(a,b,e)
% 输入(a,b)为估计的含根区间,e 为要求的精度
% 输出 x 为方程的数值解,k 求解次数,[q,w]为最后含根区间
clc
format long;
k = 0;
disp('二分次数          近似根区间                    近似根')
while abs(b - a)>e
    k = k + 1;
    fa = f(a);
```

```
    fab = f((a + b)/2);
    if fab = = 0
        x = (a + b)/2;
        return;
    end
    if fa * fab<0
        b = (a + b)/2;
    else
        a = (a + b)/2;
    end
    x = (a + b)/2;
    %%%%%记录并输出%%%%%%%%%%%%%%
    o1 = sprintf('%3d',k);
    o2 = sprintf('%3.8f',a);
    o3 = sprintf('%3.8f',b);
    o4 = sprintf('%3.8f',x);
    OL = [o1,'         [' o2,'  ' o3 ']         ' o4];
    disp(OL);
    y(k) = x;
end
%%%%画图%%%%%%%
i = 1:k;
plot(i,y,'rD - ')
grid on
xlabel('二分次数')
ylabel('近似根')
title(['二分法求出的该方程的近似根 x^* = ', num2str(x,10)])
```

说明　二分法程序先需要编写非线性函数 $f(x)$ 的 m 文件.

④ 根据牛顿迭代公式

$$x_{n+1}=x_n-\frac{f(x_n)}{f'(x_n)}$$

编写 MATLAB 程序如下：

```
function newton(x0,e,N)
%输入 x0 为估计的迭代初值,e 为规定的误差,N 为最大迭代次数
%输出 x,y 为最后迭代的两个近似根,k 为迭代次数
clc
format long;
disp('迭代次数        近似根')
k = 0;x1 = 0;x2 = x0;
while (abs(x2 - x1))>e
    x1 = x2;
    x2 = x1 - f(x1)./df(x1);
    k = k + 1;
    if k>N
        return;
```

```
    end
    %%%%%%记录并输出 %%%%%%%%%
    o1 = sprintf('%3d',k);
    o2 = sprintf('%3.8f',x2);
    OL = [o1,'          ' o2];
    disp(OL);
    y(k) = x2;
end
%%%%画图 %%%%%%%
i = 1:k;
figure(2)
plot(i,y,'rD-')
grid on
xlabel('迭代次数')
ylabel('近似根')
title(['牛顿法求出的该方程的近似根 x^* = ', num2str(x2,9)])
```

说明　牛顿迭代法程序需要先编写非线性函数 $f(x)$ 及其导数的 m 文件.

⑤ 不动点迭代法的程序作为习题.

【实验算例】

实验例 1.7　求方程 $3x^2 - e^x = 0$ 的根.

① 画图观察根的分布情况(见实验图 1.15),在 MATLAB 命令窗口输入:

```
>> ezplot('3*x^2 - exp(x)'),grid
```

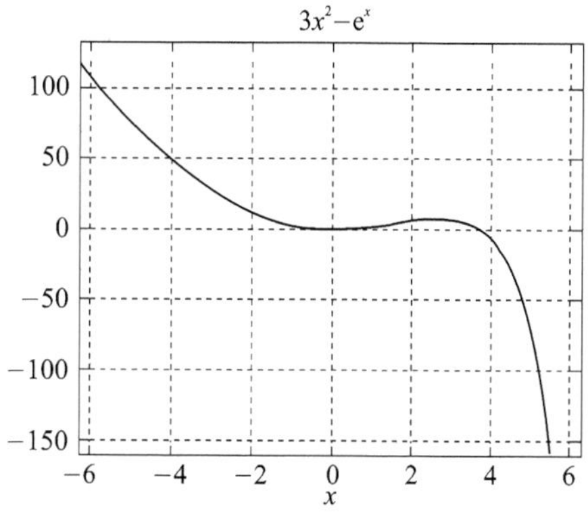

实验图 1.15　方程根的分布图

② 用 MATLAB 内置函数求第二和第三个根.

```
>> fzero('3*x^2 - exp(x)',4)
ans =
      3.7331
>> fzero('3*x^2 - exp(x)',[0 2])
ans =
      0.9100
```

③ 用二分法求第三个根(见实验图 1.16). 首先建立 $f(x)$ 的 m 文件.

```
function y = f(x)
y = 3*x^2 - exp(x);
```

利用编写的 erfen. m 文件,可以实现非线性方程的求解.其调用格式如下:

```
>> erfen(3,4,10^(-8))
%其中(3,4)为估计的方程根所在区间,可以利用图形自己估计
二分次数        近似根区间                      近似根
1          [3.50000000   4.00000000]        3.75000000
2          [3.50000000   3.75000000]        3.62500000
3          [3.62500000   3.75000000]        3.68750000
4          [3.68750000   3.75000000]        3.71875000
5          [3.71875000   3.75000000]        3.73437500
```

6	[3.71875000 3.73437500]	3.72656250
7	[3.72656250 3.73437500]	3.73046875
8	[3.73046875 3.73437500]	3.73242188
9	[3.73242188 3.73437500]	3.73339844
10	[3.73242188 3.73339844]	3.73291016
11	[3.73291016 3.73339844]	3.73315430
12	[3.73291016 3.73315430]	3.73303223
13	[3.73303223 3.73315430]	3.73309326
14	[3.73303223 3.73309326]	3.73306274
15	[3.73306274 3.73309326]	3.73307800
16	[3.73307800 3.73309326]	3.73308563
17	[3.73307800 3.73308563]	3.73308182
18	[3.73307800 3.73308182]	3.73307991
19	[3.73307800 3.73307991]	3.73307896
20	[3.73307896 3.73307991]	3.73307943
21	[3.73307896 3.73307943]	3.73307920
22	[3.73307896 3.73307920]	3.73307908
23	[3.73307896 3.73307908]	3.73307902
24	[3.73307902 3.73307908]	3.73307905
25	[3.73307902 3.73307905]	3.73307903
26	[3.73307902 3.73307903]	3.73307902
27	[3.73307902 3.73307903]	3.73307903

④ 用牛顿迭代法求第三个根．首先构造方程的 m 文件：

```
function y = f(x)
y = 3 * x^2 - exp(x);
```

再编写方程导数的 m 文件：

```
function y = df(x)
y = 6 * x - exp(x);
```

利用编写的 m 文件求解，首先确定初值，由函数图形，选择 4 作为初值，如实验图 1.17 所示.

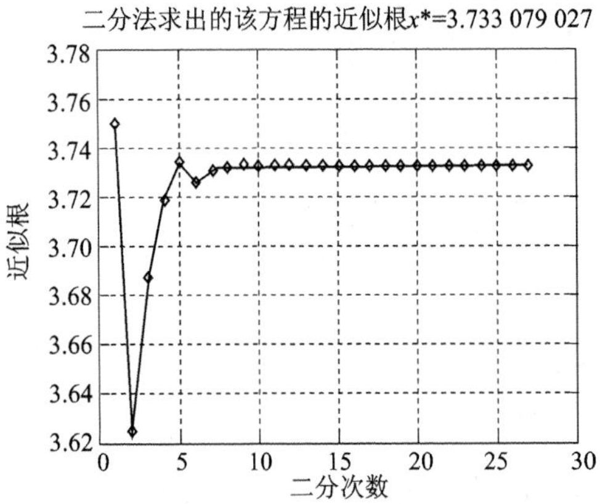

实验图 1.16　二分法求根示意图

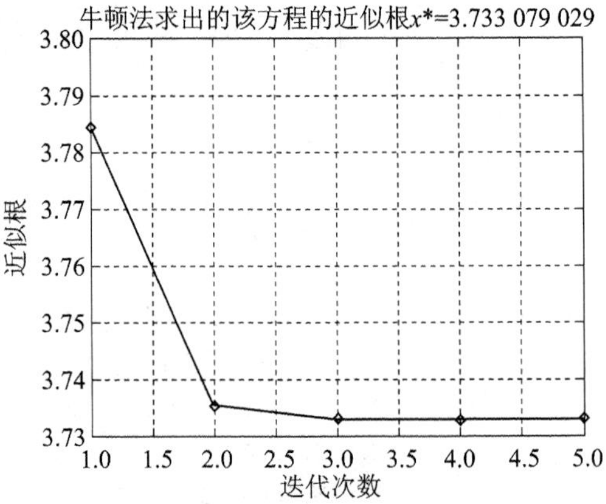

实验图 1.17　牛顿法求根示意图

```
>>newton(4,10^(-8),100)
```

迭代次数	近似根
1	3.78436115
2	3.73537938
3	3.73308390
4	3.73307903
5	3.73307903

【实验习题】

1. 求方程 $x^2+4\sin x=25$ 在区间$[-2\pi,2\pi]$内的所有实数根. 先画图判断根的情况，再利用以上介绍的 fzero 法、二分法、牛顿迭代法分别求解.

2. 求方程 $\sin x+1=\frac{x^2}{2}$ 在区间$[-4,4]$内的所有实数根. 先画图判断根的情况，再利用以上介绍的 fzero 法、二分法、牛顿迭代法分别求解，画出图像.

3. 熟读二分法和牛顿迭代法的 MATLAB 程序，自己编写简单迭代法的 MATLAB 程序，利用编写的不动点迭代法的 MATLAB 程序求解方程 $x^3=x^2+x+1$ 在(1,2)内根的下列迭代法：

(1) $x_{k+1}=(x_k^2+x_k+1)^{1/3}$；　　(2) $x_{k+1}=1+\frac{1}{x_k}+\frac{1}{x_k^2}$；

(3) $x_{k+1}=x_k^3-x_k^2-1$；　　(4) $x_{k+1}=\frac{x_k^2+1}{x_k^2-1}$.

试通过实验找出收敛的迭代法.

4. 用牛顿迭代法求 $f(x)=\frac{x^3}{3}-x$ 的根，迭代初值在区间$[-2,2]$上以 0.1 为步长的点列 $\{-2.0,-1.9,-1.8,\cdots,2.0\}$ 中选取，问选择哪些点作为初值能分别收敛到函数的哪个根？

1.6 矩阵特征值问题的解法

【实验目的】

通过实验，熟悉 MATLAB 中求特征值和特征向量的内置函数、求矩阵按模最大特征值及相应特征向量的幂法、求矩阵按模最小特征值的反幂法、带原点平移的反幂法和求一般矩阵全部特征值的 ***QR*** 方法.

【实验课时】

2 课时.

【实验准备】

1. MATLAB 中求矩阵特征值和特征向量的内置函数.

MATLAB 中，求方阵的特征多项式的专用命令是 poly，调用格式为

```
>>p=ploy(A)
```

① 输入参量 A 必须是方阵；

② 输出参量 p 是 A 的特征多项式系数向量;

③ 用 roots(p)可求得方阵 A 的特征值.

2. 求方阵特征值和特征向量的专用命令是 eig,它同时可以求出特征值和一组特征向量,调用格式为

```
[x r] = eig(A)
[x r] = eig(A,"nobalance")
eig(A)
```

注意:MATLAB 中的库函数 eig 是用 QR 方法求矩阵的全部特征值和相应的特征向量.

① 输入参量 A 必须是方阵;

② 输出参量 x 是一个矩阵,它的各列是方阵 A 的特征向量;

③ 输出参量 r 是一个对角阵,其元素是方阵 A 的特征值,r 与 x 同列向量相对应;

④ 当不写输出格式[x r]时,只输出 A 的特征值为元素的列矩阵;

⑤ 当 A 中含有小到跟阶段误差相当的元素时,加写参数"nobalance",可以提高小元素的作用.

3. 求矩阵按模最大的幂法.

(1) 幂法适用于求一般矩阵按模最大的特征值和相应的特征向量.

(2) 幂法基本思想如下:

① 首先确定初始向量 x_0;

② 利用迭代公式:

$$\begin{cases} m_k = \max(x_k) \\ z_k = \dfrac{x_k}{m_k} \\ x_{k+1} = Az_k \end{cases}$$

产生迭代序列,直到前后 2 次迭代列向量的无穷范数的差的绝对值小于允许误差,则停止迭代.

③ 迭代序列中最后一个迭代向量的最大分离 m_k 即为所求按模最大的特征值,z_k 即为对应的特征向量.

4. ***QR*** 算法.

(1) ***QR*** 算法是计算一般矩阵全部特征值问题非常有效的算法之一;

(2) ***QR*** 算法的基本思想:

① 设 $\boldsymbol{A}$ 是 n 阶非奇异矩阵且有 ***QR*** 分解 $\boldsymbol{A}=\boldsymbol{QR}$,其中 $\boldsymbol{Q}$ 为酉矩阵,$\boldsymbol{R}$ 是上三角矩阵.

② 利用迭代格式 $\begin{cases} \boldsymbol{A}_k = \boldsymbol{Q}_k\boldsymbol{R}_k \\ \boldsymbol{A}_{k+1} = \boldsymbol{R}_k\boldsymbol{Q}_k \end{cases}$ 产生迭代序列. 直到前后 2 次迭代矩阵的主对角元素的差的范数小于允许误差,则终止迭代.

③ 迭代序列最后一个矩阵的主对角元素即为所求的全部特征值.

【实验算例】

MATLAB 内置命令求矩阵的全部特征值和特征向量.

实验例 1.8 求方阵 $\boldsymbol{a}=\begin{pmatrix} -2 & 1 & 1 \\ 0 & 2 & 0 \\ -4 & 1 & 3 \end{pmatrix}$ 的特征多项式、特征值和特征向量.

解　利用 poly 求特征多项式：

```
>> a = [-2 1 1;0 2 0;-4 1 3];
>> p = poly(a)

p =
     1    -3     0     4
```

输出特征多项式：

```
>> p1 = poly2sym(p)

p1 =
x^3 - 3 * x^2 + 4
```

求特征多项式的根，即为特征值：

```
>> roots(p)

ans =

   2.0000 + 0.0000i
   2.0000 - 0.0000i
  -1.0000
```

利用 eig 求特征值：

```
>> eig(a)

ans =
    -1
     2
     2
```

利用 eig 求特征值和特征向量：

```
>> [x r] = eig(a)
x =
   -0.7071   -0.2425    0.3015
         0         0    0.9045
   -0.7071   -0.9701    0.3015

r =
    -1     0     0
     0     2     0
     0     0     2
```

2. 利用幂法求矩阵 $\boldsymbol{A}$ 的按模最大的特征值.

根据幂法的算法原理，编写 MATLAB 程序如下：

```
function mifa_method(A,x0,e,Max)
```

```
%利用幂法求矩阵 A 的按模最大的特征值
clc
format short
v = x0;
k = 0;
if max(v) == max(abs(v));
    m = max(v);
else
    m = - max(abs(v));
end
m_old = 2;
while (k< = Max)&&(abs(m_old - m)>e)
    m_old = m;
    k = k + 1;
    y = A * v;
    m = max(y);        %m 为按模最大的分量
    a(k) = m;
    v = y/m;
end
if(k> = Max)
    disp('迭代步数太多,收敛速度太慢!');
end
%%%输出%%%%%%%%%
fprintf('迭代步为%3d\n',k)
fprintf('用幂法得出的 A 的主特征值为');
a(k)
fprintf('对应的 A 的主特征值的特征向量可取为');
v
%%%%%%画图%%%%%%%%%
i = 1:k;
plot(i,a(i),'r. - ','MarkerSize',20)
xlabel('迭代步')
ylabel('主特征值')
title(['矩阵 A 按模最大的特征值为' num2str(a(k),5) ])
```

实验例 1.9 求方阵 $\boldsymbol{A}=\begin{pmatrix}5 & -3 & 2\\ 6 & -4 & 4\\ 4 & -4 & 5\end{pmatrix}$ 的主特征值及其对应的特征向量.

解 依据幂法的程序,输入变量 A,x0,e 和 Max.

```
>> A = [5, - 3,2;6, - 4,4;4, - 4,5];
>>x0 = ones(3,1);
>>e = 10^( - 8);
>>Max = 200;
>>mifa_method(A,x0,e,Max)
```

迭代步为 44.

用幂法得出的 **A** 的主特征值为

```
ans =
```

```
    3.0000
```

对应的 $\boldsymbol{A}$ 的主特征值的特征向量可取为

```
v =

    0.5000
    1.0000
    1.0000
```

主特征值随迭代步的变化曲线图如实验图 1.18 所示.

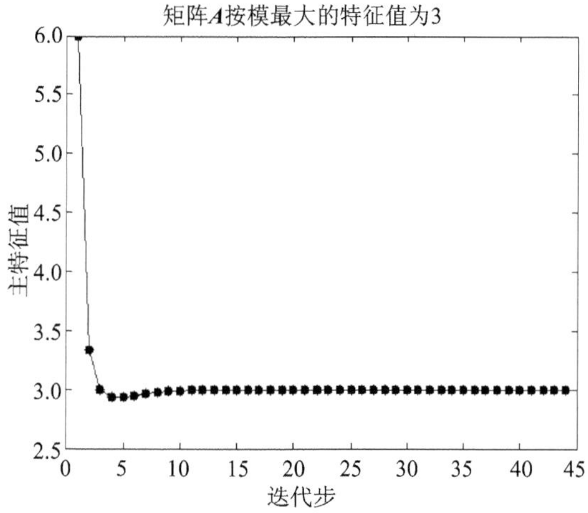

实验图 1.18　主特征值随迭代步的变化曲线图

【实验习题】

1. 求下列矩阵按模最大的特征值及其对应的特征向量.

(1) $\boldsymbol{A}=\begin{pmatrix}2 & 0 & 0\\ 2 & -1 & 1\\ 1 & 1 & -1\end{pmatrix}$；　(2) $\boldsymbol{A}=\begin{pmatrix}4 & 2 & 0 & 0 & 0\\ 2 & 4 & 2 & 0 & 0\\ 0 & 2 & 4 & 2 & 0\\ 0 & 0 & 2 & 4 & 2\\ 0 & 0 & 0 & 2 & 4\end{pmatrix}$；

(3) $\boldsymbol{A}=\begin{pmatrix}5 & -1 & & & \\ -2 & 5 & -1 & & \\ & -2 & 5 & \ddots & \\ & & \ddots & \ddots & \ddots \\ & & & \ddots & \ddots & -1\\ & & & & -2 & 5\end{pmatrix}$ （$\boldsymbol{A}$ 为 100×100 的三对角矩阵）

2. 先熟悉幂法的 MATLAB 程序，编写反幂法求矩阵按模最小的特征值的程序，求第 1 题中各矩阵按模最小的特征值，并画出按模最小的特征值随迭代步的变化曲线图.

3. 用 MATLAB 内置命令求第 1 题中各矩阵的全部特征值和特征向量.

1.7 常微分方程数值解法

【实验目的】

① 掌握常微分方程数值解法中欧拉法和改进欧拉法的基本原理和算法；

② 培养 MATLAB 数学软件的编程与上机调试能力.

【实验课时】

4 课时.

【实验准备】

初值问题

$$\begin{cases} \dfrac{dy}{dx}=f(x,y), & a \leqslant x \leqslant b \\ y(a)=\eta \end{cases}$$

的解析解法在常微分方程中有介绍,但是实际中遇到的常微分方程一般很难得到解析解,所以一般用数值方法求出它的数值解. 数值解法的结果是自变量 x 在一系列离散点 $x_1<x_2<,\cdots,x_n,\cdots$ 处的函数 $f(x)$ 的近似值 $y_1,y_2,\cdots,y_n,\cdots$,一般情况下取步长 $h=x_{n+1}-x_n$ 为定数.

1. 欧拉法

利用一阶微分公式

$$\left.\frac{dy}{dx}\right|_{x=x_n} \approx \frac{y(x_{n+1})-y(x_n)}{h}$$

可得差分方程

$$y_{n+1}=y_n+hf(x_n,y_n), \qquad n=0,1,\cdots,N-1$$

其中, $y_0=\eta, y_n \approx y(x_n)$,则得到初值问题的数值解.

2. 后退欧拉法

利用一阶微分公式

$$\left.\frac{dy}{dx}\right|_{x=x_{n+1}} \approx \frac{y(x_{n+1})-y(x_n)}{h}$$

可得差分方程

$$\begin{cases} y_{n+1}=y_n+hf(x_{n+1},y_{n+1}), & n=0,1,\cdots,N-1 \\ y_0=\eta \end{cases}$$

此为后退欧拉法.

3. 梯形求积公式

利用数值积分

$$y(x_{n+1})-y(x_n)=\int_{x_n}^{x_{n+1}} f(x,y)\,dx \approx \frac{h}{2}[f(x_n,y(x_n))+f(x_{n+1},y(x_{n+1}))]$$

可得梯形公式

$$\begin{cases} y_{n+1} = y_n + \dfrac{h}{2}[f(x_n, y_n) + f(x_{n+1}, y_{n+1})], & n = 0, 1, \cdots, N-1 \\ y_0 = \eta \end{cases}$$

4. 改进欧拉公式

一般来讲,隐式格式要比显示格式具有较好的数值稳定性,所以常常被采用,但是为了避免隐式格式的计算量,一般采用预估-校正的方法.对于梯形公式,用欧拉公式预估再用梯形公式校正,可得改进欧拉公式如下:

$$\begin{cases} y_{n+1}^{(0)} = y_n + hf(x_n, y_n) \\ y_{n+1} = y_n + \dfrac{h}{2}[f(x_n, y_n) + f(x_{n+1}, y_{n+1})] \end{cases}$$

【实验算例】

实验例 1.10 求解初值问题,并画出解图形.

$$\begin{cases} y' = -y + x + 1, & 0 \leqslant x \leqslant 1 \\ y(0) = 1 \end{cases}$$

(1) 欧拉法

利用 MATLAB 中的一个循环语句即可实现欧拉法中的利用第一个节点计算随后所有节点的工作.

```
function Euler
%输出节点的x值和y值
clc
% ------输入(x0,xn)为求解区间,y0 = y(x0)为初始条件,n为区间的等分个数-------
x0 = 0;
y0 = 1;
xn = 0.5;
n = 50;
% ----------------------------------------------------------------
y(1) = y0;
h = (xn - x0)/n;
x = x0:h:xn;
disp('欧拉法结果如下:')
disp(['y','(',num2str(x0),')','=',num2str(y0)]);
for i = 2:n + 1        %利用循环语句实现欧拉法利用第一个节点的函数值计算
    y(i) = y(i - 1) + h * f(x0,y(i - 1));   %随后所有节点函数值的过程
    x0 = x0 + h;
    disp(['y','(',num2str(x0),')','=',num2str(y(i))]);
end
plot(x,y,'ro - ');          %利用求出的x坐标和y坐标画出解的近似图形
xlabel('x')
ylabel('y')
title('欧拉法求出的折线')
hold on
```

```
% -------若原微分方程的理论解能求出,则可画出积分曲线比较----------------
x = 0:0.01:0.5;
y = x + exp(-x);
plot(x,y,'b-')
hold off
% ---------------------------------------------------------------
function y = f(x,z)
y = -z + x + 1;
```

输出图像如实验图 1.19 所示.

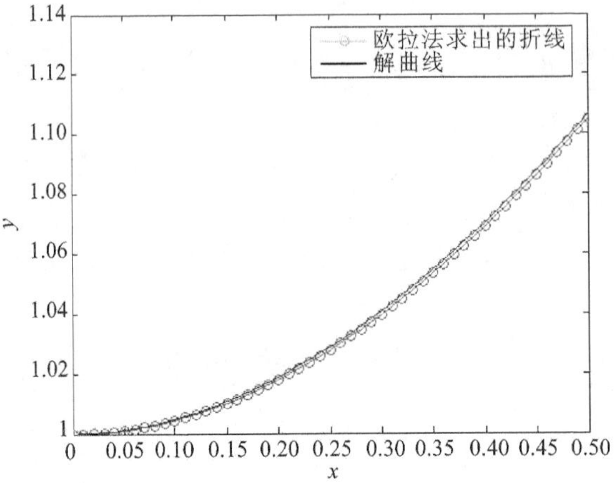

实验图 1.19 欧拉法求出的折线

另外,还可以改变输入的参数 n,加密节点,得到更精确的数值解.

(2) 改进欧拉法

```
function Gaijin_Euler
 %输出节点的x值和y值
clc
close all
 % ------输入(x0,xn)为求解区
%间,y0 = y(x0)为初始条件,n为区间
%的等分个数-------
x0 = 0;
y0 = 1;
xn = 0.5;
n = 50;
 % ---------------------------------------------------------------
y(1) = y0;
h = (xn - x0)/n;
x = x0:h:xn;
disp('改进欧拉法结果如下:')
disp(['y','(',num2str(x0),')','=',num2str(y0)]);
for i = 2:n+1        %利用循环语句实现欧拉法利用第一个节点的函数值计算
    k(1) = f(x0,y(i-1));
    k(2) = f(x0,y(i-1) + h*k(1));
```

```
    y(i) = y(i - 1) + h * (1/2 * k(1) + 1/2 * k(2));   % 随后所有节点函数值的过程
    x0 = x0 + h;
    disp(['y','(',num2str(x0),')','= ',num2str(y(i))]);
end
plot(x,y,'k * - ');              % 利用求出的 x 坐标和 y 坐标画出解的近似图形
xlabel('x')
ylabel('y')
title(' 改进欧拉法求出的折线 ')
hold on
% -------若原微分方程的理论解能求出,则可画出积分曲线比较---------------
x = 0:0.01:0.5;
y = x + exp( - x);
plot(x,y,'b - ')
% ---------------------------------------------------------------------
legend(' 改进欧拉法求出的折线 ',' 解曲线 ')
hold off
function y = f(x,z)
y = - z + x + 1;
```

输出图像如实验图 1.20 所示.

欧拉法和改进欧拉法的效果比较图如实验图 1.21 所示.

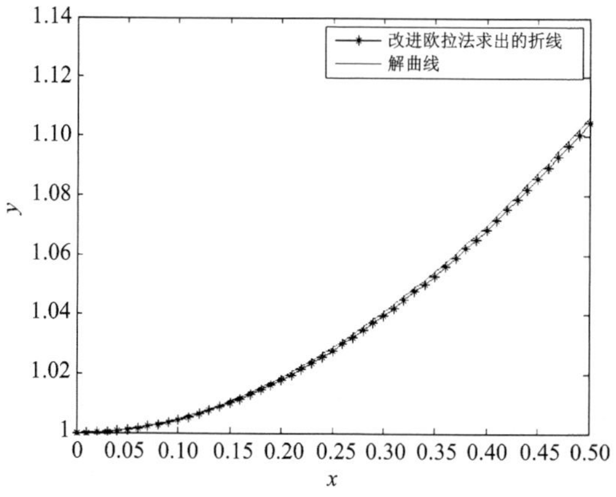

实验图 1.20　改进欧拉法求出的折线

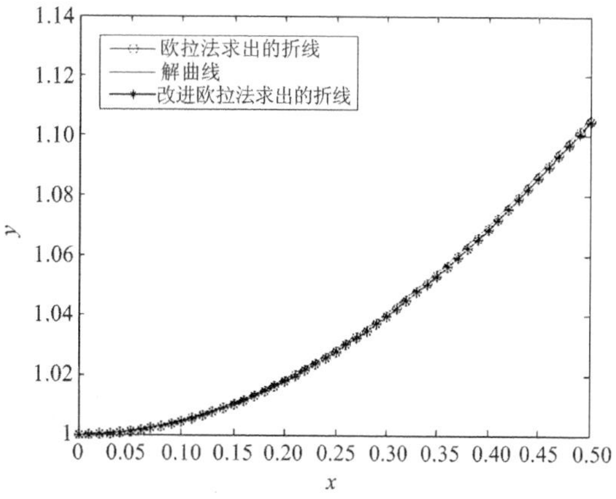

实验图 1.21　欧拉法与改进欧拉法的效果对比图

【实验习题】

1. 利用欧拉法程序,求解初值问题

(1) $\begin{cases} y' = -y - y^2 \sin x, & 1 \leqslant x \leqslant 2 \\ y(1) = 1 \end{cases}$;　　(2) $\begin{cases} y' = x e^y, & 0 \leqslant x \leqslant 1 \\ y(0) = 1 \end{cases}$.

并将欧拉法求出的折线和改进欧拉法求出的折线放在同一个图中,比较效果.

2. 某跳伞者在 $t=0$ 时刻从飞机上跳出,假设初始时刻的垂直速度为 0,且跳伞者垂直下落. 已知空气阻力为 $F=cv^2$,其中,c 为常数,v 为垂直速度,向下方向为正. 可求得跳伞者的速度满足微分方程方程 $v' = -\dfrac{c}{M}v^2 + g$,$g$ 为重力加速度. 若此跳伞者质量为 $M=70$ kg,且已知 $c=0.27$ kg/m,试编程利用欧拉公式画出 $t \leqslant 20$ s 的速度曲线(取 $h=0.1$ s).

2　探索性实验

【实验目的】

① 通过查阅资料,了解相关算法背景,理解算法思想,学会分析算法的优缺点,了解算法的最新研究进展.

② 通过独立学习和探索,分工合作,编写程序,进行理论分析,完成实验任务.培养分析问题解决问题的能力.

③ 培养表达能力和表现能力.

④ 培养团结协作和团队精神.

【实验课时】

4课时.

【实验要求】

① 分小组选定研讨内容,独立探索.将全班同学分成若干小组,每组成员不超过3人.每个组从每组实验题中任选1题,根据实验内容研讨、编程,完成实验任务.

② 完成一篇实验报告.正文分为问题描述、理论与算法、数值实验结果和分析、实验结论.采用多种形式,如表格、图形或动画等,进行描述与分析.

③ 可以根据实验内容进行系统性研究,完成相应的学术论文.如果学术论文具有一定创新性,达到了一定水准,通过答辩后可以替代本门课程的考核成绩,评定为优秀等级.

④ 制作PPT,小组交流汇报.每组完成一份实验报告,准备8分钟PPT进行汇报.

⑤ 学生互评,总结提高.针对每组的汇报,学生进行打分互评.

⑥ 实行小组长轮流制,每次由小组长汇报;要求每组同学分工合作,PPT制作、编程、实验报告由专人负责,采用分工轮流制,一人为主,其他人辅助.

2.1　线性代数方程组的解法

2.1.1　平板热传导问题

在精密工程中,需要精确掌握零部件内部温度分布规律,因此需要精确计算出温度的分布,下面将给出相关的实例:

在平板热传导中,需要精密掌握其内部温度分布,同时这类问题也会给出金属薄片边界某些点的温度,可以根据这一条件求出内部稳态温度分布.实验图2.1所示为金属薄片的边界处温度示意图,这里是一个空心金属柱体的纵横截面,并忽略了盘片沿着垂直轴线方向的热量传导.把该薄片分割成若干正方形的网格,在四个边界上有10个点被称为外点,而其他6个点则被称为内点.经过测量可知其内点温度变化规律,给其加热或者降温的时候,内点温度约等于与其附近的4个网格点温度的平均值.并且假设内点温度的分布是唯一确定的,边界点的温度如实验图2.1所示,图中内点的编号分别为1～6,它们的温度分别用t_1～t_6表示,试求图中各内点的温度.

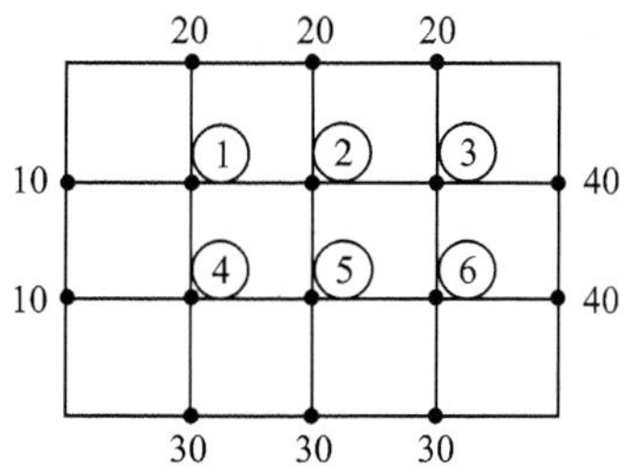

实验图 2.1　金属薄片边界点温度示意图

【实验要求】

① 给出实验图 2.1 中各内点的温度所满足的 6 阶线性方程组.

② 分别用不选主元的 ***LU*** 分解法和列选主元的 ***LU*** 分解法求解该线性方程组，给出残差范数 $\| Ax-b \|_2$.

③ 用雅克比和高斯-赛德尔迭代法求解该线性方程组，给出迭代过程的近似解的数据变化表格，以及残差范数随迭代步的收敛曲线图，要求精度为 10^{-8}.

④ 用 SOR 迭代法求解该线性方程组，给出松弛因子与迭代步的关系图，并由此给出近似最优松弛因子.

2.1.2　营养食谱问题

生活中的膳食平衡对于维持一个人的身体健康很重要，各种食物中所含的营养物质不同，而人体需要的总营养量也不同，因此需要计算出来. 下面将给出相关的实例：

一个健康的饮食学者做一份饭，需要一定数量的维生素 A、维生素 C、钙、镁、蛋白质和碳水化合物. 其中使用了 6 种不同的食材，这些食材所能够提供的营养和在食谱上所必须具备的营养如实验表 2.1 所列.

实验表 2.1　食物提供的营养以及食谱需要的营养

营　养	单位食谱所含的营养/mg						需要的营养总量/mg
	食物 1	食物 2	食物 3	食物 4	食物 5	食物 6	
维生素 C	30	5	10	0	0	10	150
钙	10	50	10	0	10	10	220
镁	5	10	40	0	10	5	210
维生素 A	5	0	10	25	5	0	105
蛋白质	15	5	5	0	50	0	374
脂类	10	5	10	5	40	0	210

【实验要求】

① 设 $x_1, x_2, x_3, x_4, x_5, x_6$ 分别表示 6 种食材的用量，根据实验表 2.1 给出的数据写出相应的线性方程组.

② 分别用不选主元的 ***LU*** 分解法和列选主元的 ***LU*** 分解法求解该线性方程组，给出残差范数 $\| Ax-b \|_2$.

③ 用雅可比和高斯-赛德尔迭代法求解该线性方程组,给出迭代过程的近似解的数据变化表,以及残差范数随迭代步的收敛曲线图. 要求精度为 10^{-8}.

④ 根据实验结果,给出有利于人体健康的营养食谱.

2.1.3 运输问题

运输中需要考虑时间以及成本问题,因此,需要根据现有的路线以及货车等条件,制定出一条比较好的路线.下面将给出相关实例:

某运输公司接到了一个生产厂商的货运品订单,需要把 4 种不同的货品 H1,H2,H3,H4 分别从不同的仓库运输到目的地.根据运货量、车辆调度、路线规划以及费用等制定的循环运输方案如实验表 2.2 所列,发货地点分别为 A1,A2,A3,A4,循环路线分别为Ⅰ,Ⅱ,Ⅲ,Ⅳ,并设这 4 条规划好的待定路线的需要循环次数分别是 x_1,x_2,x_3,x_4.

实验表 2.2　待定循环运输方案

循环路线	Ⅰ	Ⅱ	Ⅲ	Ⅳ	发车量次
A1	1	1	1	0	11
A2	0	0	1	1	6
A3	1	1	1	1	16
A4	0	1	1	1	7
循环次数	x_1	x_2	x_3	x_4	

表中 A1 一行说明,第Ⅰ,Ⅱ,Ⅲ条循环的路线包含了发车点 A1,并且从发车点 A1 需要发车量次为 11. 表中Ⅰ列说明,第Ⅰ条循环路线包含了发车点 A1 和 A3 各一次.

【实验要求】

① 根据实验表 2.2 给出的数据写出循环次数 x_1,x_2,x_3,x_4 须满足的线性方程组.

② 用不选主元的 ***LU*** 分解法求解该线性方程组是否可行? 说明理由.

③ 用列选主元的 ***LU*** 分解法求解该线性方程组,给出残差范数 $\| Ax-b \|_2$.

④ 对线性方程组作适当调整,分别应用雅可比迭代和高斯-赛德尔迭代求解该线性方程组,判断是否收敛? 如收敛,给出迭代过程的近似解的数据变化表格,以及残差范数随迭代步的收敛曲线图. 要求精度为 10^{-8}.

2.1.4 Hilbert 病态线性方程组的求解

问题提出:理论的分析表明,求解病态的线性方程组是困难的. 实际情况是否如此,会出现怎样的现象呢?

实验内容:考虑方程组 $\boldsymbol{H}_n x=b$ 的求解,其中系数矩阵 $\boldsymbol{H}_n$ 为 Hilbert 矩阵,

$$\boldsymbol{H}_n=(h_{i,j})=\begin{pmatrix} 1 & 1/2 & 1/3 & \cdots & 1/n \\ 1/2 & 1/3 & 1/4 & \cdots & 1/(n+1) \\ 1/3 & 1/4 & 1/5 & \cdots & 1/(n+2) \\ \vdots & \vdots & \vdots & & \vdots \\ 1/n & 1/(n+1) & 1/(n+2) & \cdots & 1/(2n-1) \end{pmatrix}$$

这是一个著名的病态问题.通过首先给定解(即 x 的各个分量均为 1)再计算出右端 b 的办法给出确定的问题.

【实验要求】

① 选择问题的维数为 6,分别用高斯消去法、雅可比迭代法、高斯-赛德尔迭代法和 SOR 迭代法求解方程组,其各自的结果如何?将计算结果与问题的解比较,结论如何?

② 选择问题的维数为 60,分别用高斯消去法、雅可比迭代法、高斯-赛德尔迭代法和 SOR 迭代法求解方程组,其各自的结果如何?将计算结果与问题的解比较,结论如何?

③ 画出 $\ln(\mathrm{cond}(\boldsymbol{H}_n))-n$ 之间的曲线(可以用任何一种范数),你能看出它们之间有何种关系吗?提出你的猜测并验证.

④ 设 $\boldsymbol{D}$ 是 $\boldsymbol{H}_n$ 的对角线元素开方构成的矩阵.令 $\widetilde{\boldsymbol{H}}_n=\boldsymbol{D}^{-1}\boldsymbol{H}_n\boldsymbol{D}^{-1}$,其对角线元素都是 1.这种技术称为预处理(preconditioning).请画出 $\ln(\mathrm{cond}(\widetilde{H}_n))/\ln(\mathrm{cond}(\boldsymbol{H}_n))-n$ 之间的曲线(可以用任何一种范数).你能对于预处理得出什么结论?试用这种技术求解②,请写出你的发现.

*⑤ 取不同的 n 并以 $\boldsymbol{H}_n$ 的第一列为右端向量 $\boldsymbol{b}$.用高斯-赛德尔送代求解 $\boldsymbol{H}_n\boldsymbol{x}=\boldsymbol{b}$,观察其收敛性,最后对于有关 Hilbert 矩阵的计算得出哪些结论?

*⑥ 关于病态线性方程组的预处理方法还有很多,请阅读和查找相关文献.试就这方面的问题进行研究,试提出新方法,完成一篇学术论文.

2.1.5 泊松问题的数值解法

【问题】

对于泊松方程

$$-\Delta u=2\pi^2\sin(\pi x)\sin(\pi y),\quad (x,y)\in(0,1)\times(0,1)$$

$$\mu\big|_{x=0}=0,\quad \mu\big|_{x=1}=0,\quad \mu\big|_{y=0}=0,\quad \mu\big|_{y=1}=0$$

其解析解为 $u=\sin(\pi x)\sin(\pi y)$.

通常用离散方法将求解区域平均剖分,不妨令 $m=2^n$,$h=1/m$,$q=m-1$.由上述方程可得

$$\boldsymbol{M}\boldsymbol{U}=\boldsymbol{b}$$

其中

$$\boldsymbol{M}=\begin{pmatrix}\boldsymbol{B} & -\boldsymbol{I} & 0 & \cdots & 0\\ -\boldsymbol{I} & \boldsymbol{B} & \ddots & \ddots & \vdots\\ 0 & \ddots & \ddots & \ddots & 0\\ \vdots & \ddots & \ddots & \boldsymbol{B} & -\boldsymbol{I}\\ 0 & \cdots & 0 & -\boldsymbol{I} & \boldsymbol{B}\end{pmatrix},\quad \boldsymbol{B}=\begin{pmatrix}4 & -1 & 0 & \cdots & 0\\ -1 & 4 & \ddots & \ddots & \vdots\\ 0 & \ddots & \ddots & \ddots & 0\\ \vdots & \ddots & \ddots & 4 & -1\\ 0 & \cdots & 0 & -1 & 4\end{pmatrix}$$

其中,$\boldsymbol{I}$ 是单位矩阵,$\boldsymbol{M}$ 为 $q\times q$ 阶块矩阵,$\boldsymbol{B}$ 为 $q\times q$ 阶矩阵,$b=(b_{11},b_{12},\cdots,b_{ij},\cdots,b_{qq})^{\mathrm{T}}$,$b_{ij}=h^2\sin\left(\pi\frac{i}{m}\right)\sin\left(\pi\frac{j}{m}\right)$,$i,j=1,2,\cdots,q$.

【实验要求】

① 当 $m=32,64,128,256,512,1\,024$ 时,试用 $\boldsymbol{LU}$ 分解法分别求解上述相应的方程组,记

录计算时间,并给出结论.

② 当 $m=32,64,128,256,512,1\,024$ 时,试用雅可比迭代法、高斯-赛德尔迭代法和 SOR 迭代法(选择最佳参数 ω)分别求解上述相应的方程组,记录计算时间,迭代步数和迭代解与解析解的误差,并给出结论.

③ 给出你的一些发现.

2.2 插值与拟合

2.2.1 公路线形设计

某公路的技术标准为山重区四级公路,拟改建为山重区二级公路,其中有一曲线段地处平微区,路基宽度已达到山重区二级公路标准,如按传统的“直线型”或称“导线型”设计法(即首先设置直线,然后用曲线连接的设计方法)对线形进行设计,则设计中线偏离原路基中线较大,原路基大部分不能利用. 而利用三次样条函数拟合法对线形进行设计,计算量大,应用不便. 实验表 2.3 所列为该曲线段中线实测资料(为计算方便,以曲线两端点的连线方向为 x 轴,以连线的法向为 y 轴). 请在该线形设计中,利用 Hermite 插值和三次样条插值函数对相应的公路段线形进行设计.

实验表 2.3 某公路曲线段中线实测坐标

X	50	100	150	200	250
$F(X)$	10.10	30.54	36.89	30.54	10.10
$F(x)'$	0.464 2				2.303 1

【实验要求】

① 基于不完全 Hermite 插值方法推导 Hermite 插值多项式(6 次多项式)的具体形式;

② 基于三弯矩方法给出三次样条插值函数的分段表达式,可利用 MATLAB 程序给出;

③ 在同一个图中给出 $F(X)$ 在各插值节点的散点图、Hermite 插值多项式和三次样条插值函数的函数图像;

④ 结合插值多项式的图像给出结论.

2.2.2 龙格现象的演示 Ⅰ

在科学计算领域,龙格(Runge)现象指的是对于某些函数,使用均匀节点构造高次多项式差值时,在插值区间的边缘的误差可能很大的现象. 它是由 Runge 在研究多项式差值的误差时发现的,这一发现很重要,因为它表明,并不是插值多项式的阶数越高,效果就会越好.

最经典的一个例子是在均匀节点上对下列龙格函数进行插值:

$$f(x)=\frac{1}{1+25x^2},\quad x\in[-1,1]$$

【实验要求】

① 按等距的方式取节点,利用拉格朗日插值方法得到不同次数(次数 $n=4,6,8,10,20,30,40,50$)的多项式,演示龙格现象.

② $[-1,1]$上的切比雪夫正交多项式的零点是

$$x_k=\cos\left(\frac{(2k-1)\pi}{2(n+1)}\right),\quad k=1,2,\cdots,n+1$$

试利用切比雪夫点作插值节点构造龙格函数的 Lagrange 插值多项式，画出插值图形，观察是否会出现龙格现象？

③ 按等距的方式取节点（等分次数 $n=5,10,20,30,40,50,\cdots$），进行分段线性插值，并演示插值效果.

④ 按等距的方式取节点（等分次数 $n=5,10,20,30,\cdots$），进行分段三次 Hermite 插值，并演示插值效果.

⑤ 按等距的方式取节点（等分次数 $n=5,10,20,30,\cdots$），进行三次样条插值，并演示插值效果；边界条件可以取为已知 $f''(-5)$和 $f''(5)$，即插值区间的端点的两阶导数值为已知.

⑥ 不同的插值方法计算 $f(-0.12)$和 $f(0.67)$的近似值，与精确值进行对比，并说明你的结论.

2.2.3　龙格现象的演示Ⅱ

请在均匀节点上对下列函数：

$$f(x)=\sin x,\quad x\in[-\pi,2\pi]$$

进行插值.

【实验要求】

① 按等距的方式取节点，利用拉格朗日插值方法得到不同次数（次数 $n=2,4,6,8,10,20,30,40,50$）的多项式，演示龙格现象.

② 按等距的方式取节点（等分次数 $n=5,10,20,30,40,50,\cdots$），进行分段线性插值，并演示插值效果.

③ 按等距的方式取节点（等分次数 $n=5,10,20,30,\cdots$），进行分段三次 Hermite 插值，并演示插值效果.

④ 按等距的方式取节点（等分次数 $n=5,10,20,30,\cdots$），进行三次样条插值，并演示插值效果；边界条件可以取为已知 $f''(-\pi)$和 $f''(2\pi)$，即插值区间的端点的两阶导数值为已知.

⑤ 不同的插值方法计算 $f\left(-\frac{\pi}{4}\right)$和 $f\left(\frac{3\pi}{4}\right)$的近似值，与精确值进行对比，并说明你的结论.

2.2.4　蟋蟀的鸣声与温度关系

蟋蟀的鸣声可以当温度计使用. 英国昆虫研究所对此曾做过测试：先数准蟋蟀在 15 s 内鸣叫的次数，然后再加上 40，这就是当时的华氏温度. 如蟋蟀在 15 s 内叫了 9 次，再加上 40 等于 49，这样当时的温度即是 49°F. 要直接测定摄氏温度，可用 15 s 内鸣叫次数加上 8，然后再除以 8/9，即 19.1 ℃. 根据昆虫学家们的研究，雄蟋蟀对温度非常敏感，它会根据温度的细微变化改变自己的鸣叫次数. 这种测温法据说是相当准确的.

为了给出蟋蟀 1 min 内的鸣叫次数与地表温度的具体函数关系，可以通过实验得到具体记录数据，然后用数据拟合的方式给出拟合方程. 实验表 2.4 中，X 是地表华氏温度，Y 是

1 min 内一只蟋蟀的鸣叫次数,试用多项式模型拟合这些数据,并画出拟合曲线,分析模型是否拟合得好?

实验表 2.4 不同华氏温度下 1 min 内一只蟋蟀鸣叫次数数据表

观测序号	1	2	3	4	5	6	7	8	9	10
X	46	49	51	52	54	56	57	58	59	60
Y	40	50	55	63	72	70	77	73	90	93
观测序号	11	12	13	14	15	16	17	18	19	20
X	61	62	63	64	66	67	68	71	72	71
Y	96	88	99	110	113	120	127	137	132	137

【实验要求】

① 用不同次数的多项式来拟合表中数据;

② 在同一平面直角坐标下画出不同拟合多项式的效果比较图;

③ 从总体误差角度分析不同拟合曲线的优劣性,并给出结论;

④ 选取最佳拟合多项式,计算当地地表气温为 69°F 时,一只蟋蟀 1 min 的鸣叫次数?

2.2.5 钢包问题

钢包是炼铸的重要设备,是从出钢到浇铸过程中运载和盛放钢水的容器,又有大罐、钢罐、大包等习惯叫法. 钢包结构如实验图 2.2 所示,它由桶体、内衬、水口开闭装置及透气砖等部分组成. 内衬由外向内依次是隔热层、永久层及工作层;工作层从上而下依次是包沿、渣线、包壁、包底等;而包底又包括包底用耐火材料、水口装置、座砖以及透气砖等.

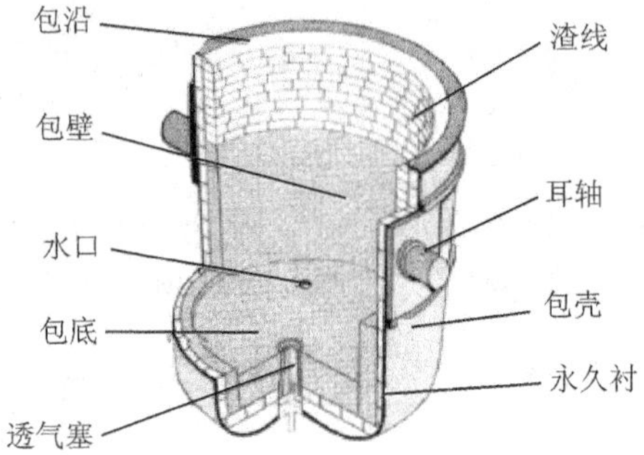

实验图 2.2 钢包结构示意图

钢包的作用主要是盛接从初炼钢水炉子(转炉或电炉)出钢门流出来的钢水和部分炉渣,并进行部分脱氧与合金化,使钢水在其中镇静一段时间,以调整钢水温度,均匀成分,使钢水中非金属夹杂物上浮,同时,在浇铸过程中开闭钢流,控制钢水钢液流量,使浇注顺利进行. 近年来,为进一步提高钢的质量,钢包吹氩、钢包真空处理等技术被采用,钢包正逐渐演变成二次精炼装置的重要设备,在二次精炼和连铸中占有重要地位.

钢包在使用过程中由于钢液及炉渣对包衬耐火材料的侵蚀,使其容积不断增大. 经过实验,钢包的容积 y 与相应的使用次数 x 如实验表 2.5 所列.

实验表 2.5 钢包的容积 y 与相应的使用次数 x 的取值

次数 x	2	3	4	5	7	8	10
容积 y	106.42	108.26	109.58	109.50	110.0	109.93	110.49
次数 x	11	14	15	16	18	19	
容积 y	110.59	110.6	110.9	110.76	111.0	111.20	

【实验要求】

① 用不同次数的多项式来拟合表中数据；

② 利用双曲线$\frac{1}{y}=a+b\,\frac{1}{x}(a>1)$拟合表中数据；

③ 利用对数函数 $y=a+b\ln x$ 拟合表中数据；

④ 在同一平面直角坐标系下画出不同拟合函数的效果比较图；

⑤ 从总体误差角度分析不同拟合曲线的优劣性，并给出结论.

2.2.6 探索最小二乘多项式的数值不稳定性

曲线拟合又称作函数逼近，是求近似函数的一种数值方法. 其不要求近似函数在每个节点处与函数值相同，只要求其尽可能地反映给定数据点的基本趋势以及某种意义上的无限逼近. 在需要对一组数据进行处理、筛选时，往往会选择合理的数值方法，而曲线拟合在实际应用中也备受青睐. 采用曲线拟合处理数据时，一般会考虑到误差的影响，于是往往基于残差的平方和最小的准则选取拟合函数，这便是经常所说的曲线拟合的最小二乘法.

多项式最小二乘法是一种拟合曲线为多项式的最小二乘方法. 多项式最小二乘法的优点是对于小数据量和关系比较简单的问题比较有效，其缺点是当多项式次数比较高时会出现不稳定现象. 关于多项式最小二乘拟合需要强调一点的是：多项式拟合不是次数越高越好，而是残差越小越好.

请结合下例观察最小二乘多项式的数值不稳定现象：

① 在$[-1,1]$上取 20 个等距节点，计算相应节点上 e^x 的值作为数据样本，分别以 $1,x,x^2,\cdots,x^l$ 为基函数做出 $l=3,5,7,9,11,13,15$ 次的最小二乘多项式，画出 $\ln(\mathrm{cond}(A)_2)$ 与 l 之间的曲线，其中 A 为确定最小二乘多项式的系数矩阵. 并计算不同阶最小二乘多项式给出的最小误差：

$$\delta(l)=\sum_{i=1}^{n}(y(x_i)-y_i)^2$$

② 在$[-1,1]$上取 20 个等距节点，计算相应节点上 e^x 的值作为数据样本，分别以 $1,p_1(x),p_2(x),\cdots,p_l(x)$为基函数做出 $l=3,5,7,9,11,13,15$ 次的最小二乘多项式，其中，$p_i(x)$为勒让德多项式，画出 $\ln(\mathrm{cond}(A)_2)$与 l 之间的曲线，其中，A 为确定最小二乘多项式的系数矩阵. 并计算不同阶最小二乘多项式给出的最小误差：

$$\delta(l)=\sum_{i=1}^{n}(y(x_i)-y_i)^2$$

③ 结合①和②，给出你的发现.

2.2.7 图像插值问题

是利用已知采样点的灰度值来计算新采样点的灰度值,从而从低分辨率图像生成高分辨率图像.图像插值可以用来恢复图像中所丢失的信息,也可以用来进行图像放大.

图像插值方法主要可以分为两类,一类是线性图像插值方法,另一类是非线性图像插值方法.传统的线性插值方法有最近邻插值、双线性插值以及双三次插值等.这类方法的缺点是会使图像中的边缘变得模糊不清,达不到高清图像的视觉效果.非线性插值方法主要包括:基于小波系数的方法、基于边缘信息的方法等.

由于图像边缘处理非常重要,研究者提出了边缘引导的图像插值方法对图像边缘进行放大.基于边缘信息的图像插值方法的核心思想是对非边缘像素点采用无方向的传统插值方法进行插值,而对于边缘像素点则采用有方向的插值方法.边缘像素及其方向判断的精准度对最后的图像插值结果有决定性影响.边缘对比度引导的图像插值(Contrast - Guideed Image Interpolation,CGI)是一类较好的基于图像边缘的插值方法.

【问题】

如实验图 2.3 所示,画一个手写体字母.先建立坐标系,在曲线上选择合理数目的点,如图 $n=11$.给这些点标号,$t=1,2,3,\cdots,11$,然后测量每个点的坐标值(x_i, y_i).最后用三次样条画出这个字母.

【实验要求】

① 编写程序给出一个字母;

② 利用插值方法编写程序绘制一个放大一倍的同一个字母;

③ 写出你的发现.

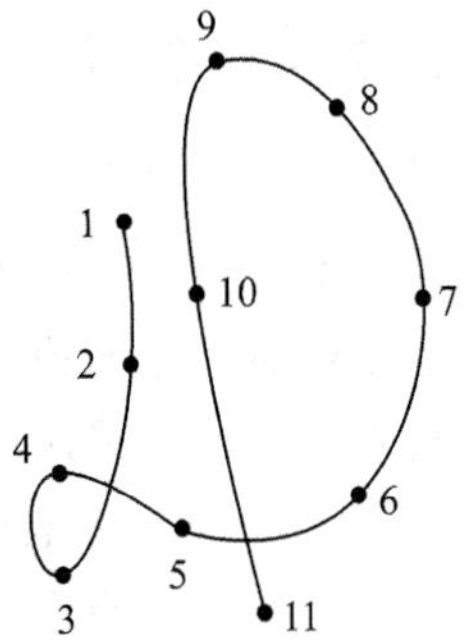

实验图 2.3 手写体字母

2.3 数值积分与数值微分

2.3.1 变力做功的计算

许多工程问题中都包含功的计算,通用的计算公式为

$$W=\int_{x_0}^{x_n} F(x)\mathrm{d}x \tag{2.1}$$

对于更复杂的形式,设力与移动方向的夹角也是随位置变化而变化的函数,如实验图 2.4 所示,此时功的计算公式为

$$W=\int_{x_0}^{x_n} F(x)\cos(\theta(x))\mathrm{d}x \tag{2.2}$$

如果 $F(x)$和 $\theta(x)$是复杂的函数或数据,功的计算也只能采用数值积分方法.

由于实验条件的限制,现仅获得如下的测量数据值(见实验表 2.6).

1) 请分别利用梯形公式、辛普森公式和复化公式进行计算,并分析相对误差(本问题的真值为 129.52).根据结果,有什么发现?如果增加 $F(2.5)\cos[\theta(2.5)]=3.9007$ 和 $F(12.5)\cos[\theta(12.5)]=11.3940$ 两个数据,计算结果有什么变化?

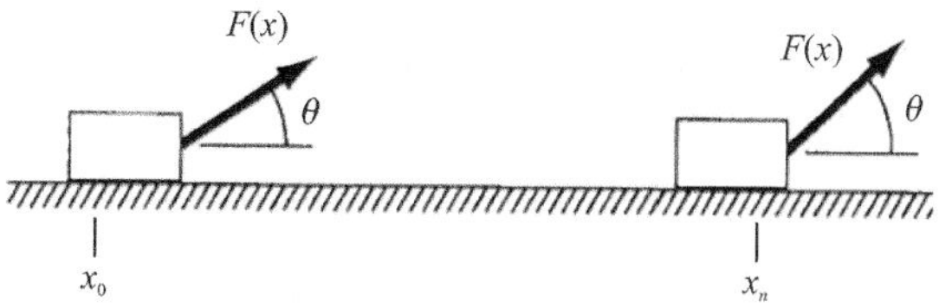

实验图 2.4　变力做功

实验表 2.6　力和角度的测量数据表

x/ft①	F(X)/lb②	θ/rad	F(X)cos θ
0	0.0	0.50	0.000 0
5	9.0	1.40	1.529 7
10	13.0	0.75	9.512 0
15	14.0	0.90	8.702 5
20	10.5	1.30	2.808 7
25	12.0	1.48	1.088 1
30	5.0	1.50	0.353 7

2）设已知

$$F(x)=1.6x-0.045x^2$$

$$\theta(x)=0.8+0.125x-0.009x^2+0.0002x^3$$

① 请利用 4 个、8 个和 16 个子区间上的梯形公式、辛普森公式、龙贝格积分法进行计算；

② 用高斯求积公式计算.

③ 画出 $F(x)\cos(\theta(x))$ 的图像，对比计算结果，写出你的发现.

2.3.2　内燃机运动过程中等效力矩与曲柄转角的对应关系

实验图 2.5 所示为内燃机的四冲程示意图. 内燃机借助气体膨胀带来的动能推动活塞，将动能通过连杆传递给曲柄，再由曲柄带动飞轮，输出转矩. 内燃机工作时，由于四冲程的工作原理，曲柄并非匀速运动. 由于内燃机工作时大多处于高转速状态，导致运动副中动压力增加，从而引起机械振动，降低机械寿命、效率和工作质量，因此必须要求飞轮将机械运动速度限制在许可范围之内. 在设计飞轮之前，需要计算出内燃机工作的运动规律.

假设此时内燃机的输出端接了一台空气压缩机，在内燃机驱动空气压缩机时，由于内燃机曲柄转过的角度与活塞位移是一一对应的，因此内燃机给出的驱动力矩 M_d 和压缩机所受的阻抗力矩 M_r 都可视为位置函数，故等效力矩 M_e 也是位置函数，即 $M_e=M_e(\varphi)$，φ 为曲柄所

① 1 ft=0.304 8 m.

② 1 lb=0.453 6 kg.

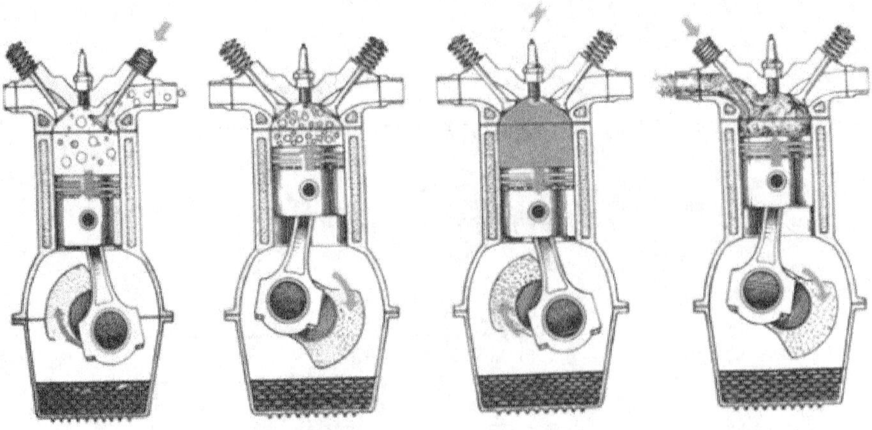

实验图 2.5　内燃机工作过程示意图

转过的角. 假设等效力矩的函数 $M_e(\varphi)$ 可以积分,同时为了简化计算,假设等效转动惯量 J_e 为一常数,即 $J_e=33\ \mathrm{kg/m^2}$. 当 $t=0$ 时,$\omega=5\ \mathrm{rad/s}$,$\varphi_0=0°$. 已知机械运动过程中,在内燃机工作一段时间达到稳定后,某些位置的等效力矩如实验表 2.7 所列. 要计算当 $\varphi(t)=\varphi$ 时的 ω,不妨取 $\varphi=90°$为例,此时的角速度计算公式如下:

$$\omega=\sqrt{\omega_0^2+\frac{2}{J_e}\int_{\varphi_0}^{\varphi}M_e(\varphi)\mathrm{d}\varphi}$$

实验表 2.7　内燃机运动过程中等效力矩与曲柄转角的对应关系

曲柄角度 φ/(°)	等效力矩 M_e/(N·m)	曲柄角度 φ/(°)	等效力矩 M_e/(N·m)
0	307	60	28
15	−228	75	−55
30	178	90	33
45	−99		

代入相应的边界条件和初始条件,有

$$\omega=\sqrt{25+\frac{2}{33}\cdot\int_0^{90°}M_e(\varphi)\mathrm{d}\varphi}$$

【实验要求】

① 将等效力矩拟合为一条曲线,然后用解析法求 ω;

② 用梯度法、辛普森法、牛顿-科茨公式和龙贝格积分法计算 ω. 对比分析数值实验结果,给出计算效果最好的方法;

③ 推荐哪种方法,为什么?

2.3.3　蒙特卡罗积分方法

以计算二重积分为例说明蒙特卡罗积分方法(见实验图 2.6)的基本思想. 设

$$I=\iint_D f(x,y)\,\mathrm{d}x\mathrm{d}y$$

其中，$D=[a,b]\times[c,d]$，$0\leqslant f(x,y)\leqslant M$，$M$ 是一个正常数. 因此，以被积函数 $f(x,y)$ 为顶、D 为底所形成的柱体 Ω 包含在立方体 $W=[a,b]\times[c,d]\times[0,M]$ 之中. 在 W 中随机取一点 $K=(\xi_1,\xi_2,\xi_3)$，其中 ξ_1,ξ_2,ξ_3 分别为 $[a,b]$，$[c,d]$，$[0,M]$ 中均匀分布的随机数. 由概率论知识可知，随机点 K 落到柱体 Ω 中的概率等于柱体 Ω 的体积与立方体 W 的体积之比，即

$$p(K\subset\Omega\mid K\subset W)=\frac{I}{(b-a)(d-c)M}$$

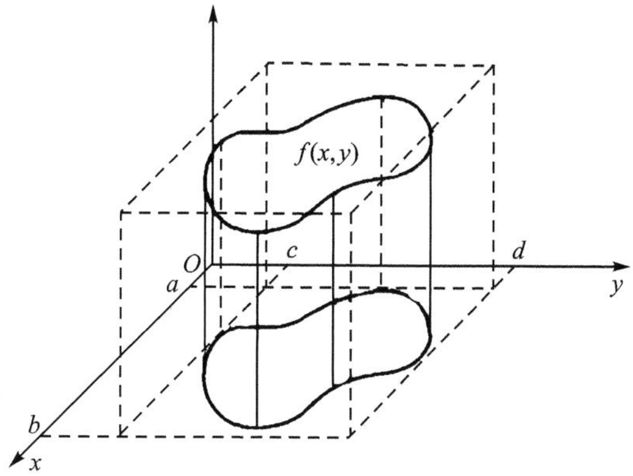

实验图 2.6　蒙特卡罗积分方法

计算时，用抽样的方法算出 K 落在 Ω 中的频率代替概率，得

$$I\approx M(b-a)(d-c)\times\frac{m}{N}$$

其中，N 是抽样总数，m 是抽样点 K 落在 Ω 之中的频数.

【实验要求】

① 用蒙特卡罗方法计算 $I_2=\int_0^1\frac{\sin x}{x}\mathrm{d}x$（准确值为 0.946 083 070）.

② 用逐次分半的复化梯形公式、辛普森公式、龙贝格方法和两点高斯公式分别编程计算 I_2，其精度与蒙特卡洛方法的精度一样.

③ 比较这些方法所花费的计算时间、计算值与准确值的误差，给出你的结论.

2.3.4　铝制波纹瓦的长度问题

假设要求波纹瓦（见实验图 2.7）长 48 in①，每个波纹的高度（从中心线）为 1 in，且波纹是以近似 2π in 为一个周期的正弦函数 $f(x)=\sin x$，求制作一块波纹瓦所需铝板的长度 L.

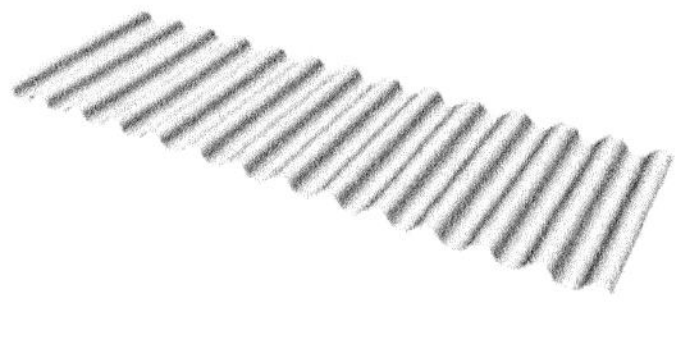

实验图 2.7　波纹瓦

经分析，L 的计算公式如下：

$$L=\int_0^{48}\sqrt{1+\left(\frac{\mathrm{d}y}{\mathrm{d}x}\right)^2}\,\mathrm{d}x=\int_0^{48}\sqrt{1+(\cos x)^2}\,\mathrm{d}x$$

① 1 in＝2.54 cm.

【实验要求】

① 分别用复化梯形公式、复化辛普森公式、复化牛顿-科茨求积公式计算长度 L.

② 用龙贝格公式计算 L.

③ 用高斯积分公式计算 L.

④ 通过数值实验,对比分析哪种方法计算效果最好.

2.3.5 火箭与流体

问题一

火箭向上的速度由以下公式计算:

$$v = u\ln\left(\frac{m_0}{m_0 - qt}\right) - gt$$

其中,v 为向上的速度,u 为燃料相对于火箭喷出的速度,m_0 为火箭在 $t=0$ 时的初始质量,q 为燃料消耗的速度,g 为向下的重力加速度(9.8 m/s^2). 若 $u=1\ 800$ m/s,$m_0=160\ 000$ kg,$q=2\ 500$ kg/s.

① 利用6个子区间的梯形和辛普森公式、六点高斯求积公式以及 $O(h^8)$ 的龙贝格方法确定火箭在30 s的时间内能上升多高.

② 使用数值微分方法绘制加速度与时间的关系图.

问题二

将直径为40 cm的导管中的流动完全展开,得到如下速度剖面(见实验表2.8).

实验表2.8 速度剖面

半径 r/cm	0.0	2.5	5.0	7.5	10.0	12.5	15.0	17.5	20.0
速度 v/(m·s^{-1})	0.914	0.890	0.847	0.795	0.719	0.543	0.427	0.204	0

利用关系式 $Q=\int_0^R 2\pi rv\mathrm{d}r$ 计算体积流通率 Q,其中,r 为导管的轴向轴,R 为导管半径,v 为速度.

① 将速度数据拟合为一条曲线,然后用解析法求积分 Q;

② 用梯度法、辛普森法和龙贝格积分法计算 Q;

③ 比较①和②的计算结果,写出你的发现.

2.4 非线性方程数值解法

2.4.1 估计迭代方法的收敛阶

【问题】

对于某个未知迭代方法的收敛阶,如何设计一个实验,得到其收敛阶数的近似估计值?

【思路】

假设其收敛阶为 p,根据收敛阶的定义,存在不等于0的常数 c,有

$$\lim_{k\to\infty}\frac{e_{k+1}}{e_k^p}=c$$

即当 k 充分大时，有

$$\frac{e_{k+1}}{e_k^p} \approx c$$

两边取对数，有

$$\ln e_{k+1} \approx p \ln e_k + \ln c$$

这说明 $\ln e_{k+1}$ 与 $\ln e_k$ 近似存在线性关系，其斜率为 p. 因此，做一定数量的实验，记录相应的迭代解，拟合出 $\ln e_{k+1}$ 与 $\ln e_k$ 的线性关系，就可以得到 p 的近似值，从而估计出迭代方法的收敛阶.

【实验要求】

① 用牛顿法、单点割线法和双点割线法求解方程 $x = \sin x$；

② 估计这三种方法收敛阶，写出你的发现；

③ 给出收敛阶更高的算法.

2.4.2 算法的初始值

Determining fluid flow through pipes and tubes has great relevance in many areas of engineering and science. In engineering, typical applications include the flow of liquids and gases through pipelines and cooling systems. Scientists are interested in topics ranging from flow in blood vessels to nutrient transmission through a plant's vascular system.

The resistance to flow in such conduits is parameterized by a dimensionless number called the friction factor. For turbulent flow, the Colebrook equation provides a means to calculate the friction factor:

$$0 = \frac{1}{\sqrt{f}} + 2.0 \ln\left(\frac{\varepsilon}{3.7D} + \frac{2.51}{Re\sqrt{f}}\right) \tag{2.3}$$

where, ε is the roughness (m); D is diameter (m); the Reynolds Number $Re = \rho VD/\mu$, where, ρ is the fluid's density ($\mathrm{kg/m^3}$), V is its velocity (m/s), μ is dynamic viscosity ($\mathrm{N \cdot s/m^2}$). The Reynolds Number also serves as the criterion for whether flow is turbulent ($Re > 4\,000$).

In this case, we will illustrate how the numerical methods can be employed to determine f for air flow through a smooth thin tube. In this case, the parameters are ρ ($\rho = 1.23\ \mathrm{kg/m^3}$), μ ($\mu = 1.79 \times 10^{-5}\ \mathrm{N \cdot s/m^2}$), D ($D = 0.005$ m), V ($V = 40$ m/s) and ε ($\varepsilon = 0.001\,5$ mm). Note that friction factors range from about 0.008 to 0.08. In addition, an explicit formulation called the Swamee-Jain equation provides an approximate estimate:

$$f = \frac{1.325}{\left[\ln\left(\frac{\varepsilon}{3.7D} + \frac{5.74}{Re^{0.9}}\right)\right]^2}$$

【Task】

① Find the friction factor f in Eq. (2.3) by using the Newton method with the initial guess 0.08 or 0.008, respectively.

② How to find the initial guess?

③ Find the solution of Eq. (2.3) by using the secant method, modified secant method, and so on. Summarize your conclusions.

2.4.3 气体压缩问题

天然气在各种压力和温度下的压缩因子是气藏工程和采气工艺中必需的基本数据,也是物质平衡计算、气藏储量计算的重要依据.在当下天然气的发展战略中,如何在天然气储存、管输、加工的工艺计算中对天然气压缩因子进行准确确定就显得尤为重要.

Hall-Yarborough 提出了一个准确描述天然气压缩因子 Z 的状态方程.该方程基于 Starling-Carnahan 状态方程,方程中的系数由 Standing 和 Katz 的图版中的数据拟合而得来.Hall 和 Yarborough 提出如下数学形式:

$$Z=\left(\frac{0.06125p_{pr}t}{Y}\right)e^{-1.2(1-t)^2} \tag{2.4}$$

其中,p_{pr} 为拟对比压力,t 为对比温度的倒数(T_c/T),Y 为对比密度.根据实验式(2.4),得

$$f(Y)=X_1+\frac{Y+Y^2+Y^3+Y^4}{(1-Y)^3}-(X_2)Y^2+(X_3)Y^{X_4}=0 \tag{2.5}$$

其中

$$X_1=-0.06125p_{pr}te^{-1.2(1-t)^2}$$
$$X_2=14.76t-9.76t^2+4.58t^3$$
$$X_3=90.7t-242t^2+42.4t^3$$
$$X_4=2.18+2.82t$$

注释:在20世纪40年代,Standing 和 Katz 做出的压缩因子图版适用范围为 $0.2<p_{pr}<15$ 和 $1.05<T_{pr}<3.0$,是用较简单的低分子碳氢化合物(如甲烷、乙烷和氮气),基于5 600个数据点做出来的,目前被广泛采用.该方法的不足之处:一是用图版表示压缩因子与压力的关系,不便于计算机应用;二是 Standing-Katz 图版只适用于对比压力小于 15 MPa 的区域.

【实验要求】

假设拟对比温度 T_{pr} 和拟对比压力 p_r 为给定的参数,设计如下几种方法求解方程(2.1).

① 对非线性方程(2.5),设计不动点迭代公式求出 Y;

② 对非线性方程(2.5)求一次导数 $f'(Y)$,并且给出牛顿迭代公式求出 Y;

③ 利用割线法求解非线性方程(2.5)得到 Y;

④ 利用抛物线法求解非线性方程(2.5)得到 Y;

⑤ 对比以上实验结果,写出你的结论.

2.4.4 基于雷诺数的大气动力系数经验模型

通常临近大气层的飞行器,有基于雷诺数的大气动力系数经验模型.

雷诺数是用于表征流体流动状态的量纲为1的数,其定义如下:

$$Re=\rho v_{\infty D}/\mu$$

式中,ρ 为流体密度,v_∞ 为自由流速度,D 为等效球体直径,μ 为流体动力黏度系数.以下计算设定了雷诺数的值为176.

为评估圆柱体受到的大气阻力大小,建立了基于雷诺数的阻力系数和升力系数表达式,讨

论了其随流体入射角的变化. 假定流体入射角为 θ,则阻力系数 $C_{D,\theta}$ 和升力系数 $C_{L,\theta}$ 的计算公式如下:

$$C_{D,\theta}=C_{D,\theta=0^\circ}+(C_{D,\theta=90^\circ}-C_{D,\theta=0^\circ})\sin^2\theta+0.128Re^{0.2171}\sin\theta\cos\theta$$

$$C_{D,\theta=0^\circ}=\frac{24.335}{Re}(1+0.2129Re^{0.604})$$

$$C_{D,\theta=90^\circ}=\frac{24.2971}{Re^{0.5795}}+\frac{0.021}{Re^{-0.6799}}$$

$$C_{L,\theta}=(C_{D,\theta=90^\circ}-C_{D,\theta=0^\circ})\sin\theta\cos\theta$$

1. 用牛顿法和割线法求解

① 取雷诺数为 176，当阻力系数 $C_{L,\theta}$ 为 0.3 时,求入射角 θ 的值;

② 取雷诺数为 176，当升力系数 $C_{D,\theta}$ 达到 1.8 时,求入射角 θ 的值;

③ 取雷诺数为 176，当净升力系数 $C_{D,\theta}-C_{L,\theta}$ 达到 1.5 时,求入射角 θ 的值.

2. 结果分析

① 对上述①～③的结果进行分析;

② 能否找到一个方法,对固定的雷诺数,计算出哪个角度的净升力系数最大?

2.4.5　迭代法的性质

1. Henon 迭代的数值性质

给出如下迭代公式:

$$\begin{cases}x_{k+1}=a-by_k-x_k^{\ 2}\\ y_{k+1}=x_k\end{cases},\quad k=0,1,2,\cdots$$

这个迭代法称 Henon 迭代法,是研究很多非线性迭代的“样板”.

① 令 $a=1.4$, $b=-0.3$,并利用不同的 x_0, y_0 进行计算,当 $k>100$ 时把计算所得到的值画成一张图,看看有什么规律.

② 换另外的 a,b,重复上面的过程($|b|<1$).

2. 一般迭代法的性质

迭代公式 $x_{k+1}=\lambda x_k(1-x_k)(k=0,1,2,\cdots)$, $\lambda\in[0.2,4]$,取 $x_0\in(0,1)$进行计算. 画出 x_k 和λ($k>50$)之间的关系图.

① 根据关系图,写出你的发现;

② 若 $\lambda=0.3$, 请用实验估计迭代公式的收敛阶.

2.5　矩阵特征值与特征向量

2.5.1　多项式方程的根

【问题】

求多项式方程 $f(x)=x^n+a_{n-1}x^{n-1}+\cdots+a_1x+a_0$ 根的问题，可以转化为求矩阵

$$A=\begin{pmatrix}-a_{n-1} & -a_{n-2} & \cdots & -a_1 & -a_0\\ 1 & 0 & \cdots & 0 & 0\\ 0 & 1 & \cdots & 0 & 0\\ \vdots & \vdots & & \vdots & \vdots\\ 0 & 0 & \cdots & 1 & 0\end{pmatrix}$$

的特征值问题.

【实验要求】

给定如下高次方程:

$$x^3+x^2-5x+3=0$$
$$x^3-3x-1=0$$
$$x^{41}+x^3+1=0$$

① 试用幂法求这些方程的模最大的根;

② 试用 QR 算法求出这些高次方程的所有根.

2.5.2 特征值"三维"雅可比算法的性质

雅可比算法可以看作选择(l,r)和 A 的 2×2 阶子矩阵

$$A(l,r)=\begin{pmatrix}a_{l,l} & a_{l,r}\\ a_{r,l} & a_{r,r}\end{pmatrix}$$

计算出 $A(l,r)$的特征值和正交特征向量,然后把它对角化. 重复这个过程直到收敛.

把上面的方法改为选择(l,r,k)和 A 的 3×3 阶子矩阵:

$$A(l,r,k)=\begin{pmatrix}a_{l,l} & a_{l,r} & a_{l,k}\\ a_{r,l} & a_{r,r} & a_{r,k}\\ a_{k,l} & a_{k,r} & a_{k,k}\end{pmatrix}$$

类似地,建立三维雅可比算法.

【实验要求】

① 用数值例子说明三维雅可比算法是有效的或无效的;

② 讨论不同的(l,r,k)的选取方法对算法的影响;

③ 将三维雅可比算法改为 p 维算法,是否还有效? p 为多少时效果最好?

2.5.3 扰动矩阵的特征值的性质

【问题】

设

$$A=\begin{pmatrix}9.1 & 3.0 & 2.6 & 4.0\\ 4.2 & 5.3 & 4.7 & 1.6\\ 3.2 & 1.7 & 9.4 & x\\ 6.1 & 4.9 & 3.5 & 6.2\end{pmatrix}$$

【实验要求】

编写程序,试求当 $x=0.9$, 1.0 和 1.1 时的全部特征值,并观察特征的变化情况,写出你的结论.

2.5.4 Accelerated Momentum-based Power Method

Let $x_1, x_2, \cdots, x_n \in R^d$ be data points. The goal is to recover the top eigenvector and dominant eigenvalue of the symmetric PSD covariance matrix $\boldsymbol{A} = \frac{1}{n}\sum_{i=1}^{n} \boldsymbol{x}_i \boldsymbol{x}_i^{\mathrm{T}} \in \boldsymbol{R}^{d\times d}$.

We assume that $\boldsymbol{A}$ has eigenvalues $0 \leqslant \lambda_d \leqslant \cdots \leqslant \lambda_2 \leqslant \lambda_1 \leqslant 1$ with associated orthonormal eigenvectors $v_1, v_2, \cdots, v_d$. Unless noted otherwise, $\|\cdot\|$ refers to the 2-norm for vectors and matrices. We let $\Delta_{1,2} = \lambda_1 - \lambda_2$ and $\Delta_{2,3} = \lambda_2 - \lambda_3$.

The vanilla power method, at each round $k = 1, 2, \cdots$ performs the following update:

$$\boldsymbol{q}_k = \frac{\boldsymbol{A}^k \boldsymbol{q}_{k-1}}{\|\boldsymbol{A}^k \boldsymbol{q}_{k-1}\|}$$

$$\boldsymbol{v}_k = \boldsymbol{q}_k^{\mathrm{T}} \boldsymbol{A} \boldsymbol{q}_k$$

where, $\boldsymbol{q}_0$ is a random unit vector non-orthogonal to $\boldsymbol{v}_1$. Under these conditions, $\boldsymbol{q}_k \to \boldsymbol{v}_1$ and $\boldsymbol{v}_k \to \boldsymbol{\lambda}_1$ at a geometric convergence rate, with ratio $(\boldsymbol{\lambda}_2/\boldsymbol{\lambda}_1)^2$. Here, error is measured as the sine squared of the angle $\theta(\boldsymbol{q}_k, \boldsymbol{v}_1)$ between the unit $\boldsymbol{q}_k$ and $\boldsymbol{v}_1$, that is, $\sin^2\theta(\boldsymbol{q}_k, \boldsymbol{v}_1) \equiv 1 - (\boldsymbol{q}_k^{\mathrm{T}} \boldsymbol{v}_1)^2$.

The power method with momentum uses the alternative update:

$$\boldsymbol{q}_k = \frac{\boldsymbol{A}\boldsymbol{q}_{k-1} - \beta \boldsymbol{q}_{k-2}}{\|\boldsymbol{A}\boldsymbol{q}_{k-1} - \beta \boldsymbol{q}_{k-2}\|}$$

where, $\boldsymbol{q}_{-1} = 0$ and β is the momentum coefficient chosen by the user at initialization.

【Task】

The power method with momentum is capable of achieving a faster convergence rate than the vanilla power iteration. Please find the optimal β, the power method with momentum is fastest.

2.6 常微分方程数值解法

2.6.1 子午线的计算

在大地控制测量计算中，通常需要对地球椭圆面上的子午线进行计算，即由子午线的纬度 B 来求解弧长 X，这个方法被称为子午线正算. 在子午线弧长公式 $X = \int_0^B M\mathrm{d}B$ 中，将子午线的公式变形为 $\mathrm{d}X/\mathrm{d}B = M$，当 $B = 0$ 时，$X = 0$. 该方程就作为一个带有初值问题的常微分方程，使用数值解法来求解. 在此利用龙格-库塔方法、欧拉法、改进欧拉法来进行比较.

在子午线正算的经典算法中，若要求解从赤道到任意纬度 B 的子午线的弧长，则要求解出积分：

$$X = \int_0^B M\mathrm{d}B = \int_0^B \frac{a(1-\mathrm{e}^2)}{(1-\mathrm{e}^2\sin^2 B)^{\frac{3}{2}}}\mathrm{d}B \tag{2.6}$$

式(2.6)中，M 为该子午线弧段上任一点的子午线曲率半径；a、e 分别为椭球的长半径和椭球的第一偏心率. 为求出 M 的原函数，根据牛顿第二项式对其进行级数展开(展开 8 次项)，得

$$M = m_0 + m_2\sin^2 B + m_4\sin^4 B + m_6\sin^6 B + m_8\sin^8 B \tag{2.7}$$

式(2.7)中

$$\begin{cases} m_0 = a(1-e^2) \\ m_2 = \dfrac{3}{2}e^2 m_0 \\ m_4 = \dfrac{5}{4}e^2 m_2 \\ m_6 = \dfrac{7}{6}e^2 m_4 \\ m_8 = \dfrac{9}{8}e^2 m_6 \end{cases}$$

把正弦幂函数转变为余弦的倍数函数,有

$$\begin{cases} \sin^2 B = \dfrac{1}{2} - \dfrac{1}{2}\cos 2B \\ \sin^4 B = \dfrac{3}{8} - \dfrac{1}{2}\cos 2B + \dfrac{1}{8}\cos 4B \\ \sin^6 B = \dfrac{5}{16} - \dfrac{15}{32}\cos 2B + \dfrac{3}{16}\cos 4B - \dfrac{1}{32}\cos 6B \\ \sin^8 B = \dfrac{35}{128} - \dfrac{7}{16}\cos 2B + \dfrac{7}{32}\cos 4B - \dfrac{1}{16}\cos 6B + \dfrac{1}{128}\cos 8B \end{cases} \tag{2.8}$$

把式(2.8)代入式(2.6)中,得

$$M = a_0 - a_2\cos 2B + a_4\cos 4B - a_6\cos 6B + a_8\cos 8B \tag{2.9}$$

其中

$$\begin{cases} a_0 = m_0 + \dfrac{1}{2}m_2 + \dfrac{3}{8}m_4 + \dfrac{5}{16}m_6 + \dfrac{35}{128}m_8 \\ a_2 = \dfrac{1}{2}m_2 + \dfrac{1}{2}m_4 + \dfrac{15}{32}m_6 + \dfrac{7}{16}m_8 \\ a_4 = \dfrac{1}{8}m_4 + \dfrac{3}{16}m_6 + \dfrac{7}{32}m_8 \\ a_6 = \dfrac{1}{32}m_6 + \dfrac{1}{16}m_8 \\ a_8 = \dfrac{1}{128}m_8 \end{cases}$$

再式(2.9)将代入式(2.6)并积分,得

$$X = \int_0^B (a_0 - a_2\cos 2B + a_4\cos 4B - a_6\cos 6B + a_8\cos 8B) =$$

$$a_0 B - \frac{a_2}{2}\sin 2B + \frac{a_4}{4}\sin 4B - \frac{a_6}{6}\sin 6B + \frac{a_8}{8}\sin 8B \tag{2.10}$$

式(2.10)为解析解.

因为子午线曲率半径 M 在纬度 $B \in [0, \pi/2]$ 上连续,在对弧长进行数值解的时候,根据 $X = \int_0^B M\mathrm{d}B$,可以把子午线曲率半径 M 作为大地纬度 B 的函数,可以得到如下常微分方程:

$$\begin{cases}\dfrac{\mathrm{d}X}{\mathrm{d}B}=M(B)\\X(0)=0\end{cases}\tag{2.11}$$

【实验要求】

① 分别利用二阶、三阶和四阶龙格-库塔方法数值求解式(2.11),纬度 B 的范围为$[0,\pi/2]$,h 可取为1/30.要求编写程序数值实现.

② 给出数值解与解析解之间的误差,展示不同纬度 B 的误差结果(画图或者列出表格).

③ 对这三种龙格-库塔方法的计算结果,给出分析.

2.6.2　传染病模型

在传染病动力学的研究史上,克曼克和可麦肯德里克在1926年提出的SIR模型和SIS模型是一直被广泛应用的传染病模型.

对于SIR模型中,首先将种群内的所有个体分为3个状态.首先令 t 时刻群体中的个体总数为 $N(t)$,有:

① 易感染状态 S.个体在被感染之前,都有被感染的可能,不具备对该传染病的免疫力,因此为易感染状态.处于易感染状态的个体数为 $S(t)$.

② 感染状态 I.个体已被感染.处于感染状态的个体数为 $I(t)$.

③ 移出状态 R.个体已痊愈且具有免疫力或者因病死亡.处于移出状态的个体数为 $R(t)$.

经过以上的假设,显然 $N(t)=S(t)+I(t)+R(t)$.模型中的传染率和移出率分别用 β、γ 表示.得到的SIR模型的微分方程组为

$$\begin{cases}\dfrac{\mathrm{d}S}{\mathrm{d}t}=-\beta SI\\\dfrac{\mathrm{d}I}{\mathrm{d}t}=\beta SI-\gamma I\\\dfrac{\mathrm{d}R}{\mathrm{d}t}=\gamma I\end{cases}\tag{2.12}$$

【实验要求】

① 利用四阶龙格-库塔方法数值求解式(2.12),编写程序实现算法,传播参数可取为:$\beta=0.5$,$\gamma=0.1$,或 $\beta=0.4$,$\gamma=0.15$.

② 利用MATLAB自带ode45函数求解.参数取值与①相同.

③ 画出拟合图,横轴为天数,纵轴为累计病例.比较四阶龙格-库塔方法数值解、ode45函数的数值解及实验表2.9的实际数据的误差.

④ 根据拟合图,给出分析.

实验表2.9　甲流病例数据

国家	A		B	
日期	累计病例	累计死亡	累计病例	累计死亡
2009.4.27	26	7	40	0
2009.4.28	26	7	64	0
2009.4.29	26	7	64	0
2009.4.30	97	7	109	1

实验续表 2.9

国家	A		B	
日期	累计病例	累计死亡	累计病例	累计死亡
2009.5.1	156	9	109	1
2009.5.2	397	16	141	1
2009.5.3	506	19	160	1
2009.5.4	590	25	226	1
2009.5.5	590	25	286	1
2009.5.6	822	29	403	1
2009.5.7	1 112	42	642	2
2009.5.8	1 112	42	896	2
2009.5.9	1 364	45	1 639	2
2009.5.10	1 626	45	2 254	2
2009.5.11	1 626	48	2 532	3
2009.5.12	2 059	56	2 600	3
2009.5.13	2 059	56	3 009	3
2009.5.14	2 446	60	3 352	3
2009.5.15	2 446	60	4 298	3
2009.5.16	2 895	66	4 714	4
2009.5.17	2 895	66	4 714	4
2009.5.18	3 103	68	4 714	4
2009.5.19	3 648	72	5 123	5
2009.5.20	3 648	72	5 469	6
2009.5.21	3 892	75	5 710	8
2009.5.22	3 892	75	5 764	9
2009.5.23	3 892	75	6 552	9

2.6.3 经典龙格-库塔方法的性态

【问题】

设常微分方程初值问题为

$$\begin{cases} y' = \alpha y - \alpha x + 1 \\ y(0) = 1 \end{cases}$$

其中，$-50 \leqslant \alpha \leqslant 50$，其准确解为 $y = e^{\alpha x} + x$.

【实验要求】

① 取步长 $h = 0.01$，对参数 α 分别取 4 个不同的数值：一个大的正值，一个小的正值，一个绝对值小的负值和一个绝对值大的负值，分别用经典龙格-库塔方法计算，将计算结果画在同一张图上，比较说明相应初始值问题的性态.

② 取 α 为一个绝对值不大的负值，对 h 取两个不同的数值：一个 h 在经典龙格-库塔方法的稳定域内，另一个在稳定域外，分别用经典龙格-库塔方法计算. 取全域等距 10 个点上的计算值，对计算结果列表说明，分析结果，并用理论说明.

2.6.4 田鼠繁殖问题

生态学家为了监测和预报某地鼠害的发生情况，对某农田的田鼠种群数量的变化规律进行了研究．研究指出，田鼠每月的出生数量和种群中雌性田鼠的数量成正比，而在任何种群中雌性田鼠所占比例都是常数．这就意味着田鼠的月出生数和种群总数成正比．

选定一个试验小区作进一步的研究．用障碍物把试验小区围起来使得田鼠不能出入．实验中的食物供给是有限的，结果发现死亡率受到影响．由于饥饿而死亡的数量和种群数量成正比．

科学分析的结果得到如下方程：

$$\frac{\mathrm{d}N}{\mathrm{d}t}=aN-BN^{1.7}$$

其中，N 为在时间 t（月）时田鼠的存活数；a、B 为常数，B 由实验表 2.10 给出．

随着季节的变化，植被的数量也随之变化．生态学家用随着节令变化的常数 B 来解释食物供给的变化，如实验表 2.10 所列．

实验表 2.10　B 的观测数据

t	B	t	B
0	0.007 0	7	0.004 3
1	0.003 6	8	0.005 6
2	0.001 1	9	0.001 8
3	0.000 1	10	0.004 3
4	0.000 4	11	0.007 8
5	0.001 3	12	0.000 3
6	0.002 8		

【实验要求】

如果开始时有 100 只田鼠在实验小区内，$a=0.9$．那么请分别利用欧拉法、改进的欧拉法、龙格-库塔方法求出田鼠的数量从 $t=0$ 到 $t=5$、8、10、12 的变化规律，并且给出相应的数值实验结果．

2.6.5　算法的效率和精度

用不同的算法解下面的问题，给出计算效率和精度最好的算法．可以比较已知的算法，也可以设计新的算法．

① $y'=(y^2+xy)/x^2$，$y(1)=1$，计算到 $x=2$．

② $y'=\frac{1}{2}\sqrt{x^2+4y}-x$，$y(2)=-1$，计算到 $x=4$．

③ $y'=y(y\sin y-x)^{-1}$，$y(2/\pi)=\pi/2$，计算到 $x=2$．

④ $y'=|y\sin x|$，$y(1)=1$，计算到 $x=2$．

习题答案

第1章 习题

1. (1) 5 位,5 位;(2)0.5×10^{-3}, 8.057×10^{-3}.

2. 5 位,5 位,4 位,4 位,2 位.

3. 5 位,5 位,5 位,2 位,5 位.

4. (1) B;(2) C.

5. 3 位.

6～8. 略.

9. $x_1=\dfrac{56+\sqrt{56^2-4}}{2}\approx55.982,x_2=\dfrac{c}{ax_1}\approx0.017\ 863$.

10. 略.

11. 第二个.

第2章 习题

1. (1) $x_1=1,x_2=0,x_3=1$; (2) $x_1=1,x_2=-1,x_3=1$.

2. 同 1.

3. $x_1=1,x_2=1$.

4. 略.

5. (1) $\boldsymbol{L}=\begin{pmatrix}1&0&0&0\\0&1&0&0\\1&2&1&0\\0&1&0&1\end{pmatrix},\boldsymbol{U}=\begin{pmatrix}1&0&2&0\\0&1&0&1\\0&0&2&1\\0&0&0&2\end{pmatrix},x_1=1,x_2=1,x_3=2,x_4=2$;

(2) $\boldsymbol{L}=\begin{pmatrix}1&0&0\\0.5&1&0\\0.5&0.6&1\end{pmatrix},\boldsymbol{U}=\begin{pmatrix}2&1&1\\0&2.5&1.5\\0&0&0.6\end{pmatrix},x_1=0.667,x_2=-1,x_3=3.667$;

(3) $\boldsymbol{L}=\begin{pmatrix}1&0&0\\4&1&0\\14&6&1\end{pmatrix},\boldsymbol{U}=\begin{pmatrix}1&2&3\\0&-1&-2\\0&0&1\end{pmatrix},x_1=1,x_2=0,x_3=0$.

6. $x_1=1,x_2=0.5,x_3=0.333$.

7. $x_1=-9.714\ 3,x_2=3.857\ 1,x_3=27.285\ 7$.

8. (1) $x_1=2,x_2=-3,x_3=5,x_4=-4$;

(2) $x_1=0.267,x_2=-0.533,x_3=-4.133,x_4=11.067$.

9. $\|\boldsymbol{x}\|_1=4.5$; $\|\boldsymbol{x}\|_2=2.693$; $\|\boldsymbol{x}\|_\infty=2$.

10. $\|\boldsymbol{A}\|_1=5.5$; $\|\boldsymbol{A}\|_2=4.864$; $\|\boldsymbol{A}\|_\infty=6$.

11～15. 略.

16. $\|\boldsymbol{Q}\|_1=4,\|\boldsymbol{Q}\|_2=2,\|\boldsymbol{Q}\|_\infty=4$; $\mathrm{cond}_1(\boldsymbol{Q})=4,\mathrm{cond}_2(\boldsymbol{Q})=1,\mathrm{cond}_\infty(\boldsymbol{Q})=4$.

17. (1) $\mathrm{cond}_\infty(\boldsymbol{H}_3)=748$;(2) 10^{10}.

18. (1) $4.000\ 4\times10^4$;(2) $x_1=1,x_2=1$;(3) 略.

19 和 20. 略

第 3 章　习题

1 和 2. 略.

3. 都收敛，雅可比迭代法要 8 次，高斯-赛德尔迭代法要 6 次.

4. 都收敛，雅可比迭代矩阵谱半径为 0.957，高斯-赛德尔迭代法谱半径为 0.917，高斯-赛德尔迭代法收敛速度快.

5～8. 略.

9. (1) 略.

(2) 雅可比迭代矩阵谱半径为 1.093，发散；高斯-赛德尔迭代矩阵谱半径为0.628，收敛；SOR 迭代矩阵谱半径为 0.446，收敛.

10. 参考习题 6.

11. (1) 雅可比迭代法$\begin{cases} x_1^{k+1}=b_1-ax_2^k-ax_3^k \\ x_2^{k+1}=b_2-4ax_1^k-0x_3^k \\ x_3^{k+1}=b_3-ax_1^k-0x_2^k \end{cases}$，

高斯-赛德尔迭代法$\begin{cases} x_1^{k+1}=b_1-ax_2^k-ax_3^k \\ x_2^{k+1}=b_2-4ax_1^{k+1}-0x_3^k \\ x_3^{k+1}=b_3-ax_1^{k+1}-0x_2^{k+1} \end{cases}$；

(2) 略.

12. 系数矩阵改写为$\begin{pmatrix} 9 & -1 & -1 \\ -1 & 8 & 0 \\ -1 & 0 & 9 \end{pmatrix}$，$x_1=1, x_2=1, x_3=1$.

13～16. 略.

第 4 章　习题

1. 略.

2. $f(x)=0.833x^2+1.5x-2.333$.

3. 线性插值得 $\ln 0.54=-0.620\ 2$，二次插值得 $\ln 0.54=-0.615\ 3$.

4. $\varepsilon=\dfrac{1}{28\ 800}$.

5. 略.

6. 0.264×10^{-2}.

7. $N(x)=-9.421x^3+49.686x^2-84.313x+48.672$，$f(1.682)=2.594$.

8. $f(1.5)=3.75$，$f(3.7)=12.99$.

9. $f[2^0,2^1,\cdots,2^7]=7!$，$f[2^0,2^1,\cdots,2^8]=0$.

10. $P_3(x)=0.12x^3-0.61x^2+0.86x-0.04$.

11. $P_3(x)=-0.25x^3+1.25x^2$.

12. $P(x)=0.25x^4-1.5x^3+2.25x^2$.

13. 略.

14. (1) $S(x)=\begin{cases}1.886x^3-2.429x^2+1.861x+0.157, x\in[0.25,0.3]\\0.795x^3-1.447x^2+1.566x+0.187, x\in[0.3,0.39]\\0.632x^3-1.256x^2+1.492x+0.196, x\in[0.39,0.45]\\0.315x^3-0.828x^2+1.299x+0.225, x\in[0.45,0.53]\end{cases}$

(2) $S(x)=\begin{cases}-260.726x^3+227.661x^2-64.944x+6.581, x\in[0.25,0.3]\\27.961x^3-32.158x^2+13.001x-1.213, x\in[0.3,0.39]\\17.024x^3-19.361x^2+8.011x-0.565, x\in[0.39,0.45]\\-78.492x^3+109.585x^2-50.015x+8.139, x\in[0.45,0.53]\end{cases}$

15. 略.

16. 线性插值 8.000 625,牛顿插值 7.968 239,3 次样条插值 7.985 147.

17. 略.

第 5 章　习题

1. (1) $f(x)=-0.2x+0.1$;

(2) $f(x)=0.7x+2.6$;

(3) $f(x)=7.462\,6x+3.937\,4$.

2. (1) $f(x)=2.268\,4x^2+11.160\,1x-0.617\,9$;

(2) $f(x)=-0.581\,8x^2\pm0.270\,9x+2.145\,5$.

3. (1) $f(x)=0.113\,8x^3+1.322\,9$;(2) $f(x)=-0.205x^3+1.418\,4$.

4. $y=\dfrac{1}{3.026\,7x-2.053\,6}$.

5. $y=1.812\,3\,e^{-0.369\,9x}$.

6. $y=92.481\,3x^{-0.441\,4}$.

7. 略.

8. $f_1(x)=1, f_2(x)=x-\dfrac{1}{4}, f_3(x)=x^2-\dfrac{5}{7}x+\dfrac{17}{252}$.

9. $f(x)=\dfrac{10}{27}+\dfrac{88}{135}x$.

10. $f(x)=3x+0.195$.

11. $p_0(x)=\dfrac{1}{5}, p_1(x)=-\dfrac{1}{5}+\dfrac{4}{5}x, p_2(x)=\dfrac{3}{35}-\dfrac{32}{35}x+\dfrac{12}{7}x^2$.

12. $f(x)=-\dfrac{1}{6}x^3+\dfrac{7}{6}x$.

13. (1) $f(x)=7x^3-\dfrac{11}{7}x^2-\dfrac{34}{7}x+\dfrac{13}{35}$.

(2) $f(x)=\dfrac{468}{5}(x-1)\left(x^2-2x-\dfrac{12}{5}\right)+\dfrac{136}{7}(x^2-2x-1)+\dfrac{184}{5}(x-1)+\dfrac{199}{5}$

14. 略.

15. $f(x)=-0.6x+39.75, f(20)=27.75$.

16. $f(x)=0.151\,9x+0.842\,8, f(120)=19.067\,3$.

17. $N=e^{0.018\,5t+5.687\,3}$, 355.195 8.

第 6 章 习题

1. $T(f)=0.683\ 9$, $|I(f)-T(f)|\leqslant 1/12$; $S(f)=0.632\ 3$, $|I(f)-S(f)|\leqslant 0.000\ 347\ 2$.

2. (1) 0.619 017;(2) 0.709 275.

3. (1) 0.236 564;(2) 0.820 378.

4. (1) 复化梯形公式,$n>4\ 926.04$,节点 4 928,步长$\frac{2}{4\ 927}$;

(2) 复化辛普森公式,$n>30.74$,节点 32,步长$\frac{2}{31}$.

5. 略.

6. 复化梯形公式 $T_8=0.946$;复化辛普森公式 $S_4=0.946\ 083$.

7. (1) 0.693 147 18; (2) 3.141 59.

8. 2.

9. 略.

10. (1) $A_{-1}=A_1=\frac{h}{3}$,$A_0=\frac{4h}{3}$,代数精度 3;

(2) $(x_1,x_2)=(0.689\ 9,-0.126\ 6)$或$(-0.289\ 9,0.526\ 6)$,代数精度 2;

(3) $\alpha_0=\frac{1}{3}$,$\alpha_1=\frac{2}{3}$,$\beta_1=\frac{-1}{6}$,代数精度 2;

(4) $c=\frac{2}{3}$,$x_0=-\frac{1}{\sqrt{2}}$,$x_1=0$,$x_2=\frac{1}{\sqrt{2}}$,代数精度 3.

11. $c_1=0.389\ 111$,$c_2=0.277\ 556$,$x_1=0.178\ 838$,$x_2=0.710\ 051$.

12. $\alpha_1=\frac{5}{9}$,$\alpha_2=\frac{8}{9}$,$\alpha_3=\frac{5}{9}$,是高斯公式.

13. 梯形公式 2.111 11,高斯公式 1.644 63.

14. 2.001 389.

15. 1.570 796.

16. $f'(1.0)=-0.247$,$f'(1.1)=-0.217$,$f'(1.2)=-0.187$.

17. $f'(101)=f'(101.5)=0.043\ 6$,$f'(102)=0.043\ 7$,$f''(101.5)=1.253\ 9\times 10^{-4}$.

18. 204.

19. 梯形法 $1.093\ 1\times 10^4$,辛普森法,高斯求积公式以及龙贝格方法都是 $1.088\ 0\times 10^4$.

20. 平均深度 2.095 m,横截面面积 20.95 m^2,平均速度 0.161 5 m/s,流率 4.282 5.

第 7 章 习题

1. (1) $(-2,-1.5)$,$(-1,0)$,$(2,3)$; (2) $(-1.5,-1)$,$(1.5,2)$.

2. $x_7=0.09$.

3. 2.10.

4. (1) $x_{k+1}=\frac{1}{4}e^{x_k}$,$x_0=0.5$,$x_7=0.358$; (2) $x_{k+1}=\ln(4x_k)$,$x_0=2.5$,$x_7=2.16$.

5. (1) 收敛,$x_0=1.5$,$x_8=1.405$; (2) 发散.

6. $x_{k+1}=e^{-x_k}$,$x\approx 0.567\ 1$.

7和8. 略.

9.略.

10. 4.494.

11. 略.

12. $x_0=\frac{\pi}{4}, x_4=0.921\ 025; x_0=\frac{3\pi}{4}, x_4=3.046\ 39$.

13. 令 $f(x)=x^3-6$,(1) 牛顿法,$x_0=3, x_5=1.817\ 12$;

(2) 弦割法,$x_0=6, x_1=3, x_9=1.817\ 12$.

14和15. 略.

16. (1) 不收敛;(2) 收敛.

17～19. 略.

20. $(x_1^{(12)}, x_2^{(12)})=(0.520\ 8, 0.901\ 9)$.

21. $(x_3, y_3)=(0.486\ 405, 0.233\ 726)$.

22. $(x_3, y_3)=(1.581\ 14, 1.224\ 74)$.

23. 略.

24. 0.606 5或4.426 9.

25. (1) 13.077 7,(2) 13.078.

26. $-2.030\ 7\times 10^3$.

第8章　习题

1. −5.701 56,(0.149 219,1).

2. 7,(−0.25,1,−0.25).

3. (1) 1.000 0,(−1.000 0,1.000 0);(2) 3.144 05,(1,−0.293 368,−0.172 69).

4. 7.287 99,(1,0.522 9,0.242 192).

5. (1) 4,1,1;(0.577 4,0.577 4,0.577 4),(−0.707 1,0.707 1,0),(−0.408 2,−0.408 2,0.816 5);

(2) 4,4,2;(1,0,0),(0,0.707,0.707),(0,−0.707,0.707).

6. (1) $\begin{pmatrix} 0.324\ 4 & 0.486\ 7 & 0 & 0.811\ 1 \\ -0.832\ 1 & 0.554\ 7 & 0 & 0 \\ 0 & 0 & 1 & 0 \\ -0.449\ 9 & -0.674\ 9 & 0 & 0.584\ 9 \end{pmatrix}$;

(2) $\begin{pmatrix} -0.324 & -0.487 & 0 & -0.811 \\ -0.487 & 0.812 & 0 & -0.298 \\ 0 & 0 & 1 & 0 \\ -0.811 & -0.298 & 0 & 0.503 \end{pmatrix}$.

7. 略.

8. (1) 略.(2) $\boldsymbol{P}=\begin{pmatrix} 0.667 & 0.333 & 0.667 \\ -0.447 & 0.894 & 0 \\ -0.596\ 3 & -0.298\ 1 & 0.745\ 4 \end{pmatrix}$;$\boldsymbol{PAP}^{\mathrm{T}}=\begin{pmatrix} 9 & 0 & 0 \\ 0 & -3.6 & -10.8 \\ 0 & -10.8 & 12.6 \end{pmatrix}$;

9. $\boldsymbol{Q}=\begin{pmatrix}1 & 0 & 0\\ 0 & -0.8 & -0.6\\ 0 & -0.6 & 0.8\end{pmatrix}$;$\boldsymbol{QAQ}^{\mathrm{T}}=\frac{1}{5}\begin{pmatrix}5 & -25 & 0\\ -25 & 58 & -19\\ 0 & -19 & 17\end{pmatrix}$

10. (1) $\boldsymbol{Q}=\begin{pmatrix}0.707 & 0.236 & -1.155\\ 0 & 0.943 & 0.333\\ 0.707 & -0.236 & 0.667\end{pmatrix}$,$\boldsymbol{R}=\begin{pmatrix}2.828 & 2.121 & 2.121\\ 0 & 2.121 & 3.300\\ 0 & 0 & 1.333\end{pmatrix}$;

(2) $\boldsymbol{Q}=\begin{pmatrix}0.333 & 0.667 & 0.667\\ 0.667 & 0.333 & -0.667\\ 0.667 & -0.667 & 0.333\end{pmatrix}$,$\boldsymbol{R}=\begin{pmatrix}3 & -3 & 3\\ 0 & 3 & -3\\ 0 & 0 & 3\end{pmatrix}$.

11. (1) 7.1;(2) 2.999 988,2.000 01,1.000 00.

第9章 习题

1. 0.418 004.

2. $y(0.5)=0.5$,$y(1.0)=0.889\ 40$,$y(1.5)=1.073\ 34$,$y(2.0)=1.126\ 04$.

3. $y(1.2)=2.018\ 182$,$y(1.4)=2.069\ 442$,$y(1.6)=2.147\ 709$.

4. $y(0.1)=0.005\ 5$,$y(0.2)=0.021\ 9$,$y(0.3)=0.050\ 1$,$y(0.4)=0.090\ 9$,$y(0.5)=0.145\ 0$;误差为 0.000 337,0.000 658,0.000 963,0.001 251,0.001 523.

5. 略.

6. (1) 欧拉法 $y(x_n)-y_n=\frac{1}{2}anh^2$;(2) 改进欧拉法 $y(x_n)=y_n=\frac{1}{2}x^2+bx$.

7. $y(0.4)=1.051$,$y(0.8)=1.179$,$y(1.2)=1.346$.

8. (1) $y_{n+1}=\frac{4}{3}y_n-\frac{1}{3}y_{n-1}+\frac{2}{3}hf_{n+1}$,$E=-\frac{2}{9}h^3g'''(\varepsilon_n)$;

(2) $y_{n+1}=y_n+\frac{h}{3}(f_{n+1}+4f_n+f_{n-1})$,$E=-\frac{1}{90}h^5g^{(5)}(\varepsilon_n)$.

9～13. 略.

14. 一阶方法;$h\lambda\leqslant 0$,$h\lambda\geqslant 6$.

15. 略.

16. 欧拉法 $y(0.1)=0.096\ 3$,$y(0.2)=0.183\ 3$,$y(0.3)=0.262\ 0$,$y(0.4)=0.333\ 1$,$y(0.5)=0.397\ 3$;改进欧拉法 $y(0.1)=0.095\ 123$,$y(0.2)=0.181\ 2$,$y(0.3)=0.259\ 09$,$y(0.4)=0.329\ 56$,$y(0.5)=0.393\ 34$;龙格-库塔法 $y(0.1)=0.095\ 2$,$y(0.2)=0.181\ 3$,$y(0.3)=0.259\ 2$,$y(0.4)=0.329\ 7$,$y(0.5)=0.393\ 5$.

17. $h=0.1$ 得到的函数值为 0.111 1,0.012 3,0.001 4,0.000 2,0.000 0;

$h=0.2$ 得到的函数值为 1,5,25,125,625,3 125.

18～20. 略.

参考文献

[1] 白峰杉. 数值计算引论[M]. 北京：高等教育出版社，2004.

[2] CHAPRA S C，CANALE R P. 工程数值方法[M]. 6 版. 于艳华，译. 北京：清华大学出版社，2010.

[3] STEVEN C C. Applied Numerical Methods with MATLAB for Engineers and Scientists [M]. 3rd ed. New York：McGraw - Hill，2012.

[4] 李庆扬，王能超，易大义，数值分析[M]. 5 版. 北京：清华大学出版社，2008.

[5] 石钟慈. 第三种科学方法——计算机时代的科学计算[M]. 北京：清华大学出版社，2000.

[6] 曾金平. 数值计算方法[M]. 长沙：湖南大学出版社，2004.

[7] JUSTIN S. Algorithms Methods for Computer Vision，Machine Learning，and Graphics [M]. Boca Raton：CRC Press，2012.

[8] AZAM N，YAZID H，RAHIM S. Super Resolution with Interpolation-based Method：A Review[J]. International Journal of Research and Analytical Reviews，2022，9(2)：168-174.

[9] HILDEBRAND F B. Introduction to numerical analysis[M]. 2 ed. New York：Dover Publications，Inc，1987.